光盘导航

光盘界面

清華电脑学堂

计算机应用

标准教程（2013-2015版）

网站链接

视频教程

素材下载

视频欣赏

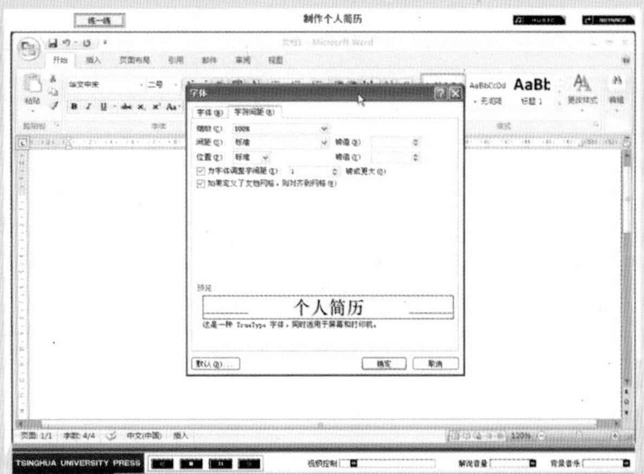

案例欣赏

个人年度工作计划

素材下载

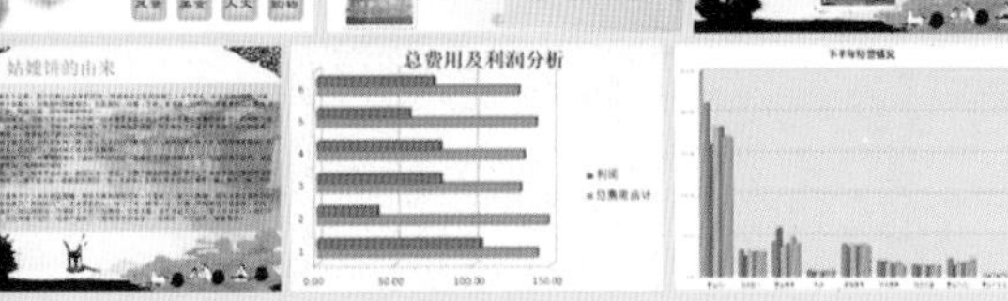

视频文件

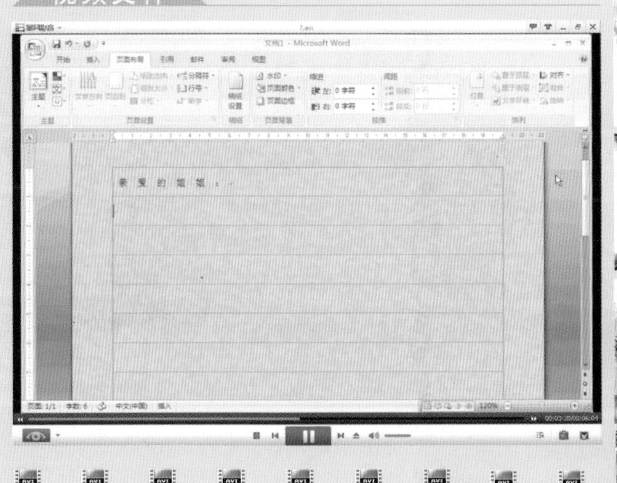

1.avi 2.avi 3.avi 4.avi 5.avi 6.avi 7.avi 8.avi 9.avi 10.avi 11.avi 12.avi

制作员工薪资表

员工薪资记录表

员工编号	员工姓名	所属部门	最后一次高薪时间	调整后的基本工资	调整后的岗位工资	调整后的工龄工资	调整后总基本工资	银行帐号
001	周涛	市场部	2007/10/1	￥1,100	￥1,000	￥600	2700	1062-4520-8316-2100-001
002	王琳琳	市场部	2007/10/1	￥1,200	￥500	￥700	2400	1062-4520-8316-2100-002
003	马晓明	市场部	2007/10/1	￥1,000	￥500	￥500	2000	1062-4520-8316-2100-003
004	郭增	市场部	2007/10/1	￥1,100	￥600	￥400	2100	1062-4520-8316-2100-004
005	赵楠	市场部	2007/10/1	￥1,200	￥700	￥900	2800	1062-4520-8316-2100-005
006	孙娟娟	市场部	2007/10/1	￥1,000	￥800	￥800	2600	1062-4520-8316-2100-006
007	李军	市场部	2007/10/1	￥1,500	￥900	￥600	3000	1062-4520-8316-2100-007
008	王海	市场部	2007/10/1	￥1,200	￥600	￥700	2500	1062-4520-8316-2100-008
009	李明丽	市场部	2007/10/1	￥1,600	￥700	￥600	2900	1062-4520-8316-2100-009
010	赵田海	市场部	2007/10/1	￥1,200	￥1,200	￥500	2900	1062-4520-8316-2100-010
011	周铭	市场部	2007/10/1	￥1,400	￥1,000	￥700	3100	1062-4520-8316-2100-011
012	王森	市场部	2007/10/1	￥1,500	￥900	￥800	3200	1062-4520-8316-2100-012

制作经营状况分析表

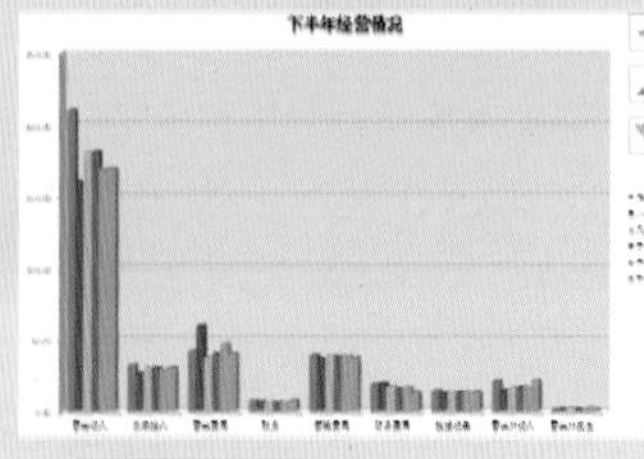

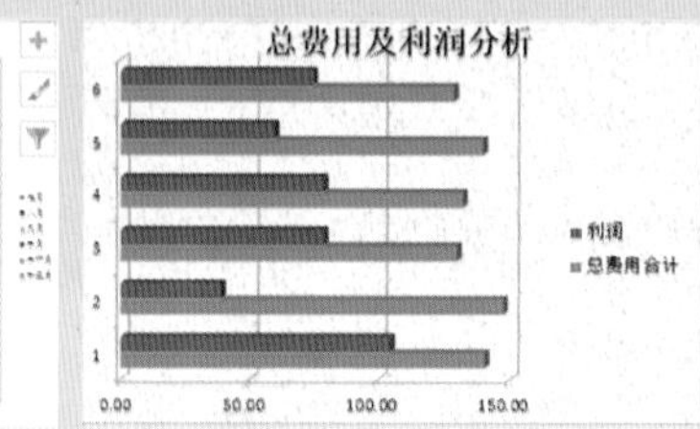

制作信封

4 3 0 0 7 2

武汉市武昌区珞珈同 98 号

飞翔广告公司

张珂 女士

南阳兴隆路 552 号 南阳第五中学初二三班 田野

邮政编码 473000

制作个人简历

个人简历

基本资料				
姓名	于小龙	学历	本科	照片
毕业院校	郑州大学	专业	计算机应用	

教育培训			
	时间	学校	地址
大学	2005.9-2009.6	郑州大学	郑州市桃源路
培训	2009.10-2010.5	北大青鸟	农业路文化路

知识结构	
C语言	主要学习基本语法，简单程序设计和数据结构原理。
JavaScript	通过将使用JavaScript语言编写的程序嵌入到网页中，实现各种网页特效。
ASP、NET	面向对象的结构化编程语言，可编写各种应用程序软件、动态网站的重要工程
网络工程	主要学习计算机的基本原理，操作系统维护，以及各种网络环境的组建。

社会实践	
2008.4-8	江西省萍乡市安源客车制造厂实习
2009.9-10	江西省萍乡市永安4S店实习

自我评价

本人性格开朗，为人诚恳、乐观向上、兴趣广泛、拥有较强的组织能力以及适应能力，并具有较强的管理策划与组织管理协调能力。

制作旅游宣传页

姑嫂饼的由来

据《乌青镇志》记载，距今已有100多年的历史。民间传说它是因姑嫂二人斗气而成，故名姑嫂饼。形状酷似棋子饼，比棋子饼略大。所有配料跟糕相仿，也是面粉、白糖、芝麻、猪油等，但其味比酥糖爽可口，具有油而不腻、酥而不散、既香又糯、甜中带咸的特点。

据说在一百多年前，乌镇方家名叫"方天顺"的夫妻茶食店，祖上学得一手制作酥糖的好手艺。因其配方独特，制作精心，味道出奇的好，深受乡民的喜爱。为了保持独家经营，方家制定了关键技术传媳不传女的家规。因为女儿迟早要嫁人，祖传秘方不就让人学去了。

也不知传到了第几代，这方家生有一男一女，儿子已讨了媳妇，女儿尚未出嫁。那方某当然是继承祖训，不肯将技艺传给女儿。日子久了，那姑娘不免会产生怨恨。

有一日嫂嫂配好了料，有事暂时离开了盛放作料的粉缸。在旁作下手的姑娘顺手将一包盐抖进了缸内，并且搅拌了下，指望看第二天嫂嫂的尴尬。

第二天一早，全家人照常早起开张。顾客买去一尝后，大赞"椒盐的味道好极了！"消息传到方某的耳朵里，一时间也丈二和尚——摸不着头脑。细细查找原因，也一无所知。当晚方某夫妇自己操作，精心制作了第二天的酥糖。

不料这一日竟有不少人来买椒盐酥糖，倒将方某弄得啼笑皆非。可是做了一辈子酥糖，却无法做出像昨日的买椒盐酥糖。那姑娘见"弄拙成巧"，本来提起的心，放了下来。晚饭一过，扑通一声跪倒在父母面前，说出了事情的真相，请求父母兄嫂原谅。方某听了不但不加责怪，反而大喜，连忙扶起女儿，一家人计议开了。他们不但改进了配方，而且用模子定形，给新产品取了个意味深长的名字——姑嫂饼。次日应市，举镇轰动。

计算机应用

标准教程（2013-2015版）

■ 杨继萍 倪宝童 等编著

清华大学出版社
北　京

内容简介

本书全面介绍了计算机应用基础知识。全书共10章，内容包括计算机软硬件基础知识、Windows 7操作系统、Word 2010基础操作、美化Word文档、Excel基础操作、Excel高级应用、PowerPoint演示文稿、计算机网络和常用工具软件、办公网络安全等。配书光盘提供了本书实例素材和配音视频教学文件。本书适合作为高等院校和社会培训教材，也可以作为家庭电脑用户的自学读物。

图书在版编目（CIP）数据

计算机应用标准教程（2013—2015版）/杨继萍等编著. —北京：清华大学出版社，2013.5
（清华电脑学堂）
ISBN 978-7-302-31126-3

Ⅰ. ①计… Ⅱ. ①杨… Ⅲ. ①电子计算机-教材 Ⅳ. ①TP3

中国版本图书馆CIP数据核字（2012）第319464号

责任编辑：冯志强
封面设计：柳晓春
责任校对：徐俊伟
责任印制：杨　艳

出版发行：清华大学出版社
网　　址：http://www.tup.com.cn，http://www.wqbook.com
地　　址：北京清华大学学研大厦A座　　邮　　编：100084
社 总 机：010-62770175　　邮　　购：010-62786544
投稿与读者服务：010-62776969，c-service@tup.tsinghua.edu.cn
质 量 反 馈：010-62772015，zhiliang@tup.tsinghua.edu.cn
印 装 者：北京鑫海金澳胶印有限公司
经　　销：全国新华书店
开　　本：185mm×260mm　印　张：20　插　页：1　字　数：500千字
附光盘1张
版　　次：2013年5月第1版　　印　　次：2013年5月第1次印刷
印　　数：1～5000
定　　价：39.80元

产品编号：049880-01

前　　言

对刚刚进入计算机领域的学生或者用户来讲，最希望对计算机及其各方面有一个全新的认识。而该书就针对此类的问题，专门针对刚入门的读者，详细地介绍了计算机领域中常见或常用的一些内容。

该书首先带领读者对计算机有一个正确的认识，特意添加了计算机基础内容。然后，针对当前较新操作系统及操作系统的发展进行详细介绍。对于日常生活、学习及办公中常用的 Office 软件，分别介绍了 Word、Excel 和 PowerPoint 组件内容，使读者能够及时掌握，以及学以致用。本书最后对计算机网络知识，常用工具软件内容，以及办公中计算机和网络安全等内容进行全面的介绍。

本书主要内容

全书共分为 10 章，详细内容如下。

第 1 章学习计算机基础，其内容包括计算机的发展概述、计算机的分类与应用、计算机的组成结构、计算机的维护常识等。

第 2 章学习 Windows 7 操作系统，内容包括了解操作系统、了解 Windows 7 操作系统、Windows 7 的基本操作、认识 Windows 窗口、文件和文件夹操作等。

第 3 章学习 Word 2010 基础操作，内容包括初识 Word 2010、Word 的基本操作、输入文本、编辑文本内容、查找和替换等。

第 4 章学习美化 Word 文档，共包括设置文本格式、设置段落格式、应用样式、插入图形、插入表格、页面设置等。

第 5 章用于介绍 Excel 基础操作，内容包括了解 Excel 的界面、工作簿的基本操作、输入数据的方式、单元格的基本操作、工作表的基本操作等。

第 6 章学习 Excel 高级应用，内容包括公式及函数的使用、数据图表的应用、了解数据分析及管理、工作表打印设置等。

第 7 章学习 PowerPoint 演示文稿，内容包括 PowerPoint 2010 界面、演示文稿的创建与保存、幻灯片内容的添加、幻灯处的基本操作、播放演示文件等。

第 8 章学习计算机网络，内容包括计算机网络概述、网络体系结构、网络传输与协议、IP 地址及子网掩码、局域网设备等。

第 9 章学习常用工具软件，内容包括安装及卸载软件、了解计算机硬件信息、网络软件、多媒体软件、电子阅读软件等。

第 10 章学习办公网络安全，内容包括办公网络化概述、了解网络病毒、用户账户和密码、文件及文件夹权限、计算机安全防范、防范数据损失等。

本书定位于各大中专院校、职业院校和各类培训学校，针对计算机专业的基础学习，以及非计算机专业的教材，并适用于不同层次的办公人员、计算机操作人员的自学参考。

本书特色

本书结合办公用户的需求，详细介绍了 Windows XP 操作系统，以及 Office 2010 常用办公软件的应用知识，具有以下特色。

- ❑ **丰富实例** 本书每章以实例形式演示 Windows XP 操作系统的应用，以及 Office 2010 各组件的操作应用知识，便于读者模仿学习操作，同时方便教师组织授课。
- ❑ **彩色插图** 本书提供了大量精美的实例，在彩色插图中读者可以感受逼真的实例效果，从而迅速掌握 Windows XP 操作和 Office 2010 办公应用软件的操作知识。
- ❑ **思考与练习** 扩展练习测试读者对本章所介绍内容的掌握程度；上机练习理论结合实际，引导学生提高上机操作能力。
- ❑ **配书光盘** 本书精心制作了功能完善的配书光盘。在光盘中完整地提供了本书实例效果和大量全程配音视频文件，便于读者学习使用。

适合读者对象

本书定位于各大中专院校、职业院校和各类培训学校讲授计算机应用课程的教材，并适用于不同层次的国家公务员、文秘和各行各业的办公用户作为自学参考书。

参与本书编写的除了封面署名人员外，还有王敏、马海军、祁凯、孙江玮、田成军、刘俊杰、赵俊昌、王泽波、张银鹤、刘治国、何方、李海庆、王树兴、朱俊成、康显丽、崔群法、孙岩、王立新、王咏梅、辛爱军、牛小平、贾栓稳、赵元庆、郭磊、杨宁宁、郭晓俊、方宁、王黎、安征、亢凤林、李海峰等人。由于时间仓促，水平有限，疏漏之处在所难免，欢迎读者朋友登录清华大学出版社的网站 www.tup.com.cn 与我们联系，帮助我们改进提高，特此感谢。

编　者

2012 年 9 月

目　录

第1章

计算机基础

个人计算机已经渗透到了生活的每个角落，特别是作为一种工作、学习、娱乐的工具进入了寻常百姓家中。

目前，计算机已经为人们在科学计算、工程设计、经营管理、过程控制，以及人工智能等多个领域提供很大的贡献，极大地提高了在这些领域内的工作效率。

为了让用户更好地认识计算机，本章将对计算机的发展状况，以及计算机的结构和使用维护常识进行介绍。

本章学习要点：

- 计算机的发展概述
- 计算机的分类与应用
- 计算机的组成结构
- 计算机的维护常识

1.1 了解计算机

计算机是一种以电子器件为基础的，不需人的直接干预，能够对各种数字化信息进行快速算术和逻辑运算的工具，是一个由硬件、软件组成的复杂的自动化设备。

1.1.1 计算机的发展

计算机的全称为“电子计算机”。从 1946 年发明世界上第一台电子计算机至今，计算机的发展经历了一个不断变革与完善的过程，根据不同时期计算机基本构成元件的不同，可以将计算机的发展分为以下几个阶段。

1. 第一代电子管计算机（1939 年—1955 年）

第二次世界大战期间，美国宾夕法尼亚大学的研究人员于 1946 年推出了电子积分计算机（Electronic Numerical Integrator And Computer，ENIAC），标志着世界上第一台电子计算机的成功问世。该计算机使用了 18000 个电子管和 70000 个电阻器，占地 170m^2，拥有 30 个操作台，耗电量达到了惊人的 140kW～160kW，计算能力则为每秒 5000 次加法运算或 400 次乘法运算。它的速度是当时最快继电器计算机的一千多倍，是人们手工计算的 20 万倍。

随后，数学家冯·诺依曼领导的设计小组按照存储程序原理，于 1949 年 5 月在英国研制成功了第一台真正实现内存储程序的计算机——EDSAC，从而成为计算机发展史上的又一次重大突破。

提 示

存储程序原理，即程序由指令组成，并和数据一起存放于存储器中。当计算机开始工作时，便会按照程序指令的逻辑顺序，将指令从存储器中逐条读出并执行，从而自动完成由程序所描述的处理任务。冯·诺依曼被称为现代计算机之父。

第一代计算机的特点是操作指令为特定任务而编制的，且每种计算机采用的都是不同的机器语言，因此功能受到限制，而速度也较慢。

2. 第二代晶体管计算机（1956 年—1963 年）

1948 年，晶体管的发明使得电子设备的体积开始减小。1956 年晶体管真正用于计算机，标志了第二代计算机的产生。这一时期的计算机开始具备现代计算机的一些部件，例如磁盘、内存等。这些改进不但提高了计算机的运算速度，而且使得计算机更加可靠，其应用范围也扩展至众多方面的数据处理与工业控制。

与第一代计算机相比，第二代计算机的特点是体积小、速度快、功耗低，而稳定性则得到了增强。

3. 第三代集成电路计算机（1964 年—1971 年）

1958 年，德州仪器工程师 Jack Kilby 发明了集成电路（IC）技术，该技术成功地将多个电子元件集成在一块小小的半导体材料上。随后，集成电路技术迅速应用于计算机的设计与制造，计算机内部原本数量众多的元件被分类集成到一个个的半导体芯片上。这样一来，计算机的体积变得更小、功耗更低，而速度则变得更快。

在第三代集成电路计算机的产生和发展期间，还出现了真正意义上的操作系统，这使得计算机能够在中心程序的控制下同时运行多个不同程序，从而极大地提高了计算机的利用率。

4. 第四代大规模和超大规模集成电路计算机（1972 年—至今）

随着集成电路技术的发展，计算机内的集成电路从中小规模逐渐发展至大规模、超大规模的水平。利用超大规模的集成电路技术，数以百万计的元件被集成至硬币大小的芯片上，计算机的体积变得更小，而性能和可靠性则得到了进一步的增强。

随后，人们又利用超大规模集成电路技术成功研制出了微处理器，从而标志了微型计算机的诞生，如图 1-1 所示。

图 1-1 微处理器中的超大规模集成电路

随着集成度的不断提高，功耗和成本不断下降，计算机迅速普及，同时各种软件的大量开发应用，使得计算机的操控变得越来越容易，功能越来越丰富，智能化程度越来越高，计算机的应用更是深入到了生产生活的方方面面，并逐渐以家用电器形式走进了家庭，成为了家庭娱乐和学习的好工具。

5. 第五代智能计算机

由日本在 1981 年 10 月东京第五代计算机国际会议上首次正式提出，并于 1982 年开始由通产省计划和组织实施。接着，美国国防部高级技术研究局于 1983 年制定了“战略计算机开发计划”，开始研制智能计算机。

“智能计算机”能够处理文字、符号、图像、图形和语言等非数值信息，即是能进行知识处理的计算机。

第五代计算机的目标是进行知识处理。人类使用传统的计算机解决实际问题，一般是经历如下过程：首先要把解决的问题抽象为模型，再给出解这个模型的算法，然后按此算法编制出计算机程序。如果把这一系列作业的一部分交给系统软件或硬件来完成。那么，计算机的应用就会变得更加方便和容易。因此，必须发展系统软件，使它更接近人们的思维。同时，也使硬件具有相应的功能，由硬件来承担现在软件和人所担负的大部分任务，从而给软件系统减轻负担。这样，就有可能把人所担负的任务交给软件来完成。这就是对第五代计算机的基本构思。

1.1.2 计算机的分类

计算机发展至今，根据应用需求与技术的不同而出现了多种不同的类型，各类型计算机的特点自然也都各不相同。

1. 按规模分类

在通用计算机中，按照其规模、速度和功能可以分为巨型机、大型主机、中型计算机、小型计算机、微型计算机和工作站计算机多种类型。不同类型间的差别主要体现在体积大小、结构复杂程度、功率消耗、性能指标、数据存储容量、指令系统和设备及软件配置等方面。

❑ 巨型计算机

人们通常把最大、最快、最昂贵的计算机称为巨型机（超级计算机），由于拥有超高的运算速度和海量存储能力，因此主要应用于国防、空间技术、石油勘探、长期天气预报，以及社会模拟等尖端科学领域。现阶段，巨型计算机的运算速度都在万亿次/秒以上，如图 1-2 所示便是我国自行研制、运算速度达到 10 万亿次/秒的“曙光 4000A”巨型计算机。

图 1-2 曙光 4000A 巨型计算机

❑ 大型机

大型机包括大型主机和中型计算机，特点表现为通用性较好、综合处理能力强等，但运算速度要慢于巨型机。通常情况下，大型机都会配备许多其他的外部设备和数量众多的终端，从而组成一个计算机中心。因此，只有大中型企业、银行、政府部门和社会管理机构等单位才会使用，这也是大型机被称为“企业级”计算机的原因之一。

❑ 小型计算机

小型机是价格较低且规模小于大型机的高性能计算机，特点是结构简单、可靠性高，对运行环境要求较低，并且易于操作和维护等，如图 1-3 所示。

因此，小型机常用于中小规模的企事业单位或大专院校，如高等院校的计算机中心只需将一台小型机作为主机后，配以几十台甚至上百台终端机，便可满足大量学生学习程序设计课程的需求。

此外，在工业自动控制、大型分析仪器、测量仪器、医疗设备中的数据采集、分析计算等领域，也能看到小型机的身影。

图 1-3 可安装于机柜内的小型机

❑ 微型计算机

所谓微型计算机，又称个人计算机（PC），是指以微处理器为基础，配以内部存储器、输入输出（I/O）接口电路，以及相应辅助电路等部件组合而成的计算机。

它的特点是体积小、结构紧凑、价格便宜且使用方便。不过，根据使用需求与组成形式的不同，微型计算机又分为几种不同的类型。

如果再根据使用方式的不同，则可将个人计算机划分为台式计算机和笔记本计算机两种类型，如图 1-4 所示。

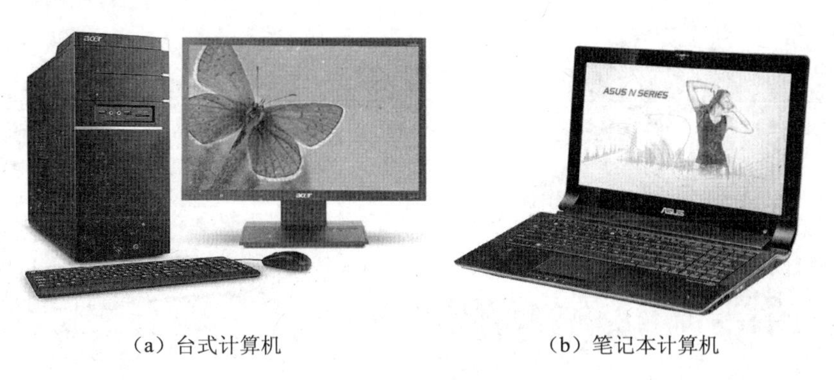

（a）台式计算机　　（b）笔记本计算机

图 1–4　两种不同形式的个人计算机

2．按工作模式分类

计算机按其工作模式可分为服务器和工作站两类。

❑ **服务器**

服务器是一种可供网络用户共享的高性能的计算机，服务器一般具有大容量的存储设备和丰富的外部调和设备，其中运行网络操作系统要求较高的运行速度，为此，很多服务器都配置了多个 CPU。服务器的资源可供网络用户共享。

❑ **工作站**

工作站是高档微机，它的独到之处就是易于联网，配有大容量主存、大屏幕显示器，特别适合于 CAD/CAM 和办公自动化。

3．根据用途划分

现如今，计算机已经广泛应用于社会的各行各业。在实际应用中，虽然不同行业在使用计算机时的用途会有所差异，但总体看来仍可将其分为以下两大类型。

❑ **通用计算机**

通用计算机是指适用范围较广的计算机，特点是功能多、配置全、用途广、通用性强。例如，在日常办公和家庭中用到的计算机都属于通用计算机，如图 1-5 所示。

❑ **专用计算机**

专用计算机是为了解决某种问题而专门设计制造的产品，特点是功能单一、针对性强，有些甚至属于专机专用的类型。在设计制造过程中，由于专用计算机在增强专用功能的同时削弱或去除了次要功能，因此能够更快速、更高效地解决特定问题，如图 1-6 所示即为超市内专用于收款的 POS 机。

1.1.3　计算机的应用领域

现如今，计算机已经全面普及至工业、农业、财政金融、交通运输、文化教育、国防安全等众多行业，并在家庭娱乐方面为人们增添了许多新的色彩。总体概括起来，计算机的应用领域可分为以下几个方面。

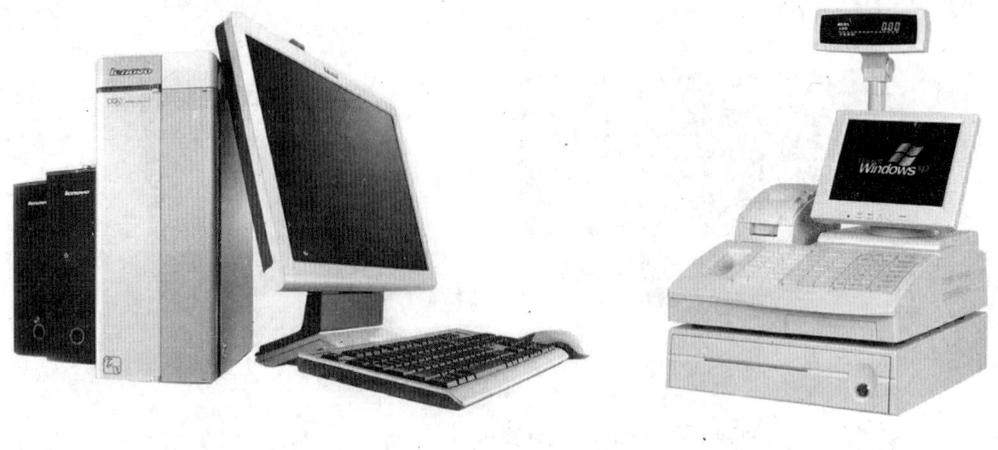

图 1-5 适用于普通家庭的通用计算机

图 1-6 收款专用 POS 机

1. 科学计算

与人工计算相比，计算机不仅运算速度快，而且精度高。在应对现代科学中的海量复杂计算时，计算机的高速运算和连续计算能力可以实现很多人工难以解决或根本无法解决的问题。例如，在预测天气情况时，如果采用人工计算的方式，仅仅预报一天的天气情况就需要计算几个星期。在借助计算机后，既使预报未来 10 天内的天气情况也只需要计算几分钟，这使得中、长期天气预报成为可能。

随着计算机应用范围的不断扩大，虽然科学计算在整个计算机应用领域内的比重呈下降趋势，但在天文、地质、生物、数学等基础学科，以及空间技术、新材料研制、原子能研究等高、新技术领域中，计算机仍然占有极其重要的地位。并且，在某些应用领域中，复杂的运算需求还对计算机的运算速度和精度提出了更高的要求，这也在一定程度上促进了巨型计算机的不断发展。

2. 数据处理

数据处理是对各种数据进行收集、存储、整理、分类、统计、加工、利用、传播等一系列活动的统称。早在 20 世纪 60 年代，很多大型的企事业单位便开始使用计算机来处理账册、管理仓库或统计报表，其任务涵盖了数据的收集、存储、整理和检索统计。随着此类应用范围的不断扩大，数据处理很快便超过了科学计算，成为现代计算机最大的应用领域。

现如今，数据处理已经不仅仅局限于日常事务的处理，还被应用于企业管理与决策领域，成为现代化管理的基础。此外，该项应用领域的不断扩大，也在硬件上刺激了大容量存储器和高速度、高质量输入/输出设备的不断发展；同时也推动了数据库管理、表格处理软件、绘图软件，以及数据预测和分析类软件的开发。

3. 过程控制

计算机不仅具有高速运算能力，还具有逻辑判断能力，这一能力使得计算机能够代替人们对产品的生产工艺流程进行不间断的监控。例如，在冶金、机械、电力、石油化工等产业中，使用计算机监控生产工艺流程后不但可以提高生产的安全性和自动化水平，还可以提高产品质量，并降低生产成本、减轻人们的劳动强度。

4．辅助工程

简单的说，计算机辅助工程是指计算机在现代生产领域，特别是生产制造业中的应用，主要包括计算机辅助设计、计算机辅助制造和计算机集成制造系统等内容。

❑ 计算机辅助设计（CAD）

在如今的工业制造领域中，设计人员可以在计算机的帮助下绘制出各种类型的工程图纸，并在显示器上看到动态的三维立体图后，直接修改设计图稿，因此极大地提高了绘图质量和效率。此外，设计人员还可通过工程分析与模拟测试等方法，利用计算机进行逻辑模拟，从而代替产品的测试模型（样机），从而降低了产品试制成本，缩短了产品设计周期。

目前，CAD 技术已经广泛应用于机械、电子、航空、船舶、汽车、纺织、服装、化工，以及建筑等行业，成为现代计算机应用中最为活跃的领域之一。

❑ 计算机辅助制造（CAM）

这是一种利用计算机控制设备完成产品制造的技术，例如 20 世纪 50 年代出现的数控机床便是在 CAM 技术的指导下，将专用计算机和机床相结合后的产物。

借助 CAM 技术，人们在生产零件时只需使用编程语言对工件的形状和设备的运行进行描述后，便可以通过计算机生成包含了加工参数（如走刀速度和切削深度）的“数控加工程序”，并以此来代替人工控制机床的操作。这样一来，不仅提高了产品质量和效率，还降低了生产难度，在批量小、品种多、零件形状复杂的飞机、轮船等制造业中倍受欢迎。

❑ 计算机集成制造系统（CIMS）

CIMS 是集设计、制造、管理三大功能于一体的现代化工厂生产系统，具有生产效率高、生产周期短等特点，是 20 世纪制造工业的主要生产模式。在现代化的企业管理中，CIMS 的目标是将企业内部所有环节和各个层次的人员全都用计算机网络组织起来，形成一个能够协调、统一和高速运行的制造系统。

5．人工智能

人工智能（Artificial Intelligence）也称“智能模拟”，其目标是让计算机模拟出人类的感知、判断、理解、学习、问题求解和图像识别等能力。

目前，人工智能的研究已取得不少成果，有些已开始走向实用阶段。例如，能模拟高水平医学专家进行疾病诊疗的专家系统，以及具有一定思维能力的智能机器人等。

6．网络应用

现如今，随着计算机网络的不断发展壮大，金融、贸易、通信、娱乐、教育等领域的众多功能和服务项目已经可以借助计算机网络来实现。这些事件，不仅标志着计算机网络在实际应用方面得到了拓展，还为人们的生活、工作和学习带来了极大的益处。

1.2 计算机系统的组成

计算机作为一个精密、复杂的系统，由不同的硬件和软件共同组成。硬件在系统中发挥着物质基础的作用，软件以硬件为基础实现不同需求的应用。如果说硬件是计算机的躯体，那么软件无疑可以成为计算机的灵魂。

然而，计算机并非是硬件和软件的简单搭配，它们还要根据一定的原理协同工作，确保整个计算机系统的兼容和稳定，从而发挥系统的最佳性能。

1.2.1 计算机硬件系统

计算机发展至今，不同类型计算机的组成部件虽然有所差异，但硬件系统的设计思路全都采用了“冯•诺依曼”的体系结构，即计算机硬件系统由运算器、控制器、存储器、输入设备和输出设备这 5 大功能部件所组成。

1. CPU（中央处理器）

在现代计算机中，一般将运算器和控制器以及高速寄存器集成到一片集成电路板上，称之为中央处理器（Central Processing Unit，CPU），它是现代计算机系统的核心组成部件。

作为计算机的核心部件，中央处理器的重要性好比人的心脏或大脑，负责处理和运算数据，并控制计算机各部分协调一致地工作。从逻辑构造来看，CPU 主要由运算器、控制器、寄存器和内部总线构成，如图 1-7 所示。

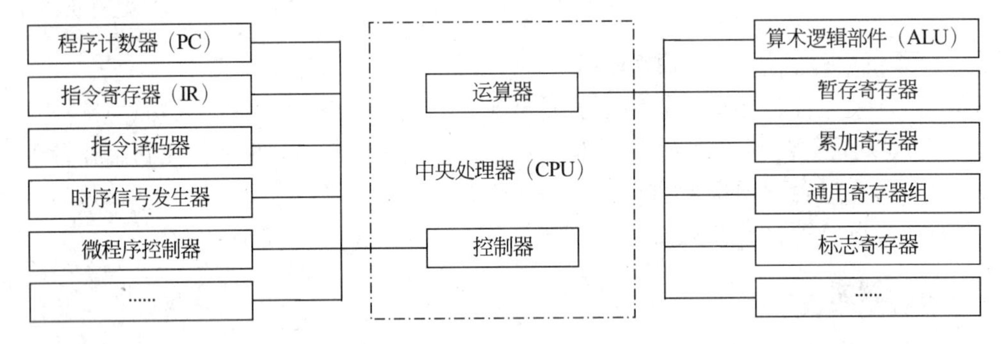

图 1-7 CPU 的组成结构

- **运算器**

该部件的功能是执行各种算术和逻辑运算，如四则运算（加、减、乘、除）、逻辑对比（与、或、非、异或等操作），以及移位、传送等操作，因此也称为算术逻辑部件（ALU）。

- **控制器**

控制器负责控制程序指令的执行顺序，并给出执行指令时计算机各部件所需要的操作控制命令，是向计算机发布命令的神经中枢。

- **寄存器**

寄存器是一种存储容量有限的高速存储部件，能够用于暂存指令、数据和地址信息。

在中央处理器中，控制器和运算器内部都包含有多个不同功能、不同类型的寄存器。

❑ 内部总线

所谓总线，是指将数据从一个或多个源部件传送到其他部件的一组传输线路，是计算机内部传输信息的公共通道。根据不同总线功能间的差异，CPU 内部的总线分为数据总线（DB）、地址总线（AB）和控制总线（CB）3 种类型，如表 1-1 所示。

表 1-1 总线类型及其功能

总线名称	功能
数据总线（Data Bus，DB）	用于传输数据信息，属于双向总线，CPU 既可通过 DB 从内在或输入设备读入数据，又可通过 DB 将内部数据送至内在或输出设备
地址总线（Address Bus，AB）	用于传送 CPU 发出的地址信息，属于单向总线。作用是标明与 CPU 交换信息的内存单元与 I/O 设备
控制总线（Control Bus，CB）	用于传送控制信号、时序信号和状态信息等

2. 存储器

存储器是计算机专门用于存储数据的装置，计算机内的所有数据（包括刚刚输入的原始数据、经过初步加工的中间数据，以及最后处理完成的有用数据）都要记录在存储器中。

在现代计算机中，存储器分为内部存储器（主存储器）和外部存储器（辅助存储器）两大类型。

❑ 内部存储器

内部存储器分为两种类型，一种是其内部信息只能读取，而不能修改或写入新信息的只读存储器 ROM（Read Only Memory）；另一类则是内部信息可随时修改、写入或读取的随机存储器 RAM（Random Access Memory），如图 1-8 所示。

提　示

从理论上讲，一般把控制器、运算器、内部存储器看作计算机的关键部件，合称为“主机系统”。实际应用中，人们把 CPU、内存、显卡、网卡、硬盘等部件通过主板连接，放在一个机箱内，构成人们通常所说的“主机”。

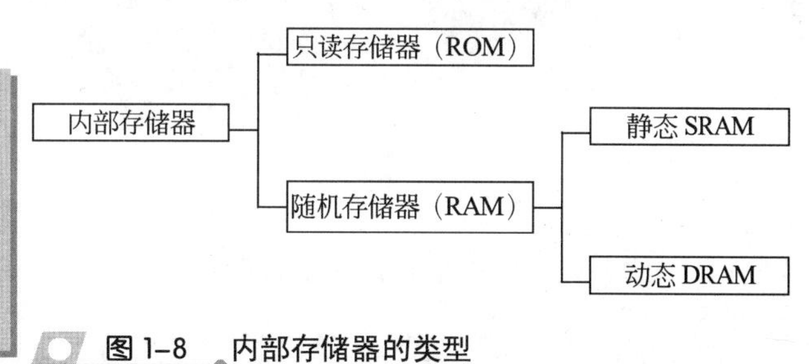

图 1-8 内部存储器的类型

ROM 的特点是保存的信息在断电后也不会丢失，因此其内部存储的都是系统引导程序、自检程序，以及输入/输出驱动程序等重要程序。相比之下，RAM 内的信息则会随着电力供应的中断而消失，因此只能用于存放临时信息。

在计算机所使用的 RAM 中，根据工作方式的不同可以将其分为静态 SRAM 和动态 DRAM 两种类型。两者间的差别在于，DRAM 需要不断地刷新电路，否则便会丢失其内部的数据，因此速度稍慢；SRAM 无需刷新电路即可持续保存内部存储的数据，因此速度相对较快。

提 示

通常所说的内存都是DRAM，现在市场主流的内存是称作DDR3 SDRAM内存。

事实上，SRAM便是CPU内部高速缓冲存储器（Cache）的主要构成部分，而DRAM则是主存（通常人们所说的内存便是指主存，其物理部件俗称为“内存条”）的主要构成部分。在计算机的运作过程中，Cache是CPU与主存之间的“数据中转站”，其功能是将CPU下一步要使用的数据预先从速度较慢的主存中读取出来并加以保存。这样一来，CPU便可以直接从速度较快的Cache内获取所需数据，从而通过提高数据交互速度来充分发挥CPU的数据处理能力。

提 示

目前，多数CPU内的Cache分为两个级别，一个是容量小、速度快的L1 Cache（一级缓存），另一个则是容量稍大、速度稍慢的L2 Cache（二级缓存），部分高端CPU还拥有容量最大，但速度较慢（比主存要快）的L3 Cache（三级缓存）。在CPU读取数据的过程中，会依次从L1 Cache、L2 Cache、L3 Cache和主存内进行读取。事实上，为提高系统运行效率，目前较新CPU已经将这些Cache集成到了CPU当中。

□ 外部存储器

外部存储器的作用是长期保存计算机内的各种数据，特点是存储容量大，但存储速度较慢。目前，计算机上的常用外部存储器主要有硬盘、光盘和U盘等，如图1-9所示。

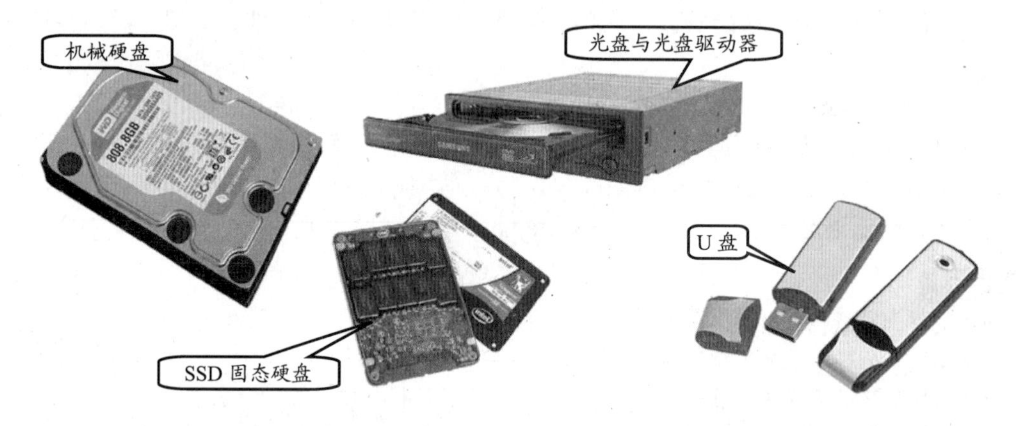

图1-9 各种类型的外部存储器

外部存储器大大扩展了计算机的存储能力，保证用户大量的系统程序、应用软件、用户数据有效长时间的保存，方便用户对这些数据的重复使用。

3. 输入/输出设备

输入/输出设备（Input/Output，I/O）是用户和计算机系统之间进行信息交换的重要设备，也是用户与计算机通信的桥梁。

计算机能够接收、存储、处理和输出的既可以是数值型数据，也可以是图形、图像、声音等非数值型数据，而且其方式和途径也多种多样。例如，按照输入设备的功能和数据输入形式，可以将目前常见的输入设备分为以下几种类型。

❑ **字符输入设备**　键盘。

❑ **图形输入设备**　鼠标、操纵杆、光笔。

❑ **图像输入设备**　摄像机、扫描仪、传真机。

❑ **音频输入设备**　麦克风。

在数据输出方面，计算机上任何输出设备的主要功能都是将计算机内的数据处理结果以字符、图形、图像、声音等人们所能够接受的媒体信息展现给用户。根据输出形式的不同，可以将目前常见的输出设备分为以下几种类型。

❑ **影像输出设备**　显示器、投影仪。

❑ **打印输出设备**　打印机、绘图仪。

❑ **音频输出设备**　耳机、音箱。

1.2.2　计算机软件系统

软件系统是计算机所运行各类程序及其相关文档的集合，计算机进行的任何工作都依赖于软件的运行。离开软件系统后，计算机硬件系统将变得毫无意义，这是因为只有配备了软件系统的计算机才能称为完整的计算机系统。

目前，计算机软件系统可分为系统软件和应用软件两大类，它们和计算机硬件及用户之间的关系如图 1-10 所示。

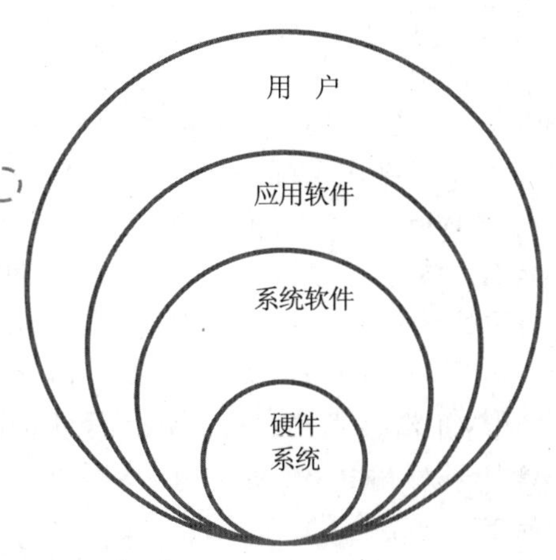

图 1-10　计算机软件、硬件和用户关系示意图

1. 程序与软件的概念

程序则是人们为完成某一特定功能而事先编写的一组有序指令集合。因此，程序具有如下一些特征。

❑ **目的性**　一个程序必须有一个明确的目的，即需要解决的问题或者完成的工作。

❑ **有序性**　在执行过程中，需要有顺序地执行相应的指令。

❑ **有限性**　一个程序解决的问题是明确的、有限的，不可能无穷无尽。

提　示

程序通常都是由某种计算机语言来编写的，由于其过程往往很复杂，因此由专门从事这项工作的人员来完成，而编写程序的工作即被称为程序设计。

现在，用户已经对程序有了一定的认识，那么软件是什么呢？其实，软件是程序、数据，以及在编写程序过程中所有规划设计文档的统称。相对于硬件而言，软件是计算机内的无形部分，计算机内部保存的所有信息都属于软件范畴。

2. 系统软件

为了使计算机能够正常、高效地进行工作，每台计算机都需要配备各种管理、监控和维护计算机软、硬件资源的程序，而这些程序便被称为系统软件。

目前，常见的系统软件主要有操作系统、语言处理与开发环境、数据库管理系统，以及其他服务类程序等。

❑ 操作系统

在系统软件中，操作系统（Operating System，OS）是负责直接控制和管理硬件的系统软件，也是一系列系统软件的集合。其功能通常包括处理器管理、存储管理、文件管理、设备管理和作业管理等。当多个软件同时运行时，操作系统负责规划以及优化系统资源，并将系统资源分配给各种软件。

操作系统是所有软件的基础，其可以为其他软件提供基本的硬件支持。常用的操作系统主要有以下几种。

❑ Windows XP

Windows XP 操作系统，是微软公司于 2001 年推出的一款基于 Windows NT 内核的单用户、多任务图形操作系统。它结合了 Windows 9X 和 Windows NT 两大系列操作系统的优点，相对 Windows 之前的系统，具有更高的安全性和更强的易用性。

Windows XP 系统是国内目前应用最广泛的操作系统。相对上一代的 Windows 2000 系统，其具有更快的休眠和激活过程；自带了大量（据说超过 1 万种）不同硬件的驱动；提供更加友好的用户界面；快速用户切换（可保存当前用户的状态，然后切换到另一个用户）；字体边缘平滑技术（ClearType，用于液晶显示器）；远程协助功能，允许远程控制计算机；增加了对 PPP_oE 协议的支持，允许用户直接使用 DSL 等网络连接。

Windows XP 一改之前 Windows 系统使用灰色作为各种任务栏、窗口的风格，首次使用了彩色的 3D 主题，并提供了 3 个色彩方案供用户选择。在界面上也进行了很大的创新，如图 1-11 所示。

图 1-11　Windows XP 的界面

随着 Windows XP 的发布，微软公司不断为 Windows XP 提供各种升级和更新。大约每 2～3 年，微软公司都会发布一个集合了过去数年针对 Windows 所有修补和增强的升级文件包（被称作服务包 Service Packs，简称 SP）。迄今为止，微软公司共为 Windows XP 发布了 3 个服务包，即 SP1～SP3，最新的 SP3 于 2008 年 4 月 21 日发布，5 月 6 日开始提供下载。

❑ Windows Vista

Windows Vista 是微软公司 Windows 操作系统家族的最新成员，于 2005 年 7 月 22

日正式公布。2006 年 11 月 8 日开始提供给 MSDN（微软开发网络，一个微软创办的程序员开发组织）、计算机制造商和企业用户，2007 年 1 月 30 日开始销售和提供下载。

相对上一版本的 Windows XP 操作系统，Windows Vista 包含了上百种新的功能。例如，再一次针对数年来硬件发展，提供了多达 28000 种自带驱动；新的多媒体创作工具 Windows DVD Maker；重新设计的网络、音频、输出（打印）和显示子系统；Vista 也使用点对点技术（peer-to-peer）提升了计算机系统在家庭网络中的通信能力，让在不同计算机或设备之间分享文件与多媒体内容变得更简单。

除此之外，Windows Vista 还提供了一个新的侧边栏，允许用户将一些日常应用较多的小程序放在侧边栏上。Windows Vista 以典雅的黑色作为系统主色调，如图 1-12 所示。

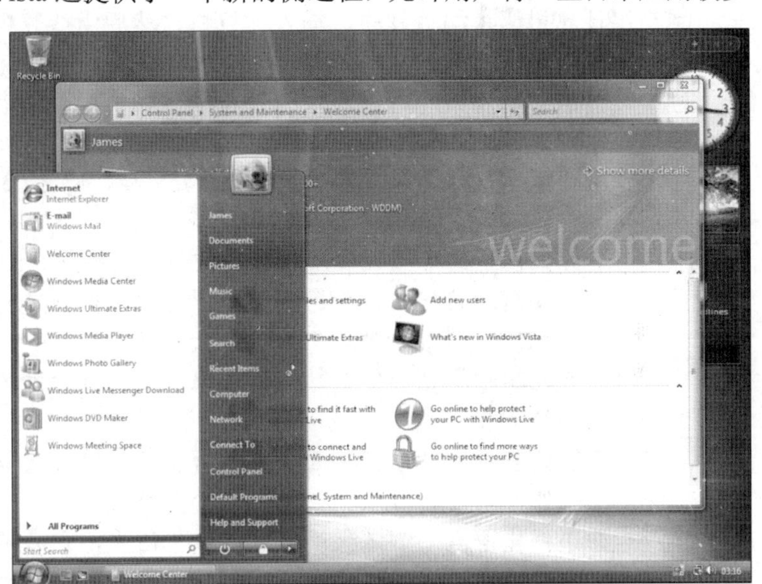

图 1-12　**Windows Vista 的界面**

❑ **Windows 7**

Windows 7 是由微软公司（Microsoft）开发的操作系统，核心版本号为 Windows NT 6.1。Windows 7 可供家庭及商业工作环境、笔记本电脑、平板电脑、多媒体中心等使用。

2009 年 7 月 14 日 Windows 7 RTM （Build 7600.16385）正式上线，2009 年 10 月 22 日微软于美国正式发布 Windows 7，如图 1-13 所示。

图 1-13　**Windows 7 操作系统**

❑ **Windows 8**

Windows 8 是由微软公司开发的，具有革命性变化的操作系统。该系统旨在让人们的日常计算机操作更加简单和快捷，为人们提供高效易行的工作环境。

Windows 8 不仅支持 Intel 和 AMD，还支持 ARM 的芯片架构。微软表示，这一决策意味着 Windows 系统开始向更多平台迈进，包括平板电脑和个人计算机。

Windows Phone 8 将采用和 Windows 8 相同的内核。2011 年 9 月 14 日，Windows 8 开发者预览版发布，宣布兼容移动终端，微软将苹果的 IOS、谷歌的 Android 视为 Windows 8 在移动领域的主要竞争对手。2012 年 2 月，微软发布“视窗 8”消费者预览版，可在平板电脑上使用。

微软在 2012 年 6 月 1 日发布 Windows 8 预览版（Windows 8 Release Preview），版本号 Build 8400。

❑ **程序设计语言**

用户用计算机语言编写程序，输入计算机，然后由计算机将其翻译成机器语言，在计算机上运行后输出结果。

程序设计语言的发展经历了 5 代——机器语言、汇编语言、高级语言、非过程化语言和智能化语言。

- **机器语言** 计算机所使用的是由“0”和“1”组成的二进制数，二进制是计算机语言的基础。
- **汇编语言** 为了减轻使用机器语言编程的痛苦，人们进行了一种有益的改进：用一些简洁的英文字母、符号串来替代一个特定的指令的二进制串，比如，用“ADD”代表加法，“MOV”代表数据传递等。这样一来，人们很容易读懂并理解程序在干什么，纠错及维护都变得方便了，这种程序设计语言就称为汇编语言。
- **高级语言** 这种语言接近于数学语言或人的自然语言，同时又不依赖于计算机硬件，编出的程序能在所有机器上通用。
- **非过程化语言** 第三代语言是过程化语言，它必须描述问题是如何求解的。第四代语言是非过程化语言，它只需描述需求解的问题是什么。例如，需要将某班学生的成绩按从高到低的次序输出，用第四代语言只需写出这个要即可，而不必写出排序的过程。
- **智能化语言** 主要是为人工智能领域设计的，如知识库系统、专家系统、推理工程、自然语言处理等。

❑ **语言处理程序**

计算机只能直接识别和执行机器语言，因此要在计算机上运行高级语言程序就必须配备程序语言翻译程序，即程序编译。

编译软件把一个源程序翻译成目标程序的工作过程分为 5 个阶段：词法分析；语法分析；语义检查和中间代码生成；代码优化；目标代码生成。主要是进行词法分析和语法分析，又称为源程序分析，分析过程中发现有语法错误，给出提示信息。

❑ **数据库管理程序**

数据库管理系统是一种操纵和管理数据库的大型软件，用于建立、使用和维护数据库。

❑ **系统辅助处理程序**

系统辅助处理程序也称为软件研制开发工具、支持软件、软件工具，主要有编辑程序、调试程序、装备和连接程序、调试程序。

3. 应用软件

应用软件（Application Software）是用户可以使用的各种程序设计语言，以及用各种程序设计语言编制的应用程序的集合，分为应用软件包和用户程序。

应用软件包是利用计算机解决某类问题而设计的程序的集合，供多用户使用。应用软件是为满足用户不同领域、不同问题的应用需求而提供的那部分软件。它可以拓宽计算机系统的应用领域，放大硬件的功能。

❑ 办公软件

办公软件是指在办公应用中使用的各种软件，这类软件的用途主要包括文字处理、表格数据的制作、演示动画制作、简单数据库处理等。在这类软件中，最常用的办公软件套装就是微软公司的 Office 系列软件。如图 1-14 所示为 Office 中的 Word 文本编辑软件；如图 1-15 所示为 Office 中的 Excel 电子表格处理软件。

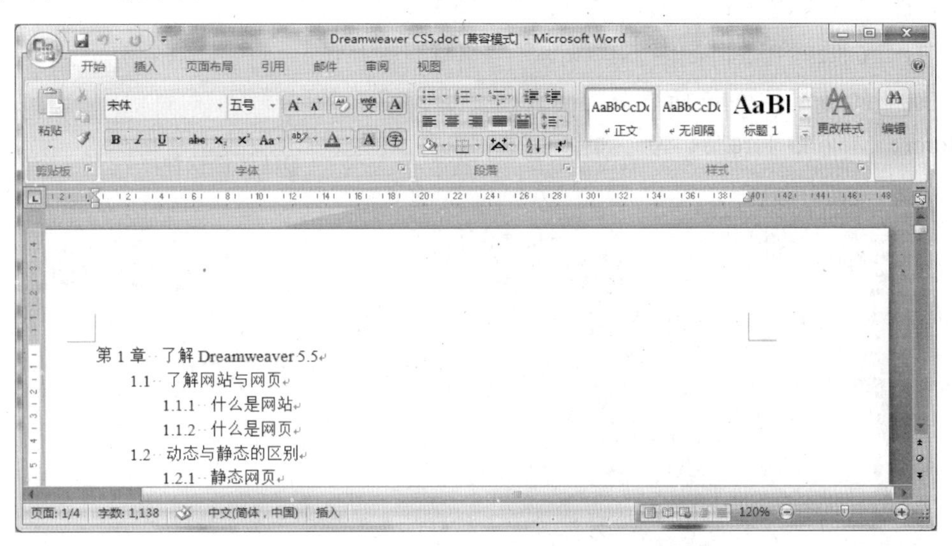

图 1-14 Word 文本编辑软件

员工工资表.xlsx - Microsoft Excel

开始 插入 页面布局 公式 数据 审阅 视图

粘贴 宋体 11 常规 条件格式 套用表格格式 单元格样式 插入 删除 格式 排序和筛选 查找和选择

剪贴板 字体 对齐方式 数字 样式 单元格 编辑

L5

员工工资表

编号	月份	姓名	部门	学历	参加工作时间	工龄	基本工资	奖金	实发工资
000001	2012.05	秦 毅	KTV客服部	大专	2005.03	8	1240	500	1740
000002	2012.05	王 宏	KTV客服部	本科	2006.12	6	1400	500	1900
000003	2012.05	彭晓飞	VOD客服部	大专	2003.11	9	1320	500	1820
000004	2012.05	董消寒	VOD客服部	本科	1997.07	15	2300	500	2800
000005	2012.05	张 跃	VOD客服部	硕士	1999.01	14	3300	500	3800
000006	2012.05	张延军	KTV开发部	大专	1998.05	15	1800	500	2300
000007	2012.05	胡少军	KTV开发部	本科	2005.12	7	1500	500	2000
000008	2012.05	毕承恩	KTV开发部	本科	2000.05	13	2100	500	2600
000009	2012.05	曲 磊	KTV工程部	硕士	2004.12	8	2400	500	2900

Sheet1 Sheet2 Sheet3

就绪 100%

图 1-15 电子表格处理软件

❑ 网络软件

网络软件是指支持数据通信和各种网络活动的软件。随着互联网技术的普及以及发展，产生了越来越多的网络软件。例如，各种网络通信软件、下载上传软件、网页浏览软件等。

常见的网络通信软件主要包括腾讯QQ、Windows Live Messager 等，如图 1-16 所示；常见的下载上传软件包括迅雷、LeapFTP、CuteFTP 等，如图 1-17 所示 ；常见的网页浏览软件包括微软 Internet Explorer、Mozilla FireFox 等，如图 1-18 所示。

图 1-16 QQ 通信软件

图 1-17 迅雷软件

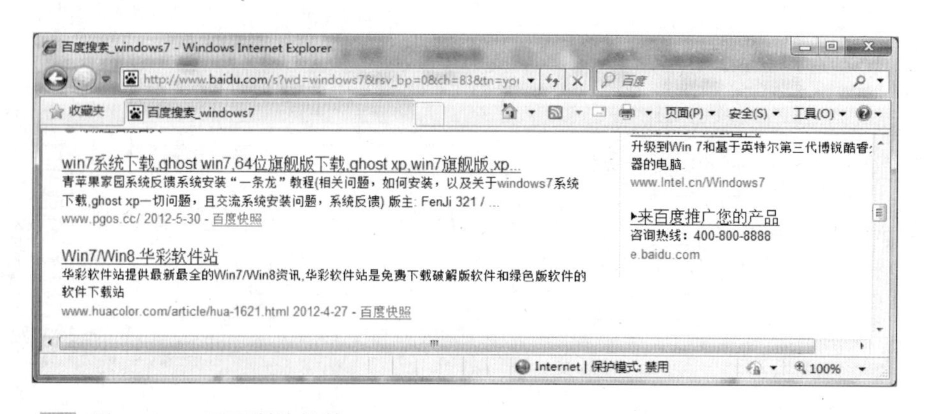

图 1-18 网页浏览软件

❑ 安全软件

安全软件是指辅助用户管理计算机安全性的软件程序。广义的安全软件用途十分广泛，主要包括防止病毒传播，防护网络攻击，屏蔽网页木马和危害性脚本，以及清理流氓软件等。

常用的安全软件很多，如防止病毒传播的卡巴斯基个人安全套装、防护网络攻击的天网防火墙，以及清理流氓软件的恶意软件清理助手等。

多数安全软件的功能并非唯一的，既可以防止病毒传播，也可以防护网络攻击，如“金山卫士”不仅可以防止一些有害插件、木马，还可以清理计算机中的一些垃圾等，如图1-19所示。

图1-19　金山卫士

❑ 图形图像软件

图形图像软件是浏览、编辑、捕捉、制作、管理各种图形和图像文档的软件。其中，既包含有各种专业的设计师开发的图像处理软件，如Photoshop等，如图1-20所示；也包括图像浏览和管理软件，如ACDSee等；以及捕捉桌面图像的软件，如HyperSnap等，如图1-21所示。

图1-20　Photoshop应用软件

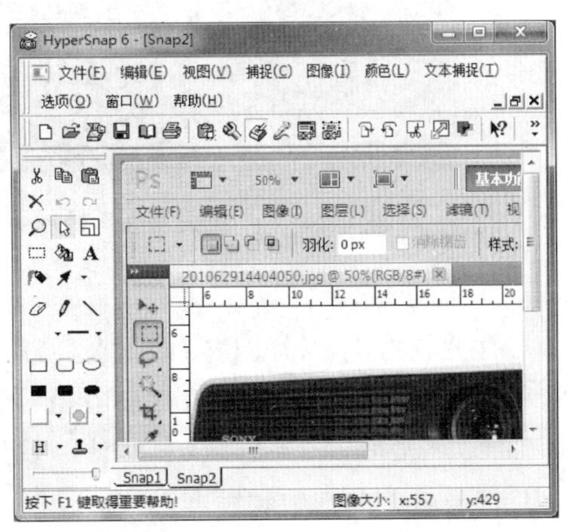

图1-21　HyperSnap抓图工具软件

❑ 多媒体软件

多媒体软件是指对视频、音频等数据进行播放、编辑、分割、转换等处理的相关软件。例如，在网络中经常使用“酷我音乐”来播放网络歌曲，如图 1-22 所示；通过“迅雷看看”来播放网络视频等，如图 1-23 所示。

图 1-22 “酷我音乐”播放器

图 1-23 “迅雷看看”播放器

❑ 行业软件

行业软件是指针对特定的行业定制的，具有明显行业特点的软件。随着办公自动化的普及，越来越多的行业软件被应用到生产活动中。常用的行业软件包括各种股票分析软件、列车时刻查询软件、科学计算软件、辅助设计软件等。

行业软件的产生和发展，极大地提高了各种生产活动的效率。尤其计算机辅助设计的出现，使工业设计人员从大量繁复的绘图中解脱出来。最著名的计算机辅助设计软件是 AutoCAD，如图 1-24 所示。

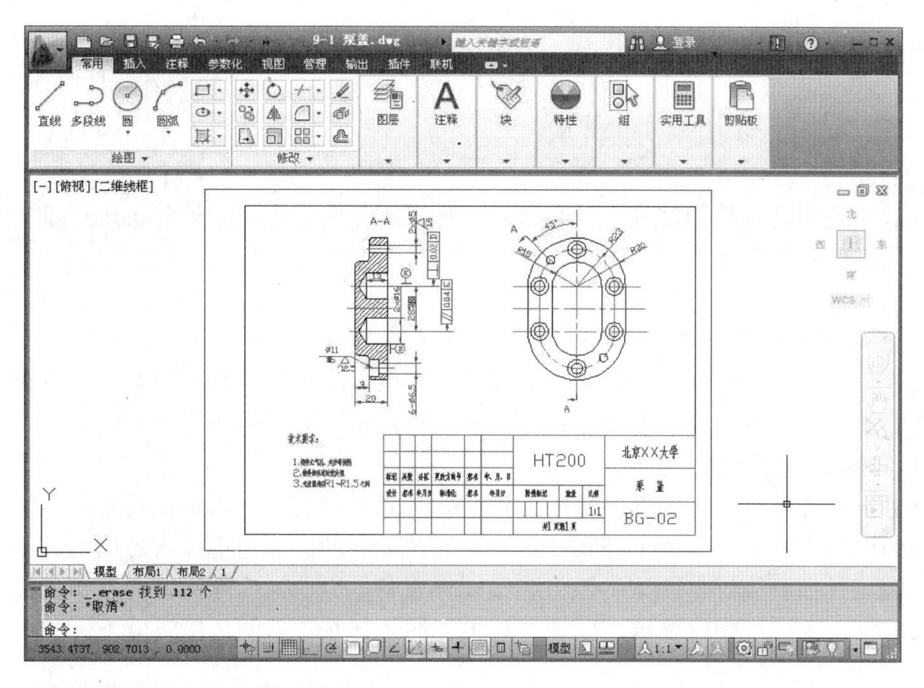

图 1-24　AutoCAD 界面

❑ 桌面工具

桌面工具主要是指一些应用于桌面的小型软件，可以帮助用户实现一些简单而琐碎的功能，提高用户使用计算机的效率，或为用户带来一些简单而趣味的体验。例如，帮助用户定时清理桌面、计算四则运算、即时翻译单词和语句、提供日历和日程提醒、改变操作系统的界面外观等。

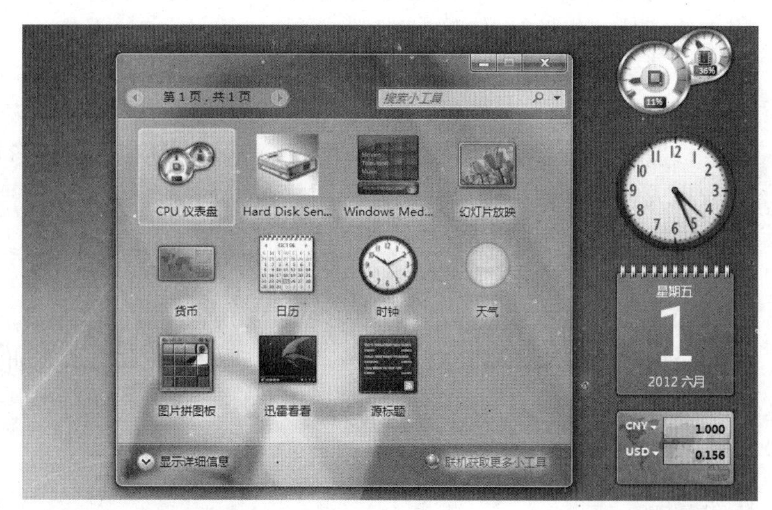

图 1-25　桌面小工具集

在各种桌面工具中，最著名且常用的就是微软在 Windows 操作系统中提供的各种附件了，包括计算器、画图、记事本、放大镜等。除了微软最新 Windows 7 操作系统，还提供了一些桌面小工，如图 1-25 所示。

1.3　保护计算机

对于计算机这样精密而复杂的电子设备来说，工作环境对其寿命有着不可忽视的影响，而计算机软件系统的运行状况，也在很大程度上影响着计算机的工作效率。

1.3.1 计算机环境要求

在日常使用计算机的过程中，必须从硬件和软件两个方面对计算机进行维护，只有这样才能够时刻保障计算机的正常运转。计算机在使用过程中，必然由于缺乏合理维护、操作不当或其他原因而出现故障。此时，用户所期望的便是如何迅速而正确地排除故障，以减少因故障而带来的损失。

为保证计算机的正常运行，必须对温度、湿度及其他与外部环境有关的各种情况进行控制，以免因运行环境欠佳而导致计算机无法正常运行或损坏等情况的发生。

❑ 保持合适的温度

计算机在启动后，其内部的各种元件（尤其是各种芯片）都会慢慢升温，并导致周围环境温度的上升。当温度上升到一定程度时，高温便会加速电路内各个部件的老化，甚至引起芯片插脚脱焊，严重时还将烧毁硬件设备。因此，应保证室内空气的流通，在有条件的情况下应当配置空调，以便计算机能够运行在正常的环境温度下。

❑ 保持合适的湿度

计算机周围环境的相对湿度应保持在 30%～80%的范围内。如果湿度过大，潮湿的空气不但会腐蚀计算机内的金属物质，还会降低计算机配件的绝缘性能，严重时还会造成短路，从而烧毁部件；如果湿度过低，则更容易产生静电，这些静电不但是计算机吸附灰尘的主要原因，严重时还会在某些情况下因放电现象（如与人体接触），从而击穿电路中的芯片，损坏计算机硬件。

❑ 保持环境清洁

计算机在运行时，其内部产生的静电及磁场很容易吸附灰尘。这些灰尘不仅会影响计算机散热，还会在湿度较大的情况下成为导电物质，从而影响计算机稳定，甚至短路，造成集成电路的损坏。因此，建议用户根据周围环境定期清理，以免因灰尘过多造成计算机损坏。

❑ 保持稳定的电压

保持计算机正常工作的电压需求为 220V，过高的电压会烧坏计算机的内部元件，而电压过低则会影响电源负载，导致计算机无法正常运行。因此，计算机应避免与空调、冰箱等大功率电器共用线路或插座，以免此类设备在工作时产生的瞬时电压波动影响计算机的正常运行。

提 示

为计算机配备 UPS 是一种优化电源环境的常用且实用的方法。

❑ 防止磁场干扰

由于硬盘采用磁信号作为载体来记录数据，因此当其位于较强磁场内时，便会由于受到磁场干扰而无法正常工作，严重时还会导致保存的数据遭到破坏。磁场干扰还会使电路产生额外的电压电流，从而导致显示器偏色、抖动、变形等现象。因此，应避免在计算机附近放置强电、强磁设备。另外，在计算机周围放置的多媒体音箱也应该选择防磁效果较好的产品，并且在摆放时尽量远离主机、显示器。

1.3.2 计算机保养

将计算机置于合适的环境中，是保证计算机正常运作的前提。此外，掌握安全操作计算机的方法，也能够减少计算机硬件故障的发生。为此，下面将对各硬件的安全操作注意事项进行简单介绍。

1. 电源

电源是计算机的动力之源，机箱内所有的硬件几乎都依靠电源进行供电。为此，人们应在使用计算机的过程中，注意一些与电源相关的问题。

例如在正常工作状态下，电源风扇会发出轻微而均匀的转动声，但若声音异常或风扇停止转动，则应立即关闭计算机。否则，轻则导致因机箱和电源散热效率下降而引起计算机工作不稳定，重则损坏电源。此外，电源风扇在工作时容易吸附灰尘，所以计算机在使用一段时间后，应对电源进行清洁，以免因灰尘过多而影响电源的正常工作。

提 示

定期为电源风扇转轴添加润滑油，可增加风扇转动时的润滑性，从而延长风扇寿命。

2. 硬盘

硬盘是计算机的数据仓库，包括操作系统在内的众多应用程序和数据都存储在硬盘内，其重要性不言而喻。为了保证硬盘能够正常、稳定地工作，在硬盘进行读/写操作时，严禁突然关闭计算机电源，或者碰撞、挪动计算机，以免造成数据丢失。这是因为，硬盘磁头在工作时会悬浮在高速旋转的盘片上，突然断电或碰撞都有可能造成磁头与盘片的接触，从而造成数据的丢失与硬盘的永久损坏。

3. 光驱

光驱在使用一段时候后，激光头和机芯上往往会附着很多灰尘，从而造成光驱读盘能力的下降，严重时光驱完全报废。不过，如果能够遵照下面的方式来正确使用光驱，不但可以保证光驱的读盘能力，还能够适当延长光驱的使用寿命。

第一是光驱在读盘时，不要强行弹出光盘，以免光驱内的托盘和激光头发生摩擦，从而损伤光盘与激光头。

第二是光驱要注意防尘，禁止使用光驱读取劣质光盘和带有灰尘的光盘。并且在每次打开光驱托盘后，都要尽快关上，以免灰尘进入光驱。

第三是必要时可以对光驱激光头进行清洁，并对机芯的机械部位添加润滑油，以减小其工作时产生的摩擦力，如图 1-26 所示。

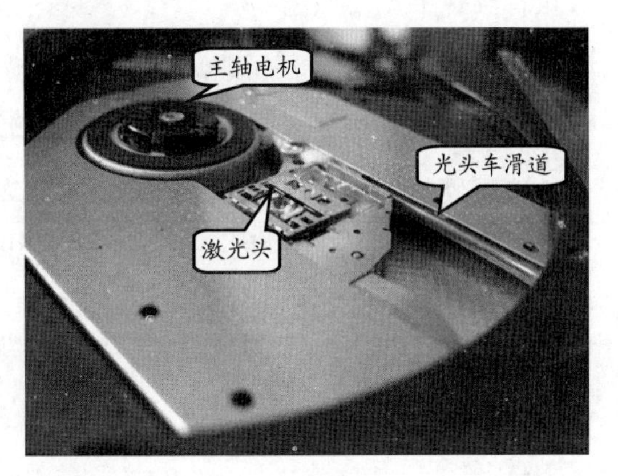

图 1-26 光驱内部情形

4. 显示器

显示器是计算机的重要输出设备之一，正确和安全地使用显示器，不但能够延长显示器使用寿命，还能够保障使用者的身体健康。为此，在使用显示器的过程中，应当注意以下几点。

显示器应远离磁场干扰，避免使CRT屏幕磁化而使显示内容偏色变形；避免将显示器置于潮湿的工作环境中，也不要将其长时间放置于强光照射的地方；在不使用计算机时，应使用防尘罩遮盖显示器，以免灰尘进入显示器内部。

注 意

关闭计算机后，应当待显示器内部的热量散尽后，再为其覆盖防尘罩。

在使用一段时间后，还要清洁显示器外壳和屏幕上的灰尘。清洁时，可用毛刷或小型吸尘器去除显示器外壳上的灰尘，而显示器屏幕上的灰尘可以用镜面纸或干面纸从屏幕内圈向外呈放射状轻轻擦拭。

提 示

计算机配件市场内通常会有清洁套装出售，其清洁效果大都优于普通纸巾。

5. 鼠标和键盘

鼠标和键盘是用户操作计算机时接触最为频繁的硬件，但由于它们长期曝露在外，因此很容易积聚灰尘。此外，由于使用频繁，键盘和鼠标上的按键也很容易损坏，所以在使用时应当注意以下几点。

首先是定期清洁键盘和鼠标的表面、按键之间，以及缝隙内的灰尘和污垢，并定期清洗鼠标垫。

其次是在使用键盘时，按键的动作和力度要适当，以防机械部件受损后失效。在关闭计算机后，还应为其覆盖防尘罩。

最后是在使用鼠标时，应尽量避免摔、碰、强力拉线等操作，因为这些操作都是造成鼠标损坏的主要原因。

1.4 实验指导：查看计算机硬件信息

查看硬件信息不仅能帮助用户辨别计算机的硬件型号，还能让用户了解硬件的详细规格。为此，下面将对利用 EVEREST Ultimate Edition 查看计算机硬件信息的方法进行讲解。

1. 实验目的

- 查看CPU信息。
- 查看内存信息。
- 查看显卡信息。

2. 实验步骤

1 启动 EVEREST Ultimate Edition 后，该软件将自动检测当前计算机的硬件配置，完成后自动进入软件主界面，如图1-27所示。

图 1-27　启动 EVEREST Ultimate Edition

2　展开【主板】目录后，选择【中央处理器（CPU）】选项，即可在软件右窗格内查看 CPU 的名称、类型、缓存大小等信息，如图 1-28 所示。

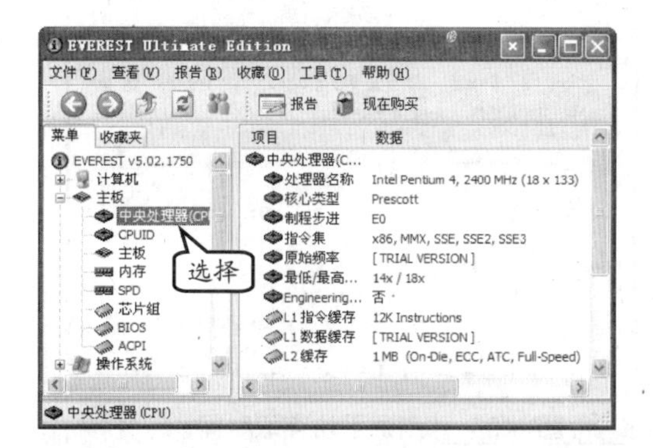

图 1-28　查看 CPU 信息

3　选择【内存】选项，可查看到计算机的物理内存、交换区、虚拟内存等信息，如图 1-29 所示。

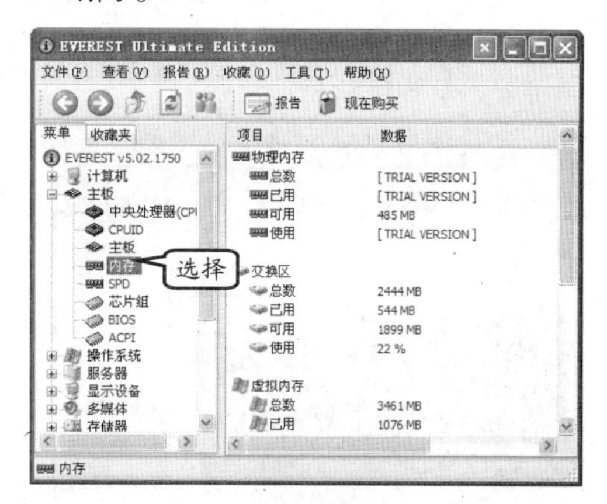

图 1-29　查看内存信息

4　展开【显示设备】目录，选择【Windows 视频】选项后，可在软件的右侧窗格内查看到显卡的芯片类型、显存大小等信息，如图 1-30 所示。

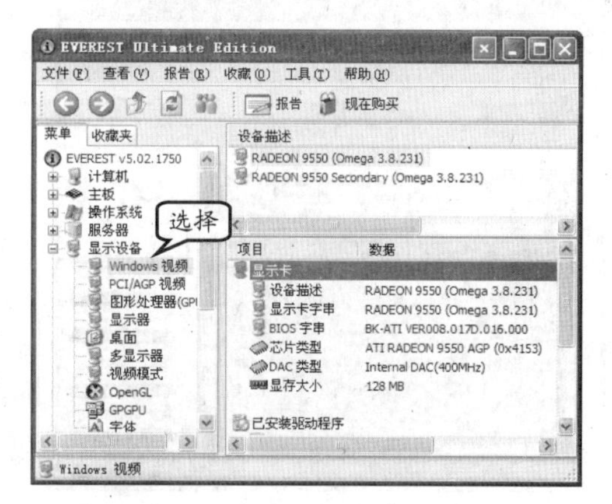

图 1-30　查看显卡信息

1.5　实验指导：检测硬盘性能

硬盘作为目前最为重要的外部存储设备，其性能直接关系到整个计算机存储系统的性能，也影响着计算机整体的工作效率。为此，下面将通过演示硬盘性能检测软件的使用方法，使用户了解硬盘性能的检测方法，并以此来更好地评估计算机的整体性能。

1. 实验目的

- 测试硬盘平均传输速率。
- 测试硬盘寻道时间。
- 测试硬盘平均存取时间。

2. 实验步骤

1　启动 HD Tune Pro 后，单击【基准】选项卡中的【开始】按钮，如图 1-31 所示。

2　在测试过程中，图表区域内会逐渐显示测试结果。测试完成后，窗口右侧区域内将会依次显示最低/高传输速率、存取时间等测试信息，如图 1–32 所示。

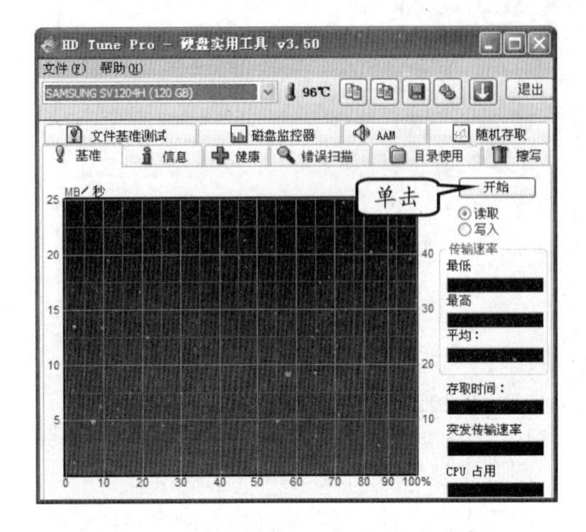

图 1–31　开始测试平均传输速率

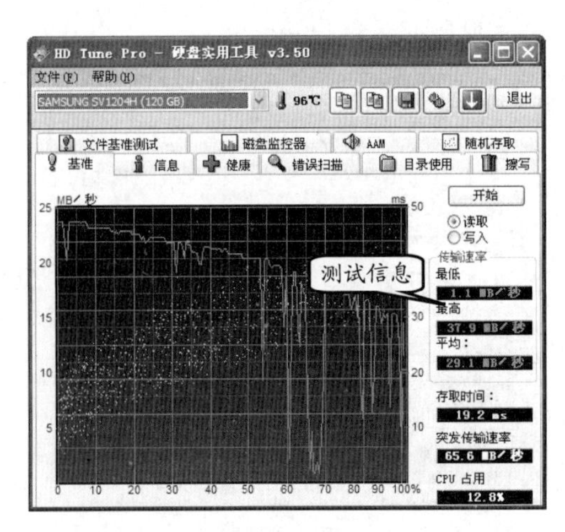

图 1–32　测试信息

3　选择 AAM 选项卡，单击【测试】按钮，如图 1–33 所示。

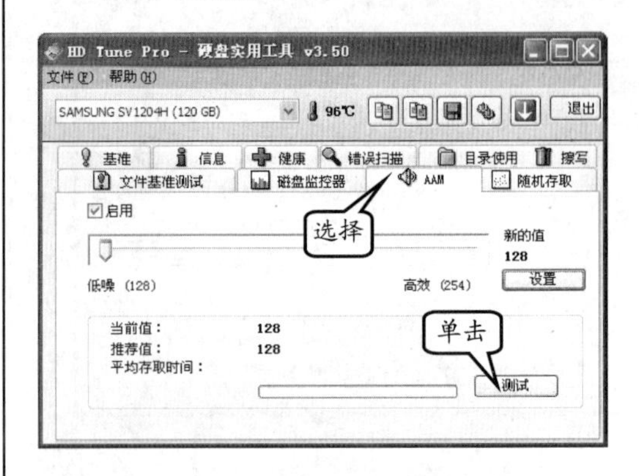

图 1–33　开始测试平均存取时间

4　测试完成后，将在软件窗口中查看到平均存取时间，如图 1–34 所示。

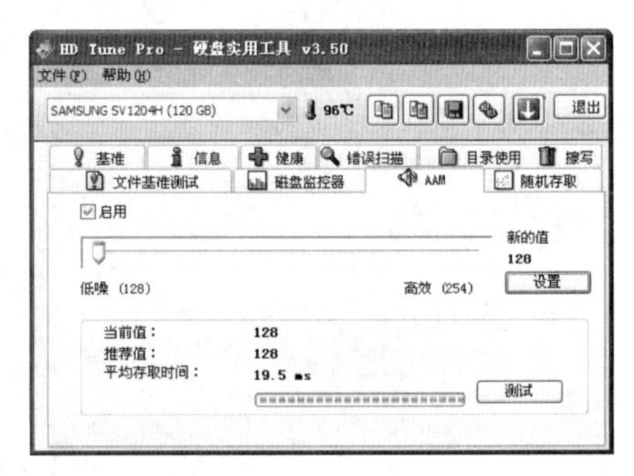

图 1–34　测试平均存取时间

提　示

AAM（Automatic Acoustic Management，声音管理模式）是硬盘厂商为了降低硬盘工作噪声而提出的一种技术规范。

1.6　思考与练习

一、填空题

1．第一台计算机（ENIAC）于 1946 年 2 月在__________诞生。

2．第二代电子计算机采用__________作为电子元件。

3．计算机系统由硬件部分和__________部分组成。

4．CPU 即____________________，是电脑的核心，它决定着电脑处理数据的能力和速度。

5．计算机部件主要有输入设备、__________和__________设备组成。

6．计算机目前正朝着智能化第__________代计算机方向发展。

二、选择题

1. 在下面选项中，不属于应用软件的是__________。

   A. Windows XP

   B. Word

   C. Excel

   D. 搜狗拼音输入法

2. 计算机硬件由__________组成。

   A. 主机　　B. 显示器

   C. 键盘　　D. 鼠标

3. 计算机的基本特点是__________。

   A. 记忆能力强

   B. 计算精度高与逻辑判断准确

   C. 高速的处理能力

   D. 能自动完成各种操作

4. 当前，计算机发展趋势有__________。

   A. 巨型化　　B. 网络化

   C. 智能化　　D. 微型化

5. 计算机的应用领域有__________。

   A. 科学计算

   B. 过程检测与控制

   C. 信息管理

   D. 计算机辅助系统

三、简答题

1. 简述计算机的分类？
2. 简述计算机硬件的组成部分？
3. 简述平时如何保养计算机？

四、上机练习

1. CPU-Z 的检测功能

HWMonitor 是一款 CPUID 的新软件，不满足 CPU-Z 的检测功能。这个软件具有实时监测的特性，而且继承了免安装的优良传统。通过传感器可以实时监测 CPU 的电压、温度、风扇转速，内存电压，主板南北桥温度、硬盘温度，显卡温度等。

安装并启动该软件，弹出 CPUID Hardware Monitor 窗口，如图 1-35 所示。

在图 1-35 中，用户可以看到以计算机为单位的，将各工作硬件部分以目录方式显示。其中，包含了 Voltage（电压）、Temperatures（温度）、Fans（风扇）等计算机 CPU 的相关信息。

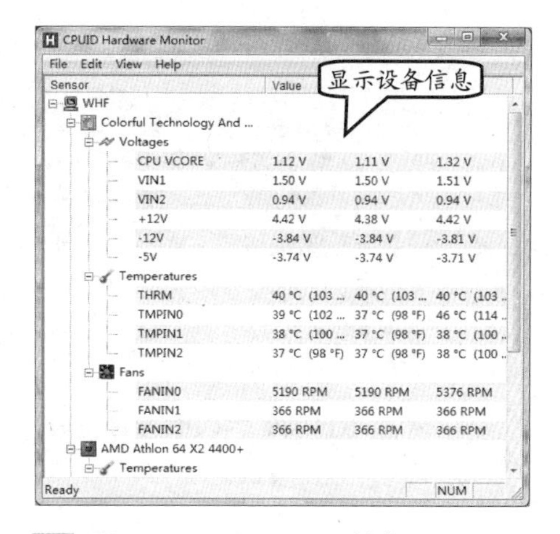

图 1-35　显示 CPU 信息

2. CPU 性能测试

Performance Test 是一款测试计算机性能的专用测试程序，包含有 22 种独立的测试项目，包括浮点运算器测试、标准 2D 图形性能测试、3D 图形性能测试、磁盘文件读写及搜索测试、内存测试和 CPU 的 MMX 相容性测试 6 类。

对 CPU 性能进行测试，其测试项目包括整数数学、浮点数学、查找素数、SSE/3Dnow、压缩、加密、图像旋转、字符排序。例如，单击工具栏中的【运行 CPU 测试组件】按钮，即可开始进行 CPU 性能测试，如图 1-36 所示。

图 1-36　运行 CPU 测试组件

此时，将显示 CPU 测试的进度，并提示正在对 CPU 所做的测试内容，如“正在运行[CPU-整数数字]”等信息，如图 1-37 所示。

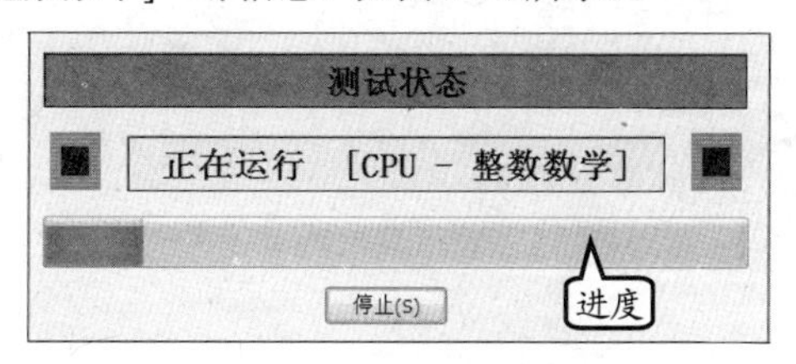

图 1-37　显示测试状态

待进度条完成后，即可结束测试，显示 CPU 测试结果，如图 1-38 所示。

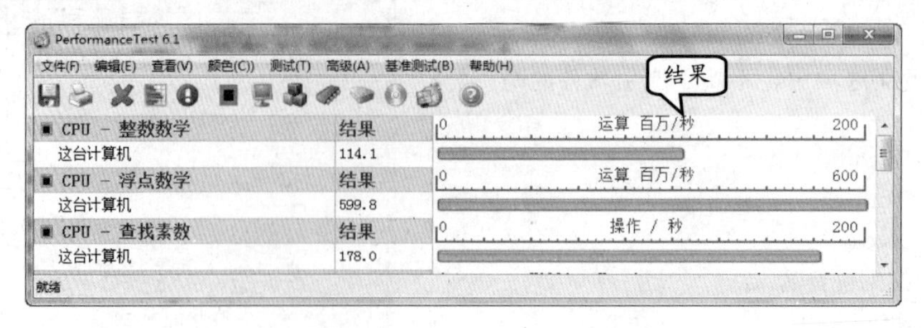

图 1-38 **CPU 测试结果**

第 2 章

Windows 7 操作系统

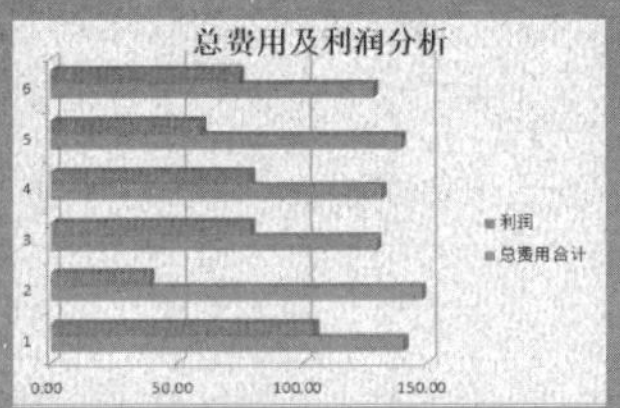

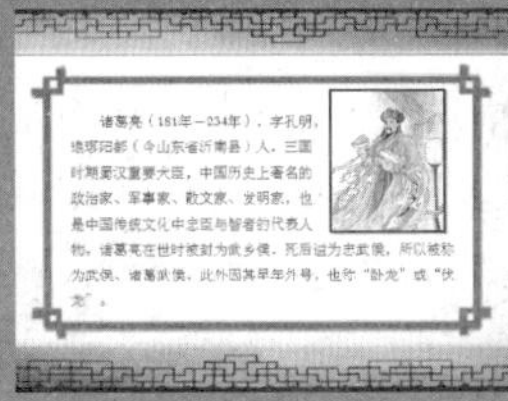

Windows 7 操作是微软公司（Microsoft）开发的较新的一代操作系统，其核心版本号为 Windows NT 6.1。Windows 7 操作系统可供家庭及商业工作环境、笔记本电脑、平板电脑、多媒体中心等使用。该系统主要特性是强调数据的搜索查询和与之配套名为 WinFS 的高级文件系统。

本章将学习操作系统的一些基本知识，以及 Windows 7 的基本操作、窗口及文件夹操作、输入法等内容。

本章学习要点：

- 了解操作系统
- 了解 Windows 7 操作系统
- Windows 7 的基本操作
- 认识 Windows 窗口
- 文件和文件夹操作

2.1 了解操作系统

操作系统是计算机不可缺少的部分，也是计算机的灵魂。没有操作系统的计算机是无法进行工作的，它在计算机中用于支配各硬件的运行。

2.1.1 操作系统的发展

操作系统并不是与计算机硬件一起诞生的，它在人们使用计算机的过程中，满足了两大需求：提高资源利用率和增强计算机系统性能。

1. 手工操作

1946年第一台计算机诞生，还未出现操作系统，计算机工作采用手工操作方式。程序员将对应于程序和数据的已穿孔的纸带（或卡片）装入输入机。然后，启动输入机把程序和数据输入计算机内存，接着通过控制台开关启动程序针对数据运行。计算完毕，打印机输出计算结果，用户取走结果并卸下纸带（或卡片）后，才让下一个用户上机，如图2-1所示。

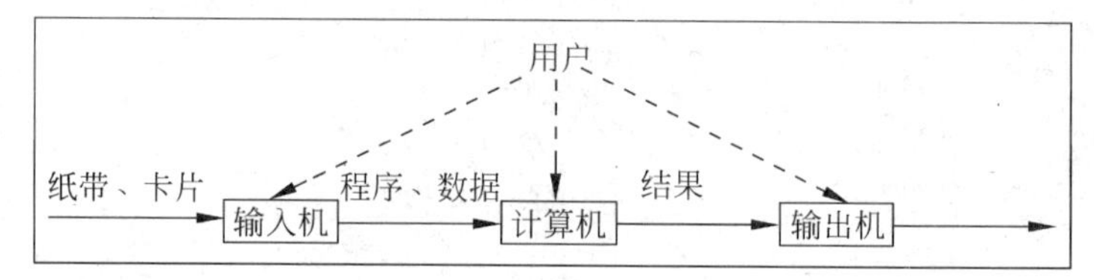

图 2-1 手工操作计算机

手工操作的慢速度和计算机的高速度之间形成了尖锐矛盾，已严重损害了系统资源的利用率，解决这个问题已经刻不容缓。因此，只有摆脱人的手工操作，实现作业的自动过渡，即成批处理，才能解决这个问题。

2. 批处理系统

通过在计算机上加载一个系统软件，在系统软件的控制下，计算机能够自动地、成批地处理一个或多个用户的作业（这作业包括程序、数据和命令），这就是“联机批处理系统”。

批处理系统在主机与输入机之间增加一个存储设备——磁带，在运行于主机上的监督程序的自动控制下，计算机可自动完成。

例如，成批地把输入机上的用户作业读入磁带，依次把磁带上的用户作业读入主机内存执行，并把计算结果向输出机输出。完成了上一批作业后，监督程序又从输入机上输入另一批作业，保存在磁带上，并按上述步骤重复处理。

监督程序不停地处理各个作业，从而实现了作业到作业的自动转接，减少了作业建立时间和手工操作时间，提高了计算机的利用率，如图2-2所示。

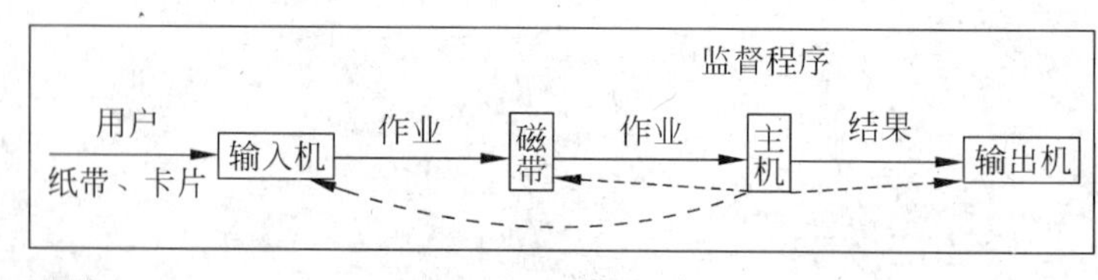

图 2-2 联机批处理系统

经过一段时间的应用，高速主机与慢速外设之间又产生了新的矛盾，为了提高CPU的利用率，又引入了脱机批处理系统，即输入/输出脱离主机控制，如图2-3所示。

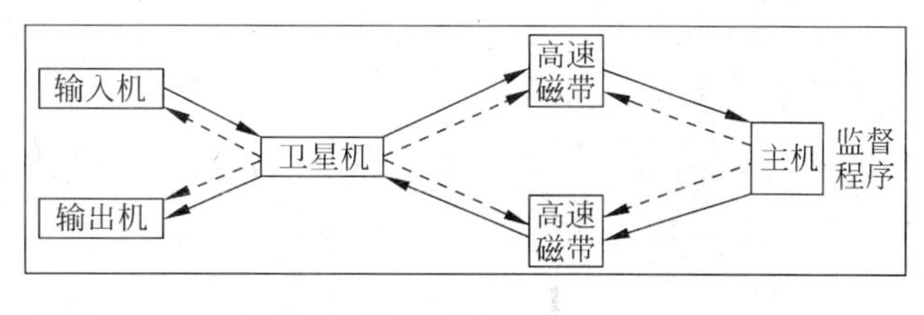

图2-3 脱机批处理系统

脱机批处理系统是增加一台不与主机直接相连而专门用于与输入/输出设备打交道的卫星机。

主机不是直接与慢速的输入/输出设备打交道的，而是与速度相对较快的磁带机发生关系，有效缓解了主机与设备的矛盾。

主机与卫星机可并行工作，二者分工明确，可以充分发挥主机的高速计算能力。20世纪60年代应用十分广泛，脱机批处理系统极大缓解了人机矛盾及主机与外设的矛盾。

3. 多道程序系统

虽然，脱机批处理系统已经解决最初系统所产生的一系列问题，并大大提高了计算机的工作效率。但每次主机内存中仅存放一道作业，每当它运行期间发出输入/输出（I/O）请求后，高速的CPU处于等待状态，致使CPU空闲。

为了改善CPU的利用率，又引入了多道程序系统，即允许多个程序同时进入内存并运行。同时把多个程序放入内存，并允许它们交替在CPU中运行，它们共享系统中的各种硬、软件资源。当一道程序因I/O请求而暂停运行时，CPU便立即转去运行另一道程序，如图2-4所示。

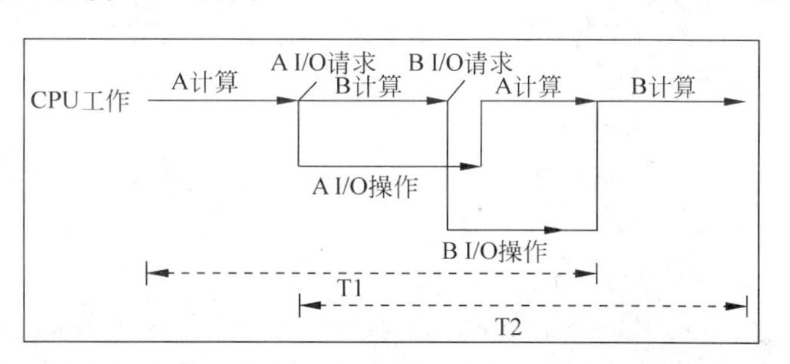

图2-4 多道程序工作序列

将A、B两道程序同时存放在内存中，它们在系统的控制下，可相互穿插、交替地在CPU上运行：当A程序因请求I/O操作而放弃CPU时，B程序就可占用CPU运行，这样CPU不再空闲，而正进行A程序的I/O操作的I/O设备也不空闲。

显然，CPU和I/O设备都处于“忙”状态，大大提高了资源的利用率，从而也提高了系统的效率，A程序和B程序全部完成所需时间小于T1+T2。

4. 多道批处理系统

20世纪60年代中期，在前述的批处理系统中，引入多道程序设计技术后形成多道批处理系统（简称批处理系统）。它有两个特点。

❑ **多道的特点**

该系统内可同时容纳多个作业。这些作业放在外存中，组成一个后备队列，系统按一定的调度原则每次从后备作业队列中选取一个或多个作业进入内存运行，运行作业结束、退出运行和后备作业进入运行均由系统自动实现，从而在系统中形成一个自动转接的、连续的作业流。

❑ **成批的特点**

在系统运行过程中，不允许用户与其作业发生交互作用，即作业一旦进入系统，用户就不能直接干预其作业的运行。

5. 分时系统

由于 CPU 速度不断提高和采用分时技术，一台计算机可同时连接多个用户终端，而每个用户可在自己的终端上联机使用计算机，好像自己独占机器一样，如图 2-5 所示。

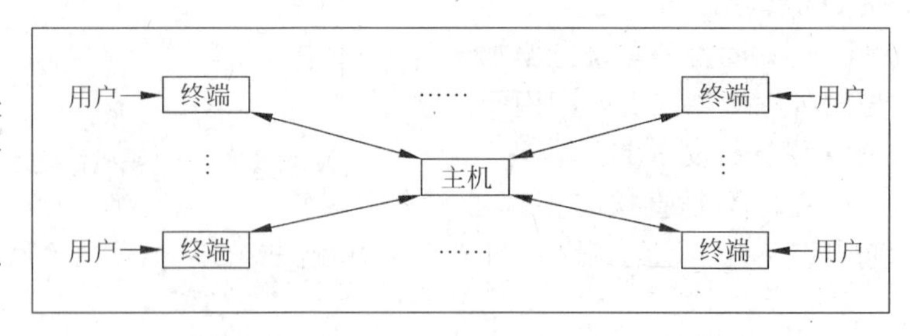

图 2-5 分时系统

而分时技术是把处理机的运行时间分成很短的时间片，按时间片轮流把处理机分配给各联机作业使用。

若某个作业在分配给它的时间片内不能完成其计算，则该作业暂时中断，把处理机让给另一作业使用，等待下一轮时再继续其运行。而每个用户可以通过自己的终端向系统发出各种操作控制命令，在充分的人机交互情况下，完成作业的运行。

具有上述特征的计算机系统称为分时系统，它允许多个用户同时联机使用计算机。其特点如下。

❑ **多路性**

若干个用户同时使用一台计算机。微观上看是各用户轮流使用计算机；宏观上看是各用户并行工作。

❑ **交互性**

用户可根据系统对请求的响应结果，进一步向系统提出新的请求。这种能使用户与系统进行人机对话的工作方式，明显地有别于批处理系统，因而分时系统又被称为交互式系统。

❑ **独立性**

用户之间可以相互独立操作，互不干扰。系统保证各用户程序运行的完整性，不会发生相互混淆或破坏现象。

❑ **及时性**

系统可对用户的输入及时做出响应。分时系统性能的主要指标之一是响应时间，即从终端发出命令到系统予以应答所需的时间。

6. 实时系统

虽然多道批处理系统和分时系统能获得较令人满意的资源利用率和系统响应时间，但却不能满足实时控制与实时信息处理两个应用领域的需求。于是就产生了实时系统，即系统能够及时响应随机发生的外部事件，并在严格的时间范围内完成对该事件的处理。

实时系统在一个特定的应用中常作为一种控制设备来使用。实时系统可分成两类。

❑ **实时控制系统**

当用于飞机飞行、导弹发射等的自动控制时，要求计算机能尽快处理测量系统测得的数据，及时地对飞机或导弹进行控制，或将有关信息通过显示终端提供给决策人员等。

❑ 实时信息处理系统

当用于预定飞机票、查询有关航班、航线、票价等事宜时，或当用于银行系统、情报检索系统时，都要求计算机能对终端设备发来的服务请求及时予以正确的回答。

7. 通用操作系统

操作系统可分为多道批处理系统、分时系统、实时系统 3 种基本类型，而通用操作系统是具有多种类型操作特征的操作系统。可以同时兼有多道批处理、分时、实时处理的功能，或其中两种以上的功能。

从 20 世纪 60 年代中期，国际上开始研制一些大型的通用操作系统。这些系统试图达到功能齐全、可适应各种应用范围和操作方式变化多端的环境的目标。但是，这些系统过于复杂和庞大，不仅付出了巨大的代价，且在解决其可靠性、可维护性和可理解性方面都遇到很大的困难。

相比之下，UNIX 操作系统却是一个例外。这是一个通用的多用户分时交互型的操作系统。它首先建立的是一个精干的核心，而其功能却足以与许多大型的操作系统相媲美，在核心层以外，可以支持庞大的软件系统。它很快得到应用和推广，并不断完善，对现代操作系统有着重大的影响。

8. 现代操作系统

进入 20 世纪 80 年代，大规模集成电路工艺技术的飞跃发展，微处理机的出现和发展，掀起了计算机大发展大普及的浪潮。

迎来了个人计算机的时代，同时又向计算机网络、分布式处理、巨型计算机和智能化方向发展。于是，操作系统有了进一步的分类及划分，如个人计算机操作系统、网络操作系统、分布式操作系统等。

2.1.2 操作系统的功能

操作系统的主要功能是资源管理、程序控制和人机交互等。

1. 资源管理

在操作系统中，资源管理可分为设备资源和信息资源，系统根据用户需求按一定的策略来进行分配和调度。

设备资源指的是组成计算机的硬件设备，如中央处理器、主存储器、磁盘存储器、打印机、磁带存储器、显示器、键盘输入设备和鼠标等。信息资源指的是存放于计算机内的各种数据，如文件、程序库、知识库、系统软件和应用软件等。

设备管理功能主要是分配和回收外部设备以及控制外部设备按用户程序的要求进行操作等。对于非存储型外部设备，如打印机、显示器等，它们可以直接作为一个设备分配给一个用户程序，在使用完毕后回收以便给另一个需求的用户使用。对于存储型的外部设备，如磁盘、磁带等，则是提供存储空间给用户，用来存放文件和数据。存储性外部设备的管理与信息管理是密切结合的。

信息管理是操作系统的一个重要的功能，主要是向用户提供一个文件系统。一般来说，一个文件系统向用户提供创建文件、撤销文件、读写文件、打开和关闭文件等功能。有了文件系统后，用户可按文件名存取数据而无需知道这些数据存放在哪里。这种做法不仅便于用户使用，而且还有利于用户共享公共数据。此外，由于文件建立时允许创建者规定使用权限，这就可以保证数据的安全性。

2. 程序控制

一个用户程序的执行自始至终是在操作系统控制下进行的。一个用户将他要解决的问题用某一种程序设计语言编写了一个程序后，就将该程序连同对它执行的要求输入到计算机内，操作系统就根据要求控制这个用户程序的执行直到结束。操作系统控制用户的执行主要有以下一些内容：调入相应的编译程序，将用某种程序设计语言编写的源程序编译成计算机可执行的目标程序，分配内存储等资源将程序调入内存并启动，按用户指定的要求处理执行中出现的各种事件以及与操作员联系请示有关意外事件的处理等。

3. 人机交互

操作系统的人机交互功能是决定计算机系统“友善性”的一个重要因素。人机交互功能主要靠可输入/输出的外部设备和相应的软件来完成。可供人机交互使用的设备主要有键盘显示、鼠标、各种模式识别设备等。与这些设备相应的软件就是操作系统提供人机交互功能的部分。人机交互部分的主要作用是控制有关设备的运行和理解，并执行通过人机交互设备传来的有关的各种命令和要求。

操作系统位于底层硬件与用户之间，是两者沟通的桥梁。用户可以通过操作系统的用户界面输入命令，操作系统则对命令进行解释，驱动硬件设备实现用户要求。目前而言，一个标准个人计算机的操作系统应该提供以下的功能。

- 进程管理（Processing Management）。
- 记忆空间管理（Memory Management）。
- 文件系统（File System）。
- 网络通信（Networking）。
- 安全机制（Security）。
- 使用者界面（User Interface）。
- 驱动程序（Device Drivers）。

2.2 了解 Windows 7 操作系统

Windows 7 是微软继 Windows XP 和 Windows Vista 之后的新一代的操作系统，是微软操作系统变革的标志。

2.2.1 Windows 7 系统新特性

Windows 7 操作系统相比于 Windows XP 和 Windows Vista 有了革命性的变化。

1. 快捷的响应速度

用户希望操作系统能够随时待命，并能够快速响应请求。因此，Windows 7 在设计时更加注重了可用性和响应性。Windows 7 减少了后台活动并支持触发启动系统服务，系统服务仅在需要时才会启动，所以 Windows 7 默认启动的服务比 Windows XP 和 Windows Vista 更少，同时提供了更加强大的功能。

在 Windows 7 中重要的性能改进主要表现在以下方面。

- 运行 Windows 7 的计算机的启动速度更快，而且启动时间也更加稳定。
- Windows 7 在关闭时的速度也要比 Windows Vista 更快。
- Windows 7 从待机状态恢复到可用状态只需要很短的时间。
- 如果用户使用睡眠模式，将花费更少的时间就能让计算机准备就绪。
- Internet Explorer 8 的启动更快速，能立即创建新的选项卡并且加载网页的速度更快。

2. 安全、可靠的性能

Windows 7 被设计为目前最可靠的 Windows 版本。用户将遇到更少的中断，并且能在问题发生时迅速恢复。

在 Windows 7 系统中，加入了容错堆功能。据统计多达 15%的操作系统崩溃是由容错堆损坏造成的。Windows 7 中的容错堆可以缓解最常见的堆损坏诱因，而不需要对恶意应用程序进行修改，从而显著减少崩溃事件的发生。

Windows 7 提高了打印功能，其驱动程序可以防止质量不高的设备驱动程序造成负面影响。例如，打印诊断包可以更轻松地诊断和修复常见打印问题。

3. 延长的电池使用时间

Windows 7 延长了移动 PC 的电池寿命，能让用户在获得性能的同时延长工作时间。省电增强，包括增加处理器的空闲时间、自动关闭显示器，以及能效更高的 DVD 播放。

空闲的处理器会延长电池寿命，Windows 7 减少了后台活动并支持触发启动系统服务，因此计算机处理器可以更多地处于空闲状态。

计算机在播放 DVD 时消耗的电量更少。Windows 7 对电量的要求比之前版本的 Windows 更低，并且在读取磁盘时更高效。而且 Windows 7 提供了更明显、更及时、更准确的电池寿命通知，以帮助用户了解耗电情况和剩余电池寿命。

4. 应用程序兼容性

Windows 7 正在力争提供高度的应用程序兼容性，确保在 Windows Vista 和 Windows Server 2008 上运行的应用程序，也能在 Windows 7 上良好地运行。

Microsoft 针对客户和企业应用程序建立了一个全面的列表，Windows 7 将以此为标准在开发周期中进行测试。Microsoft 还提供了许多工具，如 Windows 升级顾问、Windows 兼容性中心、质量实用指南等，以帮助客户和软件开发人员评估应用程序兼容性。

5. 设备兼容性

与应用程序方面相同，Microsoft 极大地扩展了与 Windows 7 兼容的设备和外围设备列表。如果需要经过更新的设备驱动程序，Microsoft 将努力确保用户可以直接从 Windows Update 获取。

2.2.2 Windows 7 的易用性

Windows 7 与 Windows XP 相比，在操作进行了优化及更新，使用户在使用 Windows 7 操作系统时更易于操作。

❑ 全新的桌面体验

登入系统后，用户可以看到熟悉的桌面，但是与之前的 Windows 版本已经有了很大的不同。

首先，在背景部分，在 XP 中桌面背景只能设定一张背景图片，但 Windows 7 上则变得更为自由，如图 2-6 所示。除了预设的主题相当丰富外，用户还可以一次选择多张背景图片并以轮播的方式定时变换，还提供了在线下载的功能。

图 2-6 Windows 7 桌面

❑ 日常工作更轻松

在 Windows 7 中，用户的工作将更加简单和易于操作。例如，喜欢在桌面上直接保存文件的用户不会给桌面造成混乱的感觉。或者，用户同时使用多个应用程序时，可以更加直观地在程序之间切换，而不需要不断地调整窗口，如图 2-7 所示。

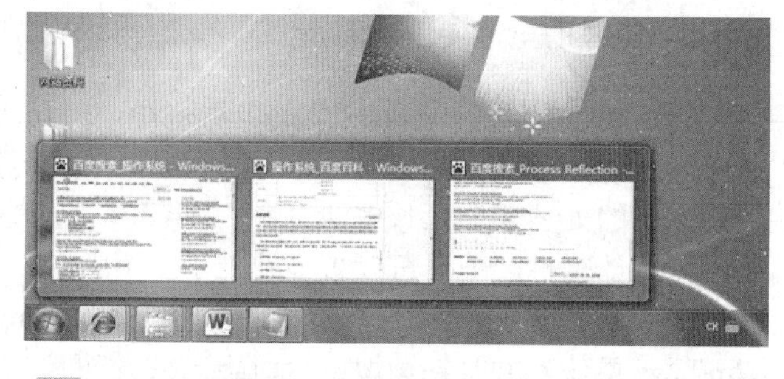

图 2-7 程序之间切换

使用 Windows 7 时，用户会发现许多工作在被非常高效地完成。用户界面更加精巧、更具响应性，导航也比以往的版本更加便捷。Windows 7 将新技术以全新的方式呈现给用户，无论文件放在哪里或者何时需要，查找和访问都变得更加简单。

❑ 媒体带来的乐趣

Windows 7 中的 Windows Media Player 可以更加轻松地播放媒体文件，为用户提供丰富的媒体享受。如果用户正在工作或全屏观看 DVD，却想播放喜欢的音乐，即可快速方便地进行播放。

与以前的版本相比，Windows 7 还可播放更多媒体文件，这样用户就可以播放更多媒体内容，而不需要更换播放器或下载其他软件，如图 2-8 所示。

Windows Media Player 改善了播放性能，使观看 DVD 电影更具乐趣。插入 DVD 后，播放器会迅速启动，并直接转换为全屏模式。用户甚至不需要单击【播放】按钮，Windows Media Player 即可自动开始播放。

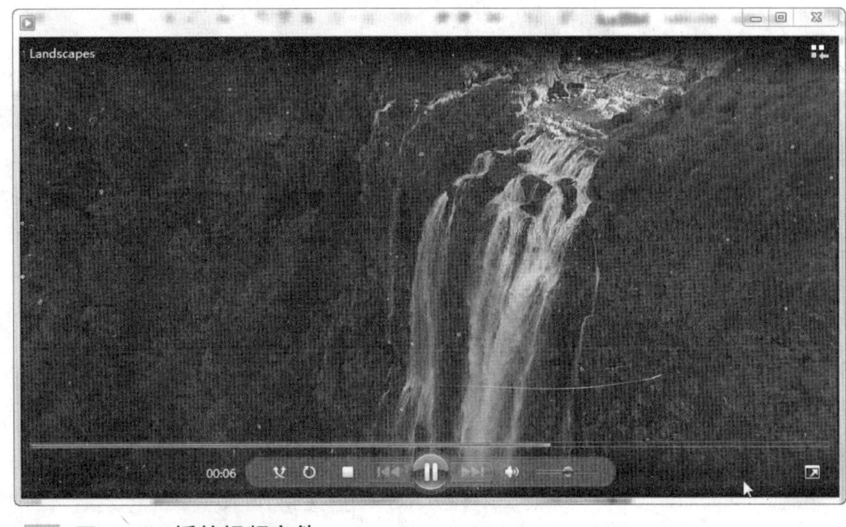

图 2-8 播放视频文件

2.2.3 了解 Windows 7 版本

Windows 7 包含 6 个版本，分别为 Windows 7 Starter（初级版）、Windows 7 Home Basic（家庭普通版）、Windows 7 Home Premium（家庭高级版）、Windows 7 Professional（专业版）、 Windows 7 Enterprise（企业版）以及 Windows 7 Ultimate（旗舰版）。下面对各个版本进行简单介绍。

- **Windows 7 Starter（初级版）**

Windows 7 Starter 是功能最少的版本，缺乏 Aero 特效功能，没有 64 位支持，没有 Windows 媒体中心和移动中心等，对更换桌面背景有限制。它主要用于类似上网本的低端计算机，通过系统集成或者 OEM 计算机上预装获得，并限于某些特定类型的硬件。

- **Windows 7 Home Basic（家庭普通版）**

Windows 7 Home Basic 是简化的家庭版，中文版预期售价 399 元。支持多显示器，有移动中心，限制部分 Aero 特效，没有 Windows 媒体中心，缺乏 Tablet 支持，没有远程桌面，只能加入不能创建家庭网络组（Home Group）。它仅在新兴市场投放，例如中国、印度、巴西等。

- **Windows 7 Home Premium（家庭高级版）**

面向家庭用户，满足家庭娱乐需求，包含所有桌面增强和多媒体功能，如 Aero 特效、多点触控功能、媒体中心、建立家庭网络组、手写识别等，不支持 Windows 域、Windows XP 模式、多语言等。

- **Windows 7 Professional（专业版）**

该版本面向爱好者和小企业用户，满足办公开发需求，包含加强的网络功能，如活动目录和域的支持、远程桌面等，另外还有网络备份、位置感知打印、加密文件系统、演示模式、Windows XP 模式等功能。64 位可支持更大内存（192GB）。可以通过全球 OEM 厂商和零售商获得。

❑ **Windows 7 Enterprise（企业版）**

Windows 7 Enterprise 是面向企业市场的高级版本，满足企业数据共享、管理、安全等需求。包含多语言包、UNIX 应用支持、Bit Locker 驱动器加密、分支缓存（Branch Cache）等，通过与微软有软件保证合同的公司进行批量许可出售。不在 OEM 和零售市场发售。

❑ **Windows 7 Ultimate（旗舰版）**

Windows 7 旗舰版拥有所有功能，是与企业版基本相同的产品，仅在授权方式及其相关应用及服务上有区别，面向高端用户和软件爱好者。专业版用户和家庭高级版用户可以付费通过 Windows 随时升级（WAU）服务升级到旗舰版。

在这 6 个版本中，Windows 7 家庭高级版和 Windows 7 专业版是两大主力版本，前者面向家庭用户，后者针对商业用户。

此外，32 位版本和 64 位版本没有外观或者功能上的区别，但 64 位版本支持 16GB（最高至 192GB）内存，而 32 位版本只能支持最大 4GB 内存。目前所有新的和较新的 CPU 都是 64 位兼容的，均可使用 64 位版本。

2.3 Windows 7 的基本操作

系统安装完成后，用户就可以使用账户登录 Windows 7 系统，其登录窗口与 Windows XP 相比有了非常大的变化，界面更加简单，也更加美观大方。

2.3.1 登录与退出

当用户打开计算机主机的电源按钮（Power）时，计算机将被启动，并运行计算机中所安装的操作系统。

1．登录系统

当启动计算机后，即可进行到操作系统的桌面。如果设置有账户名和密码信息，则显示登录窗口。

在登录窗口中，需要用户选择登录的账户名称图标，然后输入用户密码，并按 Enter 键，即可登录系统，如图 2-9 所示。

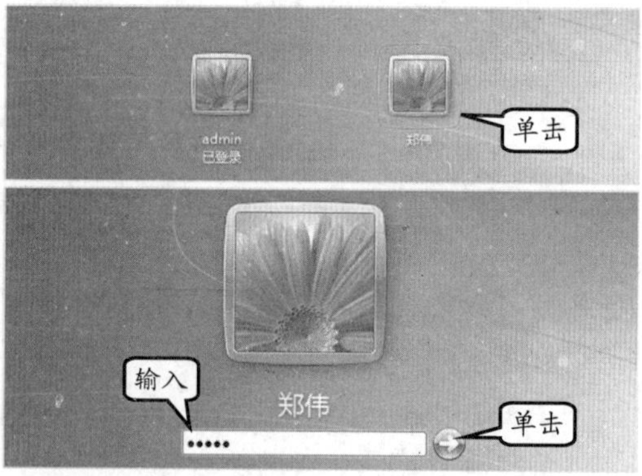

图 2-9 输入登录信息

2．退出 Windows 7 系统

如果用户需要退出已经登录的 Windows 7 系统，则可以通过多种方法进行操作。其中，退出 Windows 7 操作系统的方式也比较多，如关闭计算机、睡眠、待机等。

❑ **关闭计算机**

单击【开始】按钮，在弹出的菜单中，单击【关机】按钮，如图 2-10 所示。如果还有程序在运行，则会提醒用户是否进行强制关机，此时单击【强制关机】按钮即可。

❑ 睡眠

用户可以选择使计算机睡眠，而不是将其关闭。在计算机进入睡眠状态时，显示器将关闭，而且通常计算机的风扇也会停止。

计算机机箱外侧的一个指示灯闪烁或变黄就表示计算机处于睡眠状态。这个过程只需要几秒钟。

例如，单击【开始】按钮，在开始菜单中单击【关机】按钮后的箭头，然后执行【睡眠】命令，如图 2-11 所示。

图 2-10 单击【关机】按钮

图 2-11 执行【睡眠】命令

因为 Windows 将记住用户正在进行的工作，因此在使计算机睡眠前不需要关闭程序和文件。但是，在将计算机置于任何低功耗模式前，最好还是保存用户的工作。然后在下次打开计算机时（并在必要时输入密码），屏幕显示将与先前关闭计算机时完全一样。

若要唤醒计算机，可按下计算机机箱上的电源按钮。因为不必等待 Windows 启动，所以将在数秒内唤醒计算机，并且用户几乎可以立即恢复工作。

注 意

计算机处于睡眠状态时，耗电量极少，只需维持内存中的工作。如果用户使用的是便携式计算机，计算机睡眠时间持续几个小时之后，或者电池电量变低时，系统会将用户的工作保存到硬盘上，然后计算机将完全关闭，不再消耗电源。

❑ 锁定

当用户正在使用计算机时，如果有事需要离开，但是又不想关闭计算机中。那么，将计算机进入锁定模式，不失为最好的办法。

计算机进入锁定状态后，将返回用户登录前的界面，除非输入正确的用户密码，计算机将一直处于锁定状态。

单击【开始】按钮，在开始菜单中单击【关机】按钮后的箭头，然后执行【锁定】命令，计算机将立即被锁定，如图 2-12 所示。

图 2-12 执行【锁定】命令

❑ 注销

从 Windows 注销后，正在使用的所有程序都会关闭，但计算机不会关闭。

单击【开始】按钮，在开始菜单中单击【关机】按钮后的箭头，然后执行【注销】命令，计算机将立即被锁定，如图 2-13 所示。

图 2-13 执行【注销】命令

注销后，其他用户可以登录而无须重新启动计算机。此外，无需担心因其他用户关闭计算机而丢失用户的信息。

使用 Windows 完成操作后，不必注销。可以选择锁定计算机或允许其他人通过使用快速用户切换登录计算机。如果锁定计算机，则只有用户或管理员才能将其解除锁定。

❑ 切换用户

如果用户的计算机上有多个用户账户，则另一用户信息登录该计算机时，便可以使用快速切换用户的方法。

单击【开始】按钮，在开始菜单中单击【关机】按钮后的箭头，执行【切换用户】命令，如图 2-14 所示。

图 2-14 执行【切换用户】命令

如果登录到远程计算机（例如，使用“远程桌面连接”），则无法在该计算机上使用切换用户操作。

注 意

由于 Windows 不会自动保存打开的文件，因此确保在切换用户之前应保存所有打开的文件。如果切换到其他用户账户并且该用户关闭了该计算机，则对该账户上打开的文件所做的所有未保存更改都将丢失。

2.3.2 了解桌面

桌面是打开计算机并登录到 Windows 之后看到的主屏幕区域，它是用户工作的平面。打开程序或文件夹时，它们便会出现在桌面上。还可以将一些项目（如文件和文件夹）放在桌面上。

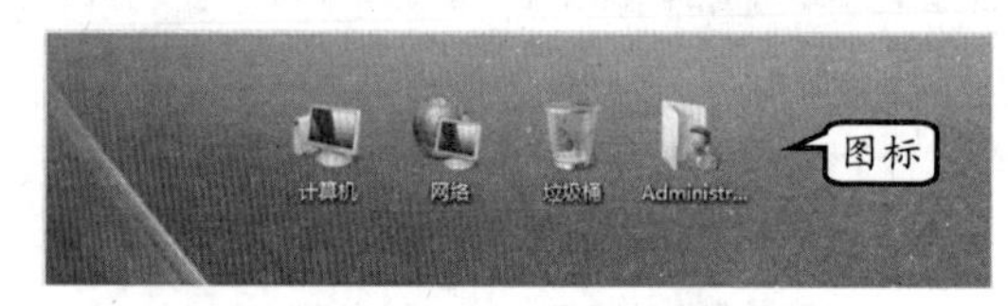

图 2-15 桌面图标

1. 桌面图标

图标是代表文件、文件夹、程序和其他项目的小图片。首次启动 Windows 时，用户将在桌面上至少看到【回收站】图标。另外，用户还可以在桌面上添加一些常用的图标，如图 2-15 所示。

❑ 添加或删除常用的桌面图标

常用的桌面图标包括【计算机】、【个人文件夹】、【回收站】和【网络】。右击桌面上的空白区域，执行【个性化】命令，如图 2-16 所示。

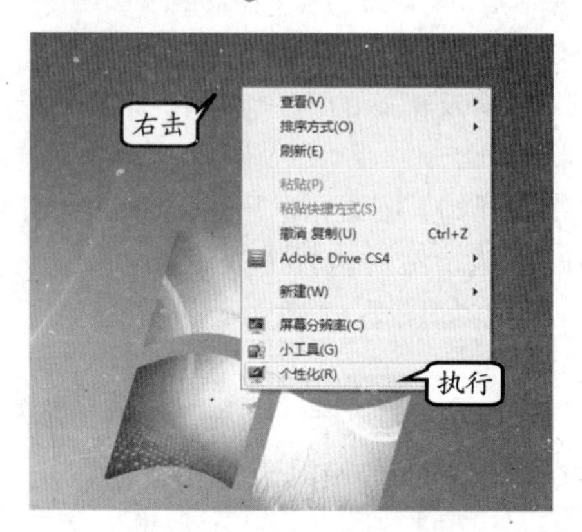

图 2-16 执行【个性化】命令

在【个性化】窗口中，单击左侧的【更改桌面图标】链接，如图 2-17 所示。

在弹出的【桌面图标设置】对话框中，启用或禁用【桌面图标】栏中的复选框，即可在桌面显示或者取消图标，单击【确定】按钮，如图 2-18 所示。

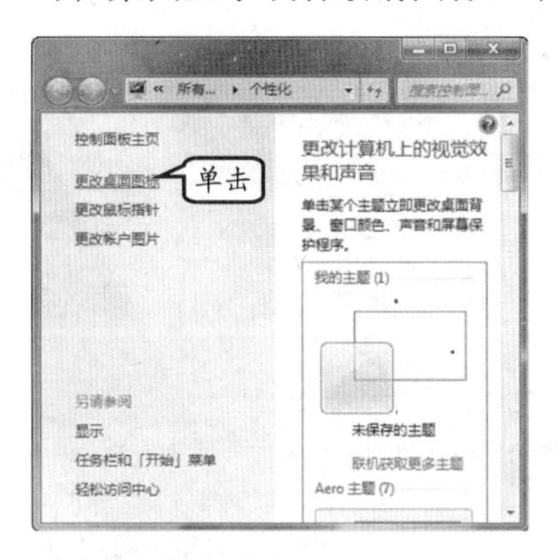

图 2-17 单击链接

图 2-18 添加及取消图标

❑ 向桌面上添加快捷方式

当安装一些应用程序后，为快速、方便地启动这些程序，可以将这些程序的运行文件以快捷方式添加到桌面上。例如，右击 Excel.exe 程序文件，执行【发送到】|【桌面快捷方式】命令，即可在桌面上添加该运行程序的快捷图标，如图 2-19 所示。

图 2-19 添加快捷图标

2. 显示或隐藏桌面图标

如果要临时隐藏所有桌面图标，而并不删除它们，可以右击桌面上的空白区域，执行【查看】命令。然后，在弹出的级联菜单中，选择【显示桌面图标】选项，并取消该选项前面的标记（一个框，中间有一个对号“√”），如图 2-20 所示。

现在，桌面上没有显示任何图标。用户可以通过再次执行【查看】|【显示桌面图标】命令，来显示这些图标。

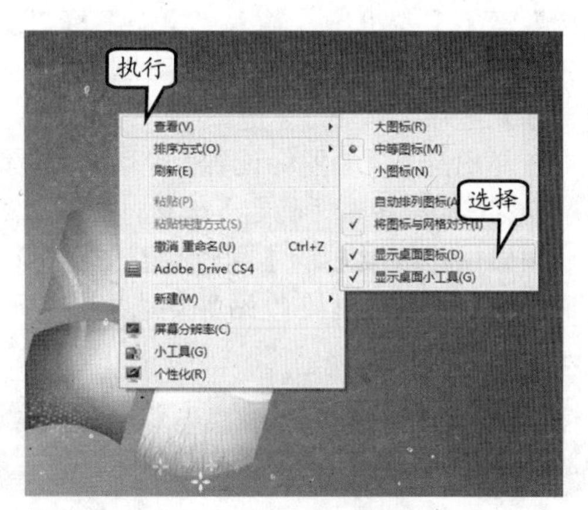

图 2-20 隐藏桌面图标

3. 关闭桌面预览功能

如果不希望用户指向【显示桌面】按钮时桌面淡出，可以关闭桌面透视功能。例如，右击任务栏空白区域，执行【属性】命令，如图 2-21 所示。然后，在【任务栏和「开始」菜单属性】对话框中，选择【任务栏】选项卡，并禁用【使用 Aero Peek 预览桌面】复选框，单击【确定】按钮，如图 2-22 所示。

图 2-21　执行【属性】命令

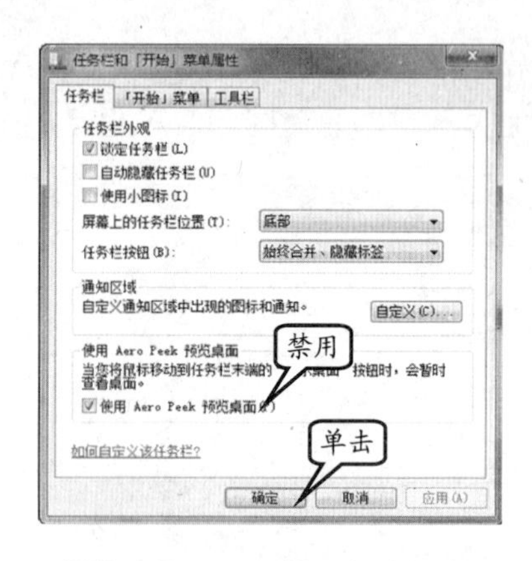

图 2-22　禁用复选框

4．调整桌面图标大小

对于老年人或者视力不太好的用户，总希望图标越大越好。用户可以右击桌面空白区域，执行【查看】命令。然后，在级联菜单中，选择【大图标】、【中等图标】或【小图标】选项，来调整不同大小的图标效果，如图 2-23 所示。

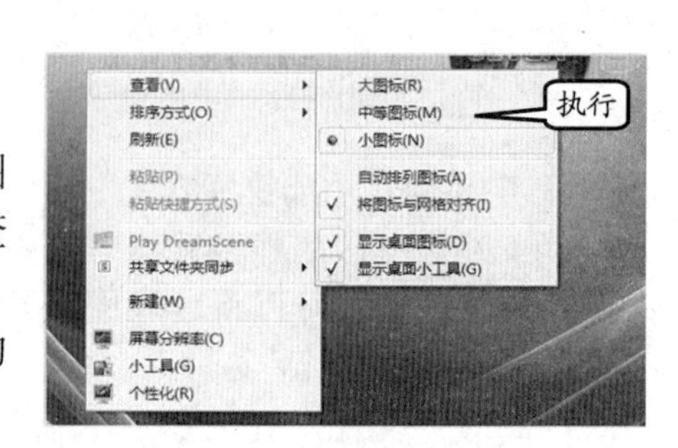

图 2-23　调整图标大小

除了使用快捷菜单外，用户也可以使用鼠标上的滚轮调整桌面图标的大小。在桌面上，按住 Ctrl 键不放，同时滚动鼠标滚轮可放大或缩小图标。

5．显示或隐藏回收站

桌面中的【回收站】图标，一般用户是无法删除的。当然，用户如果不想显示该图标，可以将【回收站】图标隐藏起来。例如，单击【开始】按钮，在【搜索】文本框中，输入“桌面图标”文本，如图 2-24 所示。然后，选择【显示或隐藏桌面上的通用图标】选项，按 Enter 键。

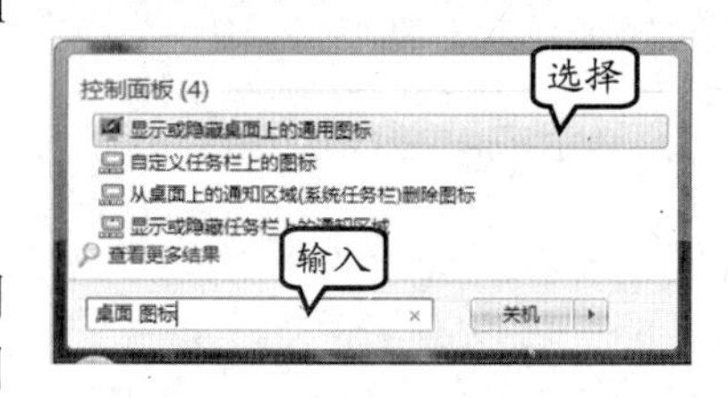

图 2-24　搜索内容

在弹出的【桌面图标设置】对话框中，禁用【回收站】复选框，单击【确定】按钮，如图 2-25 所示。

如果用户需要显示【回收站】图标，可以在该对话框中，再启用【回收站】复选框。

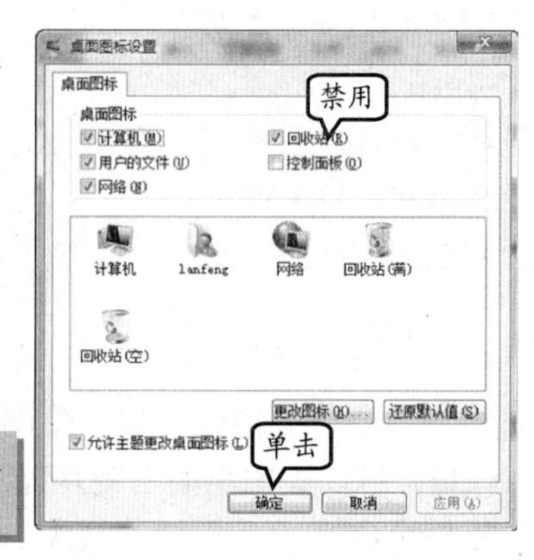

图 2-25　禁用复选框

注　意

即使【回收站】被隐藏，被删除的文件仍暂时存储在回收站中，直到选择将其永久删除或恢复。

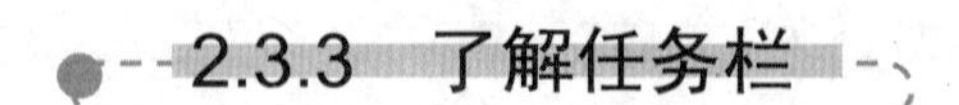

2.3.3　了解任务栏

任务栏位于屏幕的底部，显示正在运行的程序，并可以在它们之间进行切换。它还包含【开始】按钮，使用该按钮可以访问程序、文件夹和计算机设置。

1. 任务栏组成

任务栏主要由 3 部分组成：一是【开始】按钮，用于打开【开始】菜单；二是中间部分，用于显示已打开的程序和文件，并可以在它们之间进行快速切换；三是通知区域部分，其中包括时钟、告知特定程序和计算机设置状态的图标等，如图 2-26 所示。

图 2-26 任务栏

将鼠标指针移向任务栏时，会出现一个小图片，上面显示相应窗口的缩略图。如果其中一个窗口正在播放视频或动画，则会在预览中看到它正在播放的效果，如图 2-27 所示。

图 2-27 查看打开的程序

注 意

仅当 Aero 可以在用户的计算机上运行并且同时运行 Windows 7 主题时，才可以查看缩略图。

2. 锁定及解锁任务栏

用户可以将程序直接锁定到任务栏，以便快速方便地打开该程序，而无需在【开始】菜单中查找相应程序。这与 Windows XP 操作系统中，任务栏中的快捷启动按钮非常相似。

图 2-28 锁定及解锁任务栏

如果程序正在运行，则右击任务栏中的程序图标，执行【将此程序锁定到任务栏】命令。若要重新解锁该程序，则执行【将此程序从任务栏解锁】命令，如图 2-28 所示。

在【开始】菜单中，也可以将程序图标锁定到任务。例如，右击需要锁定的图标，并执行【锁定到任务栏】命令即可，如图 2-29 所示。

图 2-29 锁定到任务栏

3. 调整任务栏大小

当打开很多程序时，任务栏将显得特别拥挤，用户可以通过调整任务栏的大小解决这个问题。例如，右击任务栏内任意空白区域，执行【锁定任务栏】命令，如

图 2-30 所示。将鼠标指向任务栏的边缘，直到指针变为“双向箭头”时，然后拖动边框将任务栏调整为所需大小，如图 2-31 所示。

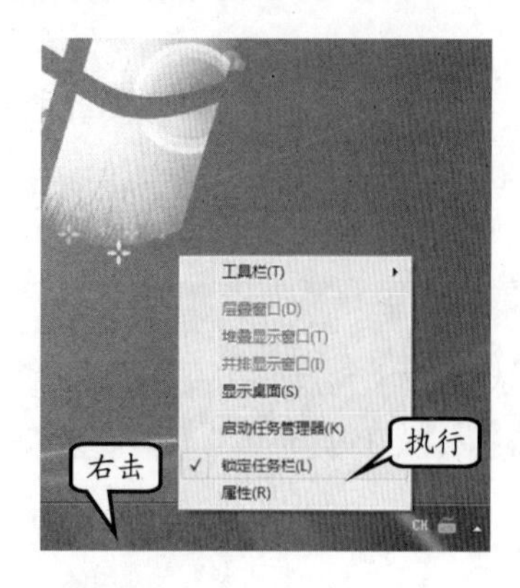

图 2-30　执行命令

图 2-31　调整任务栏大小

4. 自动隐藏任务栏

在【任务栏和「开始」菜单属性】对话框中，选择【任务栏】选项卡，并在【任务栏外观】栏中，启用【自动隐藏任务栏】复选框，单击【确定】按钮，如图 2-32 所示。

如果任务栏处在被隐藏状态，则可以将鼠标移至任务栏位置的上方，任务栏即可自动显示出来。

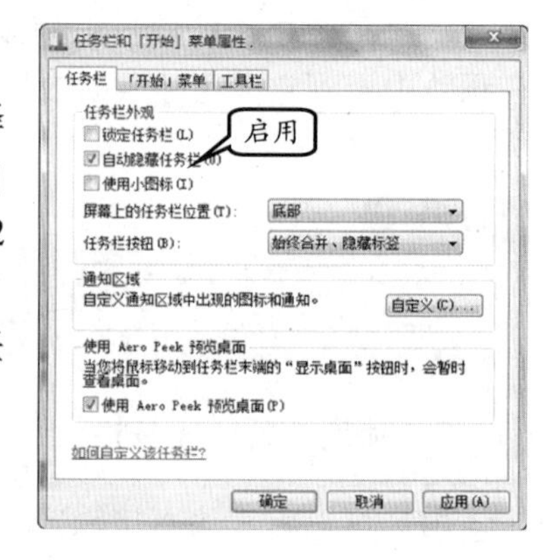

图 2-32　启用复选框

2.3.4 自定义开始菜单

开始菜单存放操作系统或设置系统的绝大多数命令，而且还可以使用安装到当前系统里面的所有的程序。

开始菜单是Microsoft Windows系列操作系统图形用户界面（GUI）的基本部分，可以称为是操作系统的中央控制区域。

1. 开始菜单组成

若要打开【开始】菜单，单击屏幕左下角的【开始】按钮。或者，按键盘上的 Windows 键，如图 2-33 所示。

【开始】菜单由 3 个主要部分组成，左边的大窗格显示计算机上程序的一个短列表；左边窗格的底部是搜索框；右边窗格提供对常用文件夹、文件、设置和功能的访问。

图 2-33　【开始】菜单

2. 搜索框

搜索框是在计算机上查找项目的最便捷方法之一。搜索框将遍历用户的程序以及个人文件夹（包括“文档”、“图片”、“音乐”、“桌面”以及其他常见位置）中的所有文件夹，如图 2-34 所示。

若要使用搜索框，可以在搜索框的文本框中输入要查找的内容，搜索结果将显示在【开始】菜单左边窗格中，用户可以选择任意搜索结果，按 Enter 键即可，如图 2-35 所示。或者，单击【关闭】按钮 ×，清除搜索结果并返回到主程序列表。

除了可搜索程序、文件和文件夹以及通信之外，搜索框还可搜索 Internet 收藏夹和用户访问过的网站的历史记录。如果这些网页中的任何一个包含搜索项，则该网页会显示在名为“文件”的标题下。

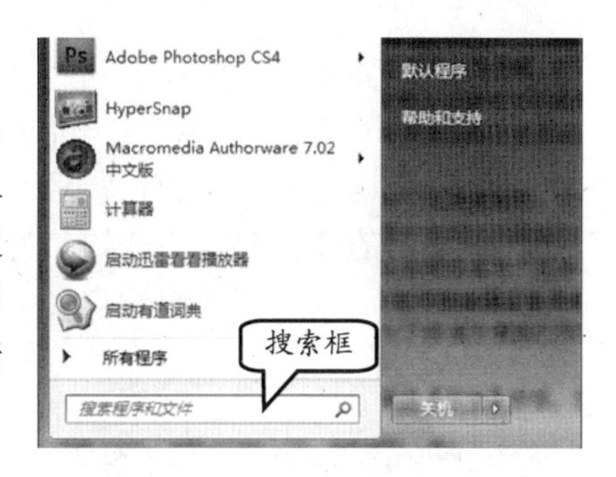

图 2-34 搜索框

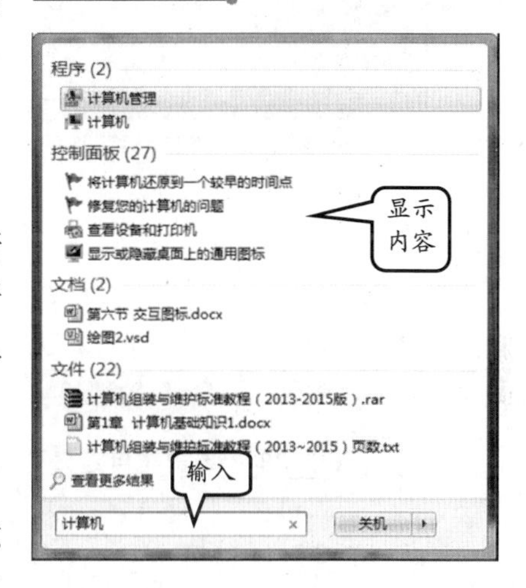

图 2-35 搜索结果

3. 删除程序图标

从【开始】菜单删除程序图标，不会将它从“所有程序”列表中删除或卸载该程序。例如，单击【开始】按钮，右击需要删除的程序图标，然后选择【从列表中删除】选项，如图 2-36 所示。

4. 清除最近打开的文件或程序

清除【开始】菜单中最近打开的文件或程序，不会将它们从计算机中删除。例如，右击任务栏空白区域，执行【属性】命令。

在弹出的【任务栏和「开始」菜单属性】对话框中，选择【「开始」菜单】选项卡。然后，在【隐私】栏中，禁用【存储并显示最近在「开始」菜单中打开的程序】和【存储并显示最近在「开始」菜单和任务栏中打开的项目】复选框，单击【确定】按钮，如图 2-37 所示。

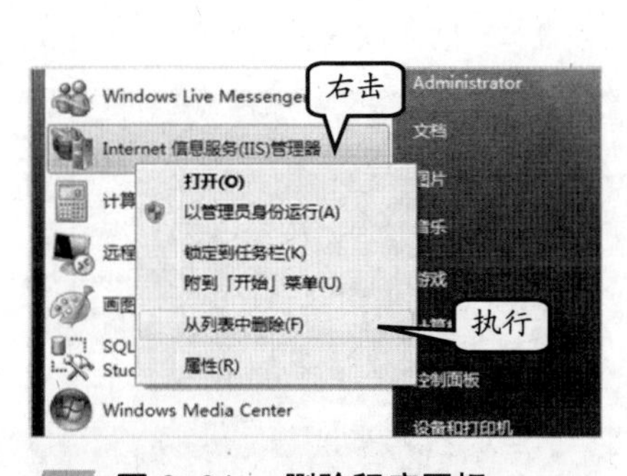

图 2-36 删除程序图标

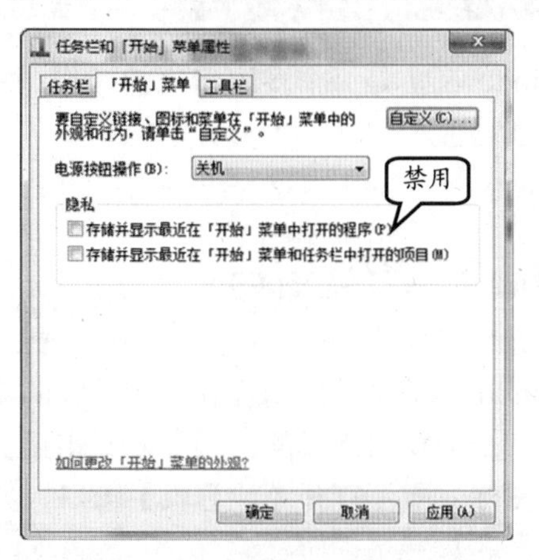

图 2-37 清除最近打开的文件

5. 自定义右窗格

用户可以添加或删除在【开始】菜单右侧的内容，如计算机、控制面板和图片。例如，右击任务栏空白区域，执行【属性】命令。

在弹出的【任务栏和「开始」菜单属性】对话框中，选择【「开始」菜单】选项卡，然后单击【自定义】按钮，如图2-38所示。

在弹出的【自定义「开始」菜单】对话框中，从列表中选择所需选项，单击【确定】按钮。然后，返回到【自定义「开始」菜单】对话框中，再次单击【确定】按钮，如图2-39所示。

图2-38 单击【自定义】按钮

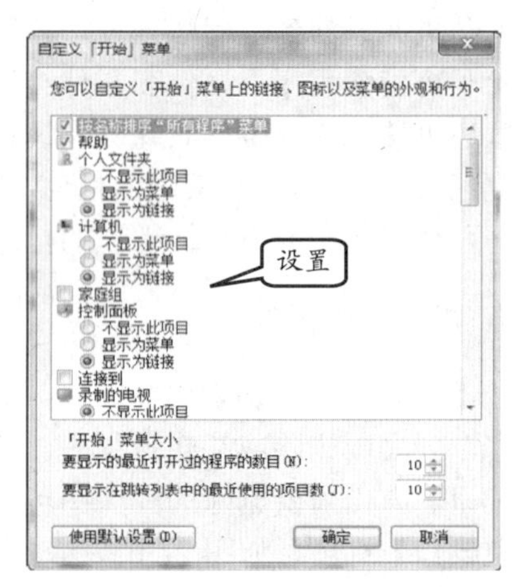

图2-39 选择所需选项

6. 还原默认设置

用户可以快速将【开始】菜单还原为其最初的默认设置。例如，在【自定义「开始」菜单】对话框中，单击【使用默认设置】按钮，单击【确定】按钮。

2.4 认识Windows窗口

Windows 7是一个多窗口化的操作系统，随处可见的窗口和对话框为用户提供了强大的管理功能。因此，了解并掌握如何移动它们、更改它们的大小或关闭它们等操作非常重要。

2.4.1 了解窗口

Windows被称作视窗操作系统，它的界面都是由一个一个的窗口组成的。例如，双击桌面上【计算机】图标，即可打开【计算机】窗口，如图2-40所示。

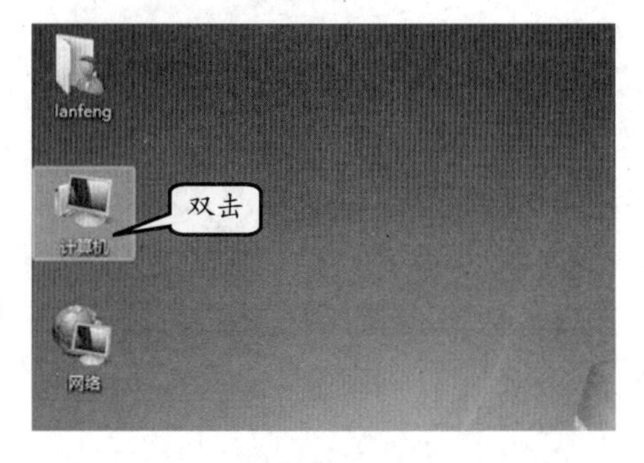

图2-40 双出【计算机】图标

在该窗口中，可以访问各个位置，例如硬盘、CD或DVD驱动器以及可移动媒体。还可以访问可能连接到计算机的其他设备，如外部硬盘驱动器和USB闪存驱动器，如图2-41所示。

在【计算机】窗口中，可以了解到Windows 窗口的组成有以下几个部分。

❑ 标题栏

虽然，在 Windows 7 操作系统的窗口中，不再显示标题栏内容。但其他的程序窗口中，还会显示标题栏内容。例如，打开【记事本】程序，并在窗口的最上方显示“无标题-记事本”名称，则“无标题”表示该程序暂无名称，而“记事本”表示该程序的名称，如图 2-42 所示。

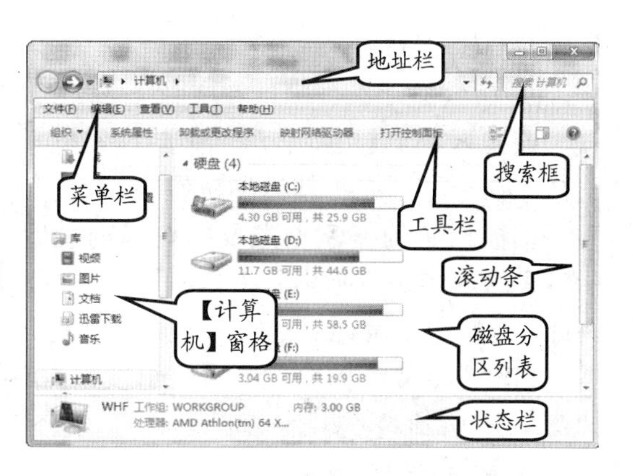

图 2-41 【计算机】窗口

除此之外，像 Office 软件中，各组件的程序窗口中，也会显示标题栏内容。还包括一些对话框程序中，其窗口也包含有标题栏内容。

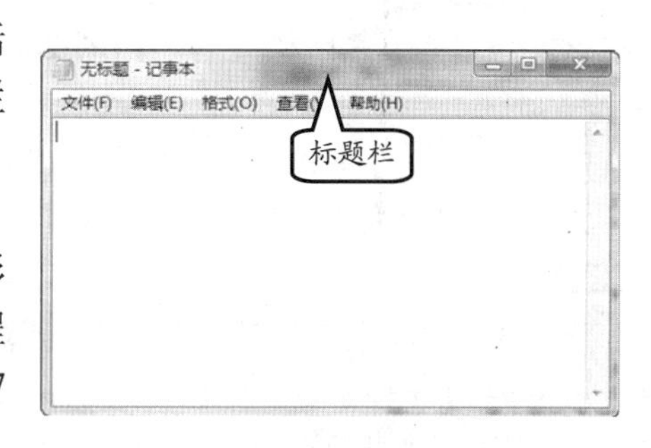

图 2-42 【记事本】窗口

❑ 地址栏

地址栏位于窗口的最上方，以一个长形的文本框表示，里面显示了当前窗口（或程序、或文件）的位置。例如，在 Windows 7 操作系统中，地址栏显示了相应窗口的名称。

在地址栏中，用户可以单击名称后面的“黑色”三角按钮，即可显示该位置中（或文件夹）所包含的内容，如图 2-43 所示。如果用户选择列表的选项，即可跳转到所选选项的位置。

当然，用户也可以单击地址栏文本框中的内容，即可显示当前程序或者文件的详细地址信息，如图 2-44 所示。

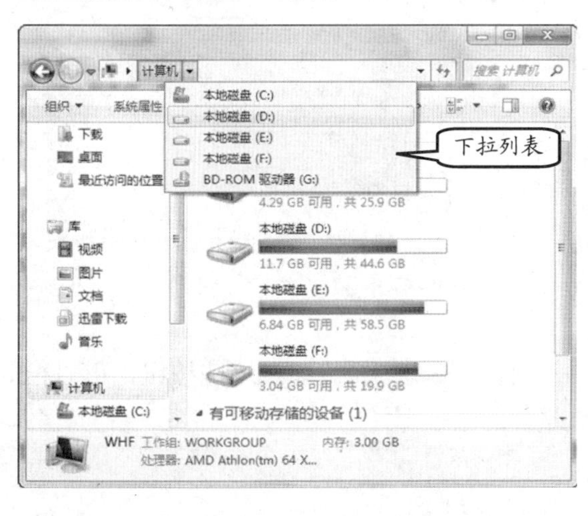

图 2-43 选择其他位置

图 2-44 显示详细地址信息

另外，用户还可以单击地址栏文本框后面的“向下”三角按钮，并显示打开的历史位置，如图 2-45 所示。

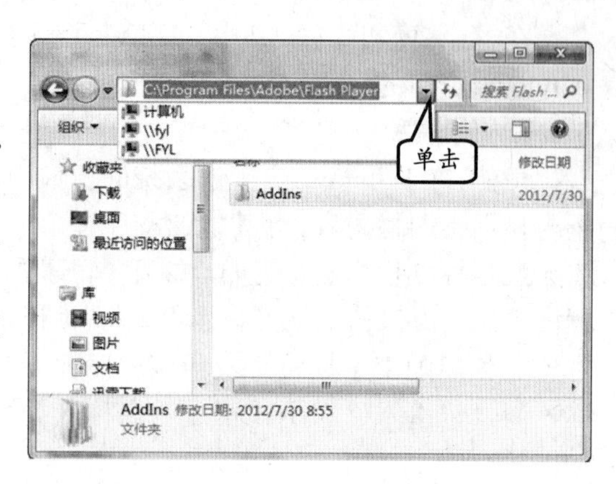

图 2-45　显示历史位置

- ❑ 搜索框

该搜索框与【开始】菜单中的搜索框近似一样，唯一区别在于搜索的位置不同。

在窗口中的搜索框主要针对当前位置及所包含的内容进行搜索，并以列表方式显示。例如，选择“本地磁盘（C:）”，并在搜索框文本框中输入 adobe 内容，即可显示搜索内容，如图 2-46 所示。

图 2-46　搜索内容

- ❑ 菜单栏

在窗口中，菜单栏隐藏于地址栏下方，用户可以按 Alt 键，显示菜单栏内容，如图 2-47 所示。

在菜单栏中，包含有“文件”、“编辑”、“查看”、“工具”和“帮助”5 个菜单选项。

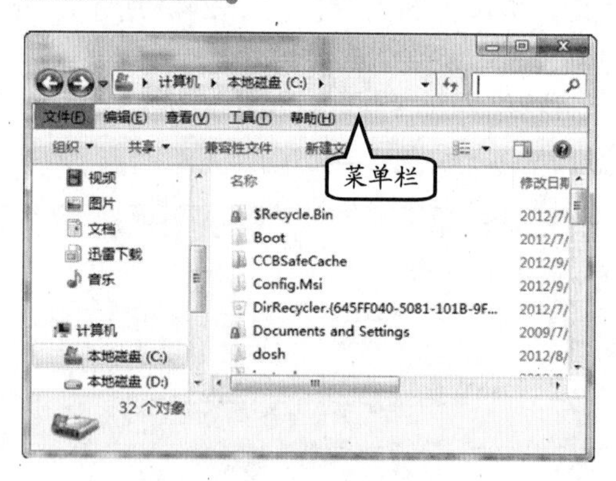

图 2-47　菜单栏

- ❑ 工具栏

位于菜单栏下方，它以按钮的形式给出了用户最经常使用的一些命令。例如，组织、共享、兼容性文件、更改视图、显示预览窗格等。

- ❑ 工作区域

窗口中间的区域，根据窗口不同，则显示的内容不同。例如，在【计算机】窗口中，显示磁盘列表等内容；而在【记事本】窗口中，显示输入的文本内容等。

- ❑ 状态栏

位于窗口底部，显示运行程序的当前状态，通过它用户可以了解到当前选择的对象的情况或者程序运行的情况。

- ❑ 滚动条

如果窗口中显示的内容过多，当前可见的部分不够显示时，窗口就会出现滚动条，分为水平与垂直两种。

- ❑ 窗口控制按键

在搜索框上方有一排按钮，即最大化、最小化、关闭按钮。通过这些按钮，可以控制窗口的显示方式，以及关闭当前的窗口等。

2.4.2 窗口的基本操作

窗口的操作是 Windows 7 系统中最基本的内容，也是最重要的操作。熟练掌握窗口的基本操作，可以使用户轻松地使用窗口进行文件管理。

1. 打开窗口

打开窗口的方法，因程序不同而方法也存异。例如，打开桌面中的程序窗口，可以双击桌面中的图标即可。

而打开程序的窗口，则需要执行该程序的可执行文件（运行文件），即可运行该程序，才能弹出窗口。例如，执行【开始】菜单中的 Microsoft Word 2010 命令，如图 2-48 所示。

此时，将运行该程序，并弹出【文档 1-Microsoft Word】窗口，如图 2-49 所示。

图 2-48 执行命令

图 2-49 弹出窗口

2. 关闭窗口

若要关闭窗口，用户可以直接单击窗口右上角中的【关闭】按钮即可关闭当前的窗口，如图 2-50 所示。

用户也可以右击窗口标题栏的空白处，执行【关闭】命令，如图 2-51 所示。另外，在关闭【计算机】窗口时，还可以单击工具栏中的【组织】按钮，执行【关闭】命令或者执行【文件】|【关闭】命令。

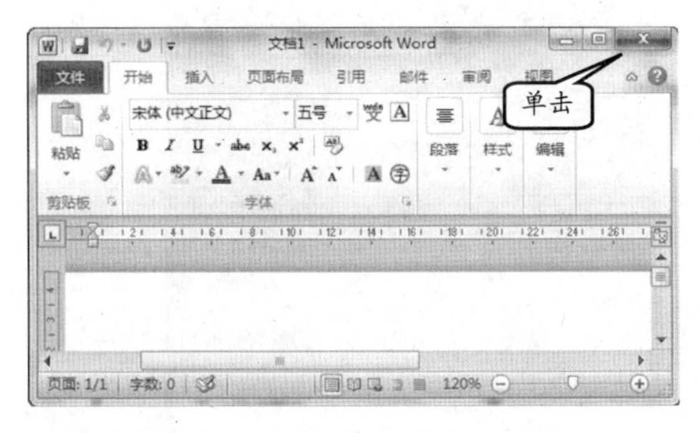

图 2-50 关闭当前窗口

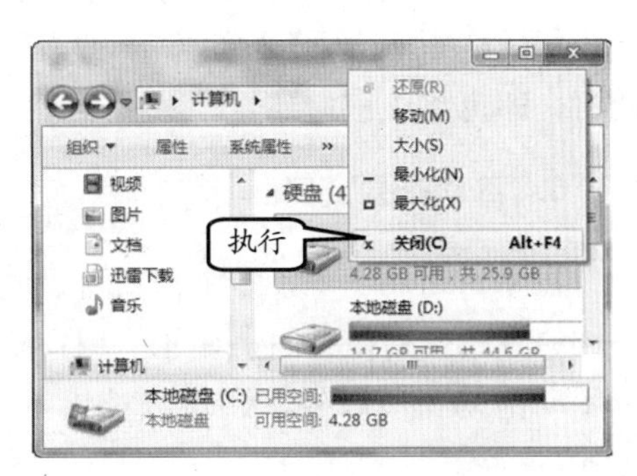

图 2-51 关闭【计算机】窗口

3. 最小化窗口

如果要使窗口临时消失而不关闭，则可以将其最小化。包括如下两种方法。

❑ 单击【最小化】按钮

若要最小化窗口（如【计算机】窗口），可单击右上角的【最小化】按钮，使该窗口在桌面上隐藏，仅显示在任务栏中，如图 2-52 所示。

图 2-52　最小化窗口

❑ 利用 Shake 功能

Shake 又称晃动功能，可以使用该功能快速最小化其他所有打开的窗口，仅保留用户当前正在晃动的窗口。例如，将鼠标放置地址栏上方，并快速来回拖动鼠标，则除当前拖动的鼠标显示以外，其他窗口将被最小化，如图 2-53 所示。

图 2-53　最小化窗口

技　巧

按 Windows+D 键，同样可最小化除当前活动窗口外的所有窗口。再次按该键，则可还原所有最小化的窗口。

4．最大化及还原窗口

若要最大化窗口使其整屏显示，只需单击标题栏中的【最大化】按钮即可，如图 2-54 所示。

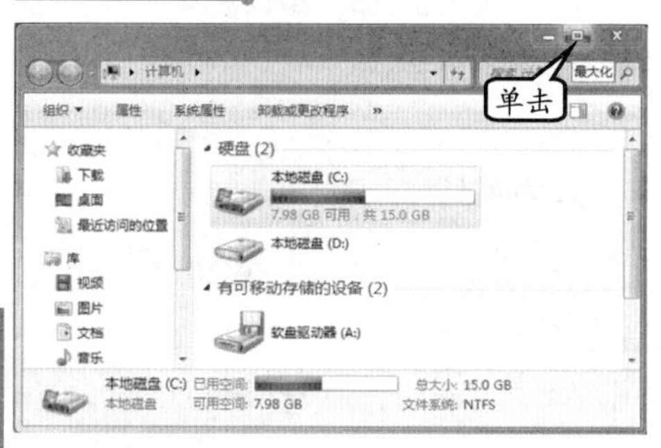

图 2-54　最大化窗口

提　示

在【计算机】窗口中双击标题栏或者把鼠标置于标题栏后，按住左键将窗口的标题栏拖动到屏幕的顶部，也可以使该窗口最大化显示。

若要使最大化的窗口还原至以前大小，单击标题栏中【还原】按钮，或者双击标题栏，即可将该窗口还原。

5．自动排列窗口

在 Windows 7 中，多个窗口可以同时以不同的方式排列在桌面上显示。用户除了可以手动拖动窗口以外，还可以按以下 3 种方式。

❑ 层叠窗口

右击任务栏任意空白处，执行【层叠窗口】命令，即可使多个窗口在桌面上层叠显示，如图 2-55 所示。

图 2-55　层叠窗口

注　意

只有多个打开的窗口显示在桌面上时，才能进行窗口的排列，在任务栏上最小化了的隐藏窗口则不能参加排列。

❑ 堆叠显示窗口

若要使桌面上的多个窗口水平方向排列，可右击任务栏任意空白处，执行【堆叠显示窗口】命令，如图 2-56 所示。

堆叠显示窗口的方式，即将各窗口以横向并排显示，从整体看类似是一个窗口叠放在一起，如图 2-57 所示。

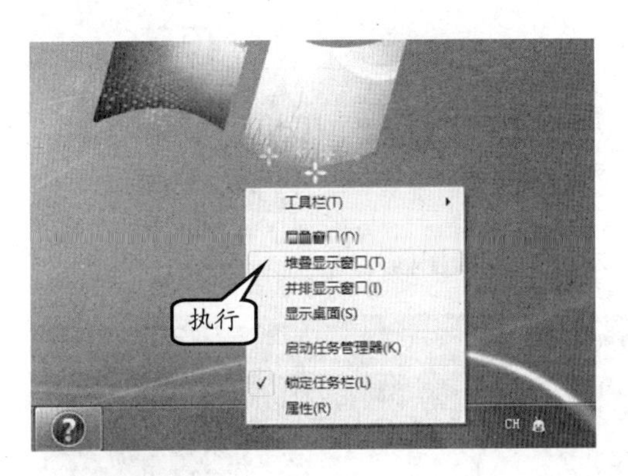

图 2-56　执行命令

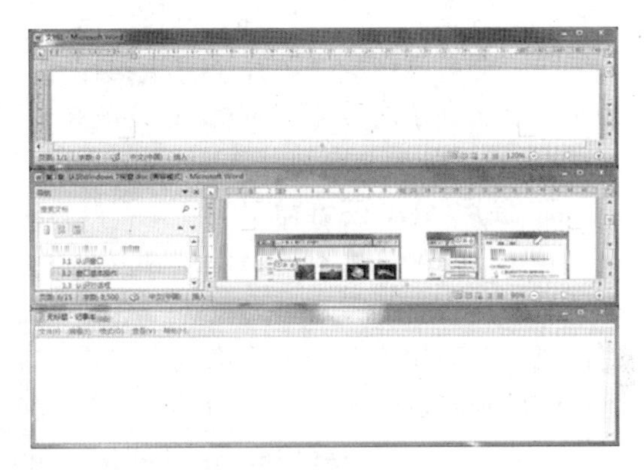

图 2-57　堆叠显示

提　示

若要撤销对窗口的堆叠显示，可以右击任务栏任意空白处，执行【撤销堆叠显示】命令。

❑ 并排显示窗口

要使桌面上的多个窗口垂直方向排列，可以右击任务栏任意空白处，执行【并排显示窗口】命令，如图 2-58 所示。

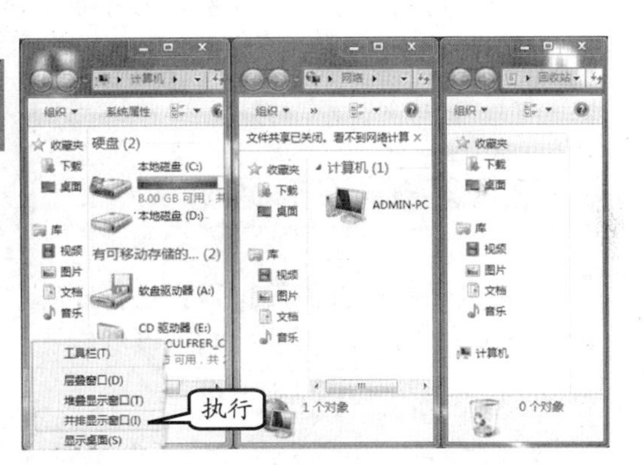

图 2-58　并排显示

6. 切换窗口

当用户打开了多个程序或文档，桌面会快速布满杂乱的窗口。通常不容易跟踪已打开了哪些窗口，因为一些窗口可能部分或完全覆盖了其他窗口。此时，需要用户经常在窗口之间进行切换。

❑ 使用任务栏

任务栏提供了整理所有窗口的方式，每个窗口都在任务栏上具有相应的按钮。若要切换到其他窗口，只需单击其任务栏中该窗口的图标按钮。那么该窗口将出现在所有其他窗口的前面，成为活动窗口，如图 2-59 所示。

图 2-59　切换当前活动窗口

若用户无法通过任务栏内按钮识别某特定窗口时，可将鼠标指针指向任务栏中隐藏多个窗口的任务栏按钮。然后，从显示的缩略图预览中选择要切换的窗口，如图 2-60 所示。

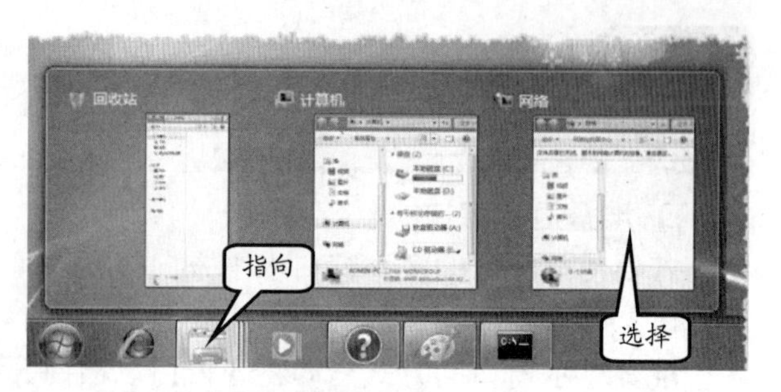

图 2-60　选择隐藏的窗口

❑ 使用快捷键

按住 Alt 键不放，然后按 Tab 键，即可在桌面上弹出一个窗口。在该窗口中排列着各窗口的对象图标，每按一次 Tab 键，就可以按顺序选择下一个窗口图标。当选择了所需窗口图标后，释放 Alt 键即可，如图 2-61 所示。

图 2-61　切换图标

❑ 使用 Aero 三维窗口

使用 Aero 三维窗口切换，可以快速预览所有打开的窗口，无需单击任务栏。三维窗口切换在一个“堆栈”中显示打开的窗口。

首先，按 Windows+Tab 键，同时按 Tab 键切换至目标窗口。然后，单击该目标窗口即可或者通过 Tab 键，将需要选择的窗口置最前面，释放按键即可，如图 2-62 所示。

图 2-62　切换窗口

2.4.3　认识对话框

对话框是特殊类型的窗口，当程序或 Windows 7 需要用户进行响应以继续时，经常会看到弹出的对话框。

1. 选项卡

选项卡是设置选项的模块。每个选项卡代表一个活动的区域。在 Windows 中，用多个标签页区分不同选项功能的窗口。

在【计算机】窗口中，执行【工具】|【文件夹选项】命令，弹出【文件夹选项】对话框，如图 2-63 所示。在该对话框中，包含有【常规】、【查看】和【搜索】3 个选项卡。

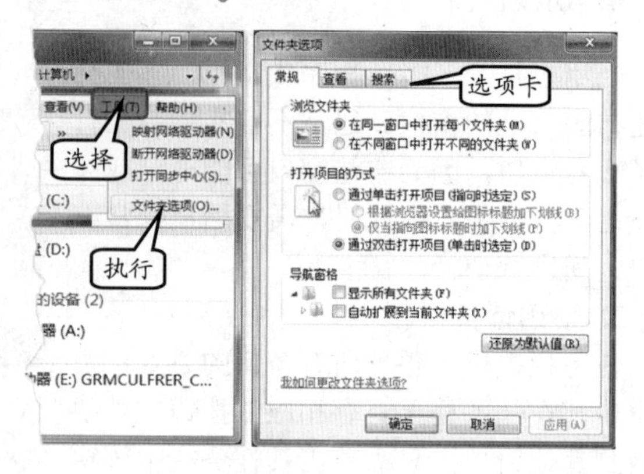

图 2-63　选项卡

提 示

用户可以通过各个选项卡之间的切换查看不同的内容，不同的选项卡有不同的分组。

2．复选框和单选按钮

在很多对话框中，会显示一些选项设置。这些选项为了方便用户选择，则需要以复选框或单选按钮的方式显示。

- ❑ **复选框** 复选框通常是一个小正方形，其后有相关的文字说明，启用后，正方形中间会出现一个蓝色的对勾。
- ❑ **单选按钮** 单选按钮通常是一个小圆形，后面跟有相关的文字说明。当用户选择后，在小圆形中间会出现一个蓝色的小圆点。

例如，在【文件夹选项】对话框中，选择【查看】选项卡。然后，在【高级设置】列表框中，可以启用一些复选框，如图 2-64 所示。

而在一些复选框选项中，包含了一些单选按钮。用户可以在多个单选按钮中选择其中任意一项。

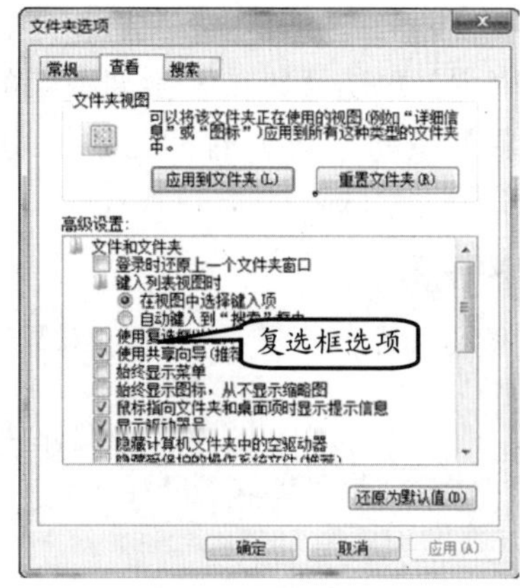

图 2-64 启用复选框

提 示

在对话框中，用户可以任意启用多个复选框；但单选按钮只能选择一个。

3．下拉列表框

对话框中的下拉列表是一种类似于菜单的选择选项，单击下拉按钮即可打开下拉列表，选择所需的选项。

例如，右击任务栏任意空白处，执行【属性】命令，打开【任务栏和「开始」菜单属性】对话框。

在该对话框中，单击【任务栏按钮】右侧下拉按钮，在其下拉列表中选择【始终合并、隐藏标签】选项，如图 2-65 所示。

4．命令按钮

命令按钮是指在对话框中以圆角矩形显示，且带有文字的按钮。在对话框中经常会看到命令按钮，单击一个按钮，便会执行相应操作。

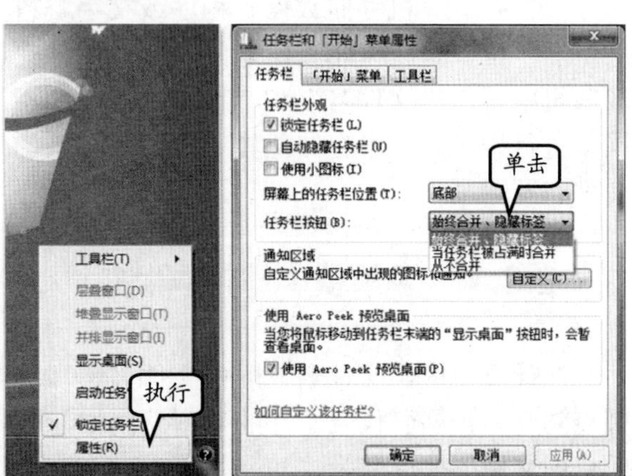

图 2-65 选择下拉列表内容

例如，在删除计算机中的文件时，会弹出【删除文件】对话框，单击【是】按钮，该文件将会被删除，如图 2-66 所示。

5. 微调框

一些对话框中，还包括调节数字或其他参数的微调框，它由两个【微调】按钮组成。用户可以分别单击微调框中的按钮，增加数字或者减少数字。

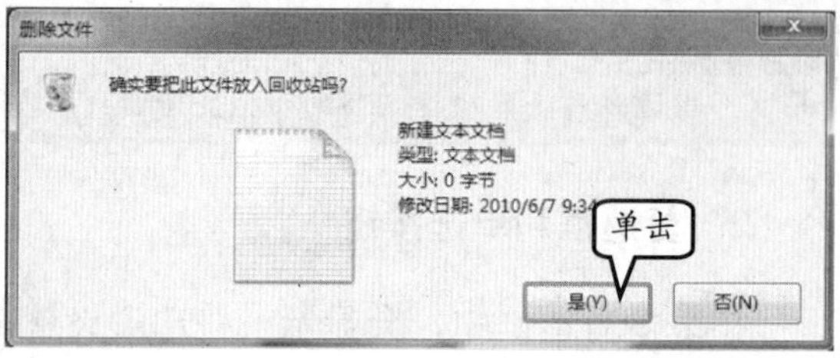

图 2-66 单击命令按钮

例如，在【屏幕保护程序设置】对话框中，单击【等待】微调框中的向上【微调】按钮，设置时间为“3 分钟”，如图 2-67 所示。

提　示

默认情况下，【屏幕保护程序设置】对话框中【等待】微调框不可用。要想更改该设置，可单击【屏幕保护程序】下拉列表框，选择默认设置外任一保护程序样式(如三维文字）即可。

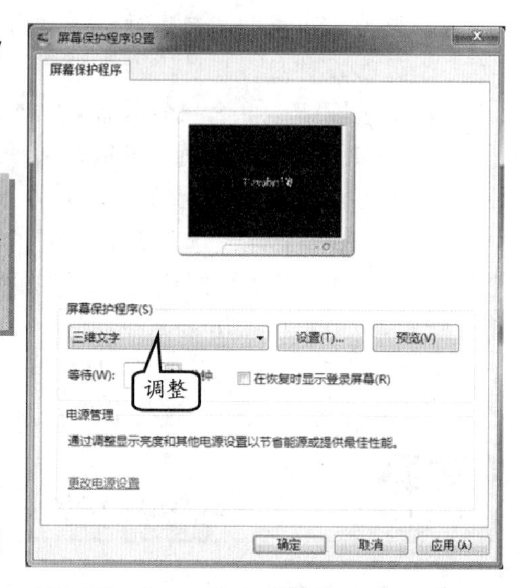

图 2-67 单击【微调】按钮

6. 文本框

一些对话框中，需要用户手动输入某项内容，才能执行相应的程序，这就需要用到文本框。

例如，在【运行】对话框的【打开】文本框内，输入“www.baidu.com”，单击【确定】按钮，即可连接到该网站，如图 2-68 所示。

图 2-68 文本框中输入内容

2.5 文件和文件夹操作

文件是计算机存储数据、程序或文字资料的基本单位，是一组相关信息的集合。文件在计算机中采用“文件名”和“存储位置”的不同来进行识别。这里存储位置就是文件存放的文件夹及路径。

2.5.1 了解文件与文件夹

在计算机中，文件名一般由文件名称和扩展名两部分组成，这两部分中间由一个小圆点隔开。扩展名代表文件的类型。例如，Word 文件的扩展名为“.doc”或“.docx”；而位图文件的扩展名为“.bmp”等。

在 Windows 图形方式的操作系统下，文件名称由 1～255 个字符组成，即支持长文件名，而扩展名的长度最多允许 56 个字符，实际使用中一般不超过 4 个字符。

在 Windows 系统的文件名命名规则中，有一些字符被赋予了特殊的意义和用途，在

文件名中禁止使用这些特殊的字符，如果使用了这些特殊的符号，将会使系统不能正确识别文件而导致错误。这些字符有双引号（"）、撇号（'）、斜杠（/）、反斜杠（\）、冒号（:）、垂直条（|）等。

从总体上来说，文件可以分为两种：程序文件和非程序文件。当选中程序文件，用鼠标双击或按 Enter 键后，计算机就会打开程序文件，即运行程序。

当选中非程序文件，用鼠标双击或者按 Enter 键后，计算机也会试图打开它，Windows 会根据文件的扩展名来选择计算机中对应的程序从而打开文件。

而在操作系统中，是使用文件夹来组织和管理众多的文件。在一个磁盘上，可以创建一个一个的文件夹，在文件夹中可以存放文件，也可以在文件夹中再创建文件夹，称作是子文件夹，上层的文件夹也就可以称作是父文件夹。

实际上，当对一个磁盘分区格式化完成后，一个被称为根文件夹的项目便被自动建立起来，这个根文件夹是不可见的。或者说，整个磁盘便被看成一个大的根文件夹。

在文件夹中可以存放子文件夹和文件，而子文件夹中又可以有子文件夹和文件，这样的文件夹层层嵌套，形成一个像倒过来的树的形状，称作 Windows 系统的树状目录结构，如图 2-69 所示。

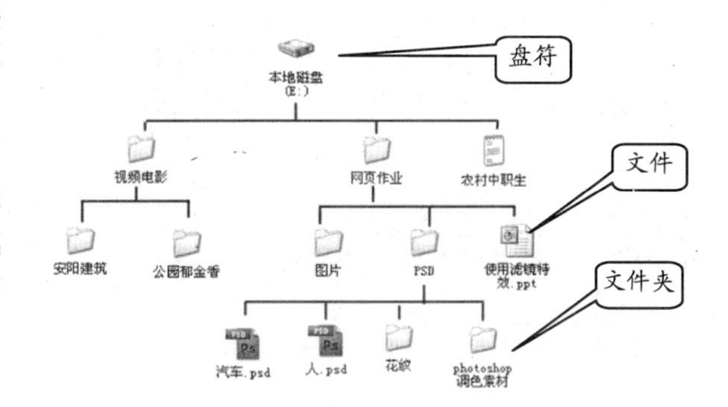

图 2-69　树状目录结构

采用这种树状目录结构，使得文件和文件夹的管理层次分明，结构清晰，易于理解，使用方便。

2.5.2　文件及文件夹操作

计算机中存放了大量的文件，如果要查看这些文件，就需要打开文件位置。例如，先打开【计算机】窗口，并且打开文件存放的磁盘，以及文件存放的文件夹等等。

1. 查看文件和文件夹属性

右击需要查看的文件或文件夹（如 FLIES）图标，执行【属性】命令。然后在弹出的【FLIES 属性】对话框中，可以选择【常规】选项卡，并查看文件夹的详细属性，如图 2-70 所示。

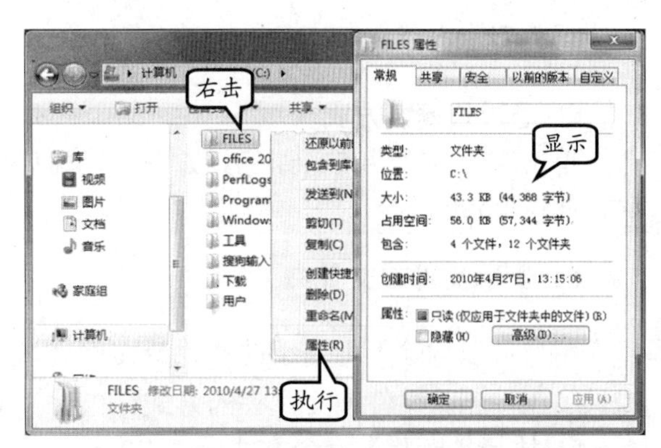

图 2-70　查看文件夹属性

2. 查看文件或文件夹的内容

双击要查看的文件或文件夹图标，即可在新弹出的窗口中查看其中包含的内容。对于文件而言，则会弹出相应程序窗口。例如，单击【测试】记事本文件，即可弹出【测试-记事本】窗口，并查看文件内容，如图 2-71 所示。

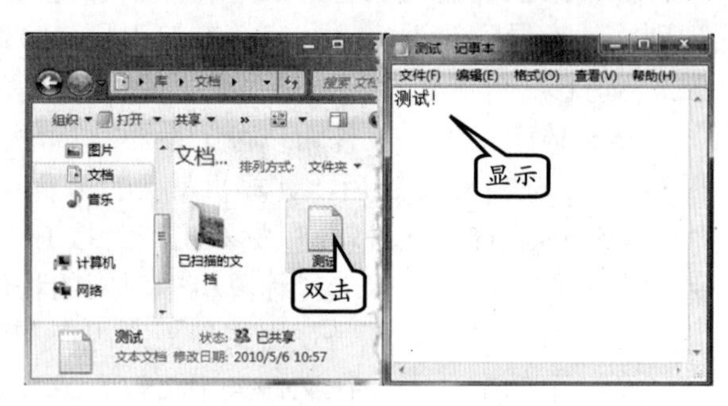

图 2-71 查看文件内容

右击要查看的文件或文件夹图标，执行【打开】命令，也可以查看文件或者文件夹内容。

3. 重命名文件或文件夹

重命名文件或文件夹设置，有利于精确定位这些文件或文件夹的内容，从而提高文件及文件夹管理效率。

❑ **执行【重命名】命令方式**

右击要重命名的文件或文件夹图标，执行【重命名】命令，如图 2-72 所示。然后，在文件夹名称的文本框中，输入新文件夹名称，并按 Enter 键即可，如图 2-73 所示。

图 2-72 执行命令

图 2-73 输入新文件夹名称

❑ **通过快捷键方式**

单击文件或文件夹（如工具）图标，然后按 F2 键，在文件夹名称处输入新文夹名称，并按 Enter 键。

4. 删除文件或文件夹

用户可以删除不再使用的文件或文件夹，以节省磁盘空间。在 Windows 操作系统中，提供了 3 种删除文件或文件夹的方式。

❑ **执行【删除】命令方式**

右击文件或文件夹图标，执行【删除】命令，即可将文件或者文件夹删除，如图 2-74 所示。而删除的文件或者文件夹，将放置到【回收站】中。

❑ **直接拖至回收站**

选择文件或文件夹，并直接将其拖放到【回收站】图标上即可，如图 2-75 所示。在拖动文件或者文件夹时，在鼠标附近将显示该文件或文件夹图标。

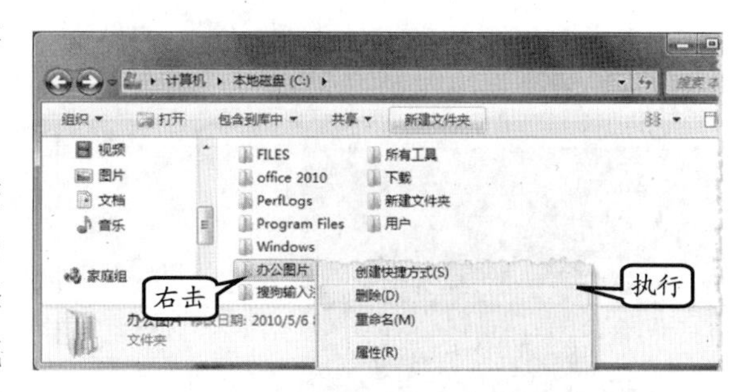

图 2-74　删除文件夹

❑ 使用快捷键删除

单击文件或文件夹图标，然后按 Delete 键，也可删除文件或文件夹。当然，用户也可以按 Shift 键或 Ctrl 键选择多个文件或文件夹，然后按 Delete 键或直接拖至【回收站】中，可同时删除多个文件或文件夹。

图 2-75　删除文件夹

用户也可以按 Shift+Delete 键，直接删除文件。而此时，文件或者文件夹不会放置到【回收站】中，而是直接被删除。

5. 复制文件或文件夹

如果需要移动文件或者文件夹的位置时，可以通过复制/粘贴的方法。创建文件或者文件夹的备份，并移动文件或文件夹的位置。

图 2-76　复制文件或文件夹

❑ 执行【复制】命令方式

右击文件或文件夹图标，执行【复制】命令，然后在计算机其他位置，执行【粘贴】命令，即可创建同样一个文件或文件夹，如图 2-76 所示。但是，原文件或文件夹位置，还保留有该文件或者文件夹。

图 2-77　移动文件夹

❑ 执行【剪切】命令方式

右击文件或文件夹图标，执行【剪切】命令，然后在计算机其他位置，执行【粘贴】命令，也可创建同样一个文件或文件夹，如图 2-77 所示。但是，原来的位置将同时清除该文件或文件夹。

技　巧

单击要复制的文件或文件夹，然后按 Ctrl+C 键，到其他位置后，按 Ctrl+V 键也可创建一个同样的文件或文件夹。

2.6　实验指导：设置个性时间格式

由于 Windows 7 操作系统美观的界面和简易的操作方式，赢得了众多用户的良好口碑。下面通过设置通知区域中的日期和时间，来改变其单调的格式效果，效果如图 2-78 所示。

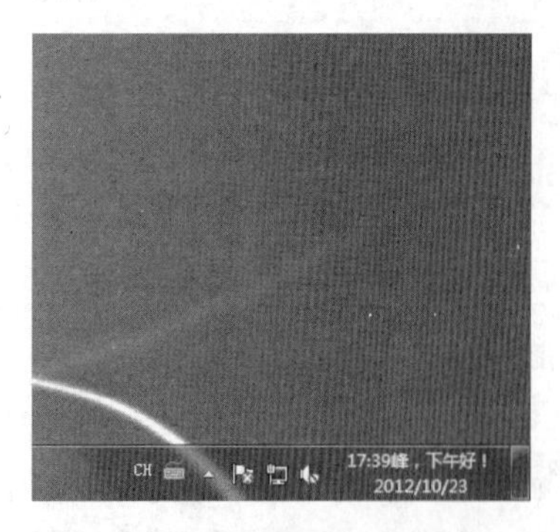

图 2-78 效果图

1. 实验目的

- ❑ 打开【控制面板】窗口。
- ❑ 打开【时钟、语言和区域】窗口。
- ❑ 更改时间和日期格式。

2. 实验步骤

1 单击【开始】按钮，执行【控制面板】命令，打开【控制面板】窗口，如图 2-79 所示。

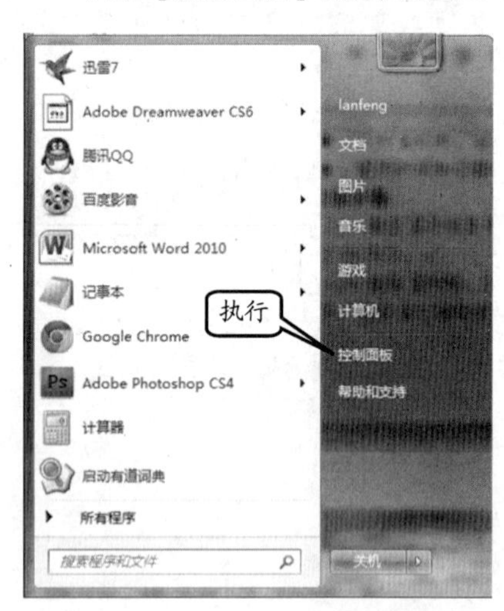

图 2-79 执行【控制面板】命令

2 单击【区域和语言】图标，弹出【区域和语言】窗口，并选择【格式】选项卡，如图 2-80 所示。

3 在该选项卡中，单击【其他设置】按钮，如图 2-81 所示。然后，弹出【自定义格式】对话框。

图 2-80 单击图标

图 2-81 单击按钮

4 在该对话框中，选择【时间】选项卡，如图 2-82 所示。此时，将显示日期格式内容。

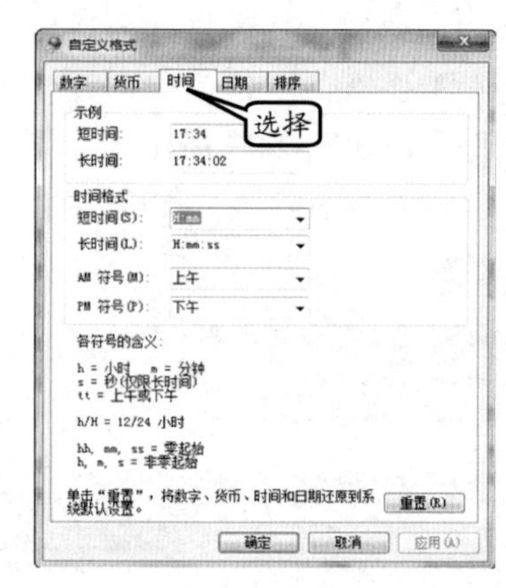

图 2-82 选择选项卡

技 巧

单击【开始】按钮，在文本框中输入“时钟”，然后选择【更改日期、时间或数字格式】选项，也能打开【区域和语言】对话框。

5 在【自定义格式】对话框的【时间】选项卡中，在【长时间】下拉列表框“H：mm：ss”后输入“tt”，如图 2-83 所示。

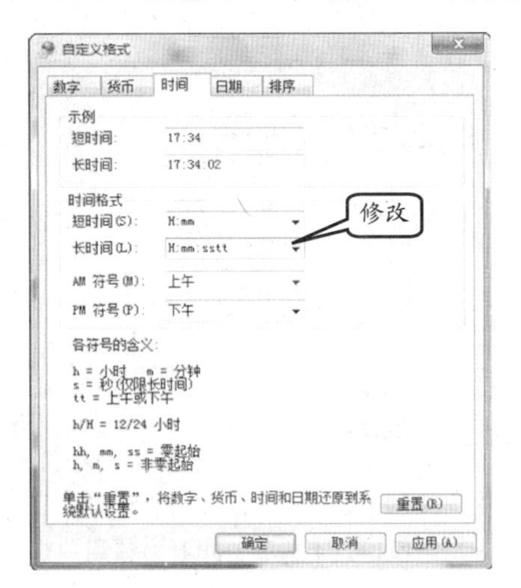

图 2-83 修改长时间格式

6 在【AM 符号】文本框中输入“峰，上午好!”，在【PM 符号】文本框中，输入“峰，下午好!”，单击【确定】按钮，如图 2-84 所示。

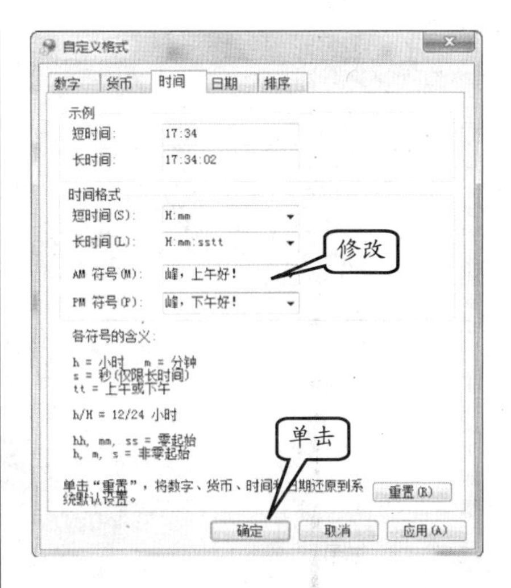

图 2-84 修改 AM 和 PM 提示信息

技 巧

用户如果想把文本加在时钟的前面，则在【长时间】下拉列表框“H：mm：ss”前输入“tt”即可。

2.7 实验指导：利用家长控制功能管理用户

利用系统所提供的“家长控制”功能，可以通过“管理员”权限控制用户所使用计算机的时间，以及可运行的程序和游戏等限制情况。该功能在家长对孩子在正确使用计算机方面，提供了非常大的帮助。

1. 实验目的

- 打开【控制面板】窗口。
- 管理账户信息。
- 创建新账户。
- 设置时间限制。

2. 实验步骤

1 单击【开始】按钮，执行【控制面板】命令，打开【控制面板】窗口。然后，在该窗口中，单击【家长控制】图标，如图 2-85 所示。

2 在弹出的【家长控制】窗口中，选择设置“家长控制”功能的账户。或者，单击【创建新用户账户】链接，如图 2-86 所示。

3 在弹出的【创建新用户】窗口中，输入“小宝”账户，单击【创建账户】按钮，如图 2-87 所示。

图 2-85 单击图标

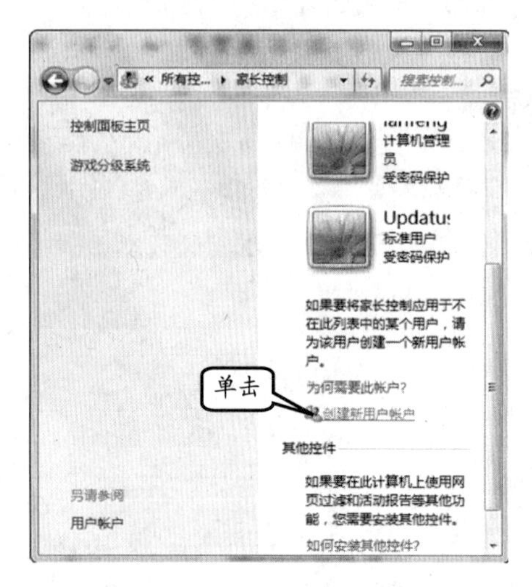

图 2-86 创建新账户

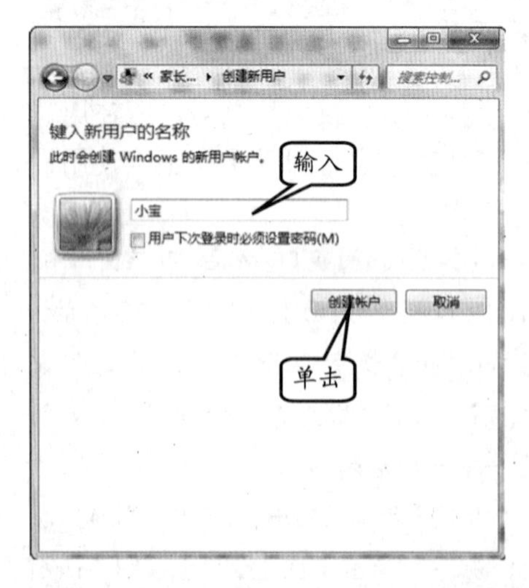

图 2-87 输入账户名

4 返回到【家长控制】窗口，并单击“小宝”账户图标，如图 2-88 所示。单击该账户后，则表示已经选择该账户。

图 2-88 选择账户

5 在【用户控制】窗口中，用户可以选择【启用，应用当前设置】选项，即可为该用户启用家长控制功能，如图 2-89 所示。

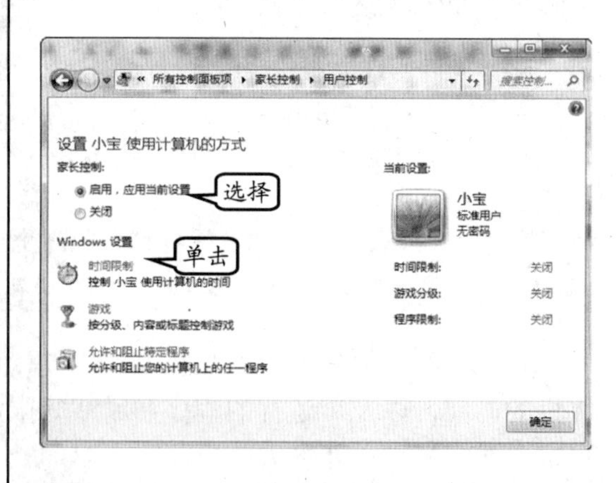

图 2-89 账户参数设置

6 在该窗口中，用户还可以单击【时间限制】链接。在弹出的【时间限制】对话框中，可以设置该账户不允许使用的时间。例如，在横坐“星期一”行中，选择 21 ~ 24 和 00 ~ 07 颜色块，表示凌晨 0 ~ 7 点和晚上 9 点 ~ 24 点之间不允许使用计算机，单击【确定】按钮，如图 2-90 所示。

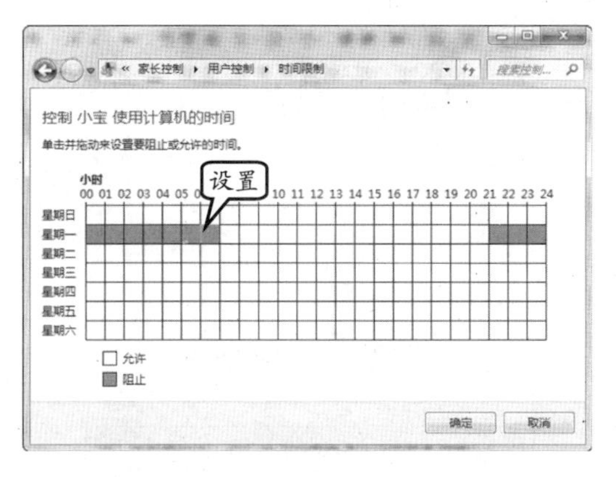

图 2-90 阻止使用时间

提 示

单击【用户控制】窗口内【时间限制】、【游戏】或【允许和阻止特定程序】标题右侧【关闭】按钮，也可进入【时间限制】、【游戏分级】或【程序限制】窗口。

2.8 思考与练习

一、填空题

1. 操作系统是在人们使用计算机的过程中，为了满足两大需求：__________。

2. 1946年第一台计算机诞生，还未出现操作系统，计算机工作采用__________方式。

3. __________是组成计算机的硬件设备，如中央处理器、主存储器、磁盘存储器、打印机、磁带存储器、显示器、键盘输入设备和鼠标等。

4. __________是操作系统的一个重要的功能，主要是向用户提供一个文件系统。

5. 在计算机进入__________状态时，显示器将关闭，而且通常计算机的风扇也会停止。

6. __________位于屏幕的底部，显示正在运行的程序，并可以在它们之间进行切换。

7. 在计算机中，__________一般由文件名称和扩展名两部分组成。

二、选择题

1. 如果用户需要打开【计算机】窗口，则下列执行错误的是__________。

A. 双击桌面上【计算机】图标

B. 右击桌面上【计算机】图标，执行【打开】命令

C. 在开始菜单中，执行【计算机】命令

D. 单击桌面上【计算机】图标

2. 在计算机中，创建文本夹的方法下列不正确的是__________。

A. 右击磁盘或者文件夹空白处，执行【创建】命令

B. 右击磁盘或者文件夹空白片，执行【新建】|【文件夹】命令

C. 按 Alt 键，执行【文件】|【新建】|【文件夹】命令

D. 单击工具栏中的【新建文件夹】按钮

3. 用户可以将菜单中的程序图标________到任务栏。

A. 添加　　B. 插入

C. 锁定　　D. 链接

4. 下列不属于窗口排列方式的是________。

A. 层叠方式　　B. 堆叠方式

C. 并排方式　　D. 横排方式

5. 在修改文件夹名称时，则可以通过按__________键后，输入新名称。

A. F1　　B. F2

C. F3　　D. F5

三、简答题

1. 描述操作系统的发展。
2. 操作系统的功能包括哪些？
3. 如何创建文件夹？

四、上机练习

1. 使用记事本

记事本是一个基本的文本编辑程序，最常用于查看或编辑文本文件。文本文件通常是由“.txt”文件扩展名标识的文件类型。

例如，单击【开始】按钮，在搜索框中，输入“notepad”并按Enter键，如图2-91所示。或者，执行【所有程序】|【附件】|【记事本】命令。此时，即可弹出【无标题-记事本】窗口，如图2-92所示。

图2-91 执行命令

图2-92 打开记事本

此时，在【记事本】窗口的编辑区域中，可以输入需要记录的内容。例如，输入“我是一名高中生。”内容，如图2-93所示。在输入过程中，编辑区域中的光标将跟随文字向后移动。

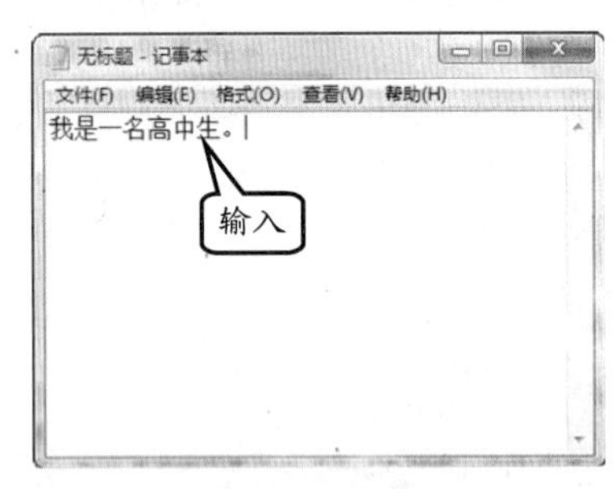

图2-93 输入内容

用户也可以向左拖动鼠标，选中所有文本内容，并执行【格式】|【字体】命令，如图2-94所示。

在弹出的【字体】对话框中，可以设置【字体】、【字形】、【大小】等选项。例如，设置【字体】为“楷体 GB2312”；【字形】为“粗体”；【大小】为“小四”，单击【确定】按钮，如图2-95所示。

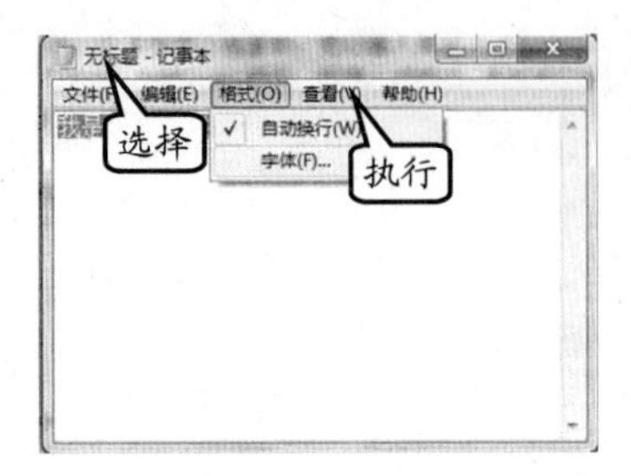

图2-94 选中文本

图2-95 设置文本格式

最后，用户可以在【记事本】的编辑区域中，查看文本字体的变化。

2．快速打开当前账户

如果用户需要修改当前账户信息时，则通过【控制面板】窗口操作起来比较繁琐，用户可以通过快捷的方法进行操作。

例如，单击【开始】按钮，在【开始】菜单的右上角，将显示一个凸出的图标。用户可以单击该图标，直接打开当前账户窗口，并修改其选项，如图2-96所示。

图2-96 单击图标

第3章

Word 2010 基础操作

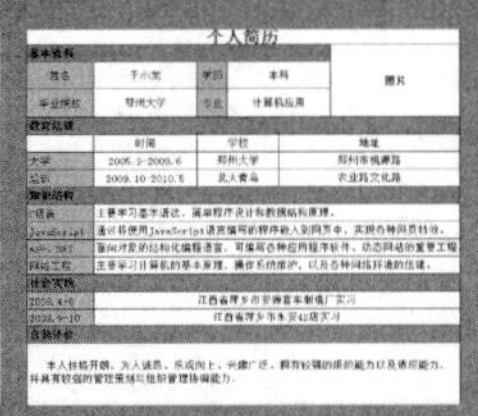

Word 是微软公司推出的 Office 系列办公组件之一，是目前世界上最流行的文字编辑软件，它的界面友好、操作简单、功能强大。

Word 2010 是 Microsoft 公司推出的最新版本的 Word 文字处理软件，它直观的图标按钮设计让用户能够更方便地进行文字、图形图像和数据的处理，极大程度地提高了办公人员的工作效率。

本章将介绍在 Word 中录入文本、选择文本，以及查找文本内容的方法。

本章学习要点：

- 初识 Word 2010
- Word 的基本操作
- 输入文本
- 编辑文本内容
- 查找和替换

3.1 初识 Word 2010

与 Word 2007 相比，Word 2010 新增了许多功能，并且在界面上将 Office 按钮，更改为【文件】选项卡。

3.1.1 Word 2010 工作界面

在学习如何创建并编辑 Word 文档之前，首先来了解并熟悉程序的界面，以掌握各组成部分，以及每个组成部分中所包含的内容和功能。

用户可以通过单击【开始】按钮，执行【程序】| Microsoft Office | Microsoft Office Word 2010 命令，即可启动 Word 2010 的操作窗口界面，如图 3-1 所示。

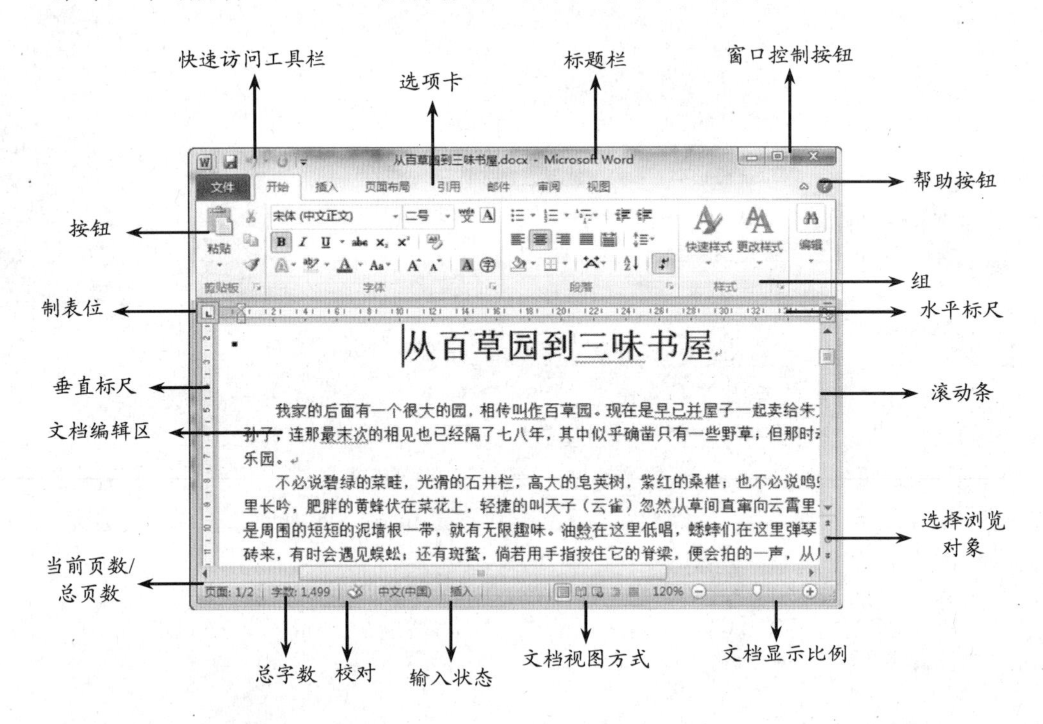

图 3-1 启动 Word 文档

提 示

用户还可以双击已经创建好的 Word 文档，并启动 Word 2010 程序，同时打开该文档。

Word 2010 的窗口由标题栏、选项卡、状态栏和编辑区等部分组成，下面对各部分做一些简单介绍。

1. 标题栏

标题栏位于窗口最上方，显示正在编辑的文档名称及应用程序名称，由快速访问工具栏和窗口控制按钮组成。

❑ 快速访问工具栏

快速访问工具栏显示在标题栏最左侧，包含一组独立于当前所显示选项卡的命令，是一个可自定义的工具栏。

在快速访问工具栏上，用户可以添加一些最常用的命令。默认情况下，只包含保存、撤销和重复3个按钮。

提 示

单击自定义快速访问工具栏后的下拉按钮，在其列表中执行不同的命令，可以为其添加或删除其他命令按钮。

若不希望快速访问工具栏显示在当前位置，可右击快速访问工具栏位置，执行【在功能区下方显示快速访问工具栏】命令，即可将快速访问工具栏移动到功能区下方，如图3-2所示。

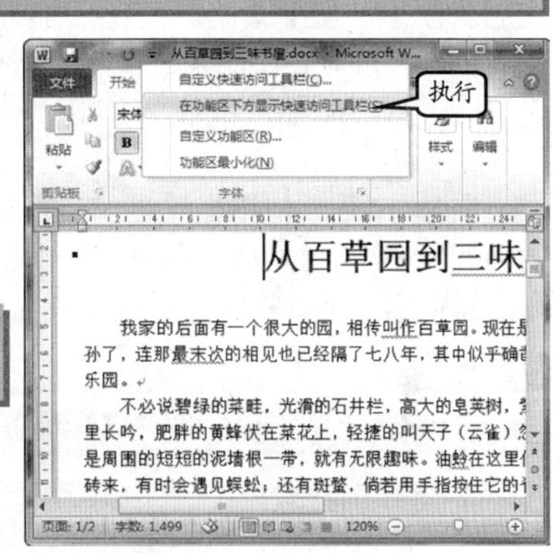

图3-2 移动工具栏位置

技 巧

单击自定义快速访问工具栏按钮，执行【在功能区下方显示】命令，也可将快速访问工具栏置于功能区下方。

❑ 窗口控制按钮

使用这些按钮可以缩小、放大和关闭Word窗口。其图标及功能如表3-1所示。

表3-1 窗口按钮

按钮	名称	功 能
	最小化	单击该按钮可以使Word窗口隐藏为任务栏中的一个窗口按钮
	最大化	单击该按钮可以将窗口最大化显示
	关闭	单击该按钮，可关闭当前活动文档

提 示

当Word 2010窗口界面最大化显示时，原来【最大化】按钮的位置上，将显示【向下还原】按钮，单击它可以使文档窗口还原至原来大小。

2. 选项卡

为了便于浏览，功能区中设置了多个围绕特定方案或对象组织的选项卡。在每个选项卡中，都通过组把一个任务分解为多个子任务，来完成对文档的编辑，即每个选项卡内包括一些常用功能按钮。其中，包含【文件】选项卡、【开始】选项卡、【插入】选项卡、【页面布局】选项卡、【引用】选项卡、【邮件】选项卡、【审阅】选项卡、【视图】选项卡和【开发工具】选项卡。

另外，当文档中插入其他对象时，如表格、图片等，则会在标题栏中添加相应的工具栏及选项卡。例如，在文档中添加某形状后，并选择该形状，将出现【绘图工具】下的【格式】选项卡，如图3-3所示。

3．编辑区

编辑区是 Word 窗口最主要的组成部分，可以在其中输入文档内容，并对文档进行编辑操作。该区域主要包含了制表位、标尺、选择浏览对象和文档编辑区 4 部分。

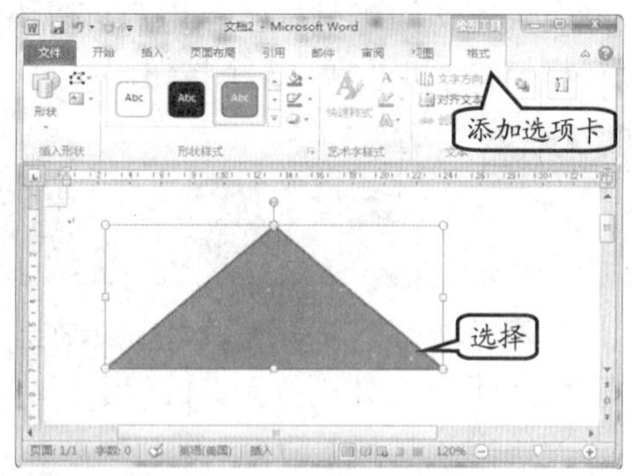

图 3–3 自动添加选项卡

❑ 制表位

制表位常用于在制作无表格数据时定位数据位置和对齐方式。在 Word 中共包含了左对齐式制表位、居中式制表位、右对齐式制表位、小数点对齐式制表位、竖线对齐式制表位、首行缩进和悬挂缩进7 种。

❑ 标尺

在 Word 中，使用标尺可以估算出编辑对象的物理尺寸，如通过标尺可以查看文档中图片的高度和宽度。标尺分为水平标尺和垂直标尺。默认情况下，标尺上的刻度以字符为单位。

注 意

在普通视图下只能显示水平标尺，在页面视图下可同时显示水平和垂直标尺。

❑ 选择浏览对象

默认情况下，在文档编辑区域内仅显示不到一页的内容，所以要查看文档的其他内容，可以拖动文档编辑窗口上的垂直滚动条。

另外，还可以单击【选择浏览对象】按钮，选择其中一种方式来查看文档。其浏览对象按钮的功能如表 3-2 所示。

表 3–2 选择浏览对象按钮

按钮	名 称	功 能
→	定位	选择要跳转的项目类型
	查找	找到某个特定项目
	按编辑位置浏览	用户可按文档中编辑位置浏览文档内容
	按标题浏览	【前一页】按钮和【下一页】按钮将被更改为【前一条标题】按钮和【下一条标题】按钮，单击这两个按钮即可按文档中的标题进行浏览
	按图形浏览	【前一页】按钮和【下一页】按钮将被更改为【前一张图片】按钮和【下一张图片】按钮，用户可以单击这两个按钮，查看文档中的所有图片
	按表格浏览	【前一页】按钮和【下一页】按钮将被更改为【前一张表格】按钮和【下一张表格】按钮，用户可以单击这两个按钮，查看文档中的所有表格
{a}	按域浏览	【前一页】按钮和【下一页】按钮将被更改为【前一域】按钮和【下一域】按钮，用户可以单击这两个按钮，查看文档中所有的域
	按尾注浏览	用户可对文档中的所有尾注进行浏览
	按脚注浏览	用户可对文档中的脚注进行浏览
	按批注浏览	用户可对文档中的批注进行浏览
	按节浏览	用户可以查看文档中的所有节
	按页浏览	用户可以查看文档中的所有页

❑ 文档编辑区

该区域位于文档水平标尺和状态栏之间，用来输入文字、插入图形或图片，以及编辑对象格式等操作。

新打开的 Word 文档中，编辑区是空白的，仅有一个闪烁的光标（称为插入点）。插入点就是当前编辑的位置，它将随着输入字符位置的改变而改变，如图 3-4 所示。

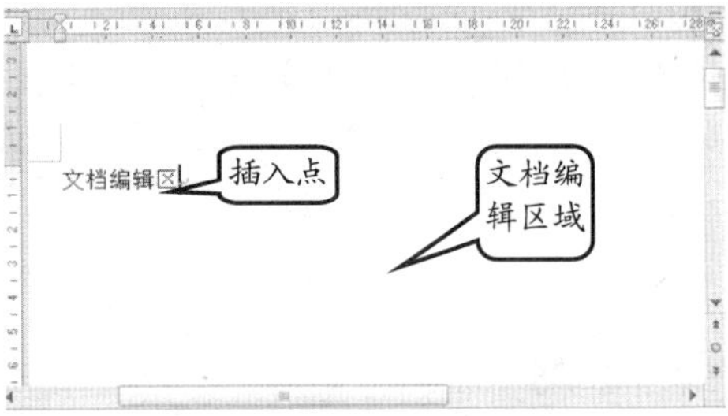

图 3-4 文档编辑区

4．状态栏

文档的状态栏中，分别显示了该文档的状态内容，包括当前页数/总页数、文档的字数、校对文档出错内容、设置语言、设置改写状态、视图显示方式和调整文档显示比例。其各部分功能如表 3-3 所示。

表 3-3 状态栏内容

按 钮	名 称	功 能
页面: 5/6	文档页码	显示当前所在的页数及总页数，单击可弹出【查找和替换】对话框
字数: 2,443	文档字数	显示整个文档中的字数，单击可弹出【字数统计】对话框
	校对	发现校对错误，单击即可更正
英语(美国)	语言	显示当前文本的语种及国家，单击可弹出【语言】对话框
插入	改写状态	键入的文字将插入到插入点处
	页面视图	切换至页面视图
	阅读版式视图	切换至阅读版式视图
	Web 版式视图	切换至 Web 版式视图
	大纲视图	切换至大纲视图
	普通视图	切换至普通视图
130%	缩放级别	显示当前文档的缩放比例
	显示比例	调整文档的缩放比例

提 示

拖动【显示比例】中的游标调整文档的缩放比例，或者单击【缩小】按钮⊖和【放大】按钮⊕，可调整文档缩放比例。

3.1.2 视图方式

Word 文档提供了 5 种视图，可以根据需要切换不同的视图，以适应操作和查看文档的需要。

1．页面视图

页面视图是 Word 中默认的且平时使用最多的一种视图方式。它直接按照设置的页面大小进行显示，此时显示的效果与打印效果完全一致。

在该视图中，所有的图形对象都可以完整地显示出来，如页眉、页脚、水印和图形等。例如，选择【视图】选项卡，单击【文档视图】组中的【页面视图】按钮，或单击状态栏中的【页面视图】按钮，即可将文档以页面视图方式显示，如图 3-5 所示。

图 3-5 页面视图

技 巧

按 Ctrl+Shift+P 键，也可使文档切换到页面视图格式。

2. 阅读版式视图

阅读版式视图进行了优化设计，可以利用最大的空间来阅读或者批注文档。另外，还可以通过该视图，选择以文档在打印页上的显示效果进行查看。

例如，单击【文档视图】组中的【阅读版式视图】按钮，或单击状态栏中的【阅读版式视图】按钮，即可切换至阅读版式视图中，如图 3-6 所示。

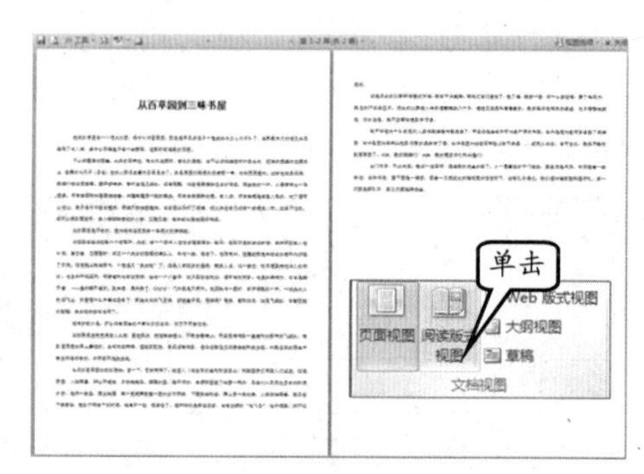

图 3-6 阅读版式视图

在阅读版式视图中，文档上方会自动出现一排工具栏，各按钮名称及其功能如表 3-4 所示。

表 3-4 阅读版式视图中的按钮

按钮	名 称	功 能
	保存	保存当前文档
	打印	打印当前文档
工具	工具	单击该按钮，可在其下拉菜单中选择相应的工具
	以不同颜色突出显示文本	阅读过程中突出显示文字，双击该按钮可进入突出显示模式
	新建批注	选择文字并添加批注
	前一页	单击可转至当前页的前一页
第 5-6 页(共 49 页)	跳转至文档中的页或节	单击该按钮可在弹出的菜单中选择要转到的位置
	下一页	单击可转至当前页的后一页
视图选项	视图选项	单击该按钮，可在弹出的菜单中进行相应的设置
关闭	关闭	关闭阅读版式视图

提 示

在阅读版式视图中，可单击【向左三角】按钮，向前翻页。或者单击【向右三角】按钮，向后翻页。

3. Web 版式视图

Web 版式视图中可以显示页面背景，每行文本的宽度会自动适应文档窗口的大小。

该视图与文档保存为 Web 页面并与在浏览器中打开看到的效果一致，是最适合在屏幕上查看文档的视图。

例如，单击【文档视图】组中的【Web 版式视图】按钮，或单击状态栏中的【Web 版式视图】按钮，即可将文档以 Web 版式视图显示，如图 3-7 所示。

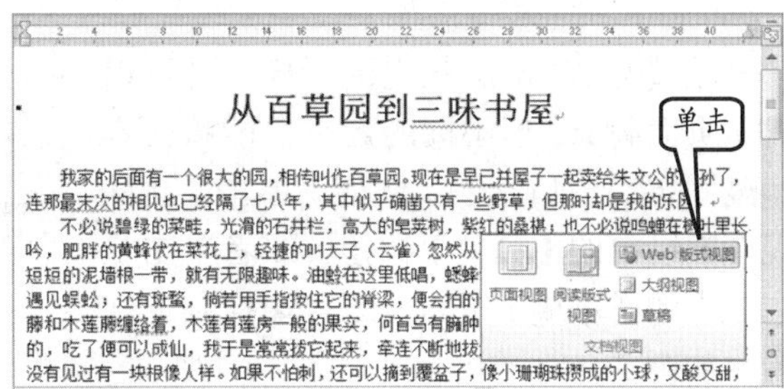

图 3-7 Web 版式视图

4. 大纲视图

大纲视图中，除了显示文本、表格和嵌入文本的图片外，还可显示文档的结构。它可以通过拖动标题来移动、复制和重新组织文本，还可以通过折叠文档来查看主要标题；或者展开文档以查看所有标题，以及正文内容。从而使用户能够轻松地查看整个文档的结构，方便的对文档大纲进行修改。

例如，单击【文档视图】组中的【大纲视图】按钮，或单击状态栏中的【大纲视图】按钮，即可切换至该视图，如图 3-8 所示。

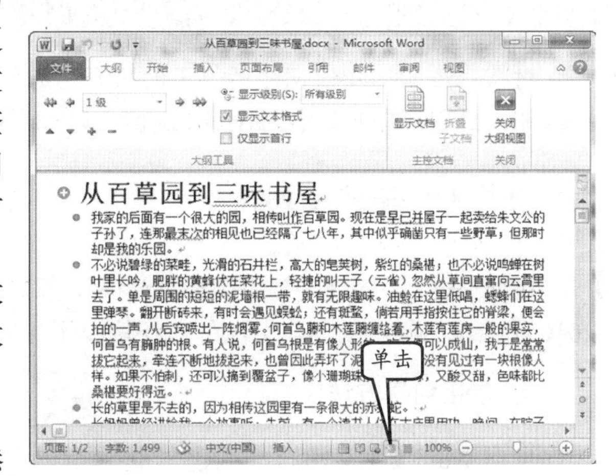

图 3-8 大纲视图

切换至大纲视图后，系统会自动添加一个【大纲】选项卡。在该选项卡下，分别有【大纲工具】、【主控文档】以及【关闭】3 个组，可以通过各组中不同的命令按钮，来完成不同的操作。其中，【大纲工具】组中的各组成部分及其功能如表 3-5 所示。

表 3-5 大纲视图中的按钮

按钮	名　称	功　能
	升级	将段落提升一级。例如，正文提升为文档使用的最低标题，标题 4 提升为标题 3
	降级	将段落降一级
	降级为正文	将标题将为正文文字
	提升为标题 1	将标题提升为标题 1
	上移	将光标所在段落移动至上一段落前面
	下移	将光标所在段落移动至下一段落后面
	展开	显示选定标题的正文文字和子标题
	折叠	隐藏选定标题的正文文字和子标题

提　示

【大纲工具】组中，启用【仅显示首行】复选框，代表只显示正文各段落的首行；启用【显示文本格式】复选框，代表显示或隐藏字符格式。

5. 草稿

草稿与 Web 版式视图一样，都可以显示页面背景，但不同的是它仅能将文本宽度固定在窗口左侧。例如，单击【文档视图】组中的【草稿】按钮，或者单击状态栏中的【草稿】按钮，即可切换到该视图，如图 3-9 所示。

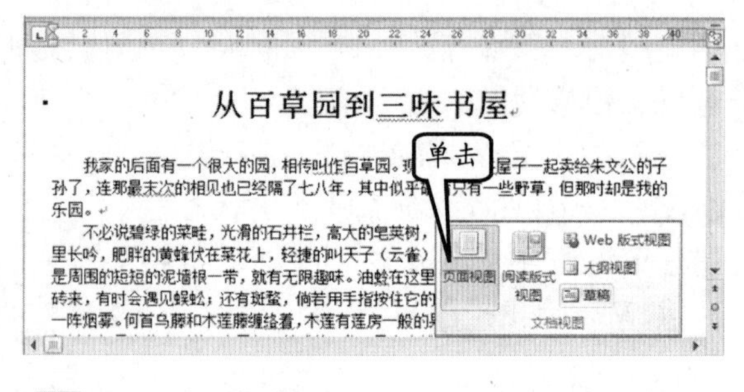

图 3-9 草稿视图

3.2 Word 的基本操作

对 Word 的初步认识之后，下面来介绍如何创建、保存、打开及关闭文档内容。这些操作，是用户在开始学习 Word 之前必须要了解及掌握的。

3.2.1 新建文档

在处理文档内容时，首先需要创建一个新文档。为了便于操作或提高工作效率，Word 2010 在继承旧版本的创建方法外，还增添了更快捷的方法。

1. 常用创建方法

启动 Word 组件，将自动创建一个名为“文档 1”的新文档。如果已经启动 Word 组件，而需要创建另外的新文档，可以选择【文件】选项卡，执行【新建】命令，并在右侧单击【创建】按钮，如图 3-10 所示。

当用户执行【新建】命令时，在中间栏中弹出【可用模板】窗格，此时可以根据需要在该列表中选择不同的模板，并且当选择其中一个选项时，即可在右侧预览框中对该选项进行预览。

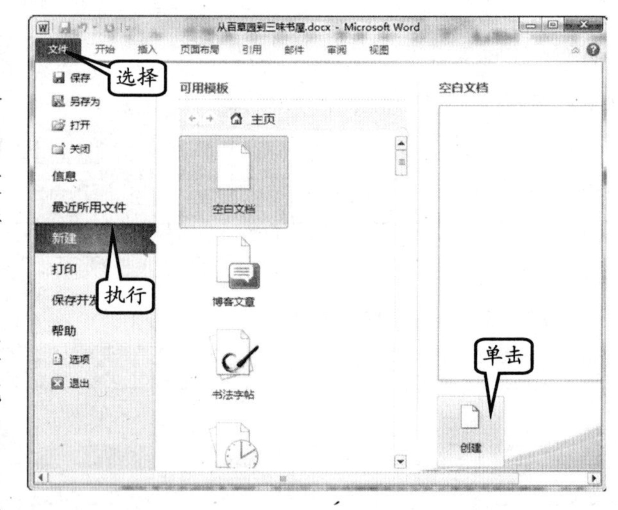

图 3-10 创建 Word 文档

技 巧

直接在 Word 2010 窗口中，按 Ctrl+N 键来创建新的文档。

2. 利用模板创建

模板是一种特殊的文档类型，是 Word 预先设置好内容格式及样式的特殊文档。通过模板可以创建具有统一规格、统一框架的文档（如会议议程、小册子、预算或者日历）。

在【可用模板】列表中，包含有两种模板：一种是 Word 组件自带的模板，如基本报表、黑领结简历等；另一种是需要从 Microsoft Office Online 中下载的模板，如名片和日历等。

下面通过 Word 自带的模板来创建新文档，通常有以下几种方法。

图 3-11 选择模板类型

❑ 利用【样本模板】创建

选择【可用模板】窗格中的【样本模板】选项，在切换到的模板列表框中选择所需的模板。例如，选择【基本报表】图标，即可进入该类模板内，如图 3-11 所示。

此时，即可在中间的栏中，显示该类模板中所包含的详细模板内容。例如，在该模板类中，选择【基本报表】模板，即可在右侧显示该模板的样式，并单击【创建】按钮，如图 3-12 所示。

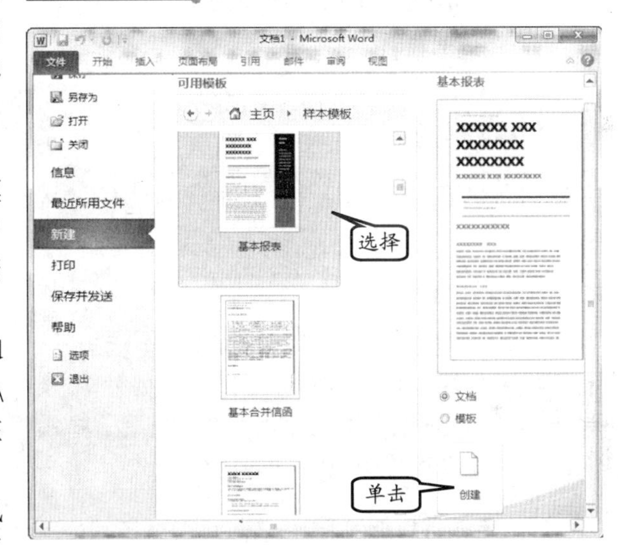

图 3-12 选择并创建模板

❑ 利用【我的模板】创建

【我的模板】列出了已创建的模板，该模板属于自定义模板，是用户自己保存在计算机上的一种 Word 文档类型。一般存储在 Templates 文件夹中，该文件夹通常位于“C:\Docunments and Setting\Default User\Application Date\Microsoft\Templates ”文件夹中（在 Windows XP 系统中）。

例如，在【文件】选项卡中，执行【新建】命令，并在中间栏中选择【我的模板】选项，然后弹出【新建】对话框，如图 3-13 所示。

在该对话框中，选择创建好的模板，单击【确定】按钮，即可通过【我的模板】创建文档，如图 3-14 所示。

图 3-13 选择模板

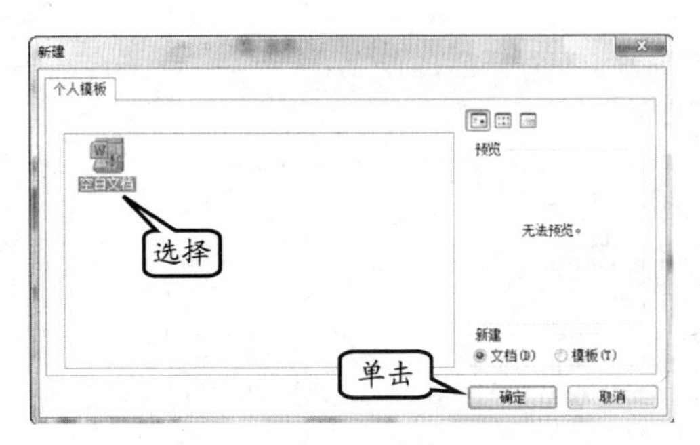

图 3-14 选择个人模板

提 示

默认情况下该文件夹是被隐藏的，若要显示该文件夹，则需要打开【我的电脑】窗口，单击【工具】菜单，执行【文件夹选项】命令。然后，在弹出的【文件夹选项】对话框中，选择【查看】选项卡，单击列表框中的【显示所有文件和文件夹】单选按钮。

3．根据现有文档创建

根据现有的文档也可创建新的文档。在【可用模板】窗格中选择【根据现有内容新建】选项，如图 3-15 所示。

在弹出的【根据现有文档新建】对话框中，选择现有的模板，如“菜谱.docx”，单击【新建】按钮，如图 3-16 所示。

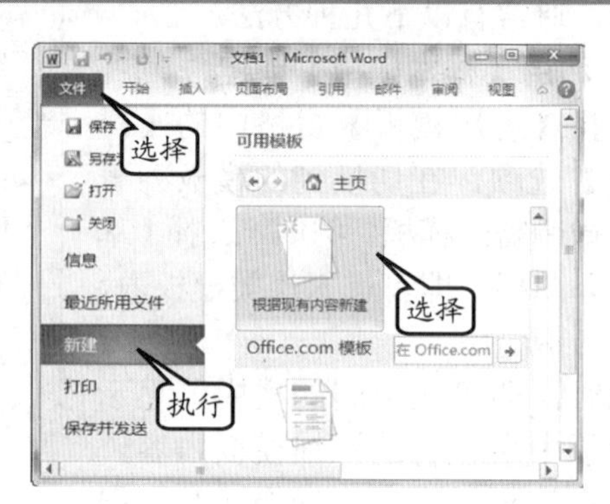

图 3-15 选择模板

4．通过快速访问工具栏创建

单击自定义快速访问工具栏后方的下拉按钮，执行【新建】命令，将在快速访问工具栏中添加【新建】按钮。然后，单击该按钮也可新建 Word 文档，如图 3-17 所示。

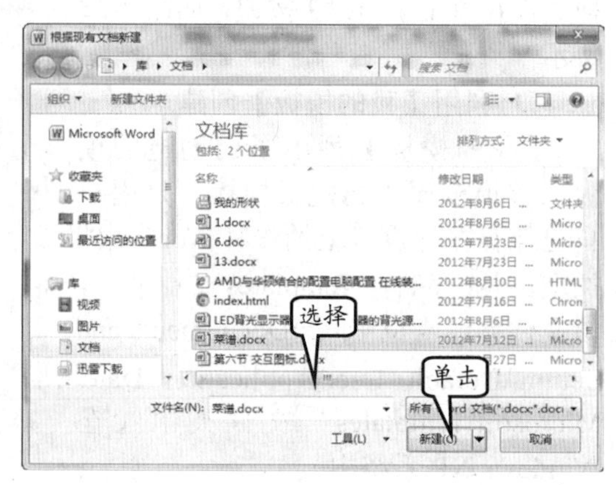

图 3-16 选择文件

3.2.2 保存文档

一般情况下对创建的新文档或者已有的文档进行修改时，需要进行保存。另外，为了防止计算机系统故障引起的数据丢失问题，可以设置间隔时间自动保存。

1．保存新建的文档

选择【文件】选项卡，执行【保存】命令，弹出【另存为】对话框，如图 3-18 所示。

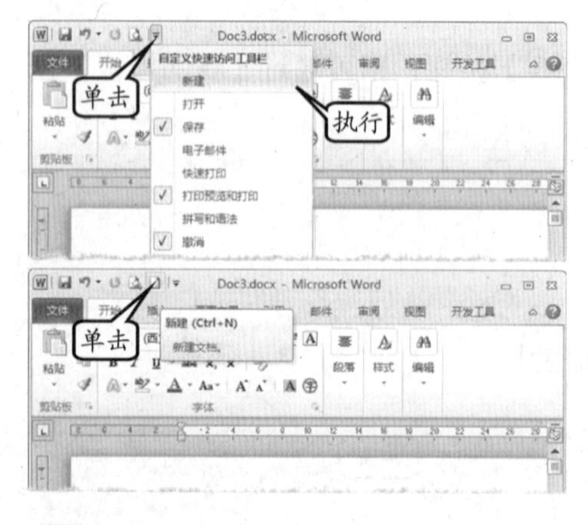

图 3-17 创建文档

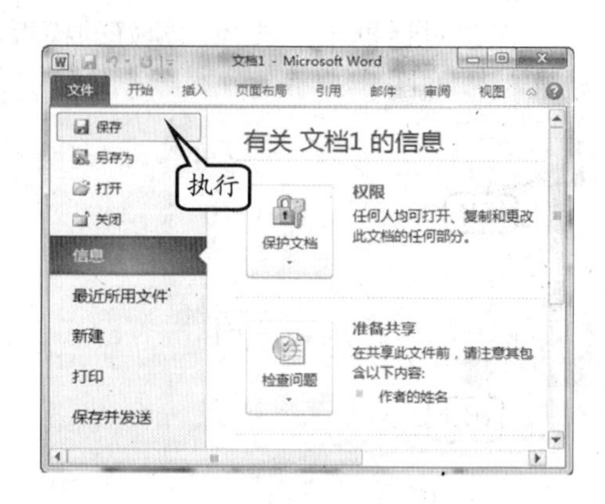

图 3-18 执行【保存】命令

然后，在该对话框中，选择保存的位置，并在【文件名】文本框中输入保存文档的名称，单击【保存】按钮，如图 3-19 所示。

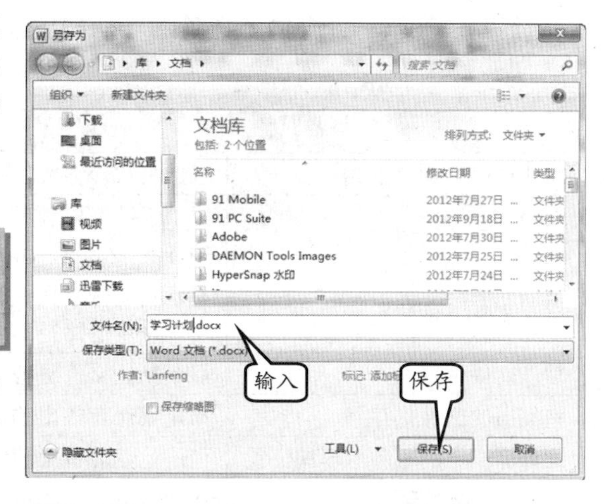

图 3-19　保存文档

技 巧

按 Ctrl+S 键，弹出【另存为】对话框。然后，选择文件的保存位置、输入文件名、选择保存类型，并单击【确定】按钮，也可保存该文档。

另外，可以单击快速访问工具栏中的【保存】按钮，在弹出的【另存为】对话框中保存该文档。

2．保存已有的文档

保存已有的文档与保存新建的文档方法相同。但是，在保存过程中将不弹出【另存为】对话框，其保存的文件路径、文件名、文件类型与第一次保存文档时的设置相同。

如果需要对修改后的文档重新命名或者备份时，可选择【文件】选项卡，执行【另存为】命令，打开【另存为】对话框，如图 3-20 所示。

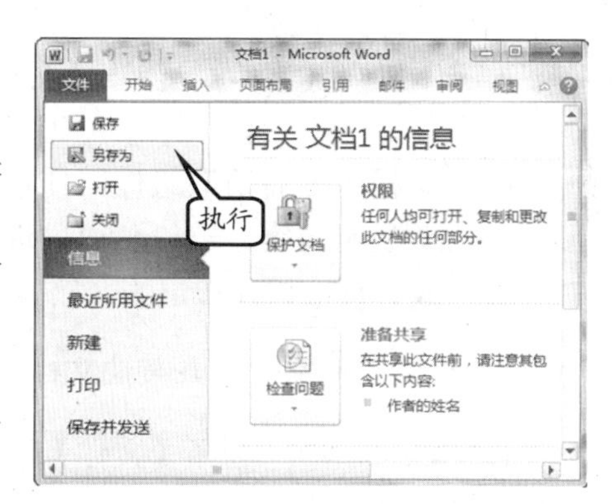

图 3-20　执行【另存为】命令

然后，在该对话框中选择文件的保存位置，并修改文件名，单击【保存】按钮，如图 3-21 所示。

3．设置自动保存

在 Word 默认情况下，即文档已经具有自动保存功能。但为更确切地了解自动保存的间隔时间，用户可以进行选项的设置。

例如，选择【文件】选项卡，执行【选项】命令，打开【Word 选项】对话框。然后，在该对话框中选择【保存】选项，启用【保存自动恢复信息时间间隔】复选框，修改其后方文本框内的时间，单击【确定】按钮即可，如图 3-22 所示。

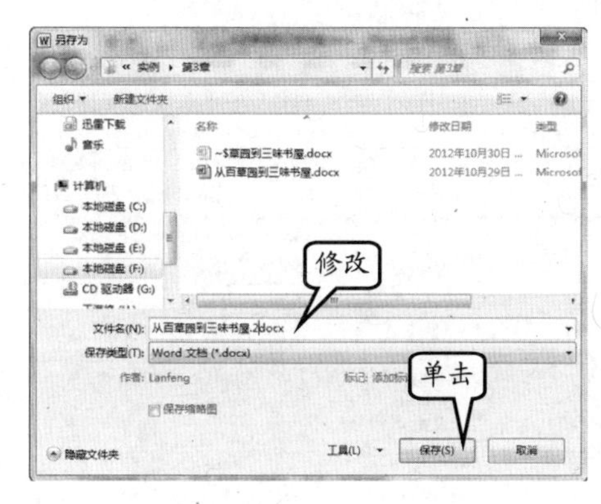

图 3-21　另存为文档

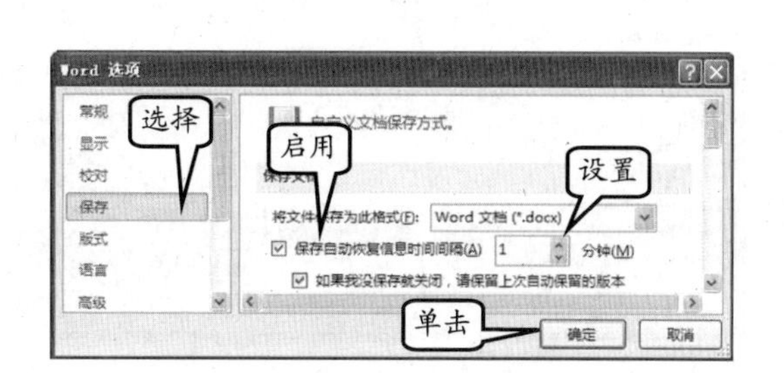

图 3-22　设置自动保存

其中，在该对话框中各选项的功能如表 3-6 所示。

表 3-6 自动保存选项内容

选项名称	功能
将文件保存为此格式	以此格式保存文件，设置保存文档时所使用的默认文件格式
保存自动恢复信息时间间隔	以“分钟”文本框中输入的时间间隔自动创建文档恢复文件。该时间间隔必须是一个介于 1～120 之间的正数
自动恢复文件位置	显示自动恢复文件的默认位置。在该文本框中输入要用作自动恢复文件位置的路径
默认文件位置	显示默认文件位置。在该文本框中输入要用作默认文件位置的路径
将签出的文件保存到	指定要保存签出的文档位置
此计算机上的服务器草稿位置	使用此计算机上的服务器草稿位置保存签出的文档
Office 文档缓存	在 Office 文档缓存位置保存签出的文档

3.2.3 打开与关闭文档

打开文档即可启动该组件，使该文档处于激活状态，并显示内容。一般可通过现有文档打开其他文档或者直接打开指定的文档。

1．通过现有文档打开其他文档

在文档窗口中，选择【文件】选项卡，执行【打开】命令，如图 3-23 所示。

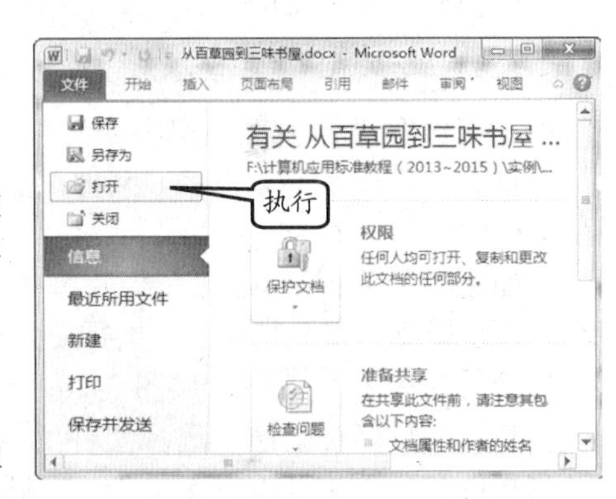

图 3-23 执行【打开】命令

然后，在弹出的【打开】对话框中，选择需要打开的文档，并单击【打开】按钮，如图 3-24 所示。

2．直接打开指定文档

在本地计算机上双击文件夹中的文档，即可直接打开指定文档，如图 3-25 所示。

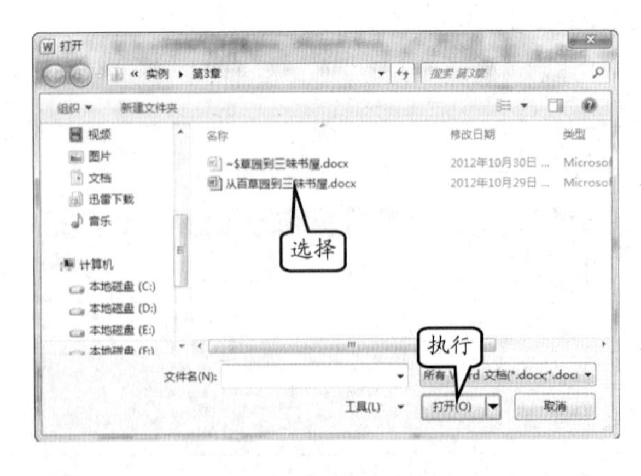

图 3-24 选择需要打开的文档

图 3-25 双击文档文件

技　巧

选择【文件】选项卡，选择右侧【最近使用的文档】窗格中的文档名称，也可打开指定的文档。

3. 关闭文档

文档的创建、编辑及保存工作完成后，即可关闭该文档。关闭一个文档就是将文档从内存中清除，并关闭当前使用文档的窗口。

通常情况下，可使用下面 6 种方法来关闭文档。

- 直接单击窗口右上方【关闭】按钮 。
- 双击自定义快捷访问工具栏内应用程序图标 。
- 选择【文件】选项卡，选择左侧窗格中的【关闭】选项。
- 选择【文件】选项卡，选择左侧窗格中的【退出】选项。
- 右击文档窗口的标题栏，执行【关闭】命令。
- 直接按 Alt+F4 键关闭文档。

3.3 输入文本

创建文档后，即可进行文本输入工作。输入文本时，插入点向右移动，移至行尾时将自动换行，并调整文字间距以保持文本两端对齐。

3.3.1 输入中/英文

在 Word 文档中输入文本的方法非常简单。如果用户要在文档输入英文，可以将光标置于要输入英文的位置，直接输入即可。如果用户需要输入中文，可以先选择一种中文输入法，即可进行文字的输入，如图 3-26 所示。

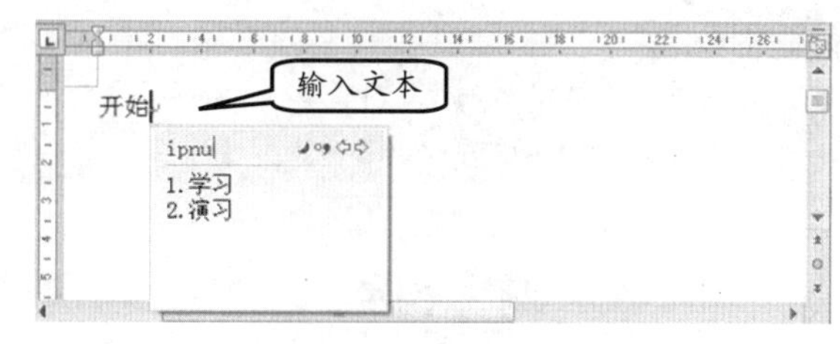

图 3-26 输入中文

另外，用户也可以在其他文件中复制一段文字，如复制网页、记事本等文件中的文字。然后，切换至 Word 窗口进行粘贴即可。

3.3.2 输入日期与时间

Word 提供了一些快速输入文本的方法。如果需要输入当前日期和时间，可选择【插入】选项卡，单击【文本】组中的【日期和时间】按钮，打开【日期和时间】对话框。然后，在该对话框中选择一种要使用的格式，单击【确定】按钮即可，如图 3-27 所示。

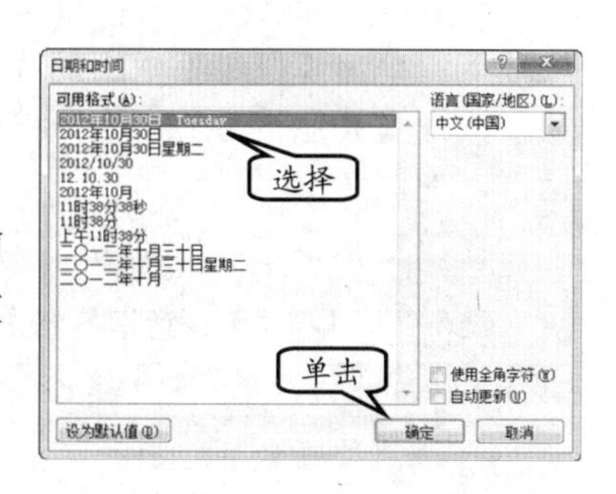

图 3-27 插入日期和时间

提　示

如果启用了【自动更新】复选框，则每次打开文档会自动更新为当前日期。

3.3.3　插入及改写文本

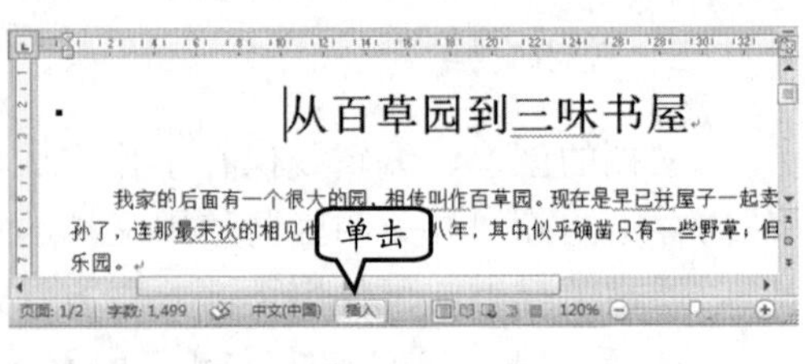

图 3–28　切换插入/改写

在 Word 中，用户可以插入输入文本时遗漏的文字，也可以对输入错误的文字进行修改。

插入与改写的区别在于：插入是在字符之间输入新的文本，但不替换原有的文本内容；改写是输入的新文本将替换原有的文本内容。

要在文档中间插入文本，首先将光标置于要插入文本的位置，然后输入要插入的文本文字即可。

如果在 Word 文档中，输入的文字存在错误，需要对其进行修改时，可以按 Insert 键或者单击状态栏上的【插入】按钮，切换至改写状态。然后，在文档中输入新的文本内容即可，如图 3-28 所示。

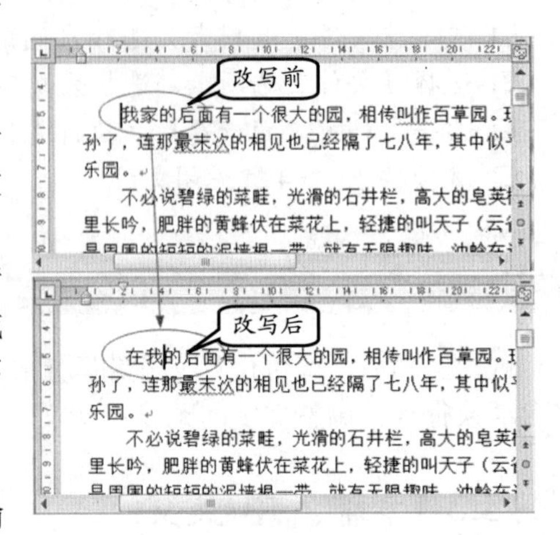

图 3–29　文本的自动改写

此外，如果首先选择要改写的文本，则输入新文本后，原有的内容将自动被替换，如图 3-29 所示，文档将自动切换至改写状态。

提　示

用户可以使用键盘上的上、下、左、右 4 个方向键，在文档中自由移动光标的位置。

3.3.4　输入符号

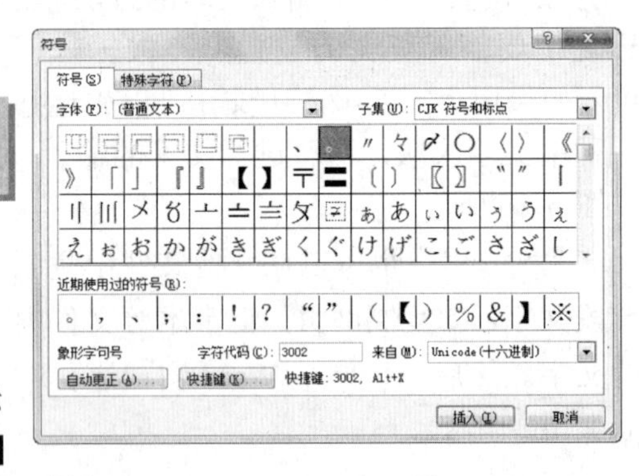

图 3–30　【符号】对话框

在 Word 文档中，除了可以输入文字与标点符号外，还可以插入一些符号。选择【插入】选项卡，单击【符号】栏中的【符号】下拉按钮，执行【其他符号】命令，弹出【符号】对话框，如图 3-30 所示。

在该对话框中，各部分名称及其功能如表 3-7 所示。

表 3–7　【符号】对话框各部分名称及其功能表

名　称	功　能
字体集	单击该下拉按钮，可在其列表中选择不同字体集，以输入不同的符号。例如，选择 Latha、MingLiU 等，选择不同的字体集，将显示不同的符号

续表

名 称	功 能
子集	选择字体后，在【子集】列表中会有不同的子集选项，用户可以根据需要进行选择
列表框	该列表显示要插入的符号
近期使用过的符号	显示近期内使用过的符号
字符代码	显示所选符号的代码
来自	显示符号的进制（例如，符号（十进制））
自动更正	单击该按钮，可弹出【自动更正】对话框，用户可以对一些经常使用的符号使用自动更正功能
快捷键	单击该按钮，可在弹出的【自定义键盘】对话框中为符号指定快捷键

单击【字体】下拉按钮，用户可以在其列表中选择字符集选项。此时，该字符集下的所有符号将显示在对话框的符号列表中。

然后，在列表中选择需要插入的符号，并单击【插入】按钮，如图 3-31 所示。即可将该符号插入到当前文档中光标所在的位置。

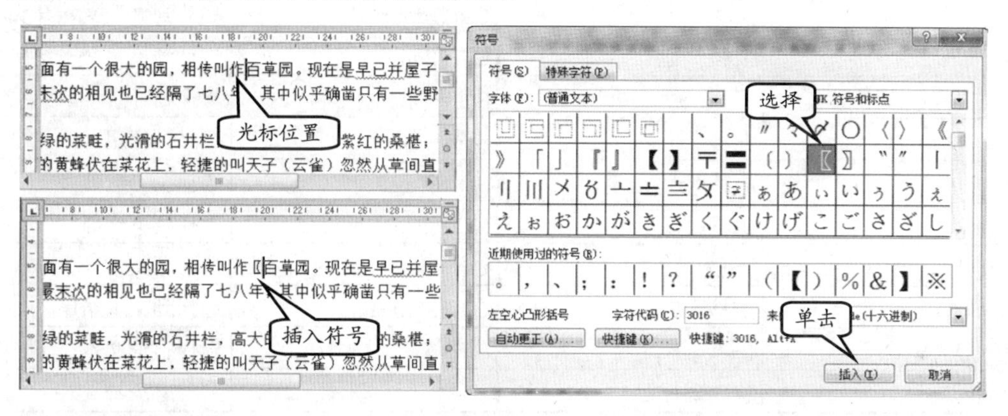

图 3-31 插入符号

当选择的符号插入文档中以后，【符号】对话框不会关闭，原来的【取消】按钮被替换为【关闭】按钮。单击该按钮即可关闭对话框。

除此之外，系统还为某些特殊符号预定义了一组快捷键，用户可以通过快捷键直接输入这些符号。要查看这些快捷键，只需在【符号】对话框中，选择【特殊字符】选项卡即可，如图 3-32 所示。

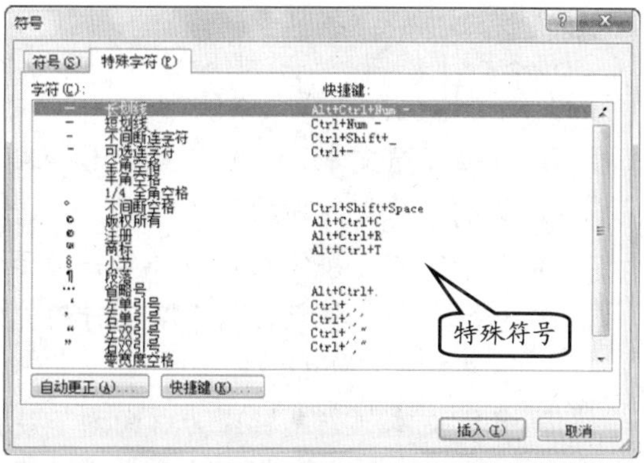

图 3-32 特殊字符快捷键

3.4 编辑文本内容

在输入文档内容之后，难免要对文档中的内容进行修改。而修改时，如果还是按照录入的方法进行修改，则效果将非常慢。因此，为提高工作效率，用户可以通过一些快捷方法进行操作。

3.4.1 选择文本

首先，来介绍一下在 Word 文档中选取文本的方法。因为，只有选择某些文本内容之后，才能对这些文本进行必要的操作。

1. 使用键盘选取文本

在文档中选择文字时，既可以通过键盘上的方向键，也可以通过下面表格中的快捷键来进行操作，如表 3-8 所示。

表 3–8 选择文本的方法

快捷键（组合键）	功 能	快捷键（组合键）	功 能
←	左移一个字或字符	End	移动到行尾
→	右移一个字或字符	Ctrl+Home	移动到显示文本开头
↑	上移一行	Ctrl+End	移动到显示文本结尾
↓	下移一行	Shift+Home	选择到行首
Ctrl+←	左移一个字	Shift+End	选择到行尾
Ctrl+→	右移一个字	Shift+PageUP	选择至上一部
Ctrl+↑	上移一段	Shift+PageDown	选择至下一部
Ctrl+↓	下移一段	Ctrl+Shift+Home	选择至文本开头
PageUP	上移一屏	Ctrl+Shift+End	选择到文本结尾
PageDown	下移一屏	Ctrl+A	选择整个文本
Home	移动到行首		

2. 使用鼠标选取文本

在文档中，需要对文本进行复制、剪切、粘贴及移动等操作时，必需先选择文本。下面介绍运用鼠标选择文本的方法。

- **选择任意文本** 将光标置于选择文本始点，拖动鼠标至终点。
- **单词** 双击该词的任意位置。
- **一个句子** 按住 Ctrl 键并单击句子上的任意位置。
- **一行文本** 将光标置于某一行的选定栏（句子最左边）位置上，当变为“向右”箭头↗时，单击即可。
- **多行文本** 当鼠标变为“向右”箭头↗时，拖动选择多行。
- **一个段落** 当鼠标变为“向右”箭头↗时，双击即可。
- **整篇文本** 当鼠标变为“向右”箭头↗时，连续 3 次单击或者按住 Ctrl 键的同时单击。
- **“矩形”文本** 按住 Alt 键的同时拖动鼠标。

3.4.2 编辑文本

对文本的复制、移动以及删除是编辑文本中最常用的操作，熟练掌握对文本的复制等基本操作，可以提高用户录入文字的速度，从而提高编辑文档的效率。

1. 复制移动文本

如果用户需要移动文本，可通过【剪贴板】来完成。【剪贴板】位于【开始】选项卡中，是文档进行信息传输的中间媒介，是将信息传送到其他文档或者其他程序的通道。它允许用户从其他文件或者其他程序中复制多个文本和图形项目，利用【剪贴板】功能可以使用户在对文档的编辑过程中更加方便、快捷。

例如，在文档中选择需要移动的文本内容并右击，单击【剪贴板】组中的【剪切】按钮，如图 3-33 所示。

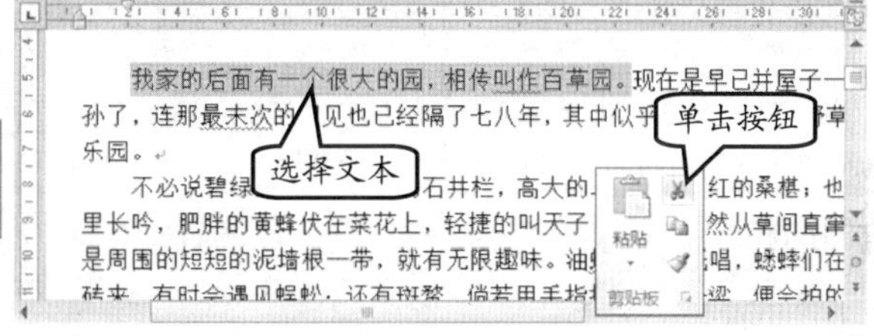

图 3-33 复制文本

技 巧

另外，在 Word 文档中，用户还可以选择要移动的文本内容，按 Ctrl+C 键进行复制操作。

然后，将光标移至目标位置，并单击【剪贴板】组中的【粘贴】按钮，如图 3-34 所示。

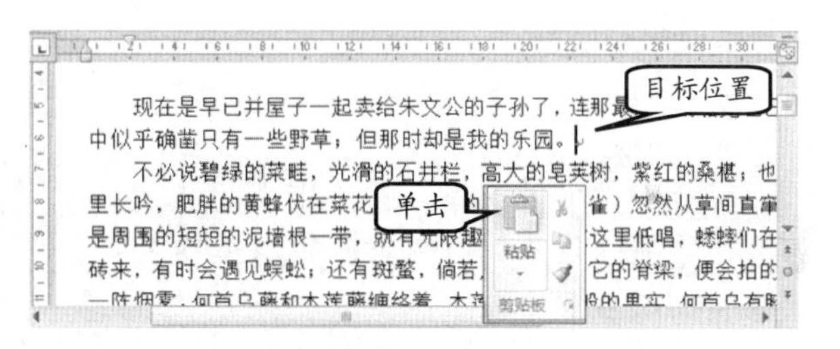

图 3-34 粘贴文本

当用户将文本移动到目标位置时，则该文本附近将显示一个【粘贴】浮动小工具，单击该【粘贴】的下拉按钮，即可根据需要选择粘贴的格式，如图 3-35 所示。

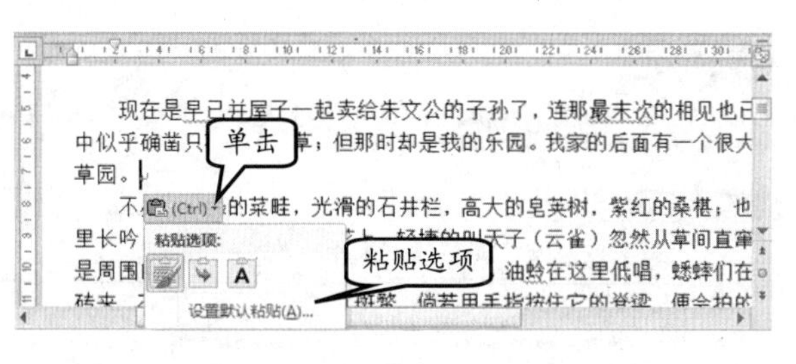

图 3-35 选择粘贴选项

移动文本后，文档中将自动弹出【粘贴】按钮小工具。单击该按钮，其列表中包含以下几项内容。

- ❑ **保留源格式**

选择该选项，可以使粘贴文本的格式与原始文本相同。

- ❑ **合并格式**

如果要保留部分粘贴文本，例如粘贴的粗体字或者现有位置的斜体字型，可以选择该选项。

- ❑ **仅保留文本**

如果用户希望删除原始文本中的所有格式，可以选择该选项，则原始文本中的格式将被清除。例如，当原始文本中存在图片或者表格时，粘贴文本将忽略图片，而将表格转换为一系列段落。

❑ 选择性粘贴

执行该命令，弹出如图3-36所示的对话框，用户可根据自己的需要进行相应的选择。

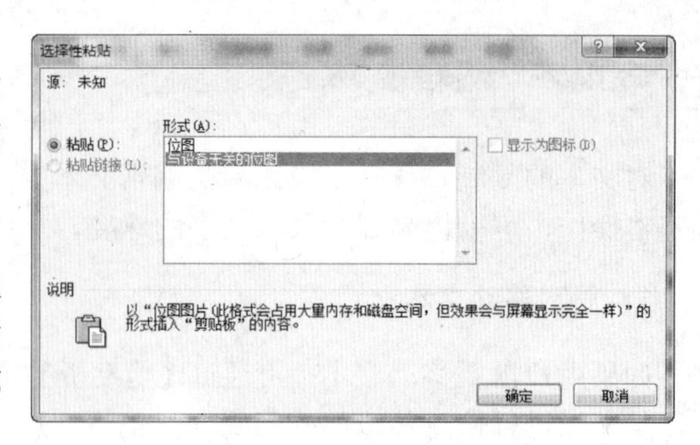

图3-36 【选择性粘贴】对话框

❑ 设置默认粘贴

如果用户经常使用某一个粘贴选项，可以将该粘贴选项设置为默认粘贴。这样，就避免了每次粘贴文本时都要执行【粘贴】命令的麻烦。

提 示

设置默认粘贴选项后，通过粘贴选项菜单上的不同选项，用户可以随时覆盖设置好的默认行为。

另外，也可以通过拖动鼠标的方法移动文本。首先，选择要移动的文本，并将鼠标置于选择的文本之上，当鼠标变成"箭头"时，按住鼠标左键不放，将其拖动至要放置的位置即可，如图3-37所示。此时，将以标识新插入符，以标识移动动作。

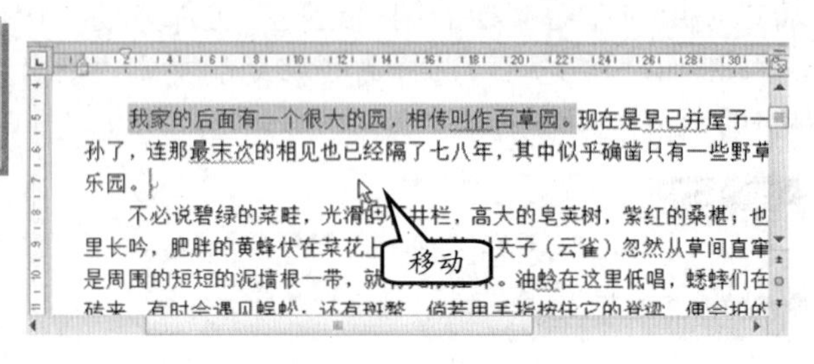

图3-37 用鼠标移动文本

2. 复制文本

选择要复制的文本，并单击【剪贴板】组中的【复制】按钮，如图3-38所示。即可复制该文本，再将光标置于要粘贴的位置，单击【粘贴】按钮，将复制的文本粘贴到当前位置。

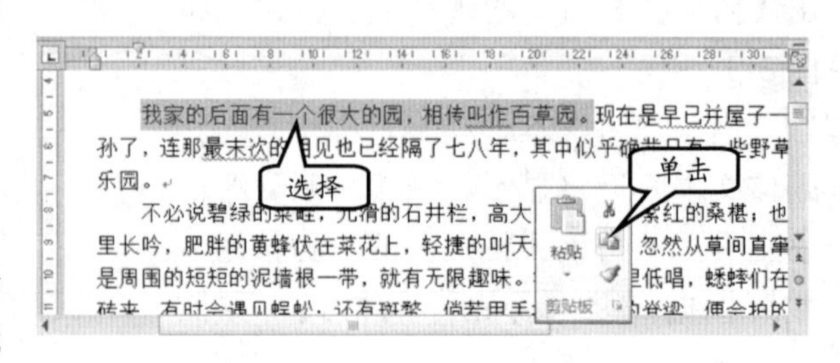

图3-38 复制文本

提 示

另外，用户也可以先选择要复制的文本，再按Ctrl+C键，复制该文本。

注 意

剪切和复制之间的区别在于：剪切后，该文本将不在当前位置；而复制后，原始文本仍保留在原来位置。

3. 删除文本

在Word文档中，将鼠标置于指定位置，按BackSpace键可删除光标前面的字符；按Delete键可删除光标后面的字符。

但是，用BackSpace键和Delete键只能一个一个地删除文字。如果用户希望删除一句或者一段文字，可以选择要删除的文本，再按BackSpace键或者Delete键。

3.4.3 撤销及恢复操作

在文档的编辑过程中，难免会出现操作错误的时候。这时需要通过撤销、恢复或者重复功能，帮助迅速纠正刚才的错误操作，从而大大地提高工作的效率。

1. 撤销操作

Word 会随时观察用户的工作，并能记住操作细节，还可以撤销一个或者多个错误操作。当用户操作错误而需要撤销该操作时，可以单击快速访问工具栏中的【撤销】按钮，即可撤销用户最后一步操作。如果需要撤销多步操作，可以重复单击【撤销】按钮，直到文档恢复到原来的状态。

用户还可以直接单击【撤销】按钮右侧的下拉按钮，在弹出的列表中，保存了可以撤销的多个操作，用户可以单击要撤销的操作，如图 3-39 所示。单击其中一项操作后，该项操作以及其后的所有操作都将被撤销。

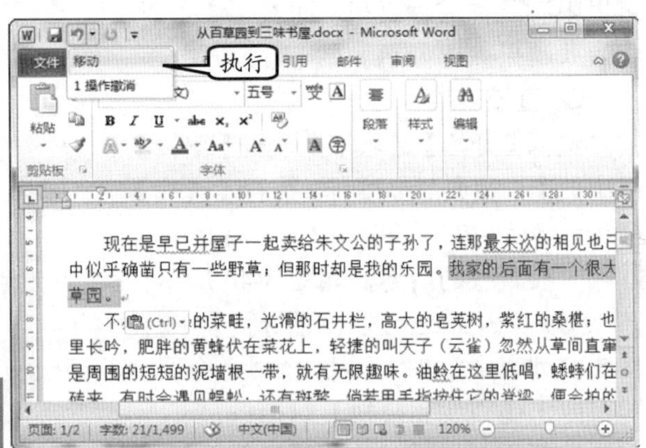

图 3-39 撤销操作

注 意

需要注意的是，当用户单击【撤销】按钮时，其确切名称会随着用户的具体操作而变化。例如，当用户输入文字时，其名称为"撤销输入文字"。

2. 恢复操作

每单击一次【撤销】按钮后，如果又想恢复之前的内容，可以单击快速访问工具栏中的【恢复】按钮，即可恢复刚才撤销的操作。

同样，如果希望恢复多步操作，可重复单击【恢复】按钮，即可将刚才撤销的多步操作恢复。但是，如果没有进行撤销操作，恢复操作不能使用，只有进行了撤销操作后，恢复操作才能进行。

3. 重复操作

重复操作是在没有进行过撤销操作的情况下，将重复进行最后一次操作。和撤销操作一样，重复操作的名字也会根据用户不同的操作而改变。若要进行重复操作，可以在未单击【撤销】按钮时，单击【恢复】按钮，即可将用户最后一次操作重复进行。

3.5 查找和替换

在文档的编辑过程中，通过查找和替换功能，可以查找和替换文档中的文本、格式、段落标记、分页符以及其他项目。

3.5.1 查找和替换文本

在 Word 文档中，查找和替换功能，可以实现快速查找某文本，并对该文本进行统一替换的目的。这样就可以为用户节省大量的时间，加快工作的速度，从而帮助用户提高工作效率。

1. 查找文本

该功能可以在当前活动文档中，快速查找特定单词或词组出现的所有位置。要在文档中查找某一文本，可以直接查找，也可以限制条件进行查找，而且，还可以将查找结果突出显示。

❑ 直接查找

选择【开始】选项卡，单击【编辑】组中的【查找】下拉按钮，执行【查找】命令。然后，在左侧弹出【导航】窗格，并输入要查找的内容，如图 3-40 所示。

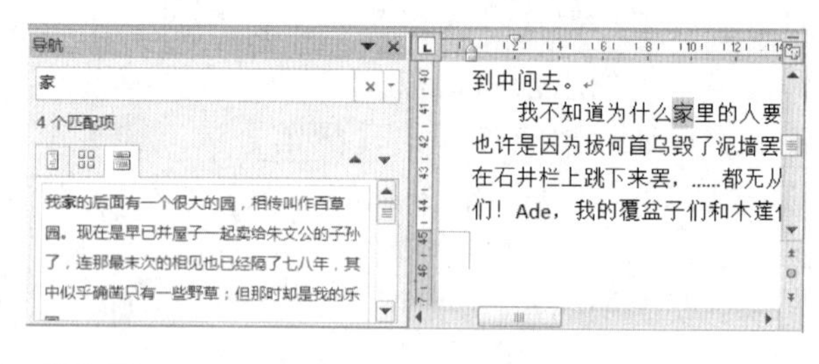

图 3-40 查找内容

另外，用户还可以在【查找】下拉按钮的列表中，执行【高级查找】命令，即可弹出【查找和替换】对话框。

然后，在对话框的【查找内容】文本框中，输入要查找的文本，并单击【查找下一处】按钮。Word 即可以蓝色底纹显示查找到的文本内容。如图 3-41 所示。

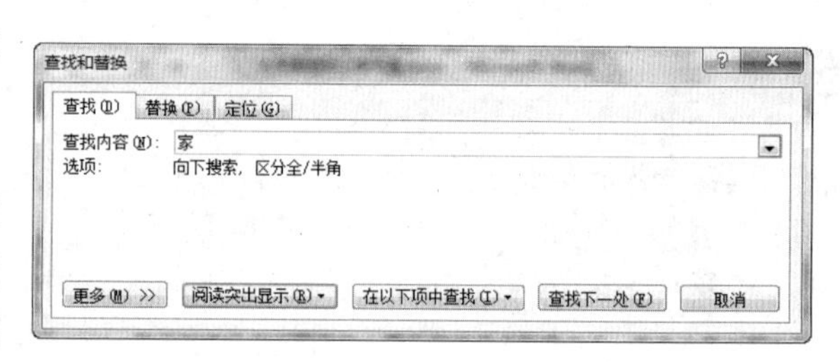

图 3-41 查找文字

技 巧

用户也可以按 Ctrl+F 键，打开【查找和替换】对话框。

用户还可以设置查找条件，搜索符合查找条件的文本内容。在【查找和替换】中输入要查找的文本内容后，单击【更多】按钮，即可将【查找和替换】对话框的折叠部分打开，如图 3-42 所示。

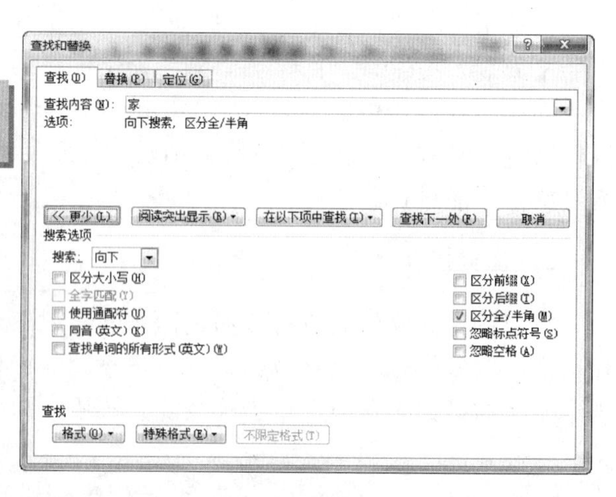

图 3-42 设置查找条件

在【搜索选项】栏中，单击【搜索】下拉按钮，在其列表中选择相应选项，以设置查找范围。而且，用户还可以通过启用【搜索选项】中不同的复选框来扩大或者缩小搜索范围。其中，各选项及其作用如表 3-9 所示。

表 3-9 搜索选项功能表

类型	名　称	功　能
搜索	向下	从光标处开始搜索直至文档的起点
	向上	从光标处开始搜索直至文档的终点
	全部	在整个文档中进行搜索
复选框	区分大小写	该复选框表示在查找时区分大小写。例如，查找 ABC 和查找 abc 时，将得到不同的查找结果
	区分全/半角	该复选框主要针对英文字符而言，可以在查找时区分全角和半角字符。例如 ｇｏｏｄ 和 good
	全字匹配	该复选框适用于英文，只查找完全符合条件的英文单词。例如，当用输入 win 时，系统会只查找这个单词，而跳过 window、windows 等单词
	使用通配符	通配符是指可以匹配其他字符的字符。例如，利用“*”，可查找任意多个字符；输入 s*d，表示将查找 stand、said 等
	同音（英文）	该复选框表示查找发音相同但拼写不同的单词
	查找单词的所有形式（英文）	表示查找输入单词的复数、过去式等所有形式
	区分前缀	表示区分所输入单词的前缀
	区分后缀	表示区分所输入单词的后缀
	忽略标点符号	表示在查找过程中，忽略所有的标点符号
	忽略空格	表示在查找过程中，忽略所有的空格

□ 突出显示查找结果

该功能可以将用户查找到的文本内容突出显示出来。要使用该功能，可以在【查找和替换】对话框中输入查找内容后，单击【阅读突出显示】下拉按钮，执行【全部突出显示】命令，如图 3-43 所示。

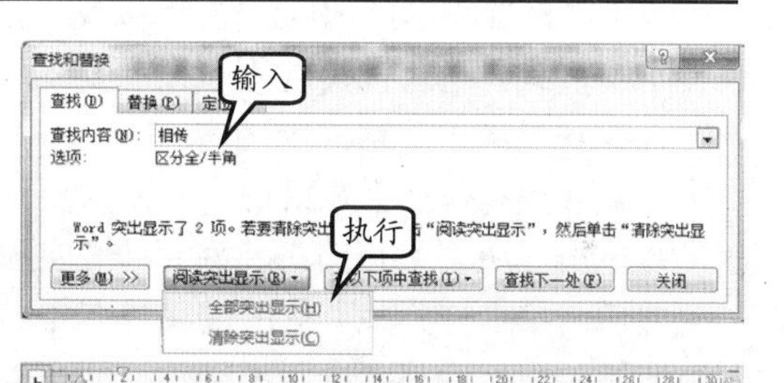

图 3-43 突出显示查找结果

提　示

要清除阅读突出显示效果，可以单击【阅读突出显示】下拉按钮，执行【清除突出显示】命令即可。

提　示

【在以下项中查找】列表中的选项，会随文档中内容的变化而改变。例如，当文档中有文本框时，列表中会自动添加【主文档中的文本框】选项。

2. 替换文本

用户可以利用替换功能来修改文档中指定的文本。首先，单击【编辑】栏中的【替换】按钮，或者按 Ctrl＋H 键，即可打开【查找和替换】对话框，如图 3-44 所示。

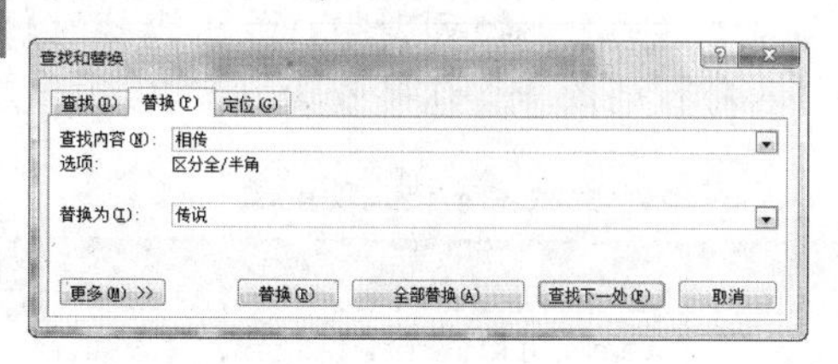

图 3-44 【替换】选项卡

然后，在【查找内容】文本框中输入要替换的文本；在【替换为】文本框中输入替换的文本。

这时，单击【替换】或者【查找下一处】按钮，即可开始查找要替换的文本。用户如果决定替换该文本，可单击【替换】按钮；如果不希望替换该文本，可单击【查找下一处】按钮继续查找；如果用户不需要进行确认而替换所有查找到的内容时，可直接单击【全部替换】按钮。

提 示

如果用户已经打开了【查找和替换】对话框，可以在该对话框中，直接选择【替换】选项卡。

与查找文本相同，用户也可以通过在【查找和替换】对话框中进行设置，来确定文本替换的范围和条件。

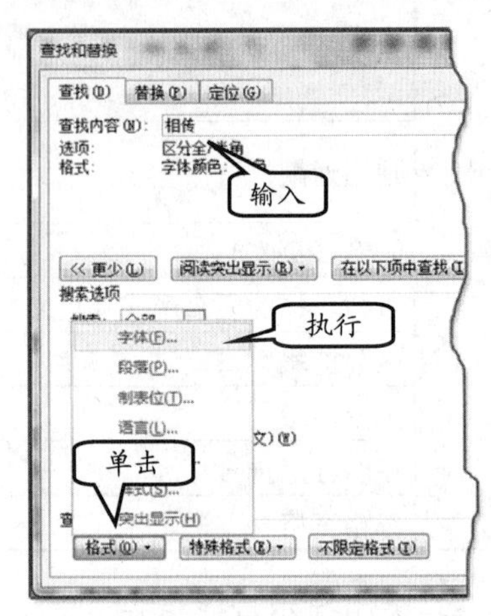

图 3-45 查找字体格式

3.5.2 查找和替换格式

查找和替换功能除了能够对文档中的文字进行查找和替换外，还可以查找和替换文本格式。

1. 查找格式

查找格式即在文档中，其文本内容已经设置了格式之后，通过设置相匹配的格式进行查找。如果不设置查找文本的格式，则在查找过程中按照默认格式查找，而无法查找到已经设置格式的内容。

在【查找和替换】对话框中，输入要查找格式的文本，并单击【更多】按钮，将对话框的折叠部分打开。

然后，单击【查找】栏中的【格式】按钮，在其列表中选择要查找的格式，例如字体，即在其列表中选择【字体】选项，如图 3-45 所示。

在弹出的【查找字体】对话框中，设置要查找的文本格式。例如，单击【字体颜色】下拉按钮，选择“红色”色块，如图 3-46 所示。然后，单击【确定】按钮，返回【查找和替换】对话框，并单击【查找下一处】按钮即可。

图 3-46 查找字体格式

在【格式】下拉列表中，除了查找字体格式外，还可以查找其他格式。其他格式及其作用如表 3-10 所示。

表 3-10 查找文本格式功能表

名 称	功 能
段落	该选项可以弹出【查找段落】对话框，用户可以在该对话框中设置要查找的段落格式。例如，缩进、间距等
制表位	该选项可弹出【查找制表位】对话框，用来设置要查找的制表位格式。例如，对齐方式等

续表

名　称	功　能
语言	该选项可以弹出【查找语言】对话框，用来设置要查找的语言格式。例如，英语、阿拉伯语等
图文框	该选项可以弹出【查找图文框】对话框，可以在该对话框中设置图文框格式。例如，环绕方式、尺寸等
样式	该选项可以打开【查找样式】对话框，用以设置要查找的样式。例如，标题、索引等内容
突出显示	该选项可以将查找内容突出显示

另外，用户还可以单击【特殊格式】按钮，在其列表中选择要查找的特殊格式。例如分节符、段落标记以及空白区域等特殊格式。

提　示

如果用户希望清除指定的格式，可以单击【查找】栏中的【不限定格式】按钮，即可将格式清除。

2．替换格式

在 Word 文档中，用户除了可以对指定的格式进行查找外，还可以对其进行替换。在【查找和替换】对话框中，选择【替换】选项卡，并将其折叠部分打开。然后，在【查找内容】文本框中，输入要查找的文本。再将光标置于【替换为】文本框中，输入替换的内容。然后，单击【格式】下拉按钮，指定要替换的格式。例如，执行【字体】命令，并在弹出的对话框中，设置【字体颜色】为“红色”；设置【字形】为“加粗 倾斜”；【字号】为“四号”，如图 3-47 所示。

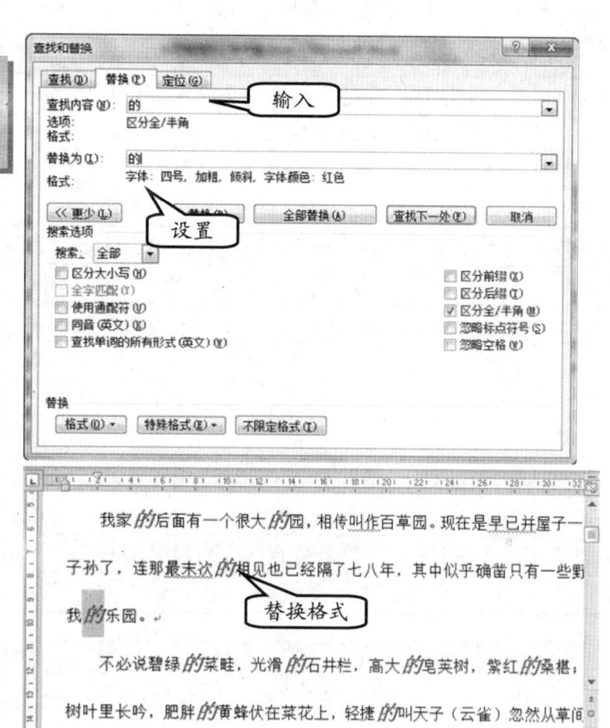

图 3-47　替换文本格式

提　示

用户在查找及替换格式时，如果【替换为】文本框中不输入内容，则将查找到的内容替换为空，即清除该文本内容。另外，如果在【替换为】文本框中输入的内容，与【查找内容】文本框中的内容相同，则达到只替换格式的效果。

3.5.3　文本定位

在较长的 Word 文档中，如果用户想对其中的某一页或者某一段文字进行编辑，使光标置于该段落文字的位置时，可以使用文本定位的功能来达到这一目的。

单击编辑栏中的【查找】下拉按钮，执行【转到】命令，或者按F5键，即可弹出【查找和替换】对话框，并选择【定位】选项卡，如图3-48所示。

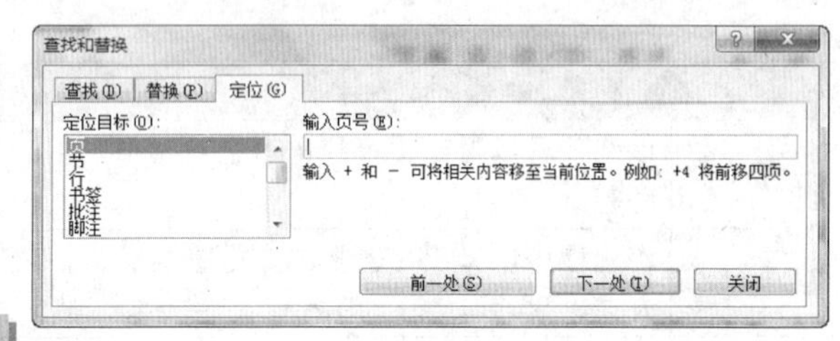

图3-48 【定位】选项卡

技 巧

用户也可以按Ctrl+G键，在弹出的【查找和替换】对话框中，选择【定位】选项卡。

用户可以在【定位目标】列表中，选择需要的定位目标，其中各选项的作用如表3-11所示。

表3-11 定位目标列表选项功能

名称	功　能
页	选择此选项，在与其对应的【输入页号】文本框中，输入要定位的页码，单击【定位】按钮，即可将光标移至指定的位置
节	选择此选项，并输入要指定的节编号，单击【定位】按钮，即可将光标移至指定的位置
行	选择此选项，输入要定位的行号，单击【定位】按钮，即可将光标移至该行
书签	选择此选项，输入要定位的书签，单击【定位】按钮，光标即可跳转至当前位置
批注	选择此选项，用户即可将光标定位于相应的批注
脚注	选择此选项，用户即可将光标定位于相应的脚注
尾注	选择此选项，用户即可将光标定位于相应的尾注
域	选择此选项，用户即可将光标定位于相应的域
表格	选择此选项，可以使用户将光标位置定位于指定的表格
图形	选择此选项，输入要定位的图形编号，光标即可跳转至当前位置
公式	选择此选项，输入公式编号，即可将光标移至指定的公式
对象	选择此选项，并输入要定位的对象名称，即可将相关内容移至当前位置
标题	选择此选项，输入标题编号，即可将光标定位于相应的标题位置

3.6 实验指导：制作请假条

在工作和学习中非常重要，向领导、老师或者项目主管请假时，都少不了需要写一些请假条，说明请假的理由等内容。因此，在制作请假条时，用户需要注意请假条的实质性内容，一般包含有请假的日期、请假人、理由、请假天数等，如图3-49所示。

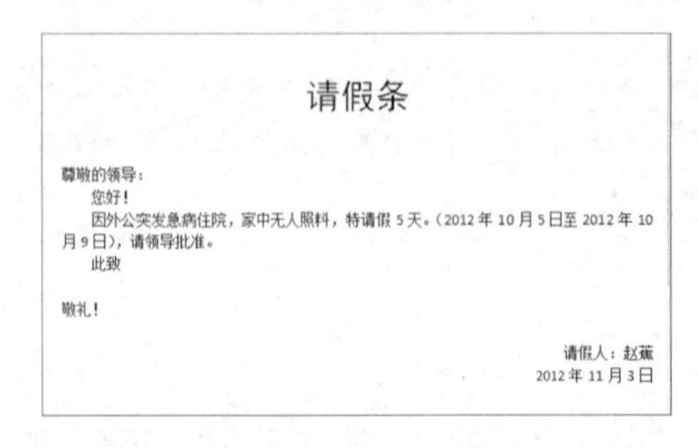

请假条

尊敬的领导：

您好！

因外公突发急病住院，家中无人照料，特请假5天。(2012年10月5日至2012年10月9日)，请领导批准。

此致

敬礼！

请假人：赵蕊
2012年11月3日

图3-49 请假条

1. 实验目的

- 设置字体格式。
- 调整字符间距。
- 设置段落格式。

2. 实验步骤

1 在空白文档中，输入“请假条”文字。然后，在【字体】组中，设置【字体】为“黑体”；

【字号】为“小一”，如图 3-50 所示。

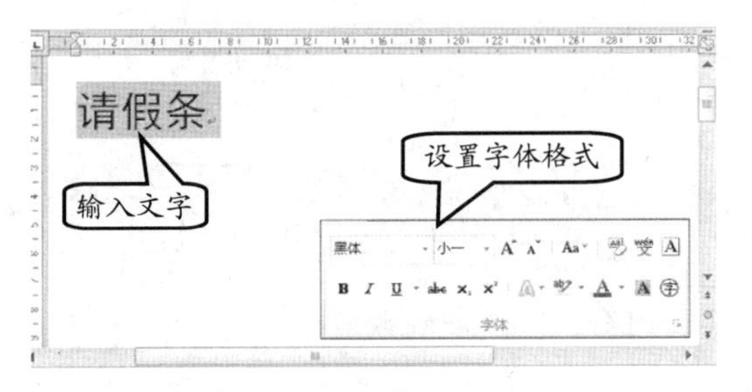

图 3-50　设置标题格式

提　示

选择标题文字，按 Ctrl+D 键，即可弹出【字体】对话框。

2 选择“请假条”文本内容，并单击【段落】组中的【居中】按钮，即可将该文本内容置于文本中间位置，如图 3-51 所示。

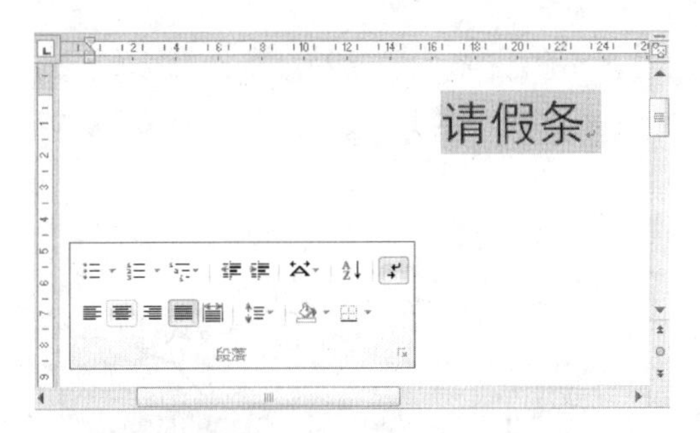

图 3-51　文本居中

3 将光标置于“请假条”文字之后，按两次 Enter 键换行。然后，单击【字体】组中的【清除格式】按钮，以便清除字体格式，如图 3-52 所示。

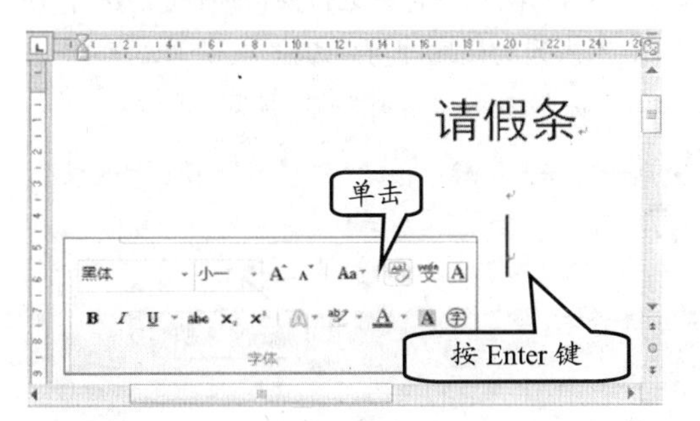

图 3-52　换行并清除格式

4 输入“尊敬的领导：”文字之后，再次按 Enter 键换行，如图 3-53 所示。

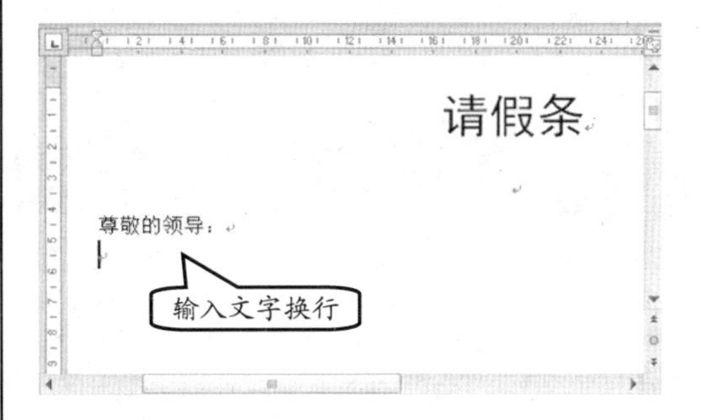

图 3-53　输入文字换行

5 输入“您好！”文本内容，并将光标置于文本之前，按 Tab 键即可进行自动缩进，如图 3-54 所示。

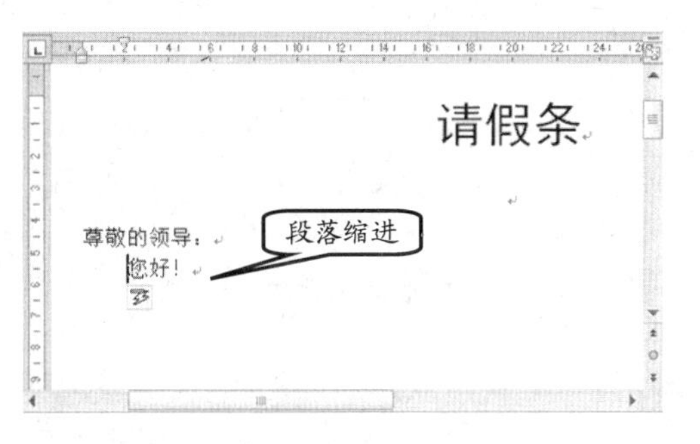

图 3-54　自动缩进

6 再将光标置于“您好！”文本后面，并按 Enter 键，进行换行操作。然后，输入请假的内容，如图 3-55 所示。

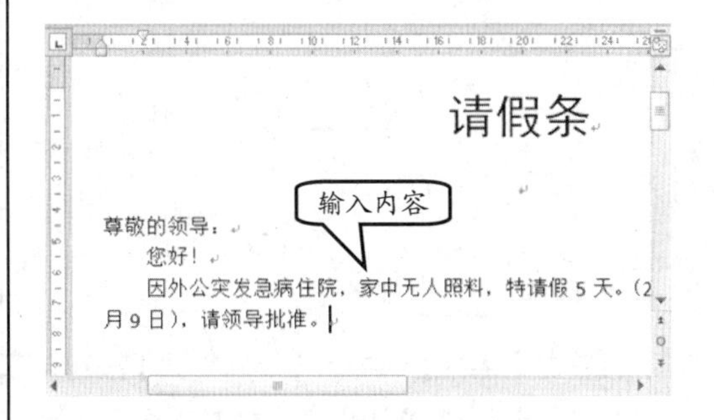

图 3-55　输入请假内容

7 按 Enter 键进行换行，并输入“此致”文本内容，如图 3-56 所示。用户换行后，则光标将自动缩进。

8 再按 Enter 键进行换行，将自动调整“此致”文本的格式，并在下一行中，自动补充“敬礼”文本内容，如图 3-57 所示。

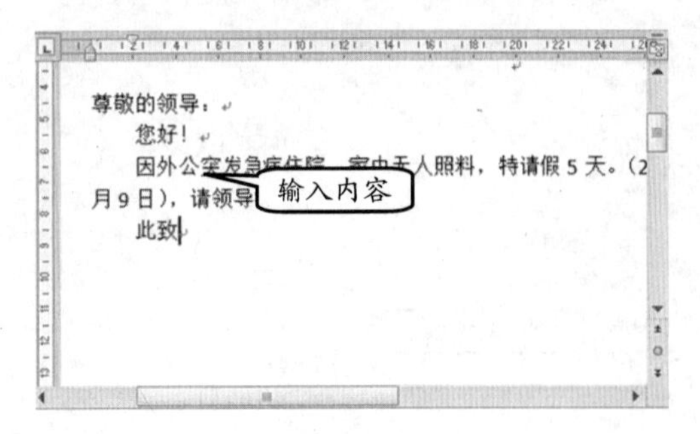

图 3-56 输入文本内容

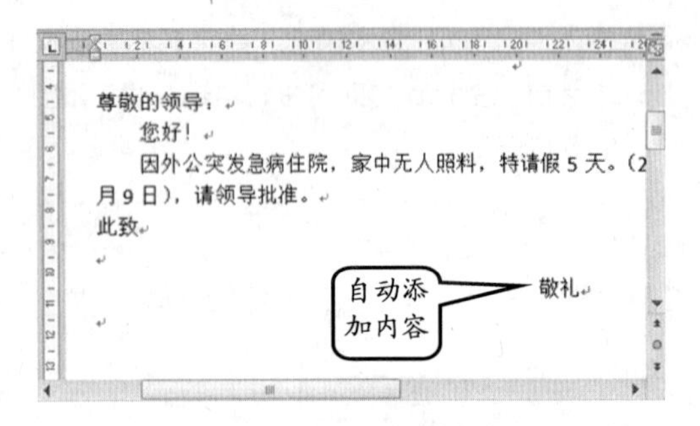

图 3-57 自动添加文本内容

9 将光标置于“此致”文本之前，并按 Tab 键。然后，再将光标置于“敬礼”文本之后，输入“感叹号（！）”，如图 3-58 所示。

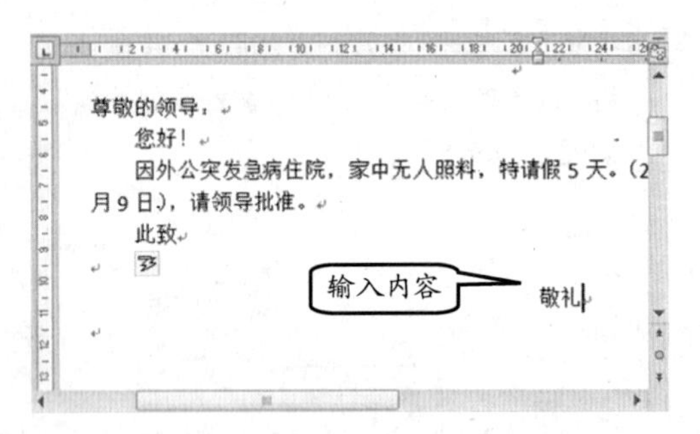

图 3-58 添加感叹号

10 再单击【字体】组中的【清除格式】按钮，并将“敬礼!”文本内容，左对齐显示，如图 3-59 所示。

11 再按 2 次 Enter 键，并输入“请假人：赵蕉”，如图 3-60 所示。

12 单击【段落】组中的【文本右对齐】按钮，则该段落中的文本居右对齐显示，如图 3-61 所示。

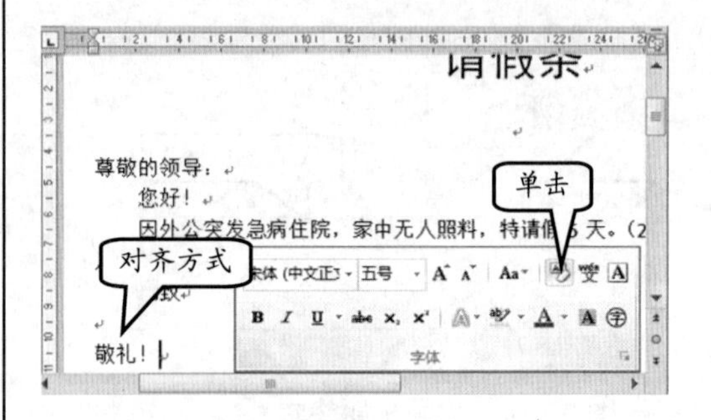

图 3-59 清除格式

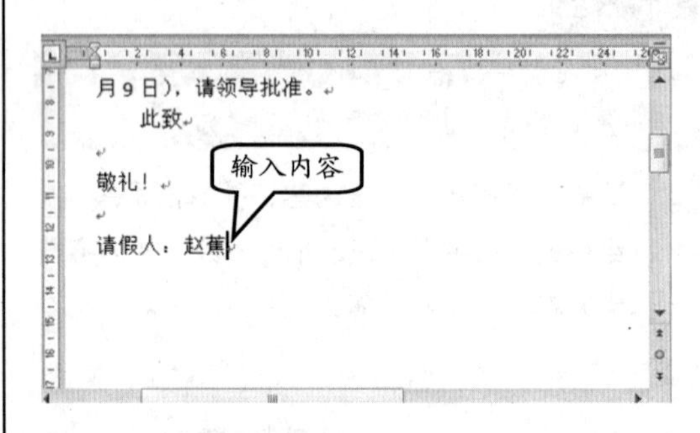

图 3-60 输入内容

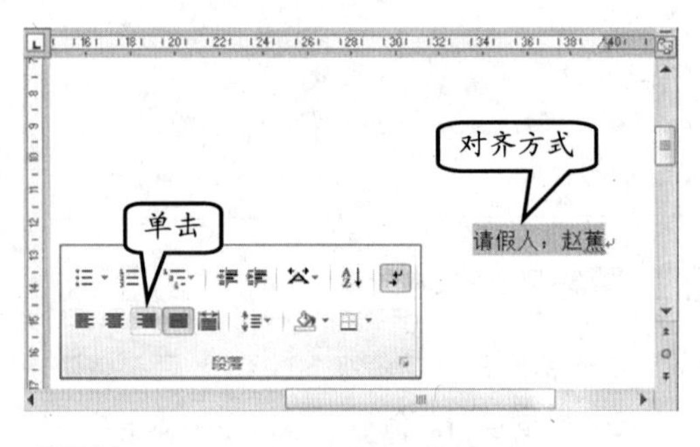

图 3-61 设置文本对齐方式

13 再按 Enter 键，并进行换行操作。然后，输入当天的日期即可，如输入“2012 年 11 月 3 日”内容，如图 3-62 所示。

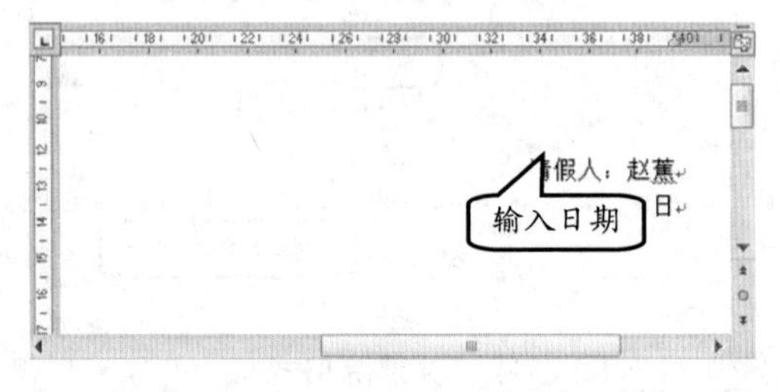

图 3-62 输入日期

3.7 实验指导：个人年度工作计划

计划是党政机关、社会团体、企事业单位和个人，为了实现某项目标或者完成某项任务而事先做好的安排和打算，如图3-63所示。本例将通过"个人年度工作计划"的制作，来学习在Word文档中设置段落格式和插入符号的操作方法和技巧。

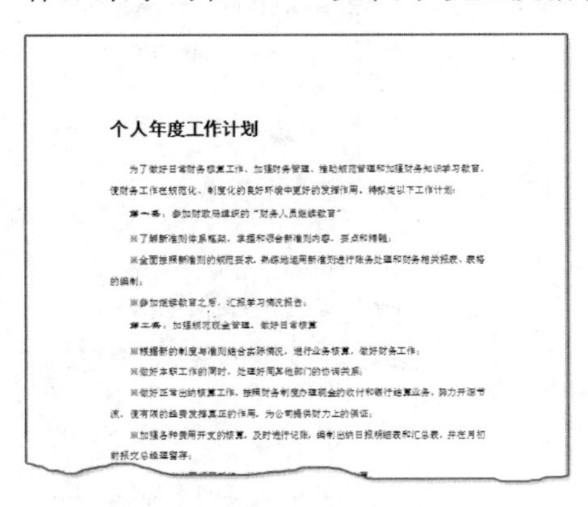

图3-63 个人年度工作计划

1. 实验目的

- ❑ 设置字体格式。
- ❑ 设置行距。
- ❑ 插入符号。
- ❑ 设置段落格式。

2. 实验步骤

1 新建空白文档，输入"个人年度工作计划"文字，并按Enter键换行。然后，输入工作计划的具体内容，如图3-64所示。

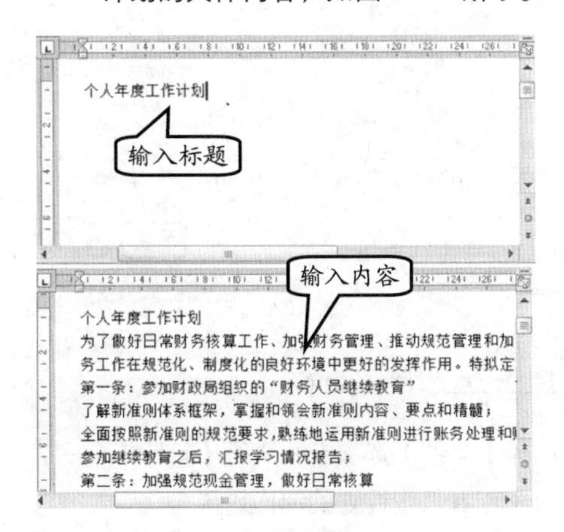

图3-64 输入内容

2 选择标题文字，在【字体】组中，设置其【字体】为"黑体"；【字号】为20，并单击【加粗】按钮，如图3-65所示。

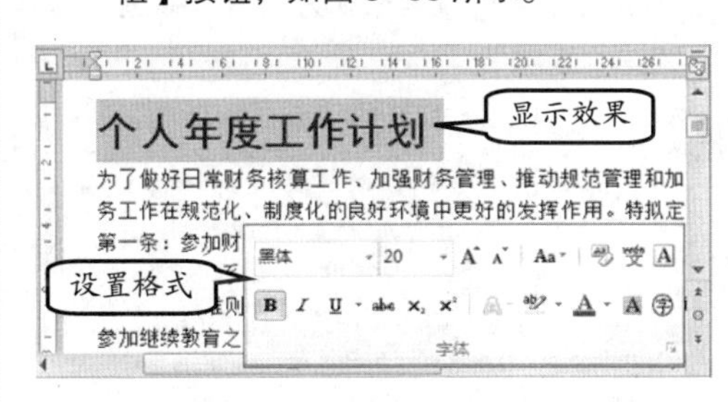

图3-65 设置标题

3 单击【段落】组中的【对话框启动】按钮，并弹出【段落】对话框。然后，设置【段前】和【段后】的间距均为"1行"，如图3-66所示。

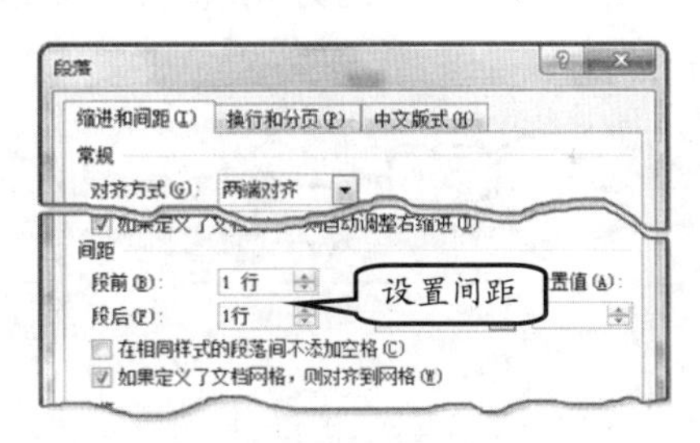

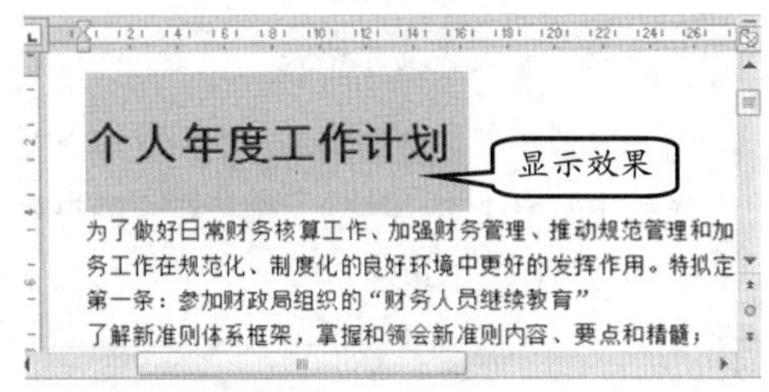

图3-66 设置标题格式

4 选择工作计划的具体内容，单击【段落】组中的【行距】下拉按钮，选择1.5选项，如图3-67所示。

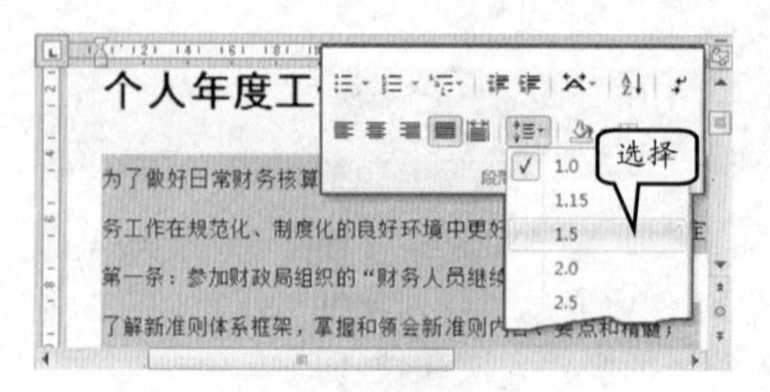

图 3-67　设置行距

5　将光标分别置于各段落之前，并按 Tab 键，设置各段落的段落格式为“首行缩进”，如图 3-68 所示。

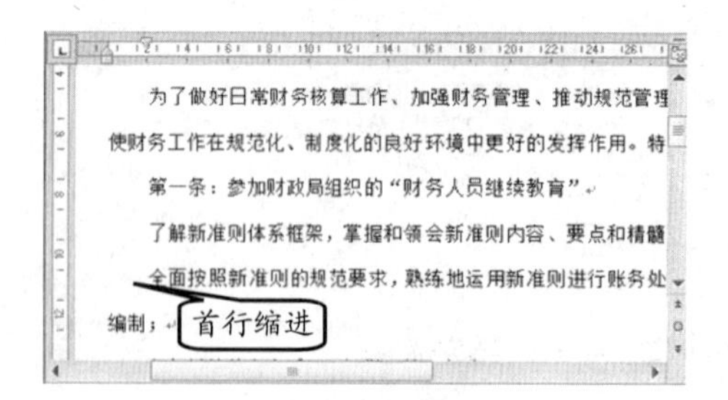

图 3-68　设置首行缩进

6　选择“第一条:”，并按 Ctrl 键，再选择“第二条:”和“第三条:”文字，设置其【字体】为“华文隶书”;【字号】为 12，如图 3-69 所示。

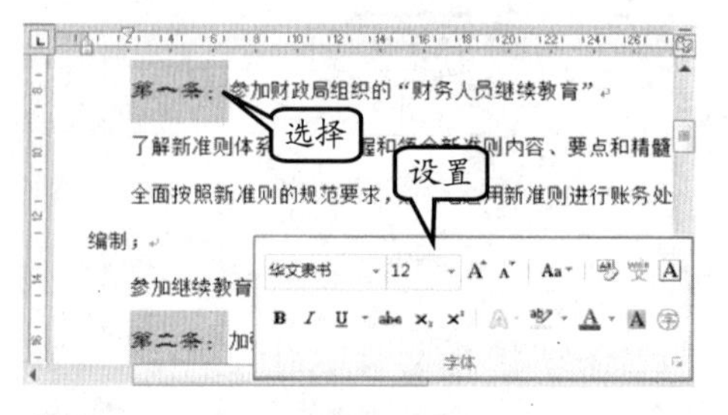

图 3-69　设置文本格式

7　将光标置于“了解新准则……”文字之前，单击【符号】下拉按钮，选择相应的符号，如图 3-70 所示。

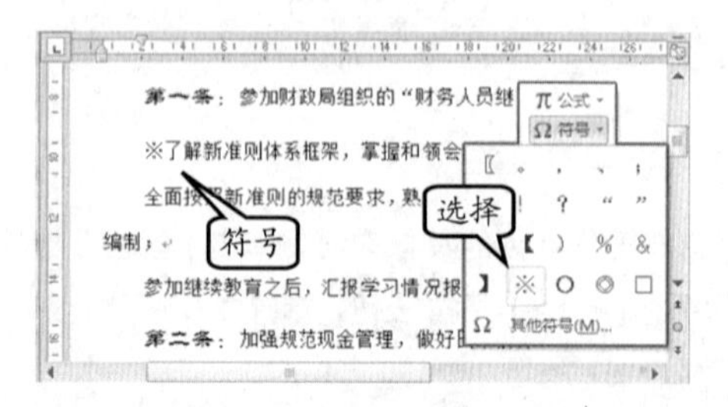

图 3-70　插入符号

8　右击在文档中插入的符号，执行【复制】命令，并分别将光标置于各具体计划前，执行【粘贴】命令，如图 3-71 所示。

图 3-71　复制符号

9　选择【文件】选项卡，执行【保存】命令，在弹出的【另存为】对话框中选择要保存的位置，输入文件名称，并单击【保存】按钮，如图 3-72 所示。

图 3-72　保存文档

10　选择【文件】选项卡，执行【打印】命令，即可查看工作计划的制作效果。

3.8 思考与练习

一、填空题

1．要选择一个连续的文本区域，可将光标置于该区域的第一个字符前，按__________键不放，再到该区域最后一个字符后单击即可。

2．在 Word 2007 中，文档的视图方式有__________、阅读版式视图、Web 版式视图、__________和__________5 种。

3．用户通过________和__________两种方法选择 Word 文档中的文本。

4．在 Word 中，要利用已经打开的 Word 组件创建新文档，可以通过单击 Office 按钮，执行__________命令，也可以按__________键来完成。

5．返回上一次操作，可以通过单击工具栏上的______按钮，也可以按__________键来完成。

二、选择题

1．要在文档中插入特殊字符，可以在【插入】选项卡中，执行__________命令。

A．符号　　B．编号

C．特殊符号　　D．文本

2．在 Word 中，复制和粘贴的快捷键分别是__________。

A．Ctrl+A，Ctrl+X

B．Ctrl＋X，Ctrl+C

C．Ctrl+C，Ctrl+V

D．Ctrl＋V，Ctrl+A

3．在 Word 中，定时自动保存功能的作用是__________。

A．定时自动地为用户保存文档，使用户可免存盘之累

B．为用户保存备份文档，以供用户恢复系统时用

C．为防意外保存的文档备份，以供 Word 恢复系统时用

D．为防意外保存的文档备份，以供用户恢复文档时用

4．在 Word 文档中，单击__________按钮，可以纠正用户操作文档时的错误。

A．撤销　　B．恢复

C．剪切　　D．重复

5．在 Word 中，以默认格式保存文档的快捷键是__________，其文件扩展名为__________。

A．Ctrl+A，docx

B．Ctrl＋S，docx

C．Ctrl+N，dotx

D．Ctrl＋B，xml

6．在 Word 文档中，选择不连续的文本区域，可以先选择一部分区域，按__________键不放，再选择其他的区域即可。

A．Shift　　B．Ctrl

C．Alt　　D．Tab

三、简答题

1．描述打开文档的方法。

2．如何输入文本内容？

3．怎么查找与替换文本？

四、上机练习

1．输入内容并设置字体格式和段落格式

创建一个 Word 文档，并输入文档内容。然后，利用字体格式和段落格式等功能，将文档中标题文字的【字体】设置为“黑体”；【字号】为“三号”；作者信息设置【字体】为“黑体”；【字号】为“四号”，并将这两行文字的【字符间距】设为 3 磅。

然后，将文档内容的【字体】设置为“华文中宋”；【字号】为“小四”，并将文档内容进行首行缩进，如图 3-73 所示。

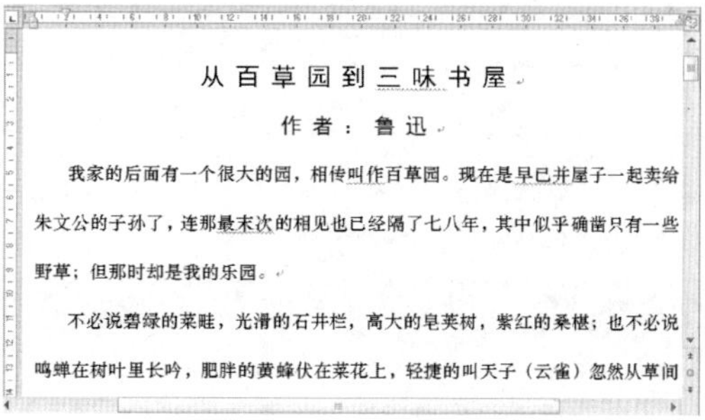
从 百 草 园 到 三 味 书 屋

作 者 ： 鲁 迅

我家的后面有一个很大的园，相传叫作百草园。现在是早已并屋子一起卖给朱文公的子孙了，连那最末次的相见也已经隔了七八年，其中似乎确凿只有一些野草；但那时却是我的乐园。

不必说碧绿的菜畦，光滑的石井栏，高大的皂荚树，紫红的桑椹；也不必说鸣蝉在树叶里长吟，肥胖的黄蜂伏在菜花上，轻捷的叫天子（云雀）忽然从草间

图 3-73　设置字体格式和段落格式

2. 查找和替换文本格式

在“从百草园到三味书屋”文档中，使用查找功能查找所有的“的”文字，并利用替换功能，将“黑体”替换为“红色”，如图 3-74 所示。

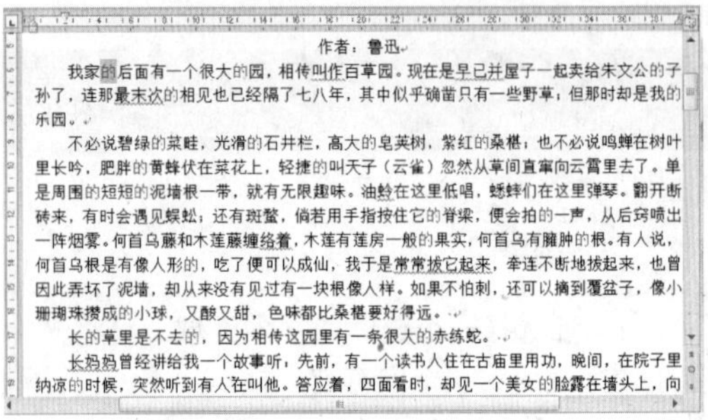
作者：鲁迅

我家的后面有一个很大的园，相传叫作百草园。现在是早已并屋子一起卖给朱文公的子孙了，连那最末次的相见也已经隔了七八年，其中似乎确凿只有一些野草；但那时却是我的乐园。

不必说碧绿的菜畦，光滑的石井栏，高大的皂荚树，紫红的桑椹；也不必说鸣蝉在树叶里长吟，肥胖的黄蜂伏在菜花上，轻捷的叫天子（云雀）忽然从草间直窜向云霄里去了。单是周围的短短的泥墙根一带，就有无限趣味。油蛉在这里低唱，蟋蟀们在这里弹琴。翻开断砖来，有时会遇见蜈蚣；还有斑蝥，倘若用手指按住它的脊梁，便会拍的一声，从后窍喷出一阵烟雾。何首乌藤和木莲藤缠络着，木莲有莲房一般的果实，何首乌有臃肿的根。有人说，何首乌根是有像人形的，吃了便可以成仙，我于是常常拔它起来，牵连不断地拔起来，也曾因此弄坏了泥墙，却从来没有见过有一块根像人样。如果不怕刺，还可以摘到覆盆子，像小珊瑚珠攒成的小球，又酸又甜，色味都比桑椹要好得远。

长的草里是不去的，因为相传这园里有一条很大的赤练蛇。

长妈妈曾经讲给我一个故事听，先前，有一个读书人住在古庙里用功，晚间，在院子里纳凉的时候，突然听到有人在叫他。答应着，四面看时，却见一个美女的脸露在墙头上，向

图 3-74　查找和替换文本格式

第 4 章

美化 Word 文档

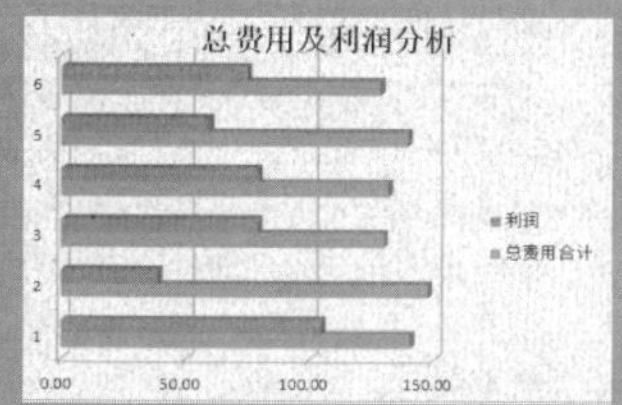

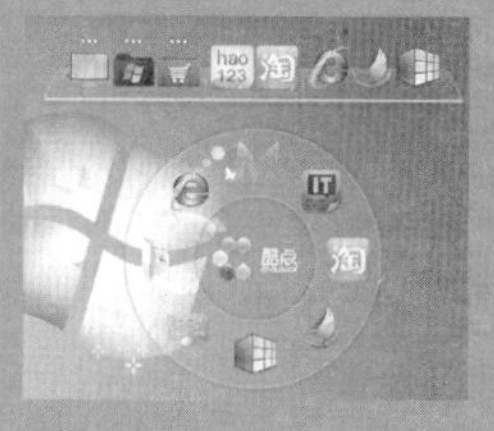

在 Word 中，设置文档格式是使用 Word 办公的重要内容之一，一份完美的文档除了要具有较好的内容之外，还需要与之相匹配的文档格式。

若要使 Word 文档的内容更加引人注目，用户不仅可以设置其字体格式和段落格式，还可以为文档添加项目符号和编号或者应用样式，从而使文档重点突出、具有明显的层次结构。

本章主要介绍在 Word 中如何设置文本内容的字体格式和段落格式，以及项目符号、编号和样式等应用方法。

本章学习要点：

- 设置文本格式
- 设置段落格式
- 应用样式
- 插入图形
- 插入表格
- 页面设置

4.1 设置文本格式

文本格式在文档编辑中是非常重要的操作，是指字符的格式也被称为字符属性，其包含有字符的字体、字号大小、颜色等。用户可以根据自己的需要对字符格式、缩放和字符间距以及边框和底纹效果进行设置。

4.1.1 设置字符格式

在 Word 中，字符是指作为文本输入的汉字、字母、数字、标点以及特殊符号等，是文档格式化的最小单位。若要对字符的基本格式进行设置，可以通过功能区和对话框等多种形式来进行。

1. 利用【字体】组设置字符格式

在 Word 文档中，位于功能区的【字体】组是专门用于设置字体格式的，该方式也是最为常用的设置方式。

选择 Word 文档中要设置格式的文本内容，并选择【开始】选项卡。在该选项卡的【字体】组中，提供了一系列用于设置字体、字号、字形、字体颜色等内容的按钮，如图 4-1 所示。

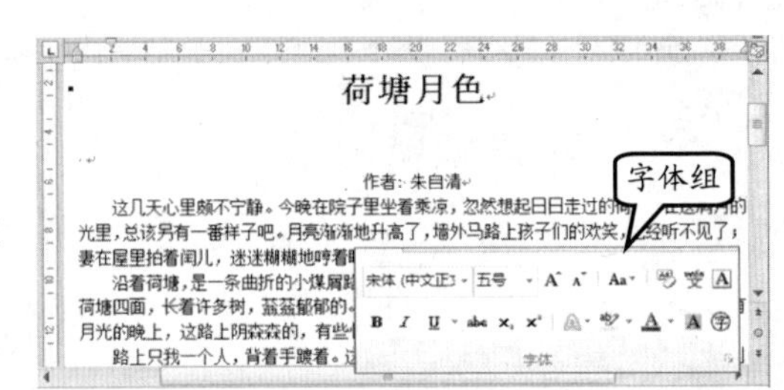

图 4-1 【字体】组

在【字体】组中，各按钮的名称及其功能作用如表 4-1 所示。

表 4-1 【字体】组各按钮名称及其功能作用

按　钮	名　称	功　能
宋体 (中文正文)	字体	单击该下拉按钮，即可在其下拉列表中选择要使用的字体格式
五号	字号	单击该下拉按钮，即可在其下拉列表中选择要使用的字体大小
	增大字号	单击此按钮以增大所选字体的字体大小
	减小字号	单击此按钮以减小所选字体的字体大小
	清除所有格式	清除所选内容的所有格式，只留下纯文本
B	加粗	将所选文字加粗
I	倾斜	将所选文字设置为倾斜
U	下划线	给所选文字加下划线
abc	删除线	给所选文字的中间画一条线
S	文字阴影	给所选文字的后边添加阴影，使之在幻灯片上更醒目
AV	字符间距	调整字符之间的间距
Aa	更改大小写	将所选文字更改为全部大写、全部小写或其他常见的大小写形式
A	字体颜色	更改所选字体单击颜色

用户可以利用【字体】组中的各个按钮对所选文本内容的字体格式进行设置。例如，选择“作者：朱自清”文字，单击【字体】下拉按钮，选择“楷体”选项；单击【字号】

下拉按钮，选择“小四”选项，单击【加粗】按钮，如图 4-2 所示。

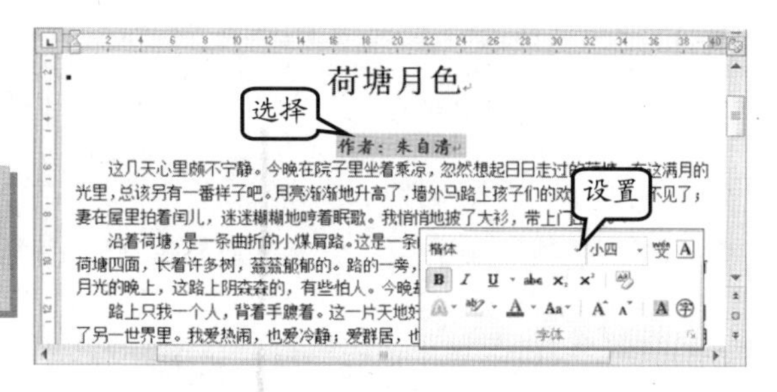

图 4-2 设置字体格式

技　巧

用户也可以按 Ctrl+B 键将所选文字加粗；按 Ctrl+I 键设置文字为斜体；按 Ctrl+U 键为所选文字添加下划线。

2．利用【字体】对话框

在【字体】对话框中，用户不仅可以设置所选文本内容的基本格式，还可以设置所选字符的特殊效果。单击【字体】组中的【对话框启动器】按钮，即可弹出如图 4-3 所示的对话框。

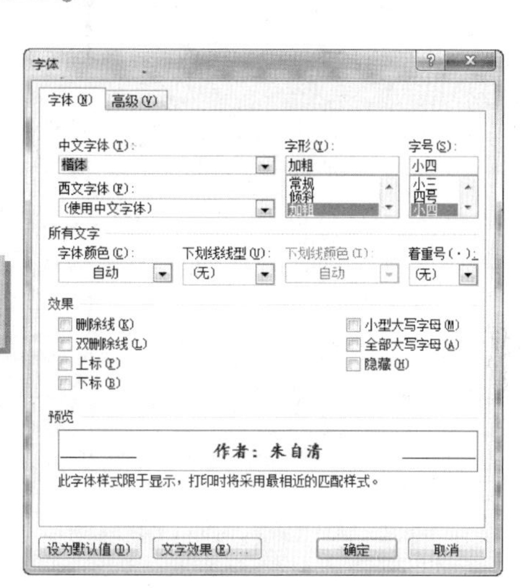

图 4-3 【字体】对话框

技　巧

用户还可以右击所选文本内容，执行【字体】命令来打开【字体】对话框。

在【字体】对话框的【字体】选项卡中，用户可以分别对文档中的中文字符和西文字符进行设置，还可以为所选文本内容添加效果。

例如，选择“作者：朱自清”文字，单击【中文字体】下拉按钮，选择“微软雅黑”选项；在【字号】列表中选择“四号”选项；【下划线线型】为双横线，单击【确定】按钮，如图 4-4 所示。

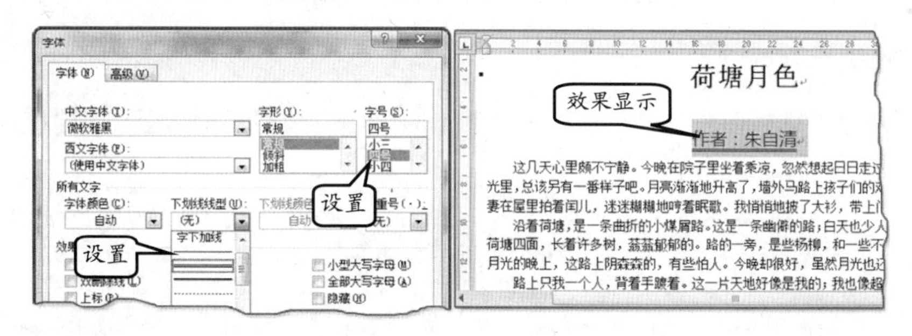

图 4-4 利用【字体】对话框设置字体格式

其中，在【效果】栏中各复选框的功能作用如表 4-2 所示。

表 4-2 【效果】栏复选框名称及作用表

名　称	说　明	示　例
删除线	为所选字符的中间添加一条线	~~千里冰封，万里雪飘~~
双删除线	为所选字符的中间添加两条线	~~千里冰封，万里雪飘~~
上标	提高所选文字的位置并缩小该文字	$3^2=9$
下标	降低所选文字的位置并缩小该文字	H_2O

续表

名　称	说　明	示　例
阴影	在文字的后、下和右方加上阴影	千里冰封，万里雪飘
空心	将所选字符留下内部和外部框线	千里冰封，万里雪飘
阴文	使所选字符成凹型	千里冰封，万里雪飘
阳文	使所选字符成凸型	千里冰封，万里雪飘
小型大写字母	将小写的字母变为大写字母，并将其缩放	HOW ARE YOU?
全部大写字母	将小写的字母变为大写字母，但不改变字号	HOW ARE YOU?
隐藏文字	防止选定字符显示或打印	

3．利用浮动工具栏

浮动工具栏是用户在选择文本时，文档中显示或隐藏的一个方便、微型、半透明的工具栏。

利用浮动工具栏设置字体格式，应先选择要设置格式的文本，在弹出的浮动工具栏中，单击任意可用命令即可。例如，单击【字体颜色】下拉按钮，选择“绿色”色块，如图 4-5 所示。

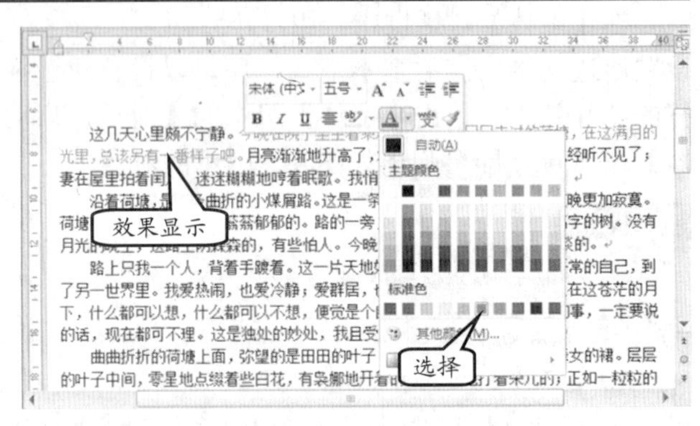

图 4–5　使用浮动工具栏

4.1.2　缩放与间距

在 Word 中，字符的缩放功能只能缩放字符的横向大小，不能改变字符的垂直方向和字体格式，而间距是指文档中相邻字符之间的距离。

1．设置字符缩放效果

在【字体】对话框中，选择【字符间距】选项卡，单击【缩放】下拉按钮，在其下拉列表中选择所需的缩放值。

当用户选择的缩放值大于 100%时，所选文本横向加宽；当选择的缩放值小于 100%时，所选择文字紧缩。例如，选择 200%选项，其缩放效果如图 4-6 所示。

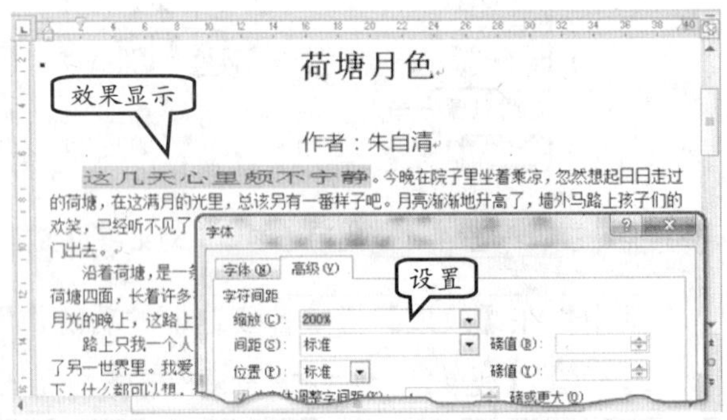

图 4–6　设置缩放效果

提　示

如果在【缩放】下拉列表中没有需要的缩放值，用户可以将光标置于该列表框中，直接输入要使用的缩放值。

2．设置字符间距

在【字符间距】选项卡中，单击【间距】下拉按钮，即可看到系统为用户提供的加宽、标准和紧缩 3 种间距选项。

当用户选择【加宽】或者【紧缩】选项时，还可以通过其后的【磅值】微调框来设置加宽和紧缩的程度。例如，在【间距】下拉列表中，选择【紧缩】选项，单击【确定】按钮，即可更改所选文本的文字间的间距，如图 4-7 所示。

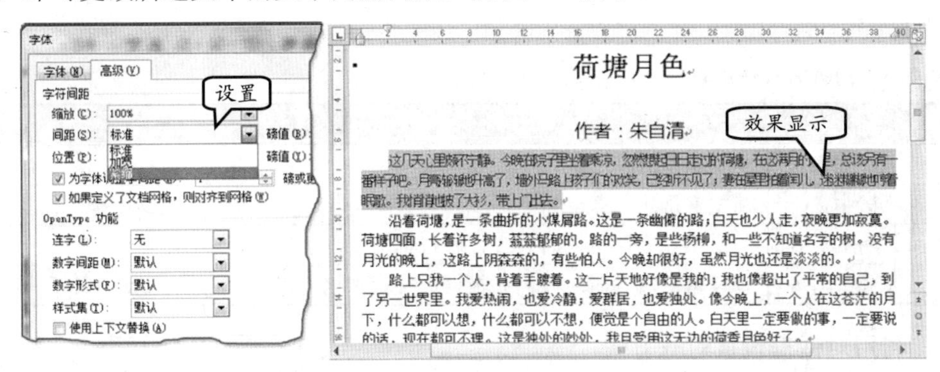

图 4-7 紧缩字符间距

3. 设置字符位置

字符的位置是指字符在水平方向上的位置。单击【字符间距】选项卡中的【位置】下拉按钮，即可看到标准、提升和降低 3 种设置方式。例如，选择【提升】选项，并设置【磅值】为“13 磅”，单击【确定】按钮，如图 4-8 所示。

图 4-8 提升字符位置

4.2 设置段落格式

段落格式是指以段落（两个回车符之间的文本内容）为单位的格式设置，包括对齐方式、段落缩减效果、行距和段落间距等内容。通过对段落格式的设置，可以使文档看起来更加条理清晰、结构分明、版面整洁。

4.2.1 设置段落对齐方式

段落对齐方式是指段落内容在文档左右边界之间的横向排列方式。Word 为用户提供了左对齐、居中、右对齐、两端对齐和分散对齐 5 种对齐方式。若要设置段落对齐方式，用户可以通过两种方法来进行。

1. 利用【段落】组设置对齐方式

利用该方式设置段落对齐方式是最方便、快捷的方式。用户只需单击【段落】组中用于设置对齐方式的按钮即可。

例如，单击【文本右对齐】按钮，即可使所选段落内容以文档行的右侧显示，如图 4-9

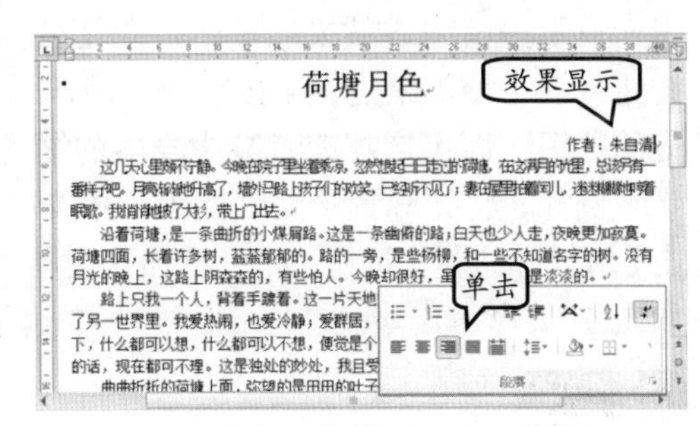

图 4-9 段落右对齐

所示。

在该选项组中，用户还可以单击其他几个对齐按钮。用户可以通过表 4-3 查看各对齐按钮的作用。

表 4-3 对齐方式作用表

按钮	名　称	功　能	快 捷 键
	左对齐	将文字左对齐	Ctrl＋L
	居中	将文字居中对齐	Ctrl＋E
	两端对齐	将文字左右两端同时对齐，并根据需要增加字间距	Ctrl＋J
	分散对齐	使段落两端同时对齐，并根据需要增加字符间距	Ctrl＋Shift＋J

2. 利用对话框设置对齐方式

若要利用对话框设置段落的对齐方式，只需单击【段落】组中的【对话框启动器】按钮，在弹出的【段落】对话框中，单击【对齐方式】下拉按钮，选择所需选项，单击【确定】按钮即可，如图 4-10 所示。

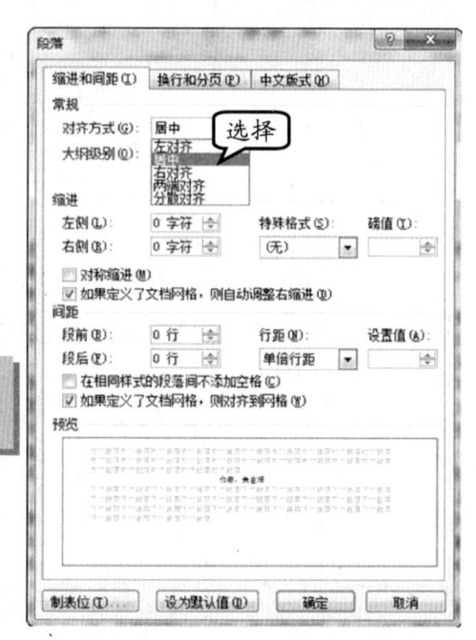

图 4-10 利用【段落】对话框设置对齐方式

技　巧

用户也可以右击所选的段落文字，执行【段落】命令，打开【段落】对话框。

4.2.2 设置段落缩进

段落缩进是指段落相对于左右两边页边距向页内缩进的一段距离，如图 4-11 所示。段落缩进包括首行缩进、悬挂缩进以及段落的左右边界缩进等形式。

设置段落缩进的方式有多种，用户可以根据自己的需要以最佳的方式设置所选段落的缩进方式。

1. 利用功能区设置段落缩进

在【开始】选项卡的【段落】组中，包含两个用于设置段落缩进效果的按钮，即【减少缩进量】按钮和【增加缩进量】按钮。用户只需单击相应的按钮，即可增加或者减少段落的缩进值。

例如，将光标置于文档的第一段文字之前，单击【增加缩进量】按钮，即可增加该段落的缩进值，如图 4-12 所示。

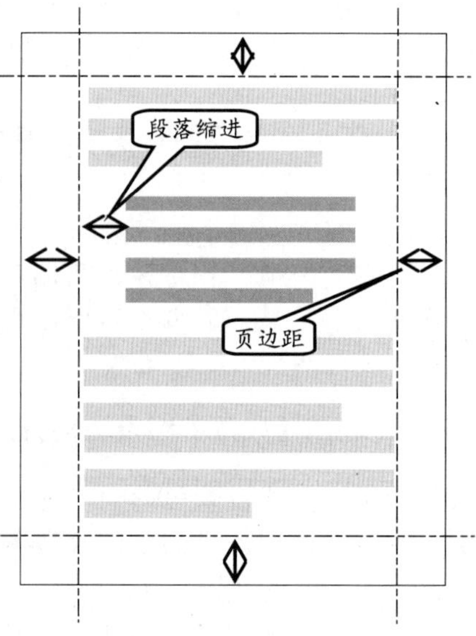

图 4-11 段落与页边距

技　巧

用户也可以按 Ctrl+M 键，实现缩进值的增加；按 Ctrl+Shift+M 键，实现缩进值的减少。

2. 利用对话框设置段落缩进

先将光标放置到段落的第二行，并单击【段落】组中的【对话框启动器】按钮，即可在【段落】对话框的【缩进】栏中，设置缩进方式和具体的缩进值。

例如，单击【特殊格式】下拉按钮，选择【悬挂缩进】选项，并设置【左侧】值为【2 字符】，如图 4-13 所示。

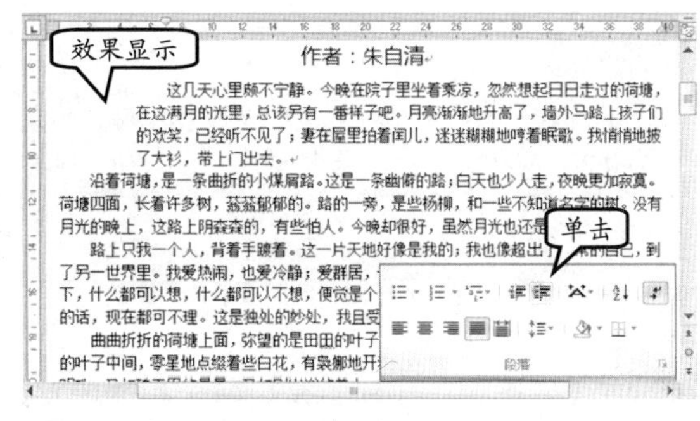

图 4-12 增加段落缩进值

技 巧

若要设置段落的首行缩进效果，除了利用【段落】对话框之外，用户还可以直接按 Tab 键进行设置。

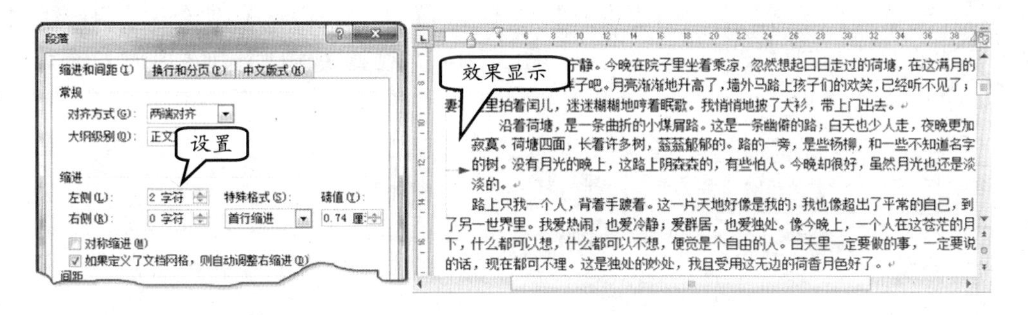

图 4-13 利用对话框设置段落缩进

3. 利用水平标尺设置段落缩进

若要利用水平标尺设置段落的缩进效果，只需将光标置于要设置缩进效果的段落中。然后，利用鼠标拖动水平标尺上相应的段落标记，即可为该段落设置缩进格式。例如，拖动水平标尺上的【首行缩进】段落标记▽，如图 4-14 所示。

在水平标尺上，不同的缩进格式具有不同的段落标记，其中，各段落标记名称及其功能如表 4-4 所示。

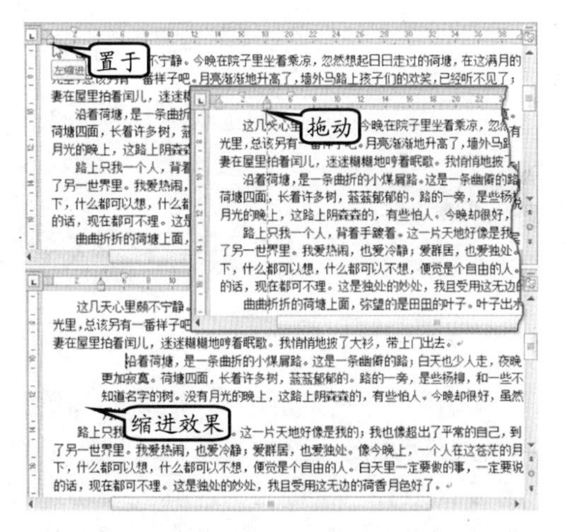

图 4-14 利用水平标尺设置段落缩进

表 4-4 段落名称标记及功能表

按钮	名　称	功　能
▽	首行缩进	指段落中第一行的缩进
△	悬挂缩进	指段落中除第一行外的文本的缩进
▭	左缩进	指整个段落的左边向右缩进一定的距离
△	右缩进	指整个段落的右边向左缩进一定的距离

提　示

如果用户希望利用水平标尺上的段落标记来精确设置段落缩进，可以按 Alt 键拖动段落标记，即可根据标尺上出现的数字设置缩进。

4.2.3　段间距和行间距

在 Word 中，段间距是指两个相邻段落之间的距离；而行间距则是指文档中行与行之间的距离。设置段落的段间距和行间距，可以有效地改善文档版面的外观效果。

1．设置段间距

若要设置某一段落的段间距，只需将光标置于该段落的任意位置，并打开【段落】对话框。然后，在【间距】栏的【段前】和【段后】微调框中，分别单击微调按钮或者输入具体的数值，即可设置该段落的段间距。例如，设置【段前】和【段后】的间距均为【2 行】，如图 4-15 所示。

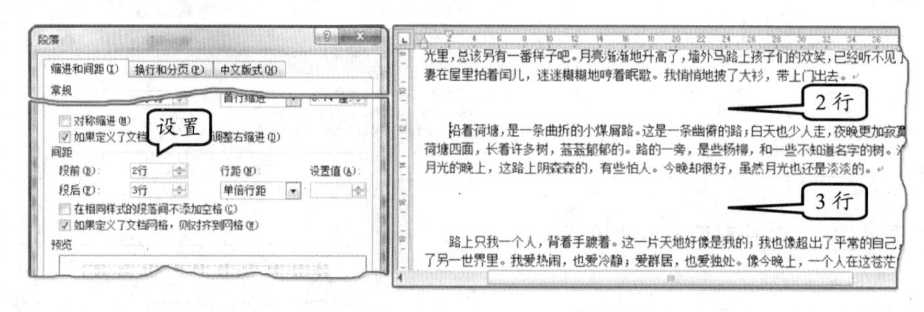

图 4–15　设置段落间距

技　巧

选择【页面布局】选项卡，在【段落】组中的【间距】栏中，也可以设置段落前后的间距。

2．设置行间距

若要设置行间距，只需将光标置于要设置行间距的段落中，单击【段落】组中的【行距】下拉按钮，在其列表中选择所需选项即可，如选择 2.0 选项，如图 4-16 所示。

图 4–16　设置行间距

另外，用户也可以在【段落】对话框中，单击【间距】栏中的【行距】下拉按钮，在其下拉列表中选择所需行距值即可，如选择【2 倍行距】选项，如图 4-17 所示。

在【段落】对话框中的【行距】下拉列表中，各选项的功能如表 4-5 所示。

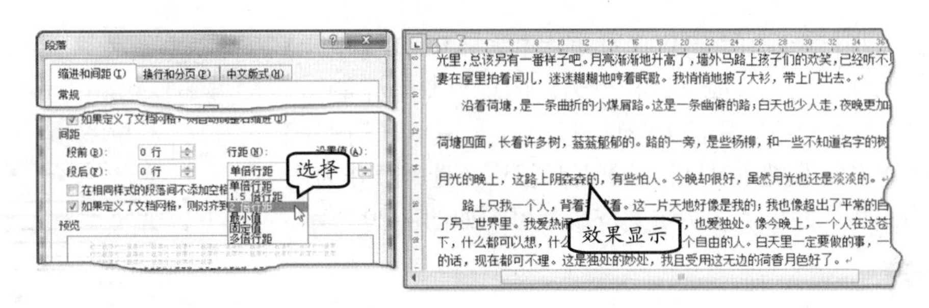

图 4-17 利用对话框设置行距

表 4-5 行距选项含义

选项名称	含 义
单倍行距	设置段落中行与行之间的间距为 1 行
1.5 倍行距	设置段落中行与行之间的间距为 1.5 行
2 倍行距	设置段落中行与行之间的间距为 2 行
最小值	选择此选项，可以设置行与行之间的距离以最小值显示，即 12 磅
固定值	选择此选项，默认值为 12 磅，用户也可以在其后的微调框中输入要设置的具体磅值
多倍行距	选择此选项，其后的微调框中默认值为 3 行，用户可以根据自己的需要对其进行更改

4.2.4 使用项目符号与编号

为了使文档中的内容更加清晰或者更具条理性，可以为其添加项目符号和编号。

项目符号是指放在文本之前以添加强调效果的点或其他符号，即在各项目前所标注的符号。若要在文档中添加项目符号，可以在输入内容时由 Word 自动创建，也可以先输入文档内容，然后再添加项目符号。

1. 添加项目符号

选择要添加项目符号的段落文字，单击【段落】组中的【项目符号】下拉按钮，在其列表中选择要使用的项目符号即可，如图 4-18 所示。

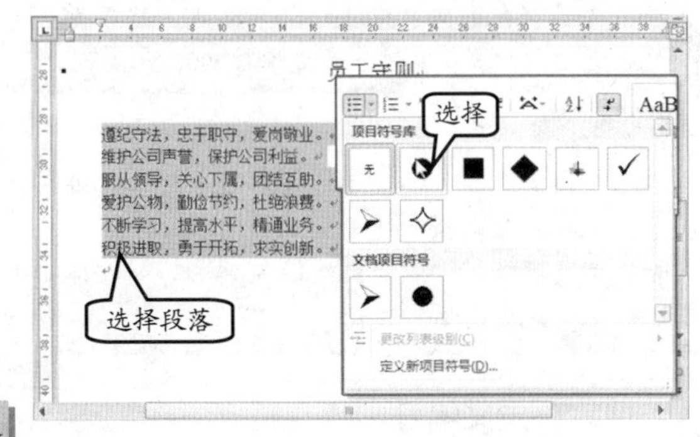

图 4-18 添加项目符号

提 示

在自动添加项目符时，当最后一段输入完成之后，若要结束项目符号的添加，则可以按两次 Enter 键。

2. 自定义项目符号

如果系统预设的项目符号不能满足用户的需要，则可以通过自定义项目符号功能来创建新的项目符号效果。

若要自定义项目符号，只需单击【项目符号】下拉按钮，执行【定义新项目符号】命令，即可弹出如图 4-19 所示的对话框。

在该对话框中，用户可以通过单击【符号】或者【图片】按钮，来选择使用符号或者图片作为新的项目符号标记。

例如，若要使用图片作为新项目符号，只需单击【图片】按钮，在弹出的【图片项目符号】对话框中，选择要作为项目符号的图片，并单击【确定】按钮即可，如图 4-20 所示。

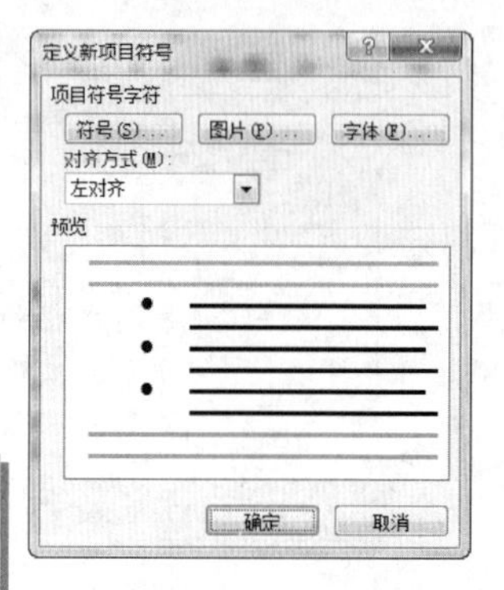

图 4-19 【定义新项目符号】对话框

提 示

只有当单击【符号】按钮，选择某一种符号作为新的项目符号时，【字体】按钮才会位于可用状态，单击该按钮，即可在弹出的【字体】对话框中，设置所选符号的字体格式。而单击【对齐方式】下拉按钮，则可以设置项目符号的对齐方式。

在 Word 文档中，编号的使用方法与项目符号的使用方法相同，都是以段落为单位进行添加的。同样，用户不仅可以使用系统预设的几种编号样式，还可以自定义新的编号样式进行使用。

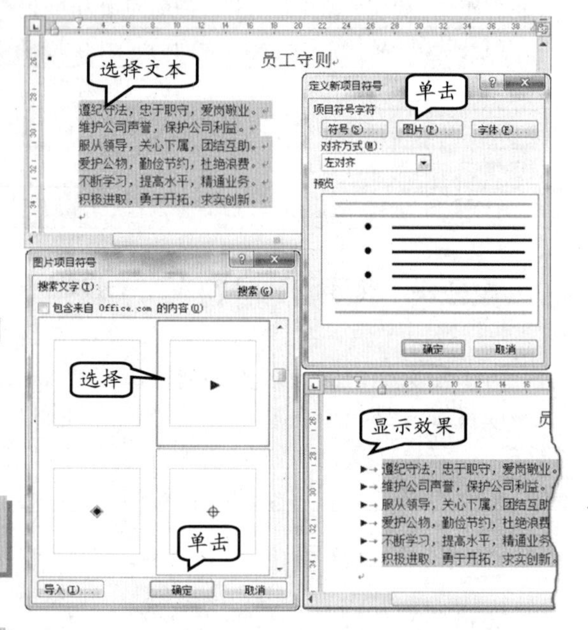

图 4-20 使用图片定义项目符号

3．添加编号

若要添加编号，只需选择要添加编号的文本内容，单击【段落】组中的【编号】下拉按钮，在其下拉列表中选择要应用的编号样式即可，如图 4-21 所示。

技 巧

用户也可以在文档中先设置编号样式，然后再输入文档内容，系统则会为文档自动添加编号。

提 示

当用户为文本添加编号后，可以通过单击【编号】下拉按钮，执行【设置编号值】命令，或者选择【更改列表级别】级联菜单下的列表样式方法，来更改编号格式。

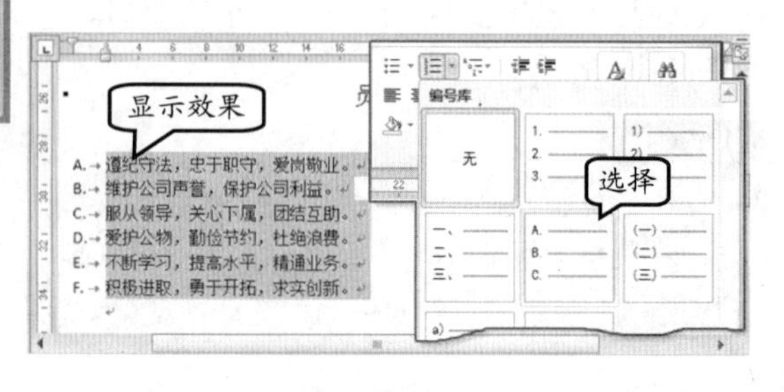

图 4-21 添加编号

4．自定义编号

若要自定义编号样式，只需单击【编号】下拉按钮，执行【定义新编号格式】命令，即可在弹出的【定义新编号格式】对话框中，设置新编号的样式，如图 4-22 所示。

在该对话框中，用户可以通过【编号格式】栏中的各选项来设置新的编号格式。同时，在【预览】栏中，可以看到新编号的设置效果。其选项的功能作用如下。

❑ 编号样式

在【定义新编号格式】对话框中，单击【编号样式】下拉按钮，即可在其下拉列表中选择一种编号样式。

❑ 字体

单击【字体】按钮，在弹出的【字体】对话框中，可以设置编号的字体、字号、字形、颜色以及特殊效果等。

❑ 编号格式

当在【编号样式】下拉列表中选择某种编号样式后，则会在【编号格式】文本框中显示出该编号的格式。

❑ 对齐方式

单击【对齐方式】下拉按钮，在其下拉列表中列出了【左对齐】、【居中对齐】和【右对齐】3 种对齐方式。

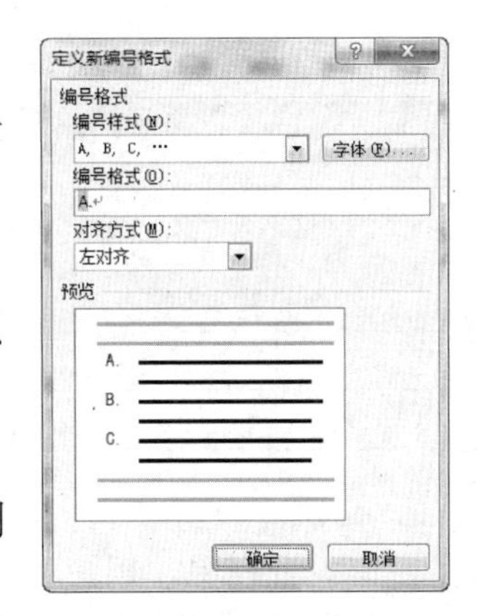

图 4-22 【定义新编号格式】对话框

4.3 使用样式

样式是一组存储在 Word 中的字符或者段落的格式特征，每个样式都具有唯一的名称。用户可以将样式应用于某个段落或者选定的字符上。使用样式可以减少许多重复操作，从而可以帮助用户在较短时间内编排出高质量的文档。

4.3.1 新建样式

在 Word 文档中，样式是由字符样式和段落样式共同组成的。用户不仅可以应用系统内置的样式，还可以创建新的样式进行使用。

若要创建新样式，只需单击【样式】组中的【对话框启动器】按钮，在弹出的【样式】任务窗格中，单击【新建样式】按钮，即可弹出【根据格式设置创建新样式】对话框，如图 4-23 所示。

在该对话框中，包括【属性】、【格式】两栏内容，用户可以通过各栏中不同的选项对新样式进行设置。

图 4-23 【根据格式设置创建新样式】对话框

❑ 属性

在【属性】栏中，用户可以对新样式的名称、样式应用的段落、创建样式参照的基本标准以及后续段落样式的一些基本属性进行设置。其详细说明如表 4-6 所示。

表 4-6 【属性】栏各选项的详细说明

属性名称	说 明
名称	在该文本框中，输入文字对新样式命名
样式类型	单击该下拉按钮，可以选择样式的类型，可以是段落、字符、链接段落和字符、表格和列表
样式基准	单击该下拉按钮，可以在弹出的下拉列表中，选择系统自带的样式标准确无误
后续段落样式	单击该下拉按钮，可以在弹出的下拉列表中，选择后续段落的应用样式

❑ 格式

在该设置栏中，用户可以为样式设置字体格式、段落格式，以及新建样式应用的范围，并且还可以为该样式设置快捷键等。其详细说明如表 4-7 所示。

表 4-7 【格式】栏各选项的功能作用

名 称	说 明
字体格式	在该设置栏中，可以为新样式设置字体、字形、字号等字体格式
段落格式	在该设置栏中，可以为新样式设置对齐方式、行间距，以及段落缩进等段落格式
复选框	当启用该复选框后，可以将新建样式添加到样式库中，并且当改变样式后系统将自动更新该样式
单选按钮	选择【仅限于此文档】单选按钮，则新建样式只在当前文档中应用。当选择【基于该模板的新建文档】单选按钮时，则该新建样式可以在使用此模板创建的新文档中使用
格式按钮	单击该下拉按钮，执行相应的命令，则可以在相应的对话框中，设置新样式的字体、段落、语言、编号以及快捷键等格式

技 巧

用户也可以先设置一段文本内容的格式，并单击【样式】组中的【其他】下拉按钮，执行【将所选内容保存为新快速样式】命令。然后，在弹出的【根据格式设置创建新样式】对话框中，设置样式名称。

若要删除样式库中某一个指定的样式，只需右击该样式，执行【从快速样式库中删除】命令即可。例如，右击【无间隔】样式，执行【从快速样式库中删除】命令，如图 4-24 所示。

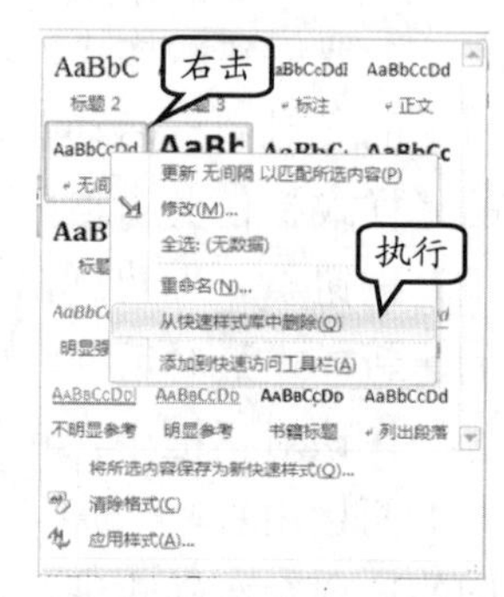

图 4-24 删除样式

4.3.2 应用样式

在 Word 中，系统提供了多种样式供用户使用，用户不仅可以套用内置样式，还可以应用自己创建的新样式。另外，当不再需要某一样式时，还可以将其从样式库中删除。

选择要应用样式的文本内容，单击【样式】组中的【其他】下拉按钮，在其列表中选择要应用的样式即可，如选择【标题 4】样式，如图 4-25 所示。

技 巧

用户也可以单击【样式】组中的【对话框启动器】按钮，在弹出的【样式】任务窗格中选择要应用的样式。

4.4 Word 文档图形处理

在 Word 中，用户不仅可以输入文本内容，还可以在文档中插入图片、绘制形状、插入艺术字等对象。

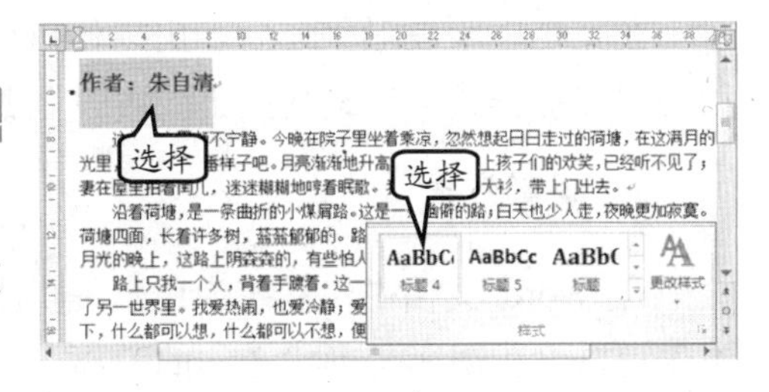

图 4-25 应用样式

4.4.1 插入图片

在 Word 文档中，用户不仅可以插入保存在本地计算机中的图片，还可以根据需要插入网页中的图片。

若要插入本地计算机中的图片，只需将光标置于要插入图片的位置，并选择【插入】选项卡。然后，单击【插图】组中的【图片】按钮，在弹出的【插入图片】对话框中，选择要插入文档的图片，如图 4-26 所示。

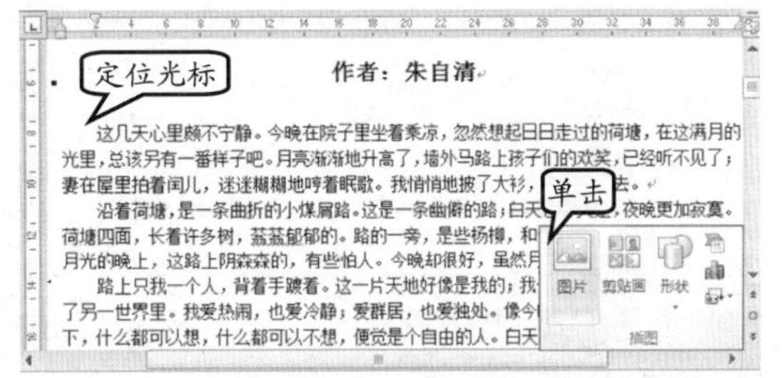

图 4-26 插入计算机中的图片

4.4.2 插入形状

当需要在文档中绘制形状时，用户只需选择要绘制的自选图形，利用鼠标拖动的方式即可完成绘制。而在绘制完成之后，用户还可以在形状中输入相应的文字内容。

若要在文档中绘制形状，只需选择【插入】选项卡，单击【插图】组中的【形状】下拉按钮，在其列表中选择所需选项，如选择 “笑脸”基本形状。然后在文档中拖动鼠标即可开始绘制，如图 4-27 所示。

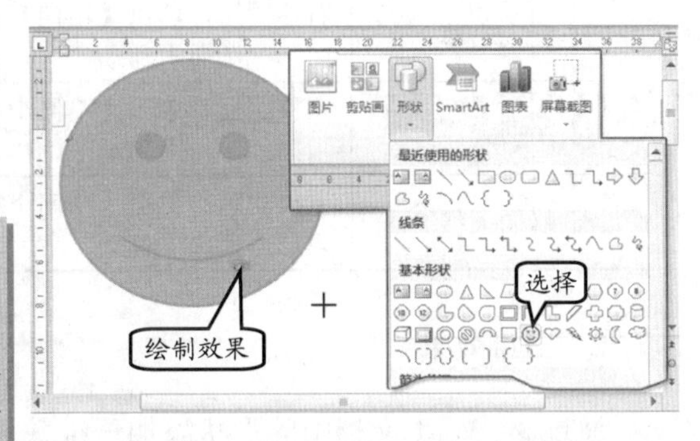

图 4-27 绘制形状

提 示

在绘制形状的过程中，同时按住 Shift 键，在画直线时可画出水平、竖直直线及与水平成 15°、30°、45°、60°、75°、90°的直线；画圆时可画出正圆，画矩形时可画出正方形。按 Ctrl 键，可绘制出从中心向外扩展的形状。按 Ctrl+Shift 键，可绘制出从中心向外扩展的正圆或正方形等形状。

提 示

若要在形状中输入文本内容，只需右击该形状，执行【添加文字】命令即可。需要注意的是，有些形状可以输入文本内容，而有些形状不支持文本的输入。

在文档中绘制形状之后，用户便可以像设置图片格式一样来设置自选图形的格式，如应用图形样式、调整其大小或者设置其排列方式等。

1. 阴影效果

在 Word 文档中，系统为用户提供了投影、透视等多种类型的阴影样式。而且用户不仅可以设置阴影与形状之间的距离，还可以设置阴影的颜色。

若要为文档中的形状添加阴影效果，可以选择形状，并选择【格式】选项卡，单击【阴影效果】组中的【阴影效果】下拉按钮，在其列表中选择要应用的阴影样式即可，如图 4-28 所示为 3 种不同类型的阴影效果。

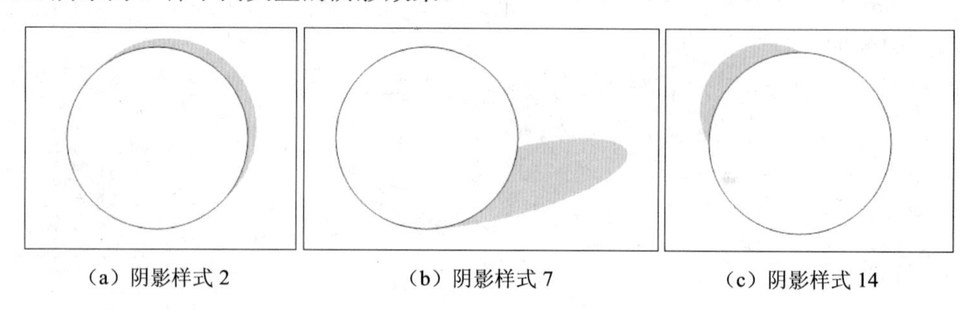

(a) 阴影样式 2　　(b) 阴影样式 7　　(c) 阴影样式 14

图 4-28 应用阴影效果

另外，在【阴影样式】组中，还包含 5 个用于设置阴影距离的按钮，其名称和作用如表 4-8 所示。

表 4-8 阴影效果按钮功能表

按钮	名称	功能
	设置/取消阴影	启用或取消阴影
	略向左移	左移阴影，单击一次【略向左移】按钮，阴影向左移动一下，若多次单击，则阴影连续向左移动
	略向右移	右移阴影，单击【略向右移】按钮，阴影向右移动一次，若多次单击，则阴影连续向右移动
	略向上移	上移阴影，单击【略向上移】按钮，阴影向上移动一次，若多次单击，则阴影连续向上移动
	略向下移	下移阴影，单击【略向下移】按钮，阴影向下移动一次，若多次单击，则阴影连续向下移动

2. 三维效果

通过为 Word 文档中的形状添加三维效果，可以使其更具立体感和层次感。但是，并不是所有的形状都可以添加三维效果，当选择不允许添加三维效果的形状时，该选项将被禁用。

若要为形状添加三维效果，只需单击【三维效果】组中的【三维效果】下拉按钮，在其列表中选择要使用的三维样式即可，如图 4-29 所示为 4 种不同三维样式的效果。

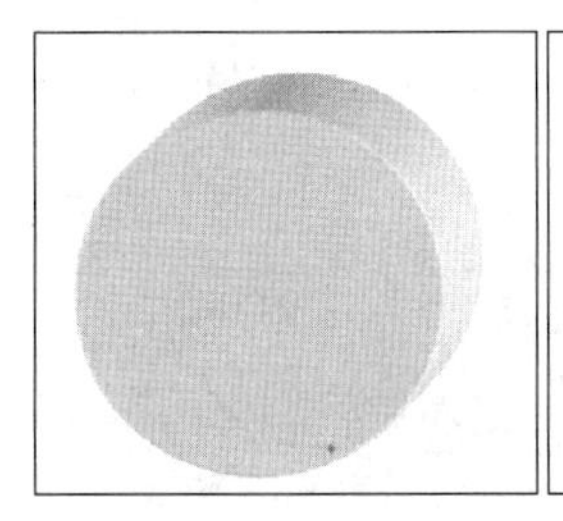

（a）三维样式 1

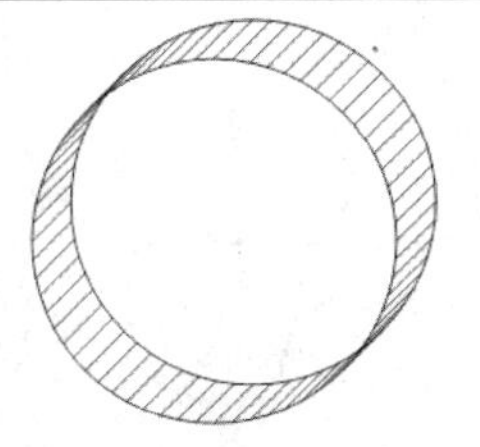

（b）三维样式 4

（c）三维样式 7

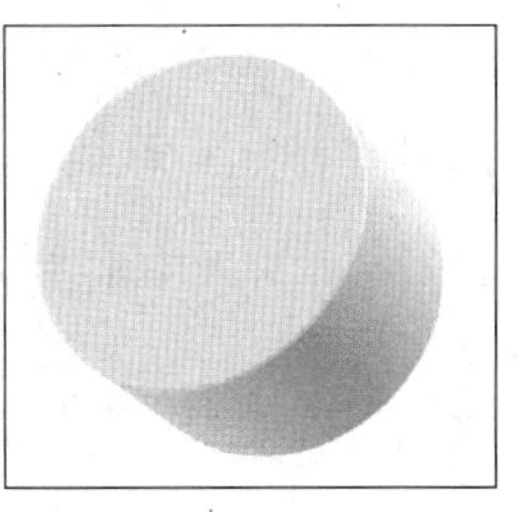

（d）三维样式 19

图 4-29 应用三维效果

在【三维效果】组中同样包含 5 个不同的按钮，其名称和作用如表 4-9 所示。

表 4-9 三维效果按钮功能表

按钮	名　称	功　能
	设置/取消三维效果	启用或取消应用于形状的三维效果
	左偏	向左偏移形状
	右偏	向右偏移形状
	上翘	向后倾斜形状
	略向下移	向前倾斜形状

提　示

用户还可以在【三维效果】下拉列表中，调整三维样式的颜色、方向、深度、光照效果及表面材质效果。

4.4.3 插入艺术字

在 Word 中，系统提供了 30 种内置的艺术字样式供用户选择使用。而用户在创建艺术字的过程中，不仅可以选择不同的艺术字样式，还可以设置艺术字的字体格式。

若要在文档中创建艺术字，只需选择【插入】选项卡，单击【文本】组中的【艺术字】下拉按钮，在其列表中选择要使用的艺术字样式即可，如选择“渐变填充-灰色　轮廓-灰色”选项，如图 4-30 所示。

然后，在弹出的“请在此处放置您的文字”文本框中，输入文本内容，并单击文档的其他位置，如图 4-31 所示。

技　巧

用户也可以选择文档中已有的文字，然后单击【艺术字】下拉按钮，选择一种艺术字样式，即可将所选文字转换为艺术字。

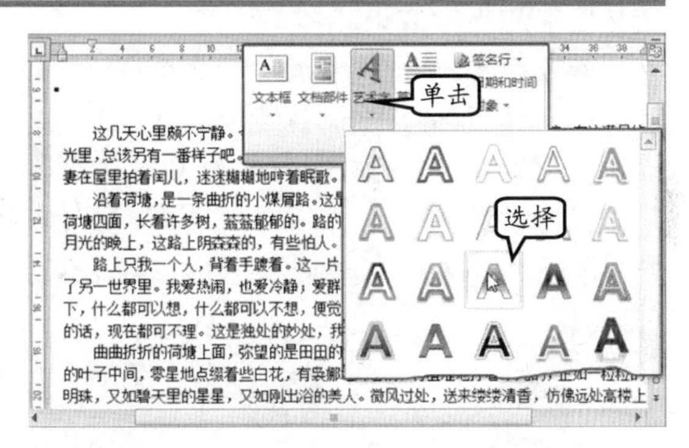

图 4-30 插入艺术字

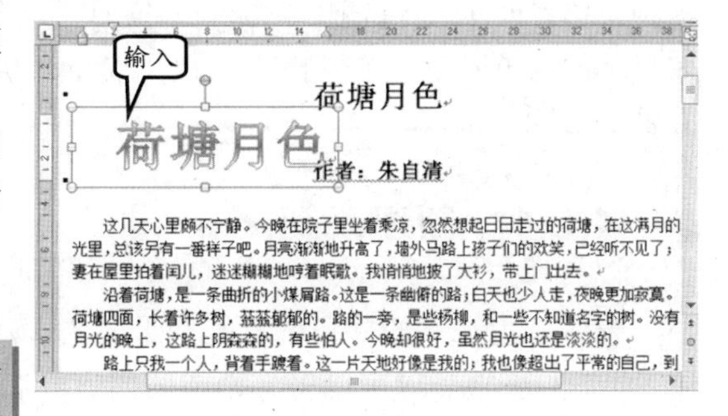

图 4-31 输入艺术字内容

在文档中插入艺术字之后，用户还可以根据自己的需要对艺术字进行再次编辑，如更改艺术字样式、设置艺术字间距，或者更改艺术字间距等。

1. 设置艺术字的方向

若要更改艺术字的方向，则只需选择艺术字。在【格式】选项卡中，单击【文字】组中的【文字方向】按钮下拉按钮，选择【垂直】选项即可，如图 4-32 所示。

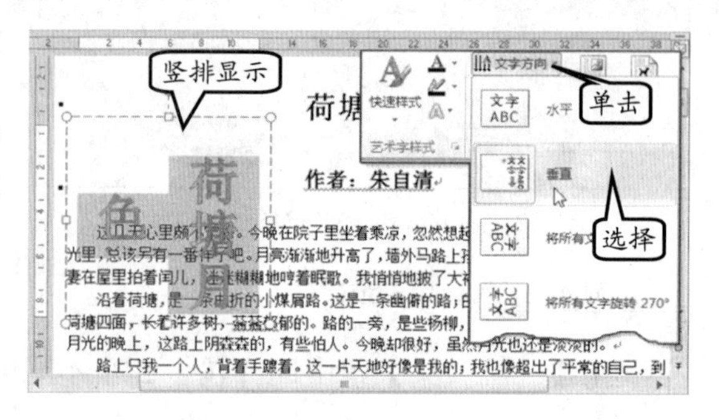

图 4-32 更改艺术字方向

2. 更改艺术字样式

选择要更改样式的艺术字，单击【艺术字样式】组中的【快速样式】下拉按钮，并在其列表中选择一种样式即可，如选择“渐变填充-黑色 轮廓-白色 外部阴影”选项，如图 4-33 所示。

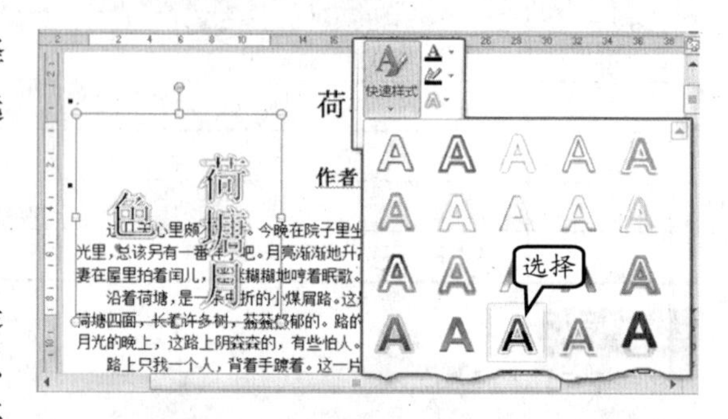

图 4-33 更改艺术字样式

3. 更改艺术字形状

当用户选择一种艺术字样式时，都是以默认的形状显示在文档中的，用户可以通过对其整体形状的更改，来设置艺术字在文档中的显示效果。

若要更改艺术字形状，只需选择艺术字，单击【艺术字样式】组中的【文字效果】下拉按钮，执行【转换】级联菜单命令，并在弹出的列表中选择所需选项即可。例如，选择“上弯弧”选项，如图 4-34 所示。

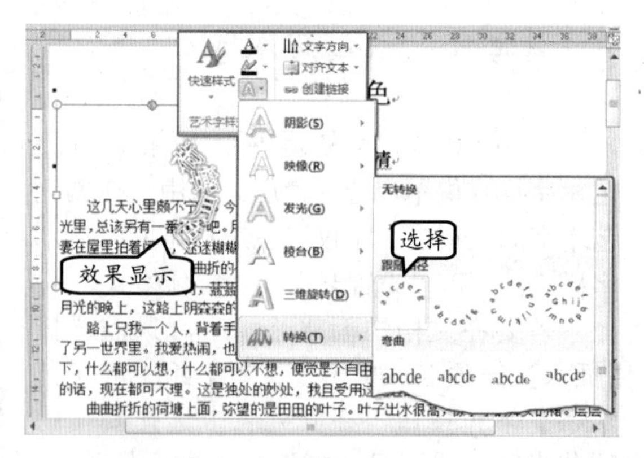

图 4-34 更改艺术字形状

4.5 使用表格

在 Word 中，用户不仅可以创建和管理各种表格，而且通过调用外部表格文件，如 Excel 电子表格，可以极大地强化 Word 的表格功能。

4.5.1 创建表格

表格是由水平的行和垂直的列组成的，行与列交叉形成的方框则被称为单元格。利用 Word 的表格功能可以将文档中的内容简明、扼要地概括出来。在 Word 中，用户可以通过多种方式创建表格。

1. 通过按钮插入表格

在 Word 中，利用【表格】组中的【表格】按钮是较为直接的一种表格创建方法，用户可以在文档中快速插入满足自己需要的表格。

例如，在【插入】选项卡中，单击【表格】组中的【表格】下拉按钮，并在【插入表格】栏中选择要插入表格的行数和列数即可。例如，插入一个 6 列×5 行的表格，如图 4-35 所示。

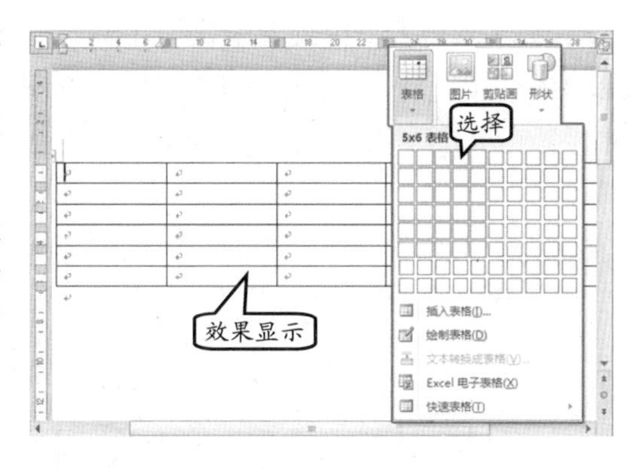

图 4-35 利用按钮插入表格

2. 利用对话框插入表格

利用【插入表格】对话框来创建表格，不仅可以插入具有多列和多行的表格，还可以设置各列的列宽。

若要利用该方式插入表格，只需在【表格】下拉列表中，执行【插入】表格命令，然后在弹出的【插入表格】对话框中，分别设置列数、行数和属性等内容即可。

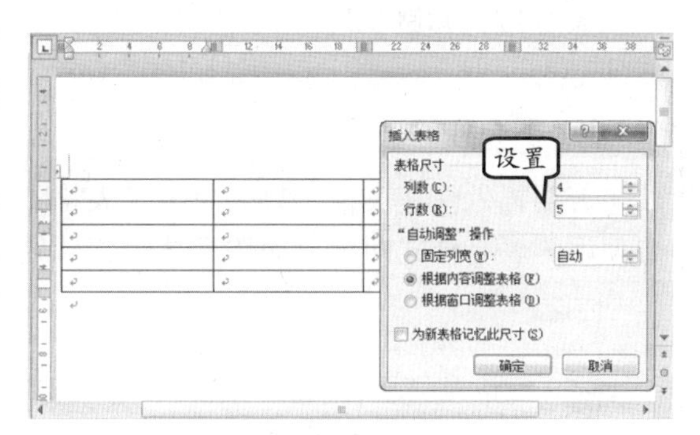

图 4-36 利用对话框创建表格

例如，设置【列数】为 4、【行数】为 5，并在【“自动调整”操作】栏中选择【根据内容调整表格】单选按钮，即可在文档中创建一个 4 列 5 行的表格，并可以根据在单元格中输入文字的多少来自动调整列宽，如图 4-36 所示。

在【插入表格】对话框中，各选项的名称及功能作用如表 4-10 所示。

表 4-10 【插入表格】对话框各选项作用

元素名称		功能
表格尺寸	列数	在【列数】微调框中单击微调按钮，或者直接输入表格的列数
	行数	在【行数】微调框中单击微调按钮，或者直接输入表格的行数
“自动调整”操作	固定列宽	表格中列宽指定一个确切的值，将按指定的列宽建立表格
	根据内容调整表格	表格列宽随输入的内容的多少而自动调整
	根据窗口调整表格	表格宽度与正文区宽度相同，每列列宽等于正文区宽度除以列数
为新表格记忆此尺寸		启用该复选框，此时对话框中的设置将成为以后新建表格的默认值

3. 绘制表格

利用 Word 中的绘制表格功能，可以创建不规则形状的表格。若要绘制表格，只需在【表格】下拉列表中，执行【绘制表格】命令，当光标变成✎形状时，拖动鼠标即可开始绘制表格，如图 4-37 所示。

4．Excel 电子表格

若在【表格】下拉列表中执行【Excel 电子表格】命令，则可以以 Excel 表格的形式创建表格，用户只需在其中输入表格内容即可，如图 4-38 所示。

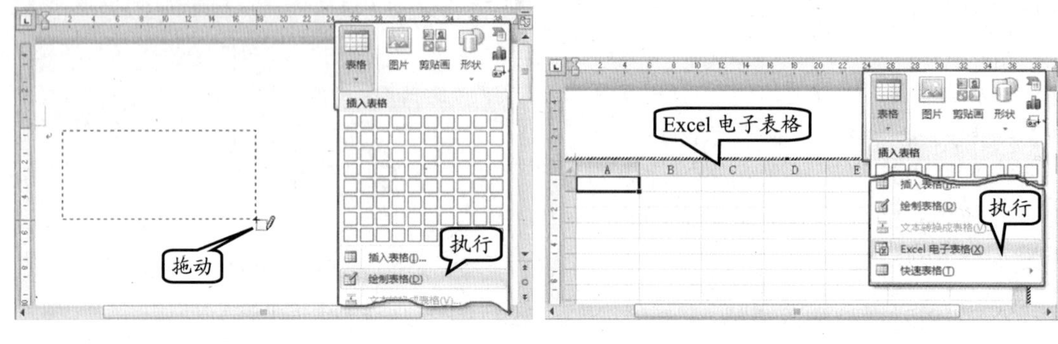

图 4-37 绘制表格　　图 4-38 创建 Excel 电子表格

5．插入快速表格

若要插入快速表格，只需单击【表格】下拉按钮，在【快速表格】级联菜单中选择要使用的表格样式即可，如选择【带副标题 1】选项，如图 4-39 所示。

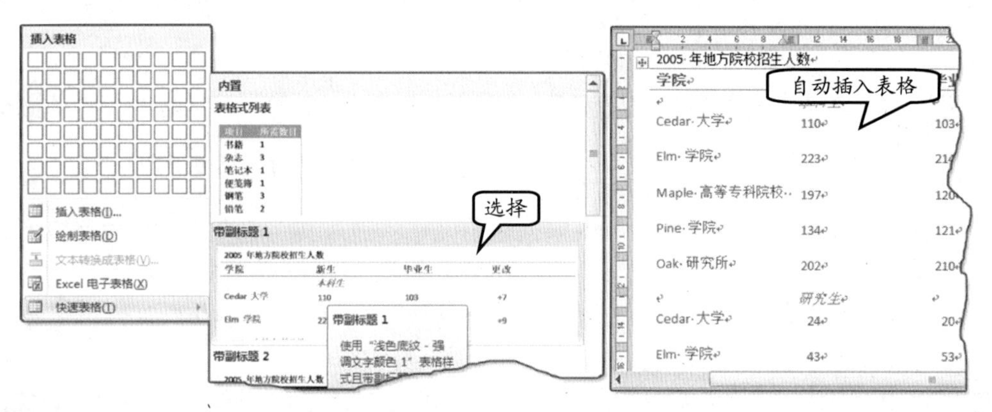

图 4-39 插入快速表格

4.5.2 表格的基本操作

表格创建完成之后，为了更好地满足工作需要，用户可以对创建好的表格进行编辑，如合并单元格、拆分单元格、插入单元格、删除行和列等。

1．合并与拆分

利用表格的合并和拆分功能，可以将表格中的多个单元格合并为一个单元格，或者将一个单元格拆分为多个单元格。另外，用户还可以将一个表格拆分为两个。

❑ 合并单元格

若要合并单元格，只需选择要合并的单元格区域。然后，选择【布局】选项卡，单击【合并】组中的【合并单元格】按钮，合并该单元格区域，如图 4-40 所示。

图 4-40　合并单元格

技　巧

用户也可以选择要合并的单元格区域，右击该区域执行【合并单元格】命令即可。

❑ 拆分单元格

若要拆分单元格，则只需将光标置于需要拆分的单元格。然后，选择【布局】选项卡，单击【合并】组中的【拆分单元格】按钮，如图 4-41 所示。

图 4-41　单击【拆分单元格】按钮

在弹出的【拆分单元格】对话框中，分别设置行数和列数，如设置【列数】为 2；【行数】为 1，单击【确定】按钮即可，如图 4-42 所示。

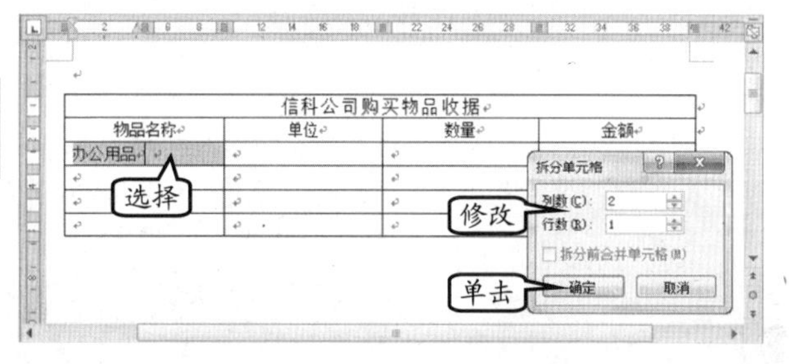

图 4-42　拆分单元格

技　巧

用户也可以右击要进行拆分的单元格，执行【拆分单元格】命令。

2．插入单元格、行或列

在 Word 文档表格中，用户可以根据实际需要在表格指定的位置插入新的行、列和单元格。

若要在表格中插入行或者列，只需将光标置于指定的单元格中，并选择【布局】选项卡。然后，单击【行和列】组中的各个按钮即可完成行或者列的插入。

例如，单击【在上方插入】按钮，即可在光标所在单元格的上方插入新行，如图 4-43 所示。

图 4-43　插入新行

在【行和列】组中，各按钮的功能作用如表 4-11 所示。

表 4-11　【行和列】组各按钮作用

名　称	功　能
在上方插入	在插入点上方插入新行
在下方插入	在插入点下方插入新行

续表

名　称	功　能
在左侧插入	在插入点左侧插入新列
在右侧插入	在插入点右侧插入新列
删除	单击该下拉按钮，并执行不同命令，即可删除表格中指定的行、列和单元格

若要在表格中插入单元格，只需单击【行和列】组中的【对话框启动器】按钮，在弹出的【插入单元格】对话框中，选择所需单选按钮，并单击【确定】按钮即可。

例如，选择【活动单元格下移】单选按钮，即可在光标所在单元格上方添加一个新单元格，而其他单元格的位置将保持不变，如图 4-44 所示。

在【插入单元格】对话框中，各单选按钮的功能作用如表 4-12 所示。

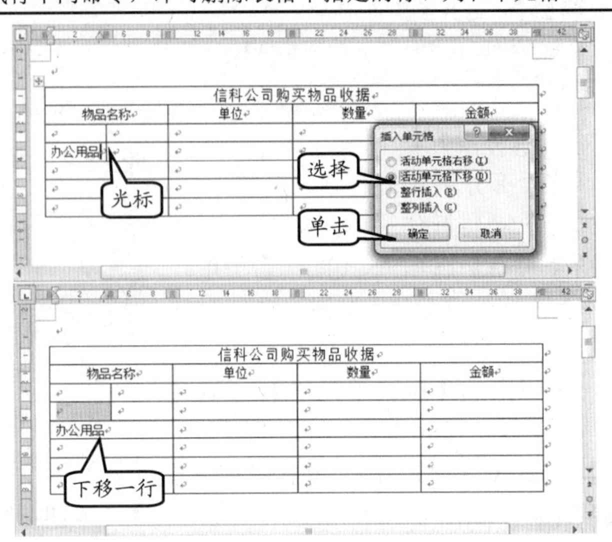

图 4-44　插入单元格

表 4-12　【插入单元格】对话框各单选按钮作用

名　称	功　能
活动单元格右移	选择该单选按钮，可以在所选单元格左侧插入新单元格
活动单元格下移	选择该单选按钮，可以在所选单元格上方插入新单元格
整行插入	选择该单选按钮，可以在所选单元格上方插入一行
整列插入	选择该单选按钮，可以在所选单元格左侧插入一列

技　巧

用户也可以将光标置于指定单元格中，并进行右击，执行相应的命令即可进行行和列，或者单元格的删除或插入。

4.5.3　应用表格格式

在 Word 文档中，用户还可以对表格格式进行设置，如设置其边框样式或者套用表格样式，从而增强表格的视觉效果，使表格看起来更加美观。

1. 套用表格样式

对表格进行美化的过程中，通过表格样式的套用，可以达到快速设置表格格式的目的。在 Word 中，系统提供了 98 种表格样式供用户选择使用。

若要使用系统预设的表格样式，只需将光标置于要套用样式的表格中，并选择【设计】选项卡。然后，单击【表样式】组中的【其他】下拉按钮，在其列表中选择要使用的表格样式即可，如选择“浅色底纹-强调文字颜色 3”选项，其效果如图 4-45 所示。

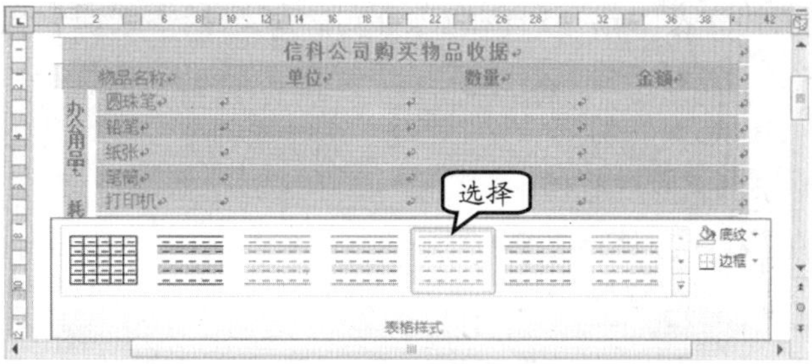

提 示

应用表格样式后，单击【表样式】组中的【其他】下拉按钮，执行【修改表格样式】命令，即可修改表格样式；执行【清除】命令，即可清除该样式。

图 4-45 套用表格样式

2. 设置边框和底纹

在 Word 中，用户可以在表格的不同位置添加边框效果，或者为表格中的单元格或者单元格区域添加背景颜色。

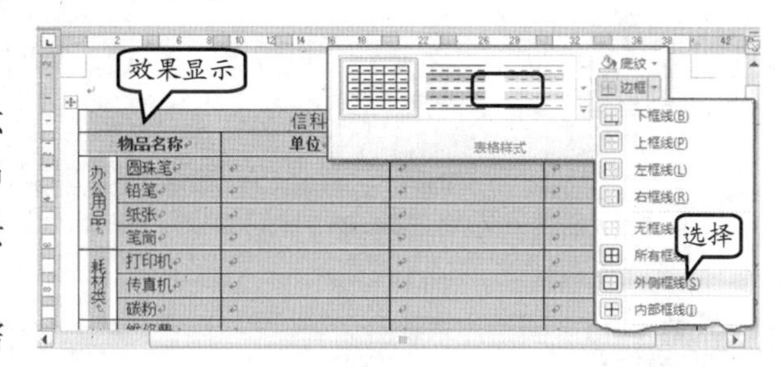

图 4-46 添加边框效果

若要为表格添加边框效果，只需选择相应的单元格或者单元格区域，单击【表样式】组中的【边框】下拉按钮，选择所需选项即可。例如，选择【外侧框线】选项，如图 4-46 所示。

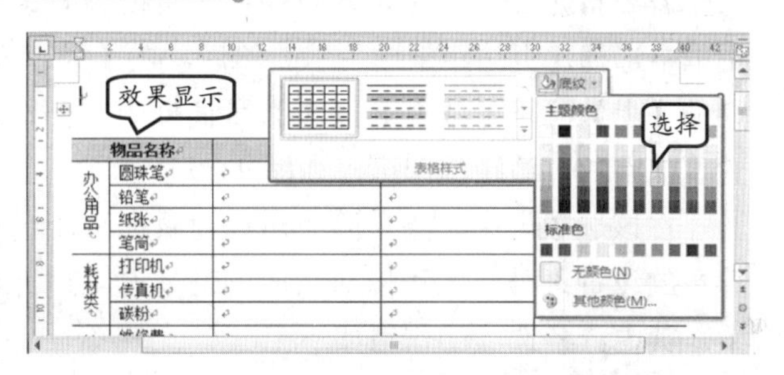

图 4-47 设置底纹效果

若要设置表格的底纹效果，则只需单击【表样式】组中的【底纹】下拉按钮，在其列表中选择要使用的色块即可，如选择“橄榄色-强调文字颜色 3，淡色 40%”色块，如图 4-47 所示。

提 示

若【底纹】下拉列表中没有满意的颜色，则可以执行【其他颜色】命令，在弹出的【颜色】对话框中设置需要使用的颜色。

4.6 页面设置及打印

在文档的处理过程中，用户可以根据需要随时更改页面的布局，如更改纸张大小、纸张方向等。通过对页面属性的设置，可以保证打印内容与打印纸张之间的匹配。

4.6.1 设置页边距

页边距是指当前文档页面四周的空白区域。默认情况下，Word 创建的文档，顶端和底端各留有 2.54cm 的页边距，左右各留有 3.17cm 的页边距，如图 4-48 所示。若要更改默认的页面边距，不仅可以使用系统内置的其他页边距选项，还可以自定义页面边距。

若要使用系统内置的边距选项，只需单击【页面设置】组中的【页边距】下拉按钮，在其列表中选择所需选项即可，如选择【普通】选项，如图 4-49 所示。

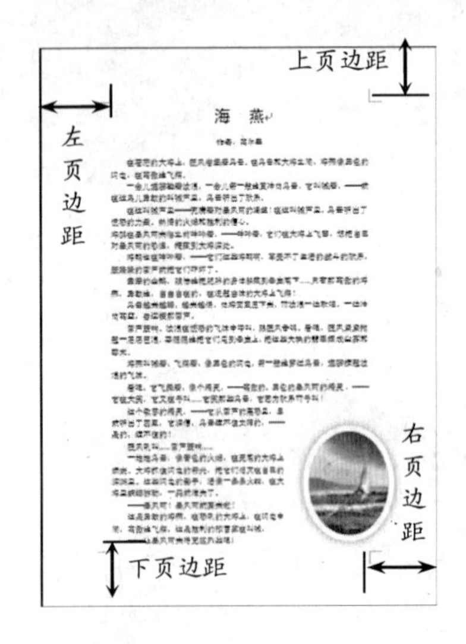

图 4-48　页边距示意图

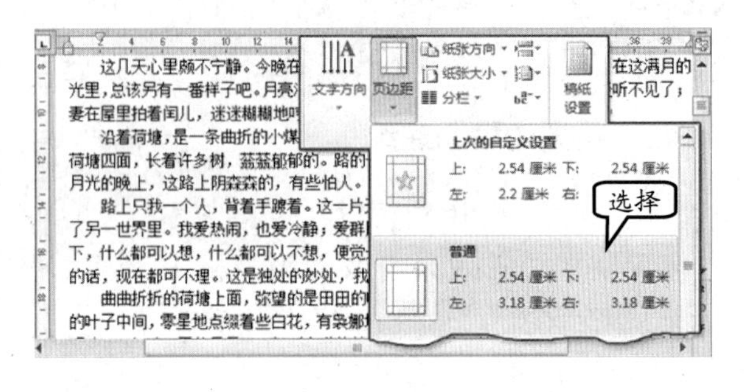

图 4-49　使用内置页边距

若要自定义页面边距，只需在【页面设置】对话框中选择【页边距】选项卡。然后，在【页边距】栏的【上】、【下】、【左】、【右】微调框中，分别设置要使用的页边距值即可，如图 4-50 所示。

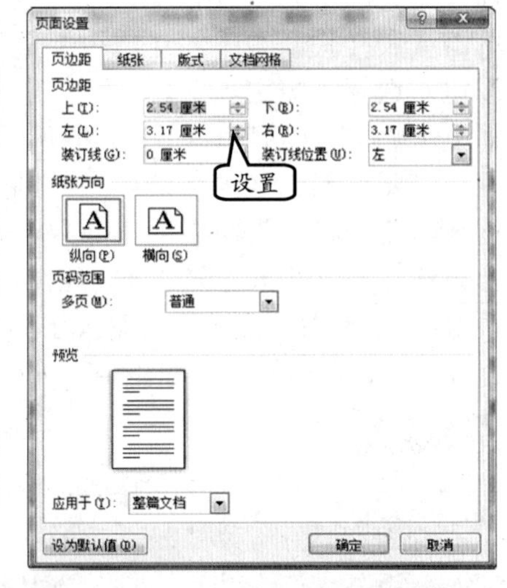

图 4-50　【页边距】选项卡

在该选项卡中，用户除了可以对页面边距进行简单的设置之外，还可以对页面的其他选项进行设置。其中，各选项的作用如下。

❑ **装订线和装订线位置**

如果要把文档打印出来并装订成册，则需要选择装订位置，并在已有的左边距或者内侧边距的基础上增加额外的一段距离，该距离称为装订线。

在【装订线位置】下拉列表中提供了两种装订方式，分别为【左】装订线和【上】装订线，如图 4-51 所示。当选择装订线的位置之后，即可在【装订线】微调框中设置装订线的具体尺寸。

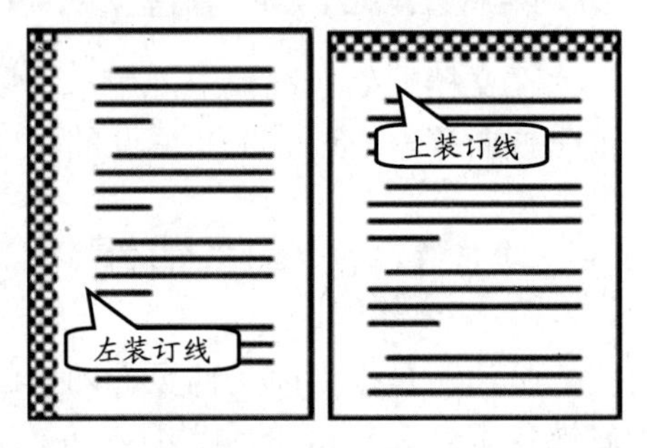

图 4-51　装订线位置

❑ **纸张方向**

默认情况下，Word 创建的文档是“纵向”排列的，可以根据需要改变纸张的方向。系统提供了两种纸张方向，即纵向和横向。在【纸张方向】栏中选择【纵向】或者【横向】项，即可更改纸张方向，如图 4-52 所示。

技 巧

另外，用户也可以单击【页面设置】组中的【页面方向】下拉按钮，在其列表中设置纸张方向。

❑ 页码范围

在【页面设置】对话框中，单击【页码范围】栏中的【多页】下拉按钮，在其下拉列表中提供了 5 种页码范围方式，分别为【普通】、【对称页边距】、【拼页】、【书籍折页】和【反向书籍折页】，效果如图 4-53 所示。

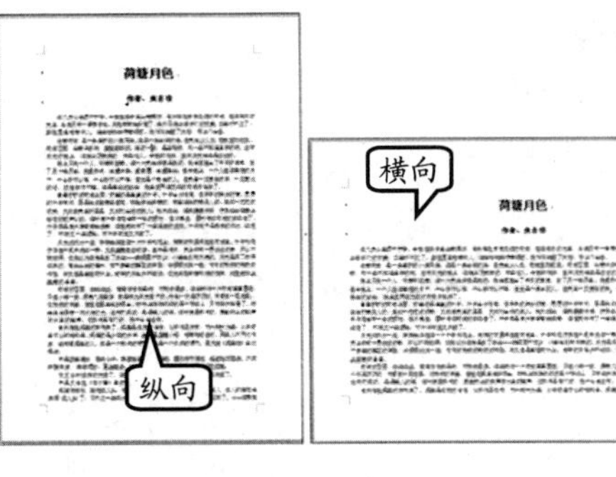

图 4-52 设置纸张方向

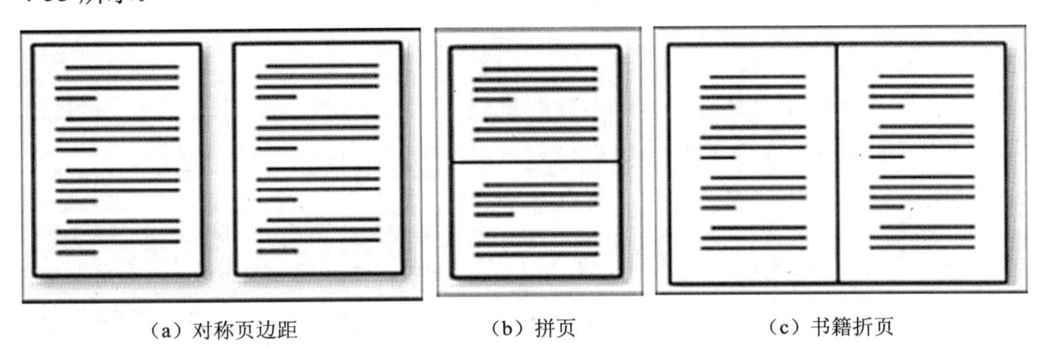

(a) 对称页边距　(b) 拼页　(c) 书籍折页

图 4-53 页码范围

4.6.2 设置纸张大小

在 Word 中，系统默认的纸张大小为 A4 纸（21cm×29.7cm），用户可以根据自己的需要对其进行更改。

若要更改纸张大小，只需选择【页面布局】选项卡，单击【页面设置】组中的【纸张大小】下拉按钮，在其列表中选择要使用的选项即可，如选择 A4 选项，如图 4-54 所示。

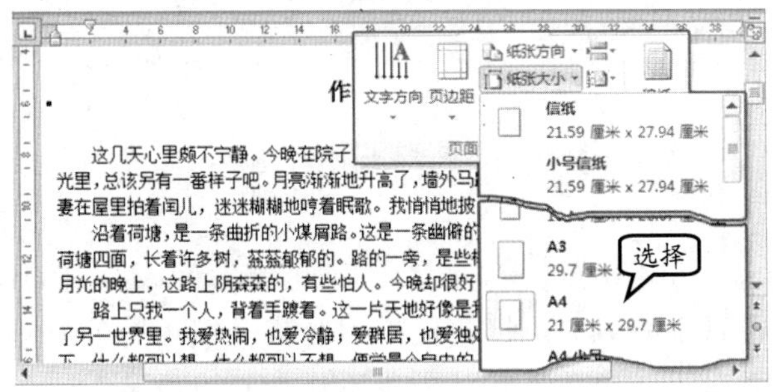

图 4-54 更改纸张大小

另外，如果【纸张大小】下拉列表中预设的选项不能满足用户的需要，则可以执行【纸张大小】|【其他页面大小】命令，在弹出的【页面设置】对话框的【纸张】选项卡中，自定义纸张的大小，如图 4-55 所示。

4.6.3 设置页面版式

用户可以利用 Word 提供的版面布局设置功能设置节、页眉和页脚、页面对齐方式等特殊的版式选项。

若要设置页面版式，只需在【页面设置】对话框中，选择【版式】选项卡，如图 4-56 所示。

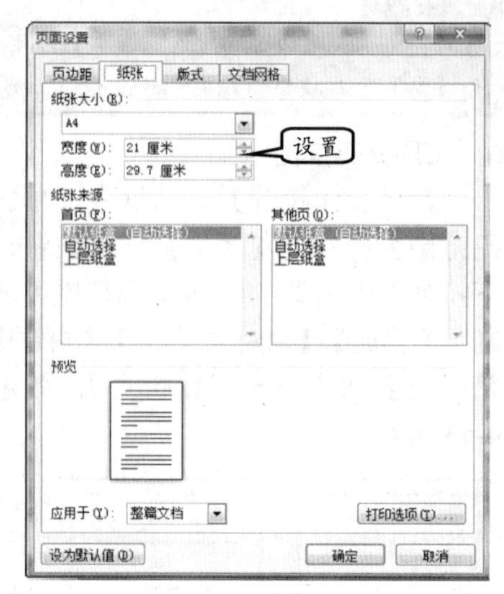

图 4-55　自定义纸张大小

在【版式】选项卡中，不同栏中的各个选项具有不同的作用，其具体的功能作用如下。

❑ 节

单击【节】栏中的【节的起始位置】下拉按钮，选择相应的选项，可以实现对 Word 文档进行分节。在该列表中，节的起始位置包括接续本页、新建栏、新建页、偶数页和奇数页。

❑ 页眉和页脚

在【页眉和页脚】栏中，启用【奇偶页不同】复选框，可以在奇数页和偶数页上设置不同的页眉和页脚。启用【首页不同】复选框，可以设置首页不加页眉。另外，用户还可以在【距边界】栏中设置页眉和页脚的边界。

❑ 预览

当用户对页面属性进行一系列更改之后，可以在【预览】栏中即时查看其效果。若单击【行号】按钮，并在弹出的【行号】对话框中，启用【添加行号】复选框，即可设置起始编号、距正文及行号间隔等，如图 4-57 所示。

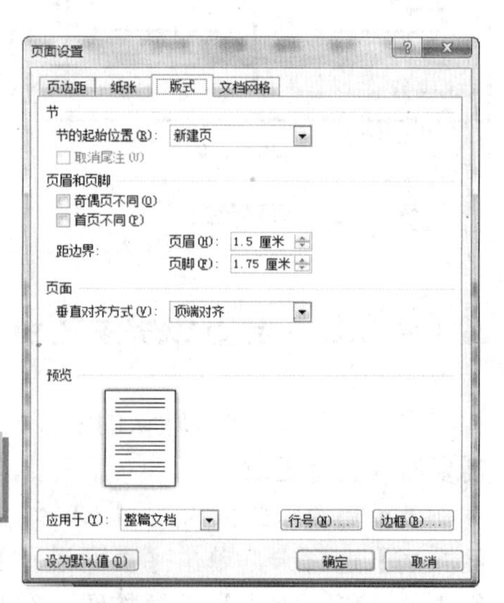

图 4-56　【版式】选项卡

图 4-57　【行号】对话框

提　示

用户也可以在【预览】栏中，单击【边框】按钮，利用弹出的对话框为页面设置边框和底纹效果。

4.6.4　设置打印预览

打印预览功能可以真实地模拟 Word 文档打印在纸上的效果，以帮助用户观察文档内容的整体布局是否合理。当对其效果不满意时可以及时进行调整，直至满意为止。

选择【文件】选项卡，执行【打印】命令，在【设置】区域对其进行设置。在【打印预览】区域可以查看打印效果，如图 4-58 所示。预览效果满意后，便可设置打印选项，然后单击【打印】按钮，将文档打印出来。

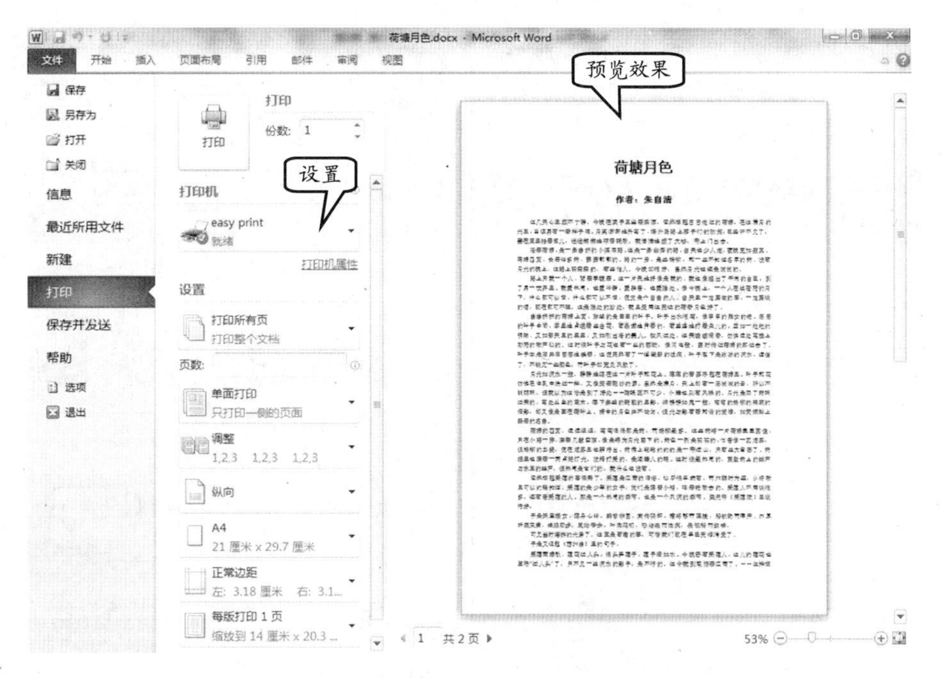

图 4-58　打印预览文档

4.7　实验指导：制作胸卡

胸卡又称为胸号牌，大多数佩戴在西服、衬衫等正装上，起到一定的介绍作用。本例将通过 Word 中的页面设置，设置文本框格式，运用下划线、插入图片等功能，制作一个漂亮的胸卡，效果图如图 4-59 所示。

图 4-59　胸卡

1. 实验目的

- ❑ 页面设置。
- ❑ 设置字体格式。
- ❑ 设置文本框格式。
- ❑ 插入图片。

2. 操作步骤

1 新建 Word 文档，选择【页面布局】选项卡，单击【页面设置】组中的【对话框启动器】按钮，并在【页面设置】对话框的【页边距】选项卡中，分别设置【上】、【下】、【左】和【右】的边距为“0 厘米”，如图 4-60 所示。

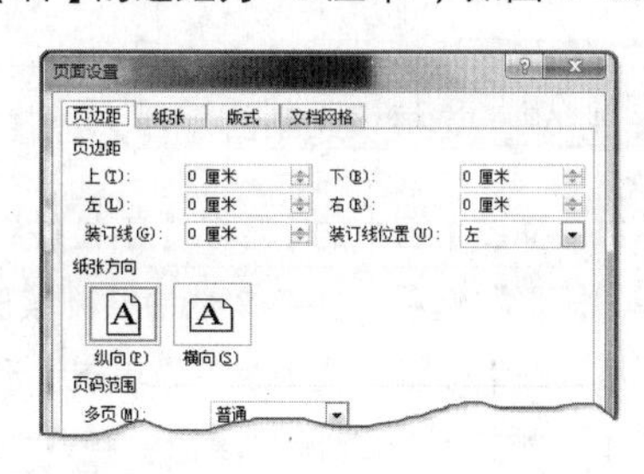

图 4-60　设置页边距

2 选择【纸张】选项卡，设置【宽度】为“6 厘米”；【高度】为“9.2 厘米”，如图 4-61 所示。

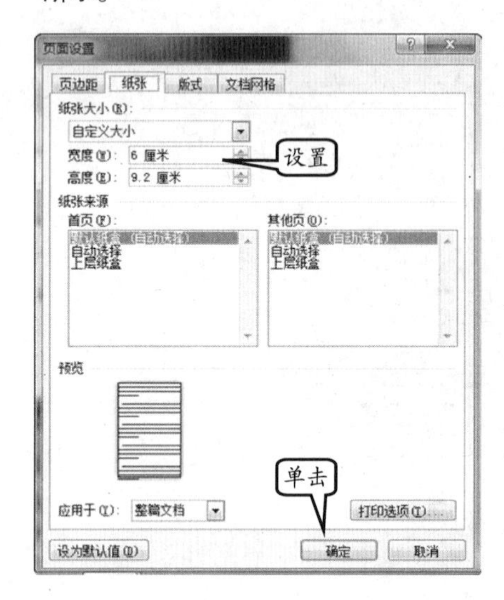

图 4-61　设置纸张大小

3 单击【页面背景】组中的【页面颜色】下拉按钮，执行【填充效果】命令。在【填充效果】对话框中，选择【双色】单选按钮。然后，单击【颜色 2】下拉按钮，选择“深蓝，淡色 60%”色块，如图 4-62 所示。

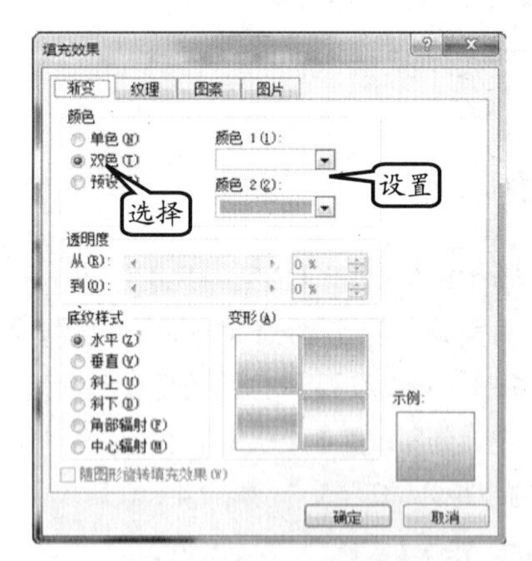

图 4-62　选择填充颜色

4 单击【插图】组中的【形状】下拉按钮，选择“矩形”选项，并在文档中绘制该形状。然后，在【形状样式】组中，单击【形状填充】下拉按钮，选择“深蓝”色块，如图 4-63 所示。

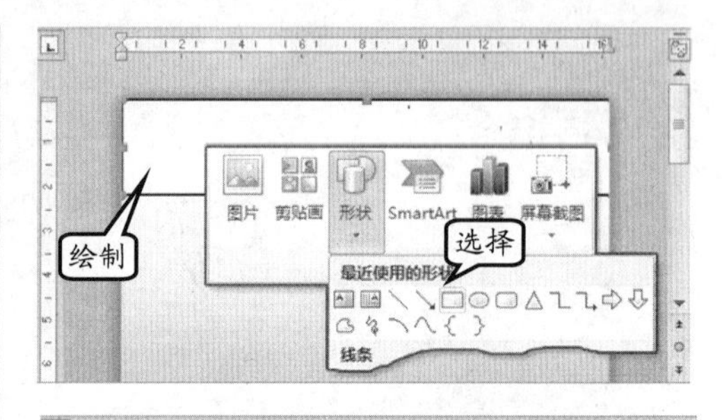

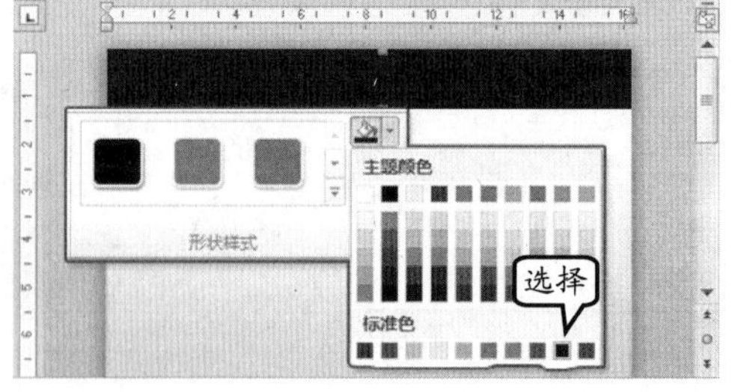

图 4-63　绘制矩形并填充颜色

提　示

单击【形状轮廓】下拉按钮，执行【无轮廓】命令，将矩形的轮廓线取消。

5 输入“环球软件管理学院”文字，并设置字体格式。然后，将光标置于文字之后，按 Enter 键换行，输入“工作证”文字，设置【字体】为“黑体”；【字号】为“二号”，如图 4-64 所示。

图 4-64　设置字体格式

提　示

设置“环球软件管理学院”的【字体】为“华文中宋”；【字号】为“三号”。

6 在文档中绘制一个文本框，右击该文本框，执行【设置文本框格式】命令，在弹出的对话框中，单击【填充效果】按钮，如图 4-65 所示。

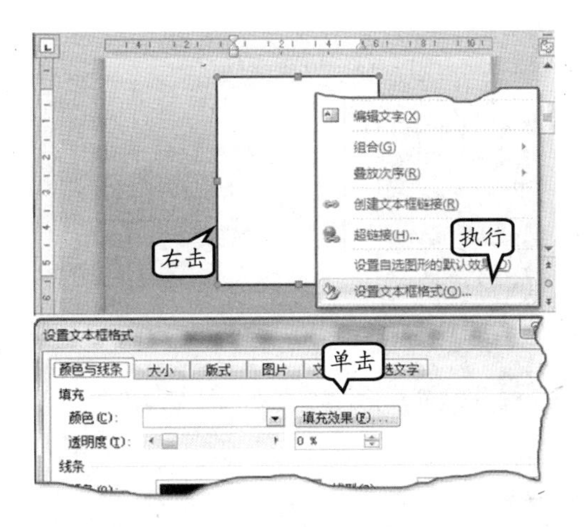

图 4-65 设置文本框格式

提 示

单击【文本】组中的【文本框】下拉按钮，选择【绘制文本框】选项，即可绘制文本框。

7 在【填充效果】效果对话框中，选择【图片】选项卡，并单击【选择图片】按钮。然后，在【选择图片】对话框中，选择"照片"图片，并单击【插入】按钮，如图 4-66 所示。

图 4-66 插入照片

8 输入"姓名：田梦琪；专业：软件开发；学号：2012100526"文字，设置【字体】为"隶书"，【字号】为"小四"。然后，按 Tab 键分别将 3 行文字进行首行缩进，如图 4-67 所示。

图 4-67 输入文字

提 示

单击【下划线】按钮，输入下划线之后，在下划线上面输入文字。

9 再次单击【插图】组中的【形状】下拉按钮，选择【矩形】选项，绘制该形状，并填充颜色。然后，单击【形状轮廓】下拉按钮，选择【无轮廓】选项，如图 4-68 所示。

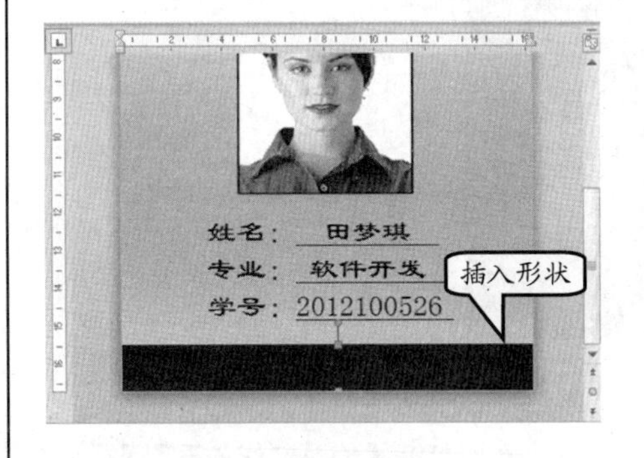

图 4-68 取消轮廓

4.8 实验指导：制作信封

在 Word 中，制作信封时可以使用不同的方法，下面通过利用 Word 提供的中文信封功能，制作一个标准的中文信封，效果图如图 4-69 所示。

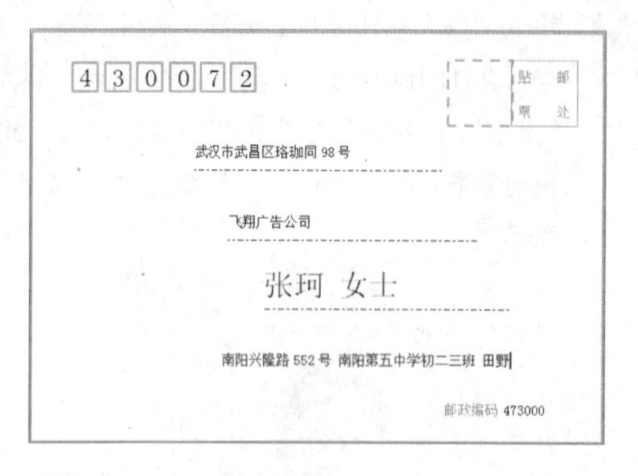

图 4-69 信封效果图

1. 实验目的

- ❑ 创建信封。
- ❑ 使用中文信封向导。
- ❑ 设置字体格式。

2. 操作步骤

1 新建 Word 文档，选择【邮件】选项卡，单击【创建】组中的【中文信封】按钮，在弹出的【信封制作向导】中，单击【下一步】按钮，如图 4-70 所示。

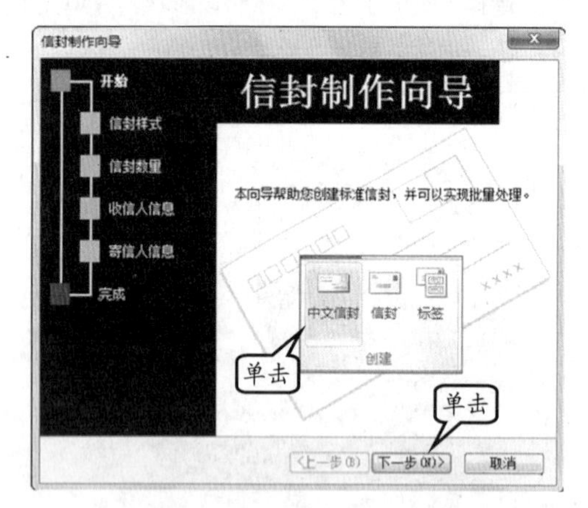

图 4-70 打开【信封制作向导】

2 在【信封样式】下拉列表框中，选择【国内信封-B6（176×125）】信封样式，并单击【下一步】按钮，如图 4-71 所示。

提 示

如果不想打印书写线，可禁用【打印书写线】复选框。

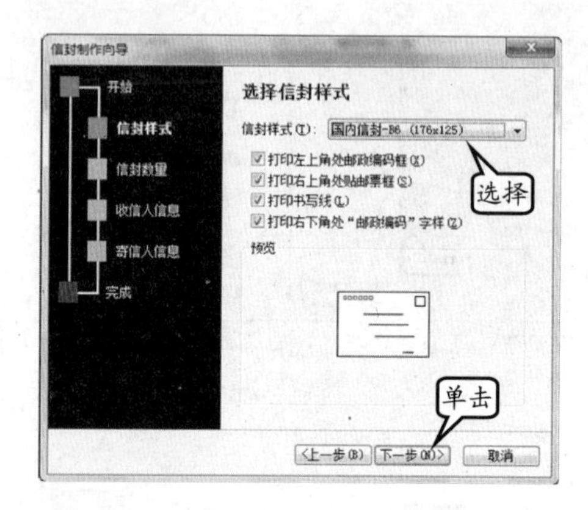

图 4-71 选择样式

3 在【信封数量】选项中，选择【键入收信人信息，生成单个信封】单选按钮，根据输入的信息创建信封，并单击【下一步】按钮，如图 4-72 所示。

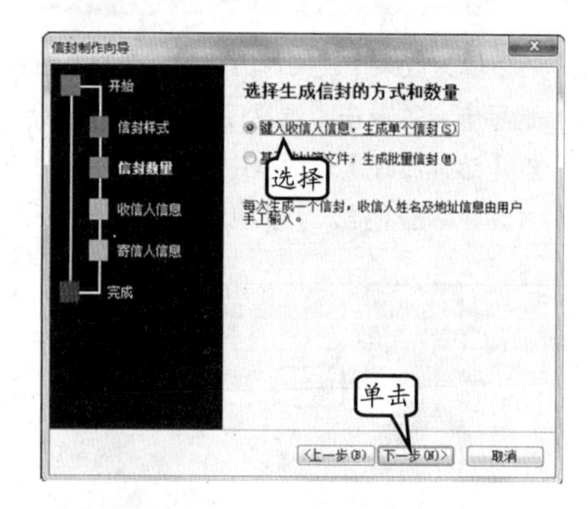

图 4-72 选择生成信封方式

4 在【收信人信息】选项中，分别输入【姓名】、【称谓】、【单位】、【地址】和【邮编】等信息，并单击【下一步】按钮，如图 4-73 所示。

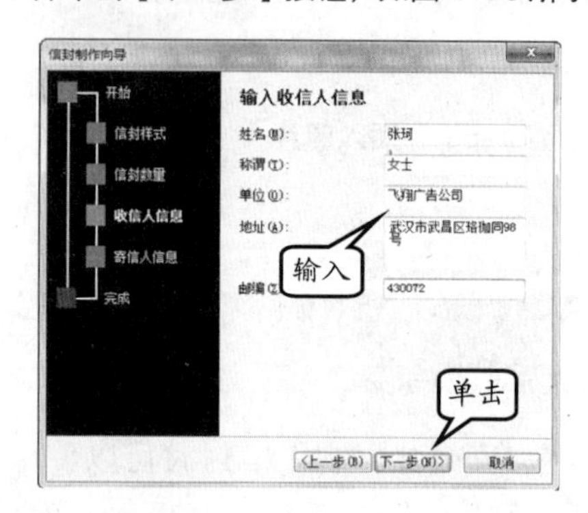

图 4-73 输入收信人信息

5 在【寄信人信息】选项中，分别输入姓名、单位、地址和邮编等信息，并单击【下一步】按钮，如图 4–74 所示。

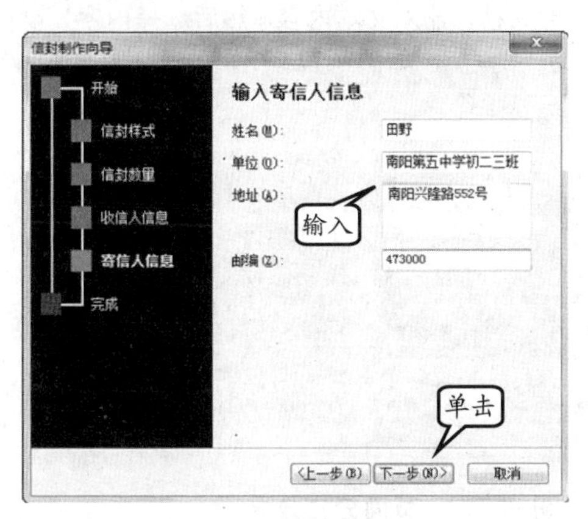

图 4–74 输入寄信人信息

6 在【信封制作向导】对话框中，单击【完成】按钮，如图 4–75 所示，即可自动生成信封。

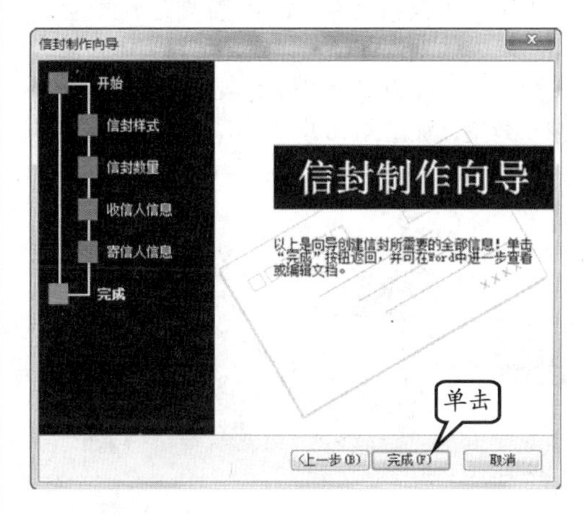

图 4–75 完成制作

4.9 思考与练习

一、填空题

1. 在 Word 中，段落共有 5 种对齐方式，分别是________、居中、文本右对齐、________、分散对齐。

2. Word 的段落格式设置包含对段落对齐方式的设置、段落缩进的设置以及____________的设置等。

3. 在 Word 中，段间距分为____________间距和____________间距。

4. 要设置字符的间距，应在【字体】对话框中，选择__________选项卡来设置。

5. 在 Word 中，不仅可以设置字符之间的间距，还可以设置字符的__________和字符在垂直方向上的位置。

6. 要设置字符格式，可以通过【字体】组、浮动工具栏和__________对话框，三种方式进行设置。

二、选择题

1. 在 Word 中默认的对齐方式是________。

A. 左对齐　　B. 两端对齐

C. 分散对齐　　D. 右对齐

2. 设置段落缩进时，可以使用__________键来快速地对段落进行左缩进。

A. Ctrl　　B. Shift

C. Tab　　D. Alt

3. 下列选项不属于段落缩进的方式的是__________。

A. 首行缩进　　B. 悬挂缩进

C. 左缩进　　D. 字符间距

4. 设置段落的缩进方式，下面哪种方法不可以使用？___________

A. 水平标尺

B.【字体】对话框

C.【段落】对话框

D.【页面布局】中的【段落】组

5. 在 Word 中将光标定位于段落中的__________位置之后，才能改变段落的格式。

A. 段首　　B. 段尾

C. 任意　　D. 行首

三、简答题

1. 如何插入图片？

2. 设置页边距的方法。

3. 如何应用样式？

四、上机练习

1. 插入 SmartArt 图形

创建一个 Word 文档，并在文档中插入一个

“企业组织结构”的 SmartArt 图形。要求流程图的类型为“水平层次结构”；然后在【SmartArt 样式】组中更改颜色为“彩色-强调文字颜色”，并应用“嵌入”SmartArt 样式，填充为“水滴”的纹理背景，并应用“强调文字 1，18pt 发光”的形状效果，如图 4-76 所示。

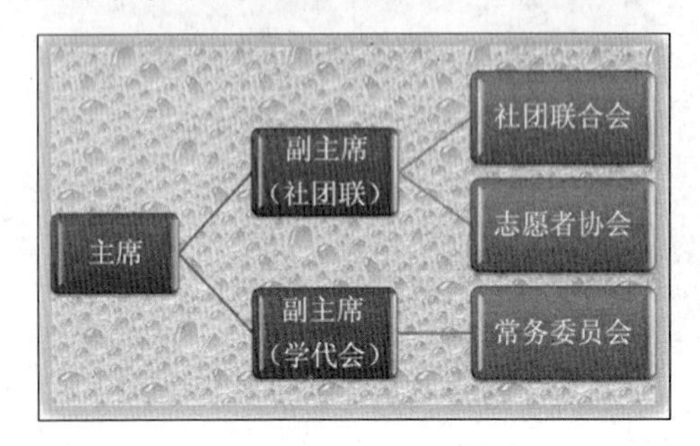

图 4-76　企业组织结构图

2．页面分栏并插入页码

创建纸张大小为“16 开（18.4 厘米×26 厘米）”的文档，输入文本内容，然后选择内容，设置其为“两栏”，如图 4-77 所示。

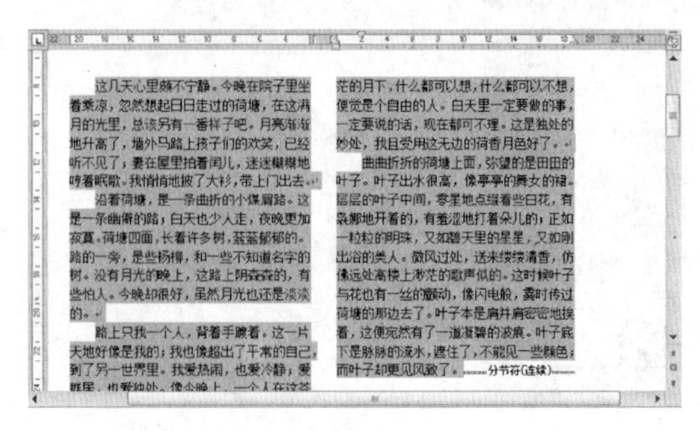

这几天心里颇不宁静。今晚在院子里坐着乘凉，忽然想起日日走过的荷塘，在这满月的光里，总该另有一番样子吧。月亮渐渐地升高了，墙外马路上孩子们的欢笑，已经听不见了；妻在屋里拍着闰儿，迷迷糊糊地哼着眠歌。我悄悄地披了大衫，带上门出去。

沿着荷塘，是一条曲折的小煤屑路。这是一条幽僻的路；白天也少人走，夜晚更加寂寞。荷塘四面，长着许多树，蓊蓊郁郁的。路的一旁，是些杨柳，和一些不知道名字的树。没有月光的晚上，这路上阴森森的，有些怕人。今晚却很好，虽然月光也还是淡淡的。

路上只我一个人，背着手踱着。这一片天地好像是我的；我也像超出了平常的自己，到了另一世界里。我爱热闹，也爱冷静；爱

茫的月下，什么都可以想，什么都可以不想，便觉是个自由的人。白天里一定要做的事，一定要说的话，现在都可不理。这是独处的妙处，我且受用这无边的荷香月色好了。

曲曲折折的荷塘上面，弥望的是田田的叶子。叶子出水很高，像亭亭的舞女的裙。层层的叶子中间，零星地点缀着些白花，有袅娜地开着的，有羞涩地打着朵儿的；正如一粒粒的明珠，又如碧天里的星星，又如刚出浴的美人。微风过处，送来缕缕清香，仿佛远处高楼上渺茫的歌声似的。这时候叶子与花也有一丝的颤动，像闪电般，霎时传过荷塘的那边去了。叶子本是肩并肩密密地挨着，这便宛然有了一道凝碧的波痕。叶子底下是脉脉的流水，遮住了，不能见一些颜色；而叶子却更见风致了。

分节符(连续)

图 4-77　页面分栏效果

第 5 章

Excel 基础操作

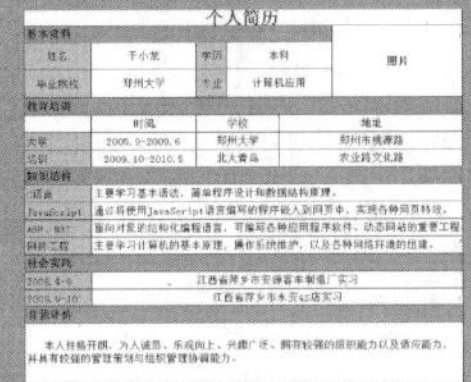

Excel 是 Office 中的组件之一，利用它可以进行各种数据的处理、统计分析和辅助决策操作。目前最新的 Excel 2010 在继承以前版本优点的基础上，增添了许多新的功能，例如能够突出显示重要数据趋势的迷你图、全新的数据视图切片和切块功能等，是迄今为止功能最强的电子表格。而且，其界面也发生了巨大变化，以一个全新的工作环境展现在用户面前。本章主要介绍操作电子表格的基础知识，如 Excel 的创建、保存、打开及关闭等内容。另外，还向用户介绍了工作表的一些简单设置。

本章学习要点：

- 了解 Excel 的界面
- 掌握工作簿的基本操作
- 掌握输入数据的方式
- 掌握单元格的基本操作
- 掌握工作表的基本操作

5.1 初识 Excel 2010

Excel 2010 中文版具有强大的电子表格处理功能，它是迄今为止功能最强的电子表格软件。在学习 Excel 2010 之前，首先来了解一下该组件的工作环境。它打破了传统界面的束缚，并且采用了全新的人性化操作界面。

1. Excel 2010 窗口

单击【开始】菜单按钮，执行【程序】| Microsoft Office | Microsoft Office Excel 2010 命令，即可启动 Excel 组件并显示工作界面，如图 5-1 所示。

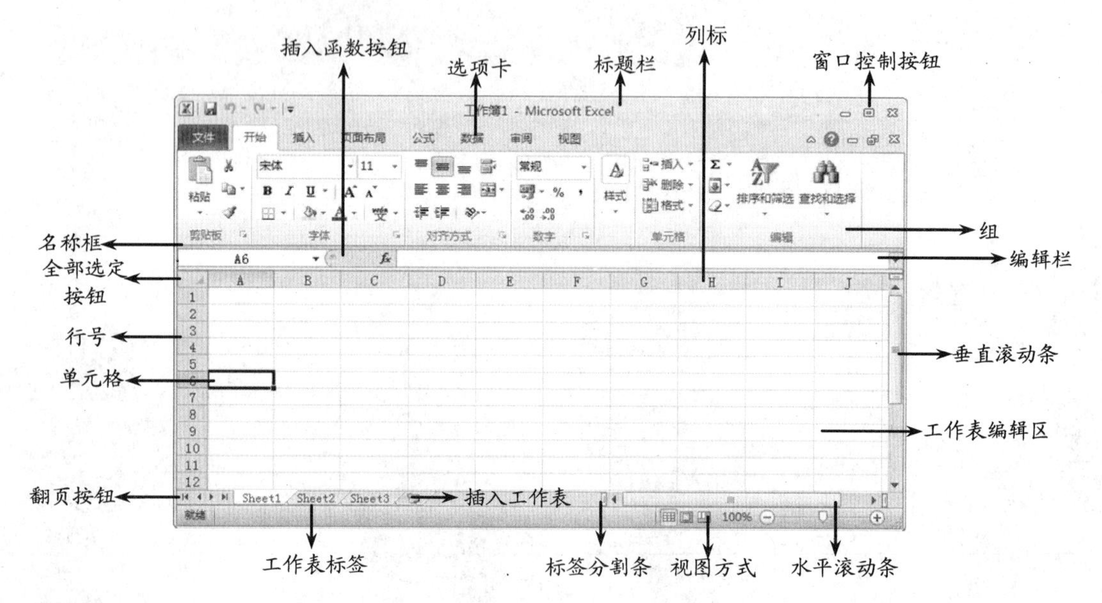

图 5-1 工作界面

提 示

在 Excel 2010 窗口中，将以往版本（如 Excel 2007）中的 Office 按钮更改为【文件】选项卡。

提 示

单击【开始】按钮，执行【运行】命令，然后在文本框中输入 Excel 命令，按 Enter 键，也可打开 Microsoft Excel 窗口。

与 Word 2010 一样，Excel 2010 的功能区也是由选项卡和选项卡中的组构成的。除此之外，在其工作区域还包括了多个元素，其作用如下。

- **名称框** 用于定义单元格或单元格区域的名称，或者根据名称寻找单元格或单元格区域。如果无特殊定义，即显示当前活动单元格的位置。
- **插入函数按钮** 单击该按钮，将弹出【插入函数】对话框，可以选择所需要的函数。
- **编辑栏** 显示活动单元格中的数据或公式。每当输入数据到活动单元格时，数据将同时显示在编辑栏和活动单元格中，而且编辑栏中还可以运行运算公式。

- 列标　用数字标识每一行，单击行号可选择整行单元格。
- 行号　用字母标识每一列，单击列标可选择整列单元格。
- 工作表标签　工作表标签用于工作表之间的切换和显示当前工作表的名称。例如，选择 Sheet2 标签，即可将 Sheet2 切换为当前工作表；右击该标签，即可对工作表进行重命名、复制等操作。
- 插入工作表按钮　单击该按钮，即可快速地在现有工作表末尾插入新的工作表。
- 翻页按钮　当用户添加的工作表过多时，可以单击翻页按钮来查看工作表标签。
- 标签分隔条　拖动标签分隔条，可显示或隐藏工作表标签。

2. 工作簿专用术语

为了方便用户在使用 Excel 2010 过程中对其进行操作，下面介绍 Excel 中常见的一些专业术语。

- 工作表

在 Excel 中，工作表用于存储和处理数据的主要文档，也被称为电子表格。它由单元格组成，可以包括文字、数字及公式等丰富的信息。

工作表由若干行、若干列组成。一个工作簿由多个工作表组成，至少包含一张工作表，默认情况下包含 3 张工作表。不过，在同一时刻，用户只能对一张工作表进行编辑、处理。

- 行、列、单元格

数据工作区中，以数字标识行，以英文字母标识列。一行与一列的交叉处为一个单元格，单元格是组成工作表的最小单位，用于输入各种各样类型的数据、公式和对象等内容。在 Excel 2010 中，每张表由 1000000 行、16000 列组成。

- 单元格地址

在 Excel 中，每一个单元格对应一个单元格地址（或单元格名称），即用列的字母加上行的数字来表示。例如，选择的单元格位于 A 列第 1 行，则在编辑栏左侧地址框中将显示该单元格地址为 A1。

5.2　工作簿的基本操作

Excel 2010 基本操作是在学习 Excel 组件过程中最基础、最常用的一些操作方法。下面来介绍如何在 Excel 2010 中创建和保存工作簿，以及打开和关闭工作簿的方法和技巧等。

5.2.1　新建工作簿

要对 Excel 文件进行编辑操作，首先应掌握其创建方法。同样，为了便于操作和提高工作效率，Excel 2010 不仅继承了以往版本的创建方法，也新增了更快捷的方法。

1. 一般创建方法

启动 Excel 2010 组件，将自动创建一个名为“工作簿 1”的新工作簿。若已经启动

Excel 组件，需要另外新建工作簿时，可以选择【文件】选项卡，执行【新建】命令，如图 5-2 所示。

弹出【可用模板】窗格，此时可以根据需要在该列表中选择不同的模板，并且当选择其中一个选项时，即可在右侧预览框中对该选项进行预览。

例如，选择【空白工作簿】选项，单击【创建】按钮即可创建一个名为“工作簿 2”的新工作簿，如图 5-3 所示。

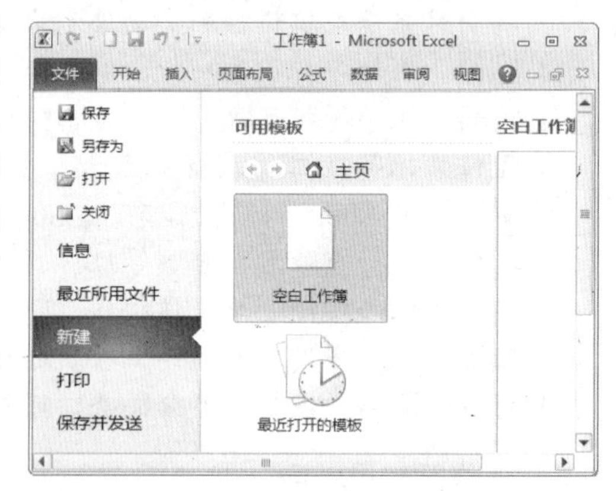

图 5-2　创建工作簿

提　示

在 Excel 2010 窗口中，直接按 Ctrl+N 键来也可创建新的工作簿，且新建的工作簿将自动以工作簿 1、工作簿 2……的默认顺序命名。

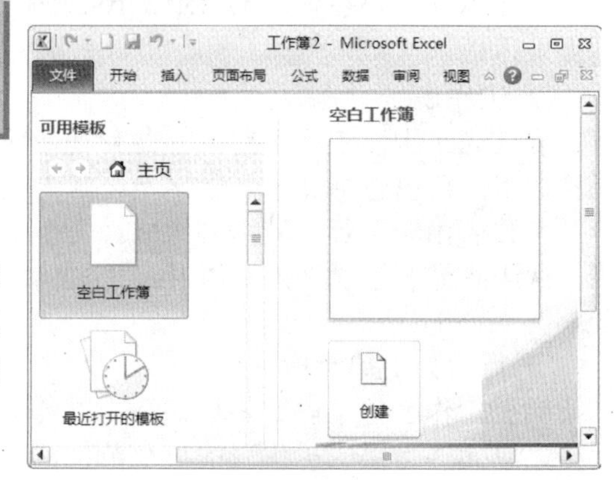

图 5-3　创建工作簿 2

2．通过快速访问工具栏创建

单击自定义快速访问工具栏后面的下拉按钮，执行【新建】命令，将在快速访问工具栏中添加【新建】按钮。然后，单击该按钮即可创建新的工作簿，如图 5-4 所示。

图 5-4　工具栏创建

3．利用模板创建

Excel 内同样存在预先设置好内容格式及样式的特殊工作簿，并可利用其创建具有统一规格、统一框架的工作簿。其中，一种是 Excel 组件自带的模板，如样本模板、最近打开的模板等；另一种是需要从 Microsoft Office Online 中下载的模板，如会议议程、预算和日历等。下面通过 Excel 自带的模板来创建工作簿，主要包括以下几种方法。

- ❑ **利用样本模板创建**

选择【可用模板】窗格内【样本模板】选项，然后在样本模板列表中选择所需的模板，例如，选择【贷款分期付款】图标，并单击【创建】按钮即可，如图 5-5 所示。

- ❑ **利用“我的模板”创建**

“我的模板”列出了已创建的模板，该模板属于自定义模板，是用户自己保存在计算机上的一种工作簿类型，同样存储在 Templates 文件夹中。

选择【可用模板】窗格内【我的模板】选项，然后在弹出的【新建】对话框中选择创建好的模板，单击【确定】按钮，即可通过“我的模板”创建工作簿，如图 5-6 所示。

图 5-5 样本模板创建

5.2.2 保存工作簿

一般对创建的新工作簿或者对现有的工作簿进行修改时，需要进行保存。在保存过程中，用户可以根据工作表文件的内容，选择不同的类型。当然，为了防止计算机系统故障问题，可以设置间隔时间自动保存。

1. 保存新建的工作簿

选择【文件】选项卡，执行【保存】命令。然后，在弹出的【另存为】对话框中，选择保存的位置，并在【文件名】文本框中，输入“考勤表”名称，如图 5-7 所示。

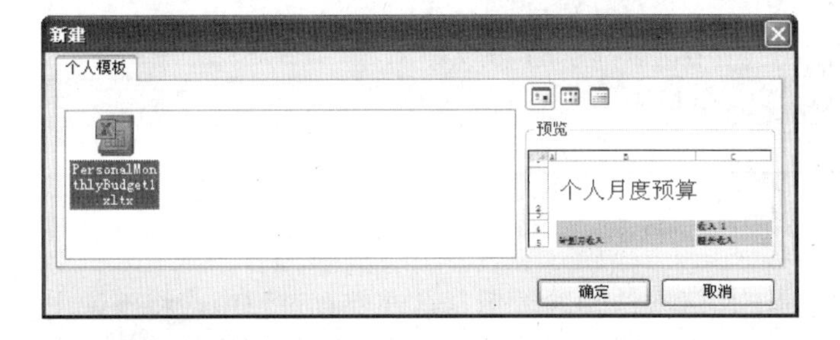

图 5-6 我的模板

图 5-7 保存新建的工作簿

提 示

用户可以按 Ctrl+S 键弹出【另存为】对话框，然后选择文件保存的位置、输入文件名、选择保存类型，并单击【保存】按钮，也可以保存该工作簿。

图 5-8 单击【保存】按钮

在【保存类型】下拉列表中，用户可以根据实际工作的需要，保存成不同的工作簿类型，其类型的功能如表 5-1 所示。

用户还可以通过单击快速访问工具栏中的【保存】按钮，弹出【另存为】对话框，保存该工作簿，如图 5-8 所示。

表 5-1 保存类型及功能

类　型	功　能
Excel 工作簿	以默认文件格式保存工作簿

续表

类　型	功　能
Excel 启用宏的工作簿	将工作簿保存为基于 XML 且启用宏的文件格式
Excel 二进制工作簿	将工作簿保存为优化的二进制文件格式以提高加载和保存速度
Excel 97-2003 工作簿	保存一个与 Excel 97-2003 完全兼容的工作簿副本
XML 数据	将工作簿保存为可扩展标识语言文件类型
单个文件网页	将工作簿保存为单个网页
网页	将工作簿保存为网页
Excel 模板	将工作簿保存为 Excel 模板类型
Excel 启用宏的模板	将工作簿保存为基于 XML 且启用宏的模板格式
Excel 97-2003 模板	保存为 Excel 97-2003 模板类型
文本文件（制表符分隔）	将工作簿保存为文本文件
Unicode 文本	将工作簿保存为 Unicode 字符集文件
XML 电子表格 2003	保存为可扩展标识语言 2003 电子表格的文件格式
Microsoft Excel 5.0/95 工作簿	将工作表保存为 5.0/95 版本的工作表
CSV（逗号分隔）	将工作簿保存为以逗号分隔的文件
带格式文本文件（空格分隔）	将工作簿保存为带格式的文本文件
DIF（数据交换格式）	将工作簿保存为数据交换格式文件
SYLK（符号链接）	将工作簿保存为以符号链接的文件
Excel 加载宏	保存为 Excel 插件
Excel 97-2003 加载宏	保存一个与 Excel 97-2003 兼容的工作簿插件

2. 保存已有的工作簿

保存已有的工作簿与保存新建的工作簿方法相同。但是，在保存过程中，将不弹出【另存为】对话框，其保存的文件路径、文件名、文件类型与第一次保存工作簿时相同。

如果用户需要对修改后的工作簿重新命名或者备份时，可以执行【文件】|【另存为】命令，弹出【另存为】对话框。在该对话框中，选择文件保存的位置，并修改文件名，如在【文件名】文本框中，输入“学生成绩表”名称，如图 5-9 所示。

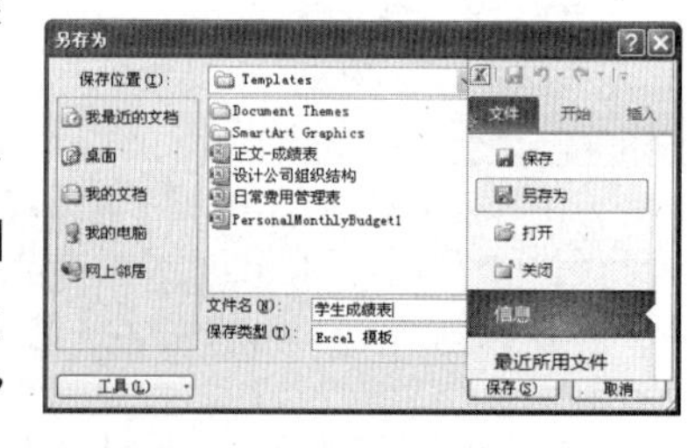

图 5-9　另存工作簿

提　示

用户按 Ctrl+S 键，也可以直接进行保存，且不会弹出【另存为】对话框。

3. 自动保存工作簿

当发生断电现象，或操作系统受到其他程序影响而变得不稳定时，最大可能会造成数据丢失。因此，用户可以利用 Excel 的自动保存工作簿功能，使工作簿在一段时间内自动进行保存，以防止数据的丢失。

执行【文件】|【选项】命令，弹出【Excel 选项】对话框。然后，在该对话框中，

选择右侧的【保存】选项，并在【保存工作簿】栏中，启用【保存自动恢复信息时间间隔】复选框，修改其后文本框中的时间，如图 5-10 所示。

图 5-10　保存工作簿

其中，在该对话框提供了几项保存工作簿的功能，其作用如表 5-2 所示。

表 5-2　保存工作簿选项及功能表

选项名称	功　能
将文件保存为此格式	以此格式保存文件，设置保存工作簿时所使用的默认文件格式
保存自动恢复信息时间间隔	在“分钟”框内输入的时间间隔自动创建工作簿恢复文件。该时间间隔必须是一个介于 1～120 之间的正数
自动恢复文件位置	显示自动恢复文件的默认位置。在该文本框中，输入要用作自动恢复文件位置的路径
默认文件位置	显示默认文件位置。在该文本框中，键入要用作默认文件位置的路径
自动恢复例外情况	使用户可以指定要禁用或启用自动恢复的工作簿。在此下拉列表框中，选择所需的工作簿
仅禁用此工作簿的自动恢复	禁用在【自动恢复例外情况】下拉列表框中选择的工作簿的自动恢复功能
将签出文件保存到	指定要保存签出的工作簿的位置
此计算机的服务器草稿位置	使用此计算机上的服务器草稿位置保存签出的文件
Web 服务器	使用 Web 服务器保存签出的文件
选择在早期版本的 Excel 中可以查看的颜色	使用户可以编辑在以前版本的 Excel 中打开活动工作簿时所使用的调色板。单击【颜色】按钮，可以在【颜色】对话框中设置颜色

5.2.3 打开和关闭工作簿

打开工作簿，即启动该组件，使该工作簿处于激活状态，显示该工作簿的内容。而关闭一个工作簿就是关闭当前使用工作簿的工作簿窗口，并将工作簿从内存中清除。下面主要介绍如何进行打开和关闭工作簿。

1. 打开工作簿

用户可以通过现有工作簿打开其他的工作簿，也可以从计算机磁盘中查找到工作簿文件存放的位置，直接进行打开。

❑ **通过现有工作簿打开其他工作簿**

在工作簿中，执行【文件】|【打开】命令。然后，在弹出的【打开】对话框中，选择需要打开的文件，并单击【打开】按钮，如图 5-11 所示。

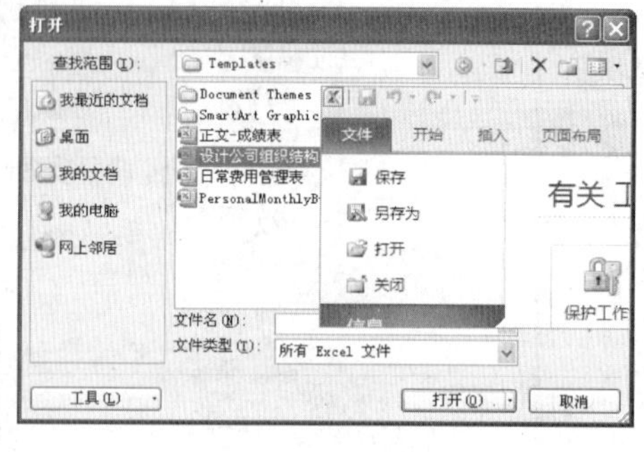

图 5-11 打开文件

提 示

用户也可以单击 Office 按钮，在弹出的【最近使用的文档】栏中，选择所需打开的最近使用的文档。

❑ **直接打开指定文件**

在本地计算机中，查找到需要打开的 Excel 工作簿文件，双击该文件，即可直接打开该文件，如图 5-12 所示。

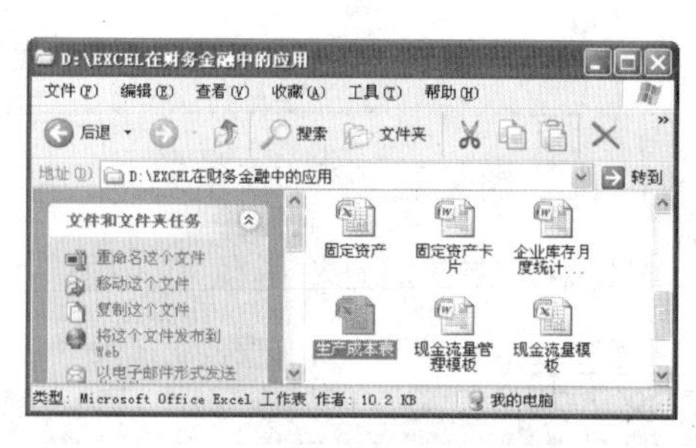

图 5-12 双击打开指定文件

2. 关闭工作簿

用户可以关闭当前活动的工作簿，也可以一次性关闭所有打开的工作簿，其方法如下。

❑ 单击 Excel 窗口中的【关闭】按钮，或者双击 Office 按钮。

❑ 单击 Office 按钮，并执行【关闭】命令。

❑ 选择【文件】选项卡，并单击【退出 Excel】按钮。

❑ 直接按 Alt+F4 键，即可关闭所有工作簿。

5.3 输入数据

在使用 Excel 处理数据之前，需要先将数据输入到工作表中，然后再进行相应的操作。在工作表中，一般可以存储文本、数字和日期，以及用于计算数据的公式和函数等内容。

5.3.1 输入文本型数据

在单元格中，输入以字母、汉字或其他字符开头的数据，称之为“文本”数据。其中，可以通过下列两种方法进行文本录入。

❑ **直接输入文本**

选择要输入文本的单元格，然后输入文字内容，并按 Enter 键，即可直接在单元格中输入文本。

❑ **利用编辑栏输入文本**

选择要输入文本的单元格，单击编辑栏中的文本框，并输入文本内容。然后，单击编辑栏中的【输入】按钮☑或按 Enter 键即可，如图 5-13 所示。

图 5-13 利用编辑栏输入文本

输入文本之后，若需要对文本进行修改，可以选择需要修改的单元格，再次输入文本内容，即将覆盖原有的内容。也可以选择单元格，将光标定位于编辑栏中的适当位置，修改文本内容。这也是两种输入方法之间的区别。

提　示

另外，双击需要输入文本的单元格，使其进入编辑状态，也可以输入或修改文本，然后按 Enter 键即可。

5.3.2 输入数值型数据

在工作表中，数字型数据是数据处理的根本，也是最为常见的数据类型。用户可以利用键盘上的数字键和一些特殊符号，在单元格中输入相应的数字内容。

例如，输入正数时，可以使用键盘上的数字键，直接输入即可；输入小数时，可以利用键盘上的“.”小数点，如图 5-14 所示。

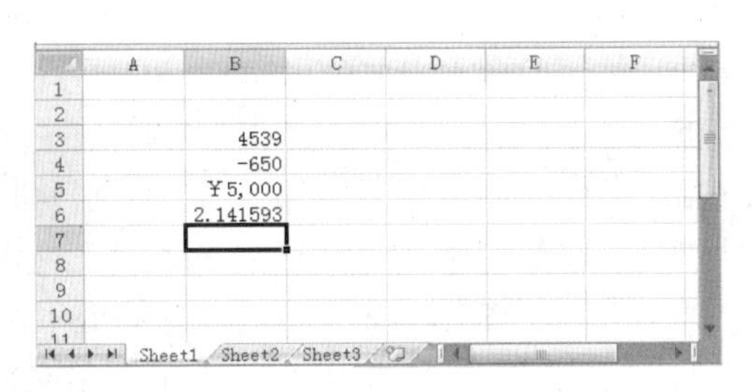

图 5-14 输入数字

如果需要在单元格中输入负数，可以先输入“—”减号，然后输入具体的数字；或者利用括号将数字括起来，表示要输入的值为负数，如输入“(723)”表示“–723”，如图 5-15 所示。

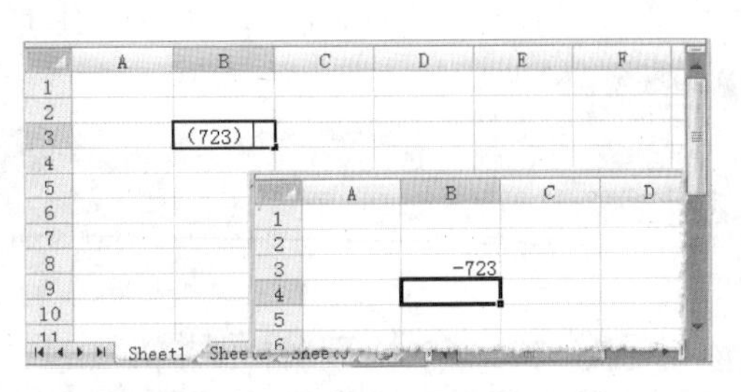

图 5-15 输入负数

5.3.3 输入时间和日期

通常情况下，Excel 会将日期和时间作为数字进行处理。因此，为避免发生这种情况，可以通过专用符号区分所输入的内容。而在输入日期和时间过程中，使用的符号也不相同。

1. 输入日期

在单元格中输入日期时，需要使用“/”反斜杠或者使用“-”连字符区分年、月、日内容。例如，输入 2008/3/12 或者 2008-3-12，如图 5-16 所示。若表示年、月、日的数字之间没有使用“/”反斜杠或者使用“-”连字符进行区分，则系统将默认为数字型数据。

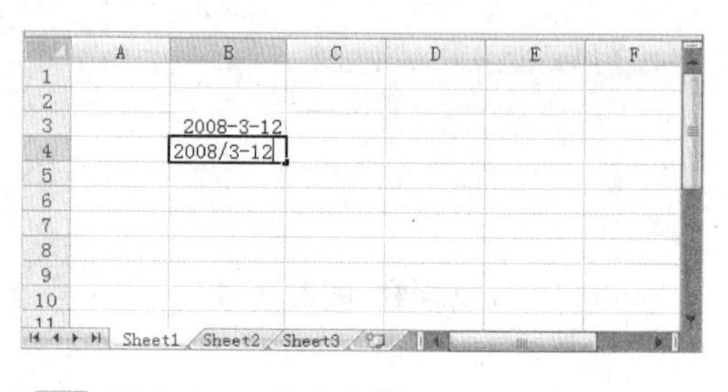

图 5-16 输入日期

提 示

如果用户要在单元格中输入当前日期，可以直接按 Ctrl+；键进行输入。

2. 输入时间

时间由时、分和秒组成。在日常生活中，一般通过数字加冒号的方式表示，如 12:00（十二点钟）。而在 Excel 中输入时间时，也是通过“：”冒号来分隔时、分、秒的，如输入 10:00 和 17:50 等，如图 5-17 所示。

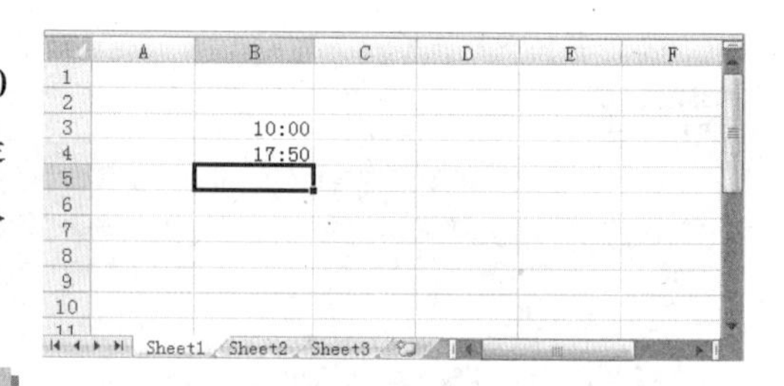

图 5-17 输入时间

提 示

如果用户要在单元格中输入当前时间，可以直接按 Ctrl+Shift+；键进行输入。

另外，日常生活中的时间，可以分为 12 时制或者 24 时制，而在工作表中默认的为 24 时制。因此，在工作表中输入 12 时制的时间时，需要在其后添加 AM 或者 PM 进行区分。

AM 和 PM 用于表示 12 时制的上午和下午，其中在时间后面添加 AM 表示上午时间，PM 则表示下午。例如，在单元格中，输入“7:50 AM”则表示上午 7 点 50 分，如图 5-18 所示。

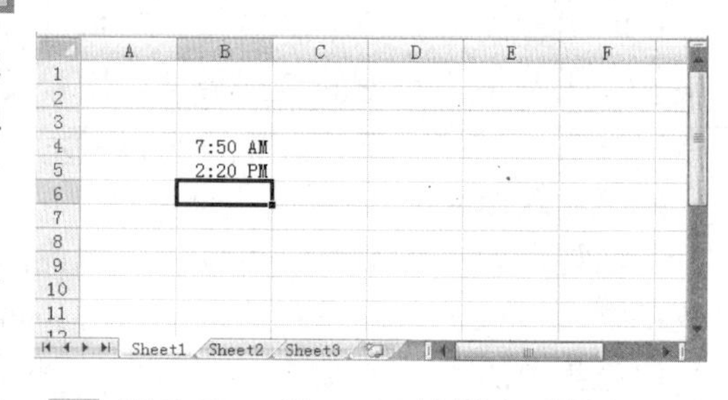

图 5-18 以 12 小时制输入时间

提 示

如果用户要在某一个单元格中同时输入日期和时间，则日期和时间要用空格隔开，例如 2012-7-1 13:30。

5.3.4 输入专用数据

专用数据是指专业领域所处理的数据。例如，会计人员在处理财务报表时，所使用的货币符号等。而根据不同国家使用货币的不同，可以设置不同的货币符号来加以区别。

另外，还可以输入特殊符号，再输入数字，即可将值转换为文本型数据，以作特殊使用，如邮政编码等。

1. 输入货币值

Excel 支持大部分的货币值，如人民币（￥）、英镑（￡）等。当用户输入货币值时，Excel 会自动套用货币格式，并在单元格中显示出来。

例如，输入人民币的货币符号时，在数字之前输入“￥”货币符号即可，如图 5-19 所示。

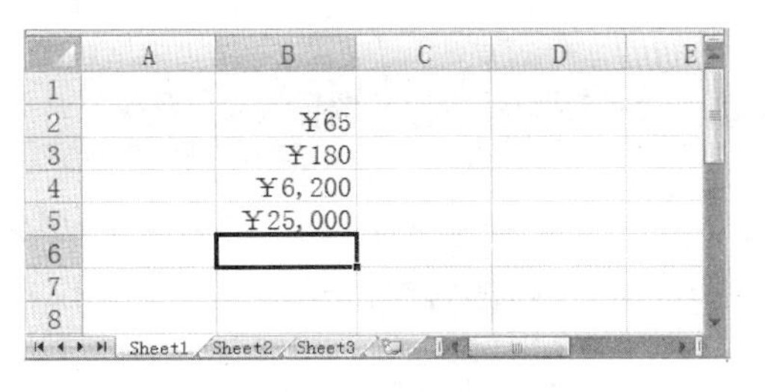

图 5-19 输入货币符号

2. 输入邮政编码

邮政编码都是由数字组所组成的，并且每个编码前面的零不可缺省。因此，必须以文本格式输入编码数字信息。

在单元格中，先输入一个“'”单引号，再输入具体的数值。如输入“深圳”的邮政编码，只需输入“'518000”；输入“济南”的邮政编码，只需输入“'250000”，如图 5-20 所示。

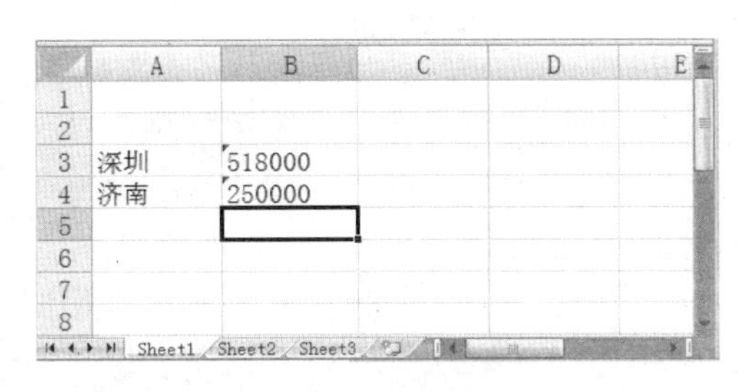

图 5-20 输入邮政编码

除此之外，用户还可以将输入编码的单元格设置为“文本”格式，也可实现其效果。

提　示

单引号必须是英文状态下的，单引号表示其后的数字按文本处理，并使数字在单元格中左对齐。

3. 输入百分比和分数

在日常生活中，经常会使用分数和百分数用于显示调查统计或者分析比较等结果的比例值。在 Excel 中，分数格式通常是以“/”反斜杠来分界分子和分母的数值，其格式为“分子/分母”（3/4）；而百分比则以“数字＋%”来表示，如 12%。

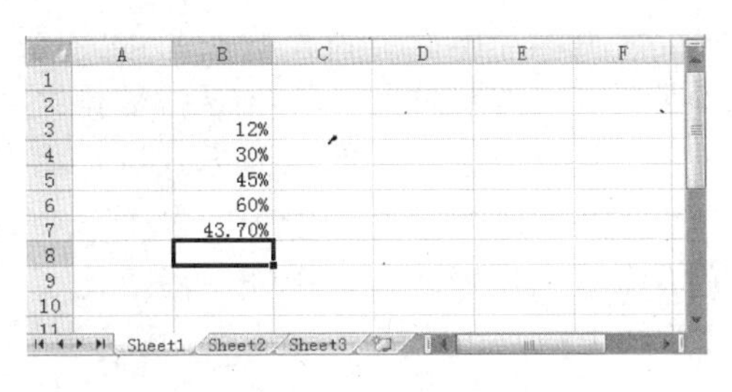

图 5-21 输入百分数

在单元格中输入百分数时，需要先输入具体的数值，然后再输入“%”百分号即可，如图 5-21 所示。

由于 Excel 中输入日期的方法也是利用反斜杠“/”来区分年月日的，因此，为了避免将输入的分数和日期混淆，在输入分数时应在输入的分数前加 0，如输入 1/2 时，应输入 0 1/2（0 与 1/2 之间应加一个空格），如图 5-22 所示。

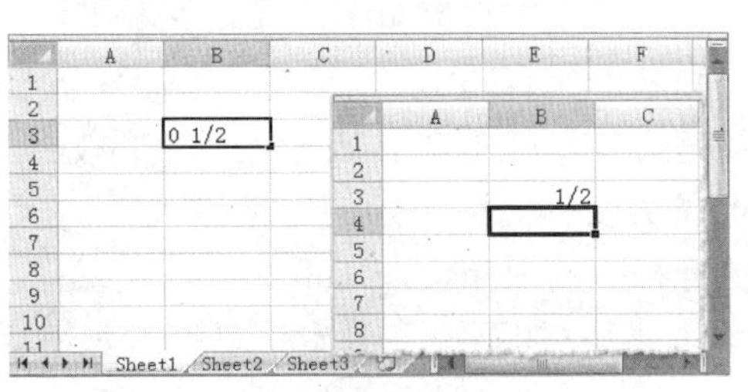

图 5-22 输入分数

提 示

在 Excel 中，输入分数时若不加 0，则按日期处理，如输入 1/2，则表示为 1 月 2 日。

5.3.5 快速输入数据

Excel 所具有的自动填充功能，是根据其系统内部定义好的序列而完成的。通过使用这些序列进行数据填充，可以在工作表中快速输入一些有规律的数据信息，如数字、年份、月份和星期等常用序列。另外，还可以通过添加或者修改自定义数据序列，来改变所填充内容。

1. 使用填充柄填充

当用户选择单元格或者单元格区域时，位于右下角的黑色小方块，即被称为填充柄。利用填充柄，既可以快速输入整行或整列具有相同内容的数据，也可以输入带有一定规律的数据信息。

在单元格中输入数据后，将鼠标指向该区域的填充柄，当光标变成“实心十字”形状“**+**”时，拖动鼠标至要填充的单元格区域即可，如图 5-23 所示。

利用填充柄填充数据之后，Excel 会自动弹出【自动填充选项】下拉按钮，单击该按钮，用户可以在其列表中选择数据填充的方式。

- **复制单元格** 复制原始单元格的全部内容，包括单元格数据以及格式等。
- **仅填充格式** 只填充单元格的格式。
- **不带格式填充** 只填充单元格中的数据，不复制单元格的格式。

2. 自动填充

使用填充柄仅能填充一些简单的序列。当遇到复杂的数据时，需要寻找数据之间的规则，并且设置复杂的填充方式进行填充。例如，利用【填充】列表中的多个命令，可完成成组工作表之间的填充或者等比、等差序列的填充。

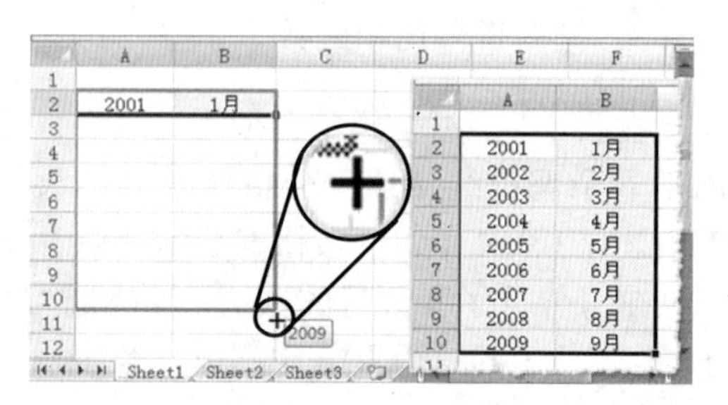

图 5-23 使用填充柄填充数据

- **使用【填充】命令**

单击【编辑】组中的【填充】下拉按钮，其列表中含有向上、下、左、右 4 个方向的填充命令。选择工作表中要填充的数据，并选择从该单元格开始的行或者列方向区域，执行相应的填充命令即可进行填充操作。

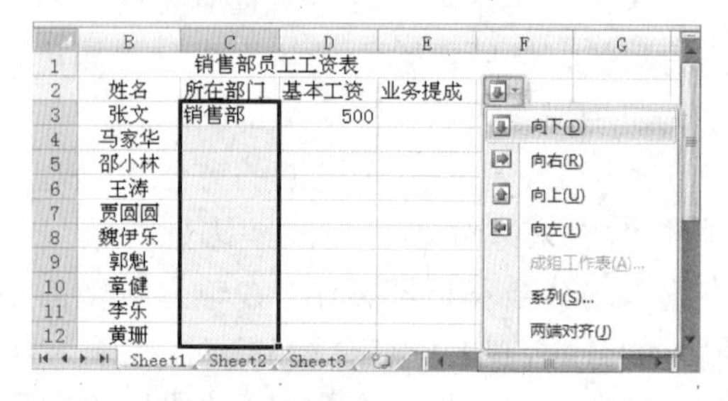

图 5-24 向下填充

- **向下** 在单元格中输入数据后，选择从该单元格向下的单元格区域，执行【向下】命令，即可使单元格数据向下进行自动填充，如图 5-24

所示。

- **向右** 在单元格中输入数据后，选择从该单元格开始向右的单元格区域，执行【向右】命令，即可使数据向右自动填充。
- **向上** 在单元格中输入数据后，选择该单元格开始向上的单元格区域，执行【向上】命令，可使数据向上自动填充。
- **向左** 在单元格中输入数据，然后选择该单元格开始向左的单元格区域，执行【向左】命令，可使数据向左自动填充。

图 5-25 执行【成组工作表】命令

❑ 填充成组工作表

利用成组工作表，可以在多张不同的工作表中输入相同的数据，或者快速改变多张工作表的格式。

选择要填充的数据，同时选择多张工作表即可创建工作组。然后，单击【填充】下拉按钮，执行【成组工作表】命令，如图 5-25 所示。在弹出的【填充成组工作表】对话框中，选择要填充的内容即可，如图 5-26 所示。

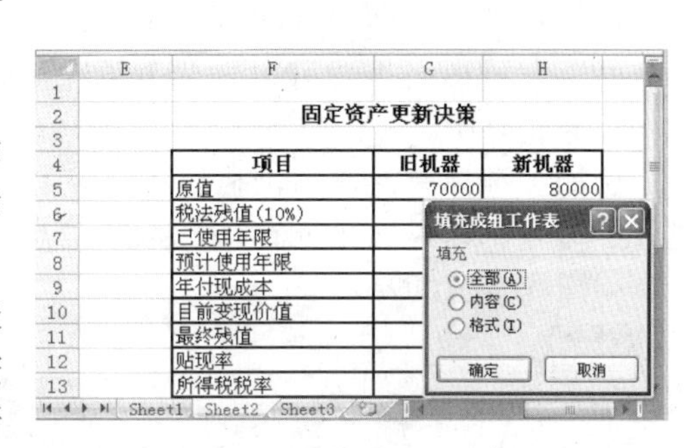

图 5-26 填充成组工作表

提 示

在【填充成组工作表】对话框中，选择【内容】单选按钮，可以向同组工作表中填充数据内容；选择【格式】单选按钮，可以填充数据格式。

❑ 填充序列

在 Excel 工作表中，需要输入有规律的数据时，可以进行序列填充。例如，可以填充等差、等比或者指定步长值的数据。而自动填充一般可以填充累加或者等差类数据。

单击【填充】下拉按钮，执行【系列】命令，在弹出的【序列】对话框中，选择某种数据序列，填充到选择的单元格区域中，如图 5-27 所示。在【序列】对话框中，其各选项的功能作用如下。

- **序列产生在** 该选项用于选择数据序列是填充在行中还是在列中。
- **类型** 该选项用于选择数据序列产生规律。在该对话框中列出了 4 种类型，其详细说明如表 5-3 所示。

表 5-3 【序列】对话框各选项功能作用

类 型	说 明
等差序列	把【步长值】文本框内的数值依次加入到单元格区域的每一个单元格数据值上来计算一个序列。同时启用【预测趋势】复选框
等比序列	按照【步长值】依次与每个单元格值相乘而计算出的序列
日期	根据选择【日期】单选按钮计算一个日期序列
自动填充	获得在拖动填充柄产生相同结果的序列

➢ **预测趋势** 启用该复选框，可以让 Excel 根据所选单元格的内容自动选择适当的序列。

➢ **步长值和终止值** 步长值是指从目前值或默认值到下一个值之间的差。步长值可正可负，正步长值表示递增，负的则为递减，一般默认的步长值是1。在【终止值】文本框中，用户可以输入具体数值，以设置序列的终止值。

图 5-27 【序列】对话框

❑ **两端对齐**

当单元格中的内容过长时，可以通过该命令，重新排列单元格中的内容，并将其内容向下面的单元格进行填充。或者选择同列单元格中的文本内容时，通过该命令，可以合并于单元格区域的第一个单元格中。

例如，选择单元格后，执行【填充】|【两端对齐】命令，即可对单元格中的数据信息进行重排，如图 5-28 所示。

图 5-28 两端对齐

提 示

当单元格中的数据为数字或者公式时，则不能使用该命令。并且，在合并多个单元格时，需要根据该单元格区域中第一个单元格的列宽而定。

5.4 单元格的基本操作

在利用 Excel 制作报表时，如果需要在不同的工作表中输入相同的信息，或者要改变数据的位置，可以通过复制和移动单元格数据来进行。

另外，当工作表中出现遗漏或者多余的数据时，还可以通过插入和删除单元格的操作对工作表进行修改。

5.4.1 选择单元格和单元格区域

在输入数据之前，需要选择数据输入的位置，即单元格。根据具体情况，可以选择一个单元格，也可以选择多个单元格（即单元格区域）。

1. 选择单个单元格

启动 Excel 2010 组件，使用鼠标单击需要编辑的工作表标签为当前工作表后，可以利用鼠标、键盘或通过【编辑】组选择单元格或单元格区域。

选择工作表中的某个单元格，只需将鼠标指向要选择的单元格，当光标变成“空心十字”形状✜时单击左键，即可选择该单元格。此时，其边框以黑色粗线标识，如图 5-29 所示。

商品销售表

货号	商品名	第一季	第二季	第三季	第四季
00101	洗发水	285	513	431	430
00102	沐浴露	531	345	400	240
00103	洗面奶	311	210	454	500
00104	香皂	521	546	455	456
00105	护发素	54	300	245	300
00106	电视机	800	380	390	660
00107	冷气机	250	480	760	770
00108	电话机	700	610	400	930
00109	洗衣机	440	1000	460	840
合计		3892	4384	3995	5126

图 5-29 选择单个单元格

提　示

如果所选择单元格不在当前视图窗格中，可以通过拖动滚动条使其显示在窗口中，然后再选取。

❑ 使用键盘

另外，用户还可以通过键盘上的方向键选择单个单元格。各键的名称和功能作用如表 5-4 所示。

表 5-4　方向键功能作用

按键	含　义
↑	按向上键，可向上移动一个单元格
↓	按向下键，可向下移动一个单元格
←	按向左键，可向左移动一个单元格
→	按向右键，可向右移动一个单元格
Ctrl+↑	选择列中的第一个单元格，即 A1、B1、C1 等
Ctrl+↓	选择列中最后一个单元格
Ctrl+←	选择行中第一个单元格，即 A1、A2、A3 等
Ctrl+→	选择行中最后一个单元格

❑ 通过【编辑】组选择单元格

选择【开始】选项卡，单击【编辑】组中的【查找和选择】下拉按钮，执行【转到】命令。然后，在打开的【定位】对话框中，输入选择单元格的引用位置。例如，在【引用位置】文本框中输入 A6，即选择 A 列第 6 行单元格，如图 5-30 所示。

提　示

用户也可以执行【定位条件】命令，或单击【定位】对话框中的【定位条件】按钮，在弹出的【定位条件】对话框中，设置具体的定位条件，并根据这些条件选取单元格。

图 5-30　选择单元格

2．选择相邻的单元格区域

除了使用鼠标选择单个单元格外，还可以选择单元格区域。例如，选择一个连续单元格区域，单击该区域左上角的单元格，按住鼠标左键并拖动至区域的右下角单元格，然后松开鼠标即可，如图 5-31 所示。

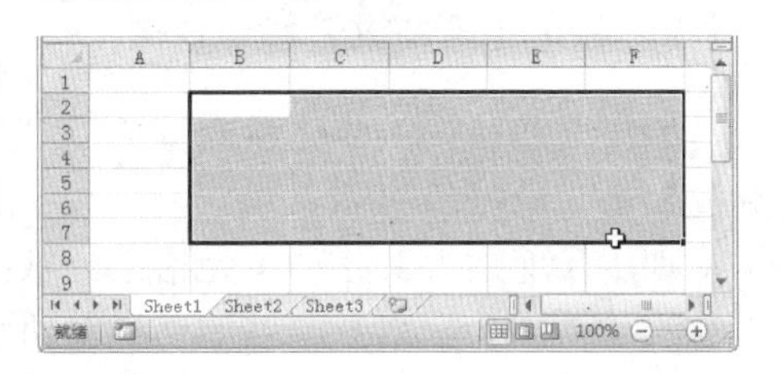
图 5-31　选择相邻的单元格区域

3．选择不相邻的单元格区域

在操作单元格时，根据不同情况，有时需要对不连续单元格进行选择。例如，使用鼠标选择 B3 至 B8 单元格区域后，在按住 Ctrl 键的同时，选择 D4 至 D8 单元格区域，如图 5-32 所示。

另外，经常还会遇到对一些特殊单元格区域进行选取的情况。通常包括以下几种情况，如表 5-5 所示。

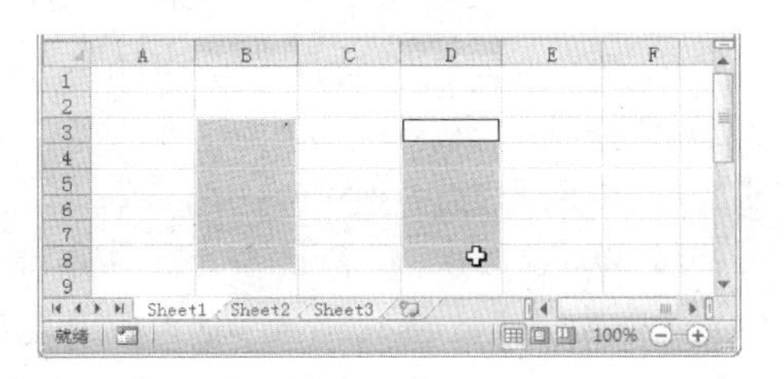
图 5-32　选择不相邻的单元格区域

表 5-5 选择单元格区域方法

单元格区域	方　法
整行	单击工作区最左侧的行号
整列	单击工作区上方的列标
整个工作表	单击行号与列标的交叉处，即【全选】按钮
相邻的行或列	单击工作表行号或列标，并拖动行号或列标。也可按 Shift 键，通过方向键选取
不相邻的行或列	单击所选择的第一个行号或列标，按 Ctrl 键，然后单击其他行号或列标

5.4.2 移动单元格

移动单元格是将当前单元格中的数据移至其他单元格中，而不保留原来单元格中的数据信息，并且单元格所应用的格式也将被一起移动。在移动单元格时，可以使用鼠标拖动的方法，或者利用 Excel 中的【剪贴板】进行操作。

1. 鼠标拖动

默认情况下，Excel 具有拖放编辑的功能，使用鼠标可以方便、快捷地将所选单元格中的数据拖动到其他单元格中。

首先，选择该单元格或单元格区域，将鼠标置于该区域的边缘线框上，当光标变成“四向”箭头时，按住鼠标左键不放，拖动至指定的位置即可，如图 5-33 所示。

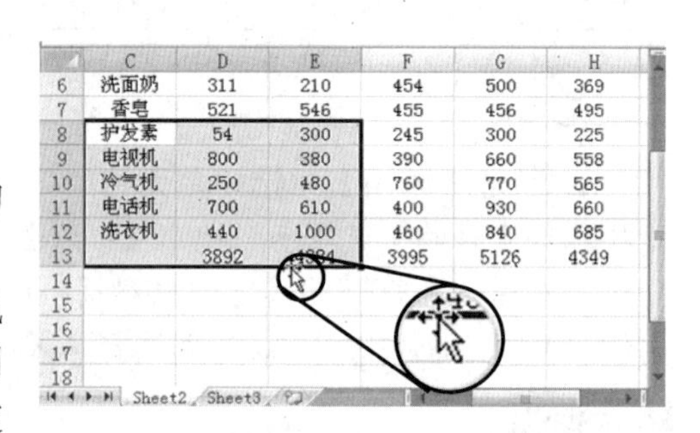

图 5-33 利用鼠标移动数据

提　示

另外，用户还可以按 Ctrl+X 键，剪切所选单元格区域的数据后，选择目标单元格，按 Ctrl+V 键，进行粘贴。

2. 利用【剪贴板】移动数据

如果要将所选的单元格数据移动到当前视图范围之外的单元格中，便可以利用【剪贴板】进行数据的移动。

利用【剪贴板】移动单元格中的数据，可以选择该单元格区域后，单击【剪贴板】组中的【剪切】按钮，以剪切当前所选内容。然后，选择目标单元格，单击【粘贴】按钮即可。也可以单击该下拉按钮，执行相应的命令，则粘贴不同格式的数据。在【粘贴】下拉列表中，各选项命令的功能如下。

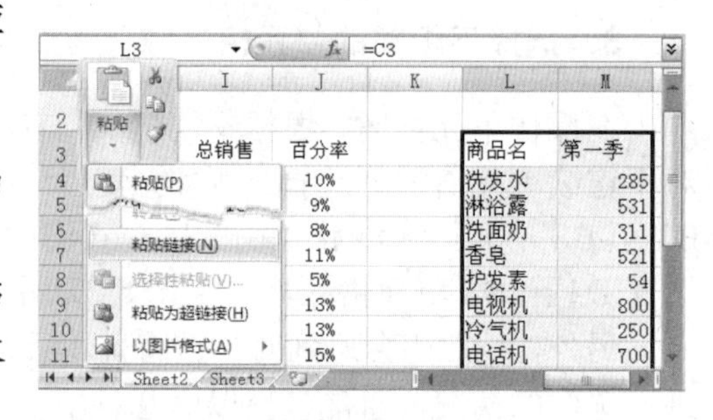

图 5-34 粘贴链接

- **粘贴**　执行该命令，即可将剪贴板中的内容粘贴到当前所选的目标单元格中。
- **粘贴链接**　执行该命令，即可将所粘贴的数据链接到活动工作表所复制的数据上，如图 5-34 所示。
- **粘贴为超链接**　该选项可以在复制的

单元格或者单元格区域和原始数据之间建立超链接，如图 5-35 所示。当用户单击该单元格时，即可选择原始数据所在的单元格或单元格区域。

- ❑ **以图片格式** 该选项是以图片的格式粘贴原始数据，并且可以将其粘贴为不同的图片格式。选择要移动或复制的单元格区域，执行【复制为图片】命令，即可弹出如图 5-36 所示的对话框，用户在该对话框中，进行相应的选择。如果用户执行【粘贴为图片】命令，可将原始数据粘贴为图片，如图 5-37 所示。若执行【粘贴】|【以图片格式】|【粘贴图片链接】命令，那么对原始单元格区域所做的任何修改，都会即时反映到图片当中。

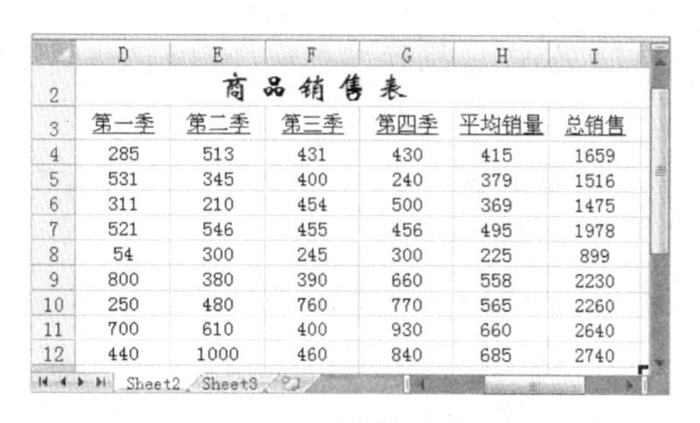

商品销售表

第一季	第二季	第三季	第四季	平均销量	总销售
285	513	431	430	415	1659
531	345	400	240	379	1516
311	210	454	500	369	1475
521	546	455	456	495	1978
54	300	245	300	225	899
800	380	390	660	558	2230
250	480	760	770	565	2260
700	610	400	930	660	2640
440	1000	460	840	685	2740

图 5-35 粘贴为超链接

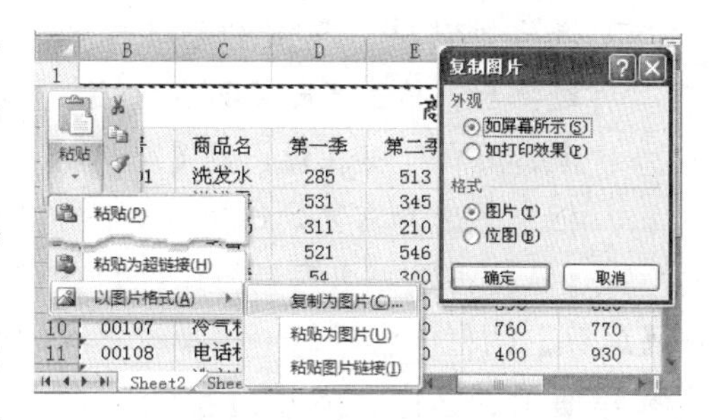

图 5-36 复制为图片

商品销售表

第二季	第三季	第四季	平均销量	总销售	百分率
513	431	430	415	1659	10%
345	400	240	379	1516	9%
210	454	500	369	1475	8%
546	455	456	495	1978	11%
300	245	300	225	899	5%
380	390	660	558	2230	13%
480	760	770	565	2260	13%
610	400	930	660	2640	15%

图 5-37 粘贴为图片

5.4.3 复制单元格

复制单元格能够将单元格中的数据备份到其他单元格区域中，该操作可以在移动单元格的同时，保留原始数据内容。同样，复制单元格也可以通过鼠标拖动和【剪贴板】来进行。

1. 利用鼠标复制

选择要复制的单元格区域，将光标移至该区域边缘位置上，按住 Ctrl 键不放，并拖动鼠标至目标单元格即可，如图 5-38 所示。

提 示

用户还可以按 Ctrl+C 键，复制所选单元格数据；然后选择要进行粘贴的目标单元格，按 Ctrl+V 键。

平均销量	总销售	百分率	总销售	百分率
415	1659	10%		
379	1516	9%		
369	1475	8%		
495	1978	11%	3383.5	19%
225	899	5%	1668.75	10%
558	2230	13%	3837.5	22%
565	2260	13%		
660	2640	15%		

图 5-38 利用鼠标复制数据

2. 利用【剪贴板】复制

选择要复制的单元格区域，单击【复制】按钮，再选择要粘贴的单元格，单击【粘贴】下拉按钮，如图 5-39 所示。

在【粘贴】下拉列表中，用户可以选择相应的粘贴项，如图 5-39 所示。其功能如下。

- ❑ **公式** 执行该命令，可以粘贴所选单元格区域中的公式。
- ❑ **粘贴值** 执行该命令，即可粘贴单元格中的值。
- ❑ **无边框** 当复制或移动目标有边框时，该选项可以清除粘贴后的单元格边框。
- ❑ **转置** 该选项可以将所选单元格区域的数据进行行列转换。
- ❑ **选择性粘贴** 复制单元格或单元格区域的数据后，单击【粘贴】下拉按钮，执行该命令，用户可以在弹出的【选择性粘贴】对话框中，选择需要的选项，如图 5-40 所示。

图 5-39 【粘贴】下拉列表

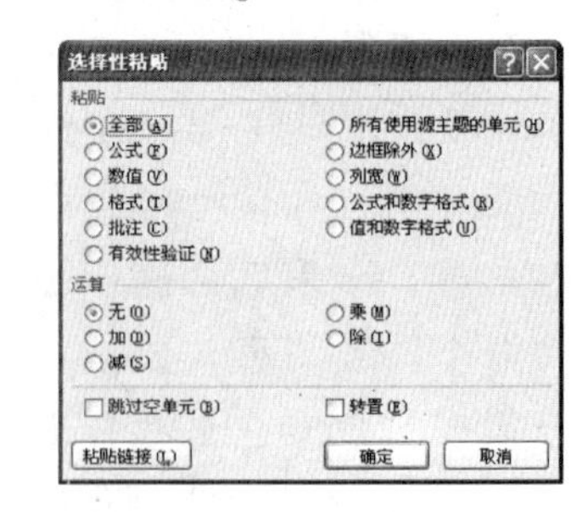

图 5-40 选择性粘贴

在【选择性粘贴】对话框中，包含有【粘贴】和【运算】两栏内容，每一栏都有不同的选项供用户选择使用。其中，各单选按钮的含义如表 5-6 所示。

表 5-6 【选择性粘贴】对话框各选项的功能说明

类型	名　称	功　能
粘贴	全部	粘贴所复制的数据的所有单元格内容和格式
	公式	仅粘贴在编辑栏中输入的所复制数据的公式
	数值	仅粘贴在单元格中显示的所复制数据的值
	格式	仅粘贴所复制数据的单元格格式
	批注	仅粘贴附加到所复制的单元格的批注
	有效性验证	将所复制的单元格的数据有效性验证规则粘贴到粘贴区域
	所有使用源主题的单元	粘贴使用复制数据应用的文档主题格式的所有单元格内容
	边框除外	粘贴应用到所复制的单元格的所有单元格内容和格式，边框除外
	列宽	将所复制的某一列或某个列区域的宽度粘贴到另一列或另一个列区域
	公式和数字格式	仅粘贴所复制的单元格中的公式和所有数字格式选项
	值和数字格式	仅粘贴所复制的单元格中的值和所有数字格式选项
运算	无	指定没有数学运算要应用到所复制的数据
	加	指定要将所复制的数据与目标单元格或单元格区域中的数据相加
	减	指定要从目标单元格或单元格区域中的数据中减去所复制的数据
	乘	指定所复制的数据乘以目标单元格或单元格区域中的数据
	除	指定所复制的数据除以目标单元格或单元格区域中的数据
复选框	跳过空单元	启用此复选框，则当复制区域中有空单元格时，可避免替换粘贴区域中的值
	转置	启用此复选框，可将所复制数据的列变成行，行变成列

5.4.4 合并单元格

当某个单元格中的数据过长时，可以使用单元格的合并功能，将一行或一列中的多个单元格合并在一起。这样不仅可以完全显示单元格中的数据，而且还可以设计不规则的报表内容。

图 5-41 合并单元格

合并单元格，应该先选择要合并的单元格区域，再单击【对齐方式】组中的【合并后居中】下拉按钮，在其列表中选择单元格的合并方式，如图 5-41 所示。

在【合并后居中】列表中，提供了 3 种合并单元格的方式，选择不同的方式，会得到不同的合并效果。

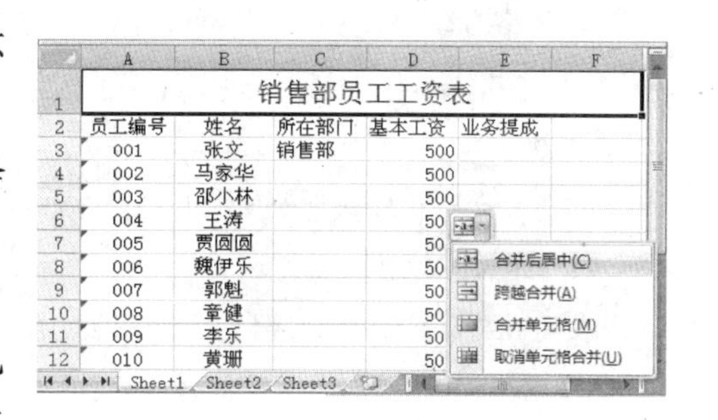

图 5-42 合并后居中

- **合并后居中** 执行该命令，即可将选择的多个单元格合并成一个大的单元格，并使单元格内容居中，如图 5-42 所示。
- **跨越合并** 执行该命令，可使所选单元格区域的行与行之间相互合并，而上下单元格之间不参与合并，如图 5-43 所示。
- **合并单元格** 执行该命令，将所选单元格合并为一个单元格，但对其中的文字对齐方式不进行控制。
- **取消单元格合并** 该命令用于对合并过的单元格进行重新拆分，将其恢复到合并之前的状态。

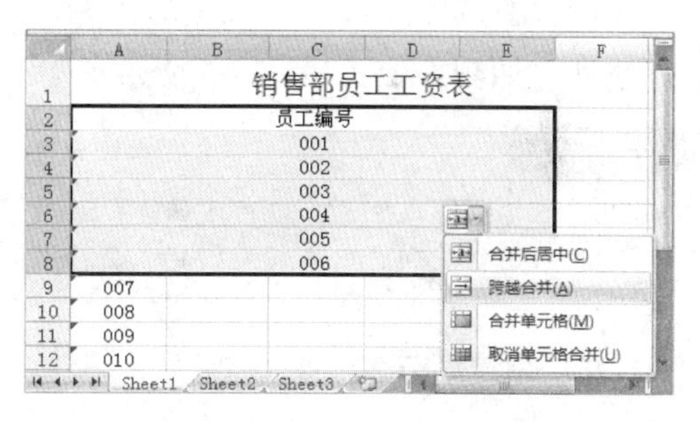

图 5-43 跨越合并

5.4.5 插入与删除单元格

在 Excel 工作表中，用户可以根据需要在任意位置插入或删除单元格、行和列。当插入单元格后，现有的单元格将自动进行移动，并给新的单元格留出位置。当删除单元格时，周围的单元格也会随之移动来填补删除的空缺位置。

1. 插入单元格、行和列

在对工作表的编辑过程中，为工作表添加新单元格、行或者列，可以输入被遗漏的数据，并改变当前单元格的位置。

❑ 插入单元格

选择要插入的单元格或单元格区域，单击【单元格】组中的【插入】下拉按钮，执行【插入单元格】命令，即可弹出【插入】对话框，如图 5-44 所示。

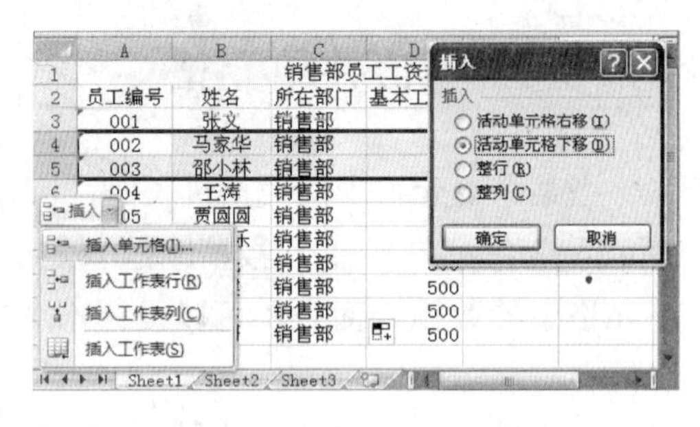

图 5-44 【插入】单元格

其中，在【插入】对话框中包含有 4 个单选按钮，选择不同的单选按钮，将会以不同的方式插入新的单元格。其功能如表 5-7 所示。

表 5-7 【插入】对话框选项功能

名　称	功　能
活动单元格右移	在所选的单元格左侧插入单元格
活动单元格下移	在所选的单元格上方插入单元格
整行	在所选的单元格下方插入与所选择单元格区域相同行数的行
整列	在所选的单元格左侧插入与所选择单元格区域相同列数的列

❑ 插入行或列

要在工作表中插入整行或整列，除了可以在【插入】对话框中选择【整行】或【整列】单选按钮外，还可以单击【插入】下拉按钮，执行【插入工作表行】或【插入工作表列】命令，插入相应的行或列，如图 5-45 和图 5-46 所示。

图 5-45 插入整行

图 5-46 插入整列

提　示

另外，选择整行或整列并进行右击，执行【插入】命令，即可在所选行或列的上方或左侧插入新行或列。

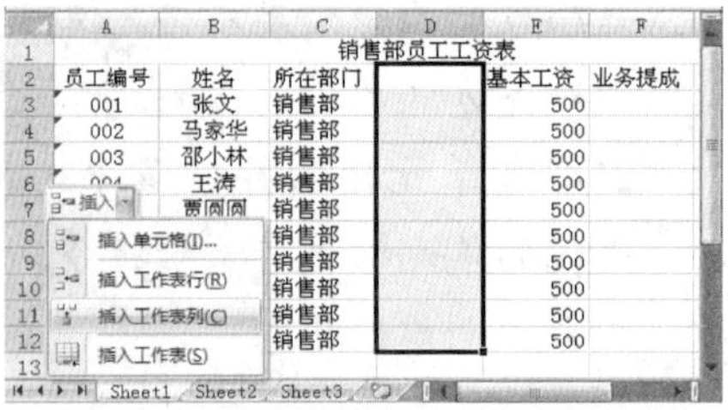

2．删除单元格、行或列

如果工作表中存在多余的数据内容，用户可以通过删除单元格、行或列将多余的数据删除。

❑ 删除单元格

选择要删除的单元格或单元格区域，单击【单元格】组中的【删除】下拉按钮，执行【删除单元格】命令，在弹出的【删除】对话框中，选择相应选项即可，如图 5-47 所示。

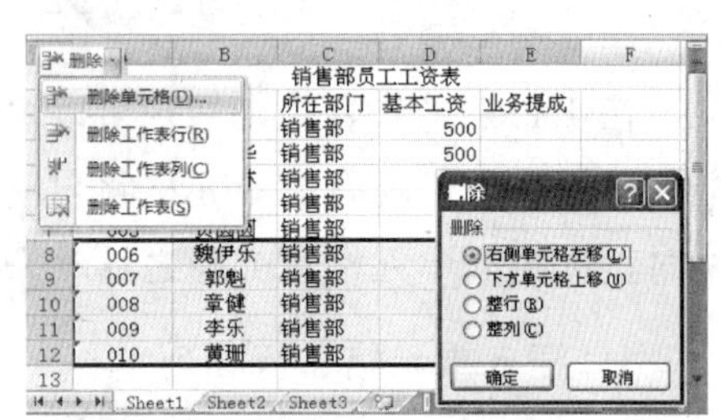

图 5-47 删除单元格

其中，【删除】对话框中各选项的功能作用如表 5-8 所示。

表 5-8 【删除】对话框各选项作用

名　称	功　能
右侧单元格左移	将所选的单元格删除后，其右侧单元格向左移动
下方单元格上移	将所选的单元格删除后，其下方单元格向上移动
整行	在所选的单元格所在的整行删除
整列	在所选的单元格所在的整列删除

❑ 删除行或列

选择要删除的单元格或单元格区域，单击【删除】下拉按钮，执行【删除工作表行】或【删除工作表列】命令，即可删除相应的行或列，如图 5-48 和图 5-49 所示。

图 5-48 删除整行

图 5-49 删除整列

5.4.6 设置单元格数据格式

默认情况下，单元格的数据显示格式均为常规格式。除此之外，Excel 还为用户提供了多种数字格式（如货币、百分比和分数等）。所以可以根据实际工作中不同的需求，来设置数据的显示格式。

选择要设置数据格式的单元格或单元格区域，单击【数字】组中的【对话框启动器】按钮，在如图 5-50 所示的【设置单元格格式】对话框中，选择所需的数据格式即可。

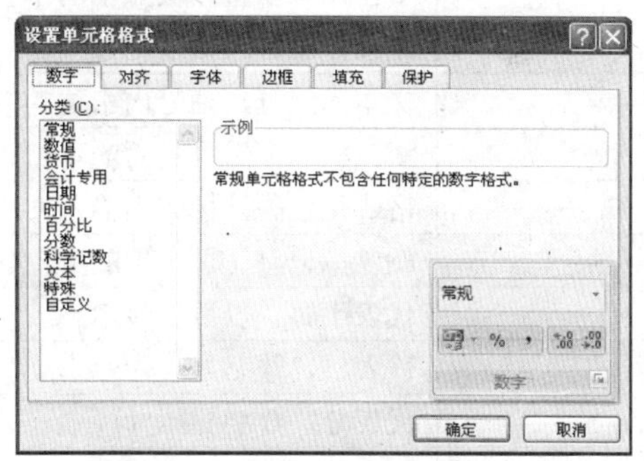

图 5-50 数字类型

在该对话框的【数字】选项卡中，包含有【分类】和【示例】两栏内容，其作用如下。

❑ 分类

在【分类】列表中，含有多种数据显示格式供用户使用，如数值、货币、日期。其各选项的意义如表 5-9 所示。

表 5-9 【分类】列表各选项的意义

分　类	功　能
常规	不包含特定的数字格式
数值	用于一般数字的表示，包括千位分隔符、小数位数以及不可以指定负数的显示方式
货币	用于一般货币值的表示，包括货币符号、小数位数以及不可以指定负数的显示方式
会计专用	与货币一样，但小数或货币符号是对齐的

续表

分　类	功　能
日期	把日期和时间序列数值显示为日期值
时间	把日期和时间序列数值显示为时间值
百分比	将单元格乘以 100 并添加百分号，还可以设置小数点的位置
分数	以分数显示数值中的小数，还可以设置分母的位数
科学记数	以科学记数法显示数字，还可以设置小数点位置
文本	在文本单元格格式中，数字作为文本处理
特殊	用来在列表或数字数据中显示邮政编码、电话号码、中文大写数字和中文小写数字
自定义	用于创建自定义的数字格式

若用户要使用 Excel 提供的【自定义】选项，还可以创建自己所需的特殊格式。在进行自定义数字格式之前，首先应了解各种数字符号的含义，常用的数字格式符号及其含义如表 5-10 所示。

表 5-10　常用数字格式符号及其含义

符号	含　义
G/通用格式	以常规格式显示数字
0	预留数字位置，确定小数的数字显示位置，按小数点右边的 0 的个数对数字进行四舍五入处理，如果数字位数少于格式中的零的个数，则将显示无意义的 0
#	预留数字位数，与 0 相同，只显示有意义的数字，而不显示无意义的 0
?	预留数字位置，与 0 相同，但它允许插入空格来对齐数字位，且除去无意义的 0
.	小数点，标记小数点的位置
%	百分比，所显示的结果是数字乘以 100 并添加“%”符号
,	千位分隔符，标记出千位、百万位等位置
_（下划线）	对齐，留出等于下一个字符的宽度，对齐封闭在括号内的负数，并使小数点保持对齐
：￥-()	字符，可以直接被显示的字符
/	分数分隔符，指示分数
“”	文本标记符，括号内引述的是文本
*	填充标记，用星号后的字符填满单元格剩余部分
@	格式化代码，标识出输入文字显示的位置
[颜色]	颜色标记，用标记出的颜色显示字符
h	代表小时，以数字显示
d	代表日，数字显示
m	代表分，数字显示
s	代表秒，数字显示

❑ 示例

该栏可以按照所选的数字格式显示工作表上活动单元格中的数字。当用户在【分类】列表中选择所需选项时，【示例】栏中就会得到相应的示例类型。例如，选择【日期】选项时，可以在【示例】栏中设置相应的日期格式，如图 5-51 所示。

另外，单击【数字】组中的【数字格式】下拉按钮，在其列表中也可以选择所需的格式类型，如选择【短日期】选项，如图 5-52 所示。

图 5-51 设置日期格式

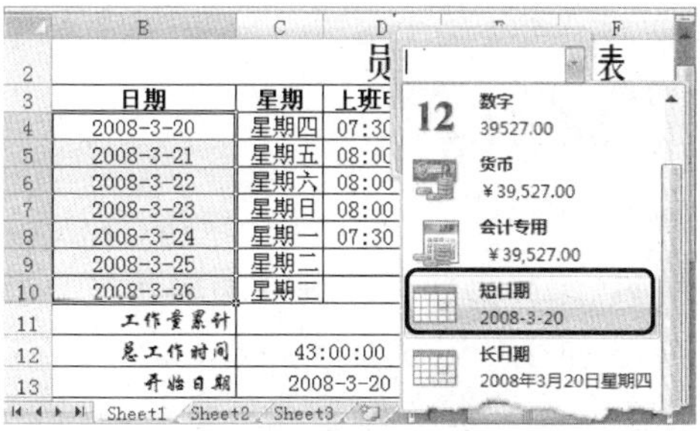

图 5-52 设置数据格式

5.5 工作表的基本操作

在对 Excel 工作表的编辑过程中，经常需要调整单元格的行高和列宽，以使单元格中的数据显示完整。另外，还可以在工作表中，将某些存储着重要数据的行、列以及工作表隐藏起来，避免他人查看或者修改。

5.5.1 调整行高和列宽

默认情况下，Excel 每个工作表中的行高与列宽都是一个固定值（如行高为 13.5；列宽为 8.38）。当单元格中的数据内容，因字体过大或者文字太长时，便需要适当地调整行高和列宽，使工作表更加协调、美观。

1．设置行高

选择需要设置行高的单元格，单击【单元格】组中的【格式】下拉按钮，执行【行高】命令。然后，在弹出的【行高】对话框中，输入要设置的值即可，如图 5-53 所示。

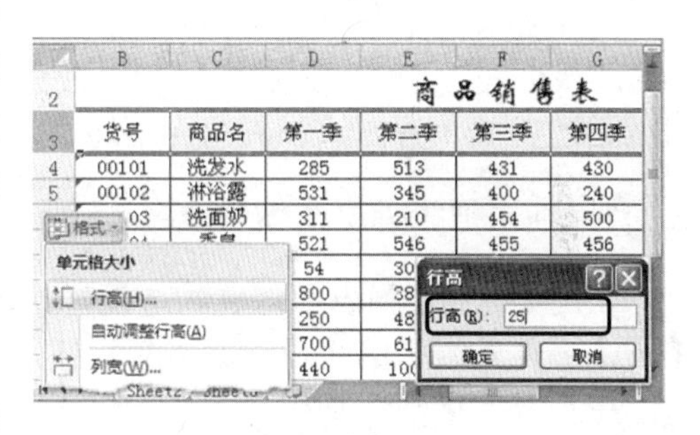

图 5-53 调整行高

另外，将鼠标置于要调整行高单元格的行号处，当光标变成“单竖线双向”箭头 ![] 时，按住鼠标左键并向下拖动，至合适的行高时释放鼠标，即可调整该行的行高，如图 5-54 所示。

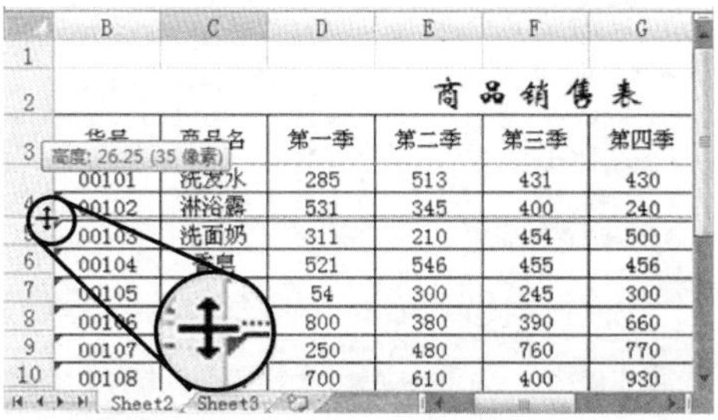

图 5-54 利用鼠标调整行高

提 示

在 Excel 工作表中，调整某一个单元格的行高，实际上就是调整了该单元格所在行的行高。

提　示

用户也可以同时选择多行单元格，利用鼠标拖动的方法，或者在【行高】对话框中输入要设置的行高值，同时调整多行的行高。

2．设置列宽

调整列宽的方法与调整行高的方法基本相同。例如，选择需要调整列宽的单元格，并单击【格式】下拉按钮，执行【列宽】命令。在弹出的【列宽】对话框中，输入列宽值即可，如图5-55所示。

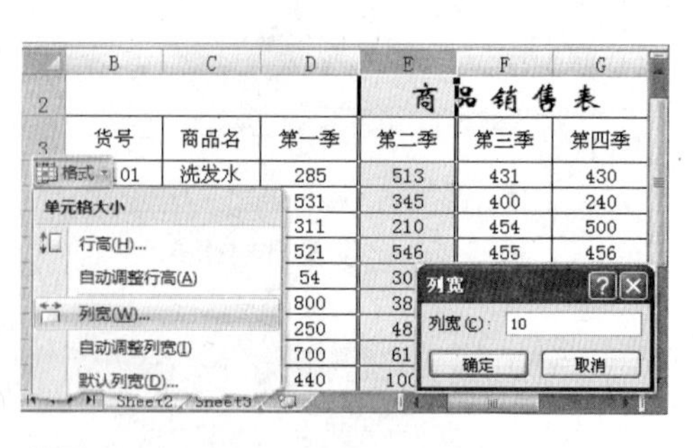

图 5-55　调整列宽

同样，也可以将鼠标置于两列相邻位置，当光标变成“单横线双向箭头”✥时，拖动鼠标即可，如图5-56所示。

提　示

另外，用户也可以将鼠标置于要调整列宽单元格的列标处，当光标变成“单横线双向箭头”✥时双击，即可自动调整该列的列宽。

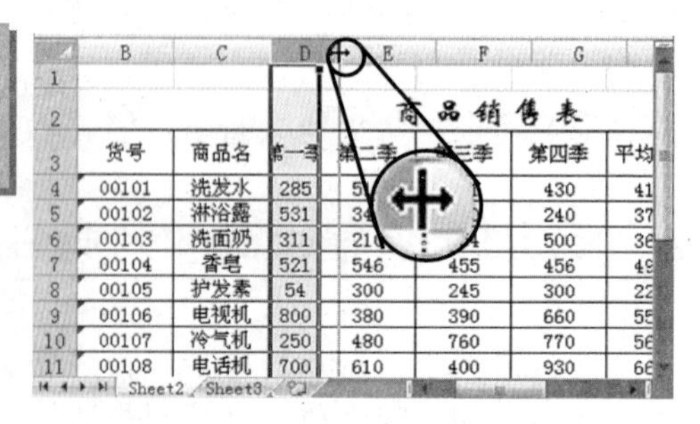

图 5-56　利用鼠标调整列宽

5.5.2　设置单元格边框

为工作表添加边框效果，可使其整体结构清晰，层次分明，从而增强表格的视觉效果。用户可以通过以下3种方式设置单元格边框。

1．利用框线列表添加边框

使用【框线】列表中内置的边框样式，可以快速为单元格添加较为规则的边框效果。单击【字体】组中的【框线】下拉按钮，在其列表中，Excel为用户提供了13种边框样式，用户只需选择一种样式即可。例如，选择【所有框线】样式，即可为所选单元格区域内部和外部添加边框，如图5-57所示。

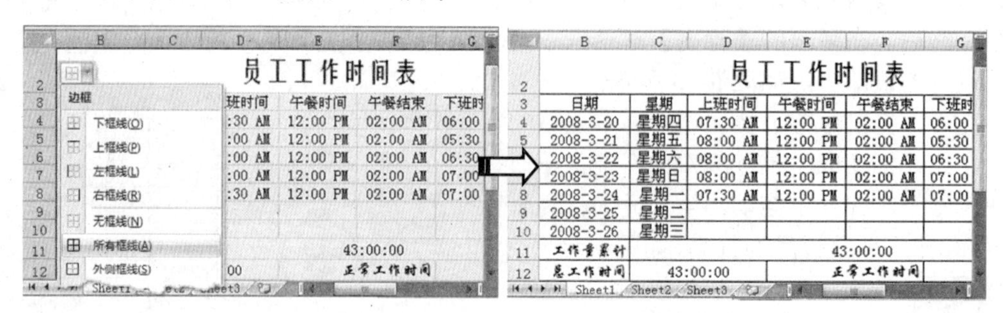

图 5-57　添加所有边框

通常情况下，【框线】按钮将显示最近使用过的边框样式，若要使用与上相同的边框样式，可以直接单击该按钮进行设置。另外，在其列表中，选择其他框线样式可以在所选单元格区域的不同位置添加边框，各选项的作用如表 5-11 所示。

表 5-11 【框线】列表中各选项的作用

图　标	名　称	功　能
下框线(O)	下框线	为选择的单元格或单元格区域添加下框线
上框线(P)	上框线	为选择的单元格或单元格区域添加上框线
左框线(L)	左框线	为选择的单元格或单元格区域添加左框线
右框线(R)	右框线	为选择的单元格或单元格区域添加右框线
无框线(N)	无框线	清除选择的单元格或单元格区域的边框样式
所有框线(A)	所有框线	为选择的单元格或单元格区域添加所有框线
外侧框线(S)	外侧框线	为选择的单元格或单元格区域添加外部框线
粗匣框线(T)	粗匣框线	为选择的单元格或单元格区域添加较粗的外部框线
双底框线(B)	双底框线	为选择的单元格或单元格区域添加双线条的底部框线
粗底框线(H)	粗底框线	为选择的单元格或单元格区域添加较粗的底部框线
上下框线(D)	上下框线	为选择的单元格或单元格区域添加上框线和下框线
上框线和粗下框线(C)	上框线和粗下框线	为选择的单元格或单元格区域添加上部框线和较粗的下框线
上框线和双下框线(U)	上框线和双下框线	为选择的单元格或单元格区域添加上框线和双下框线

2．绘制边框

Excel 还允许用户在工作表中，绘制特殊的边框效果。通过使用其【绘制边框】的功能，可以根据自己不同的的需要，更改边框线条样式、线条颜色。另外，还可以将多余的线条擦除。

在【框线】列表的【绘制边框】栏中，还可以通过执行不同的命令，或者在不同的级联菜单中选择不同的选项，绘制所需的边框效果。

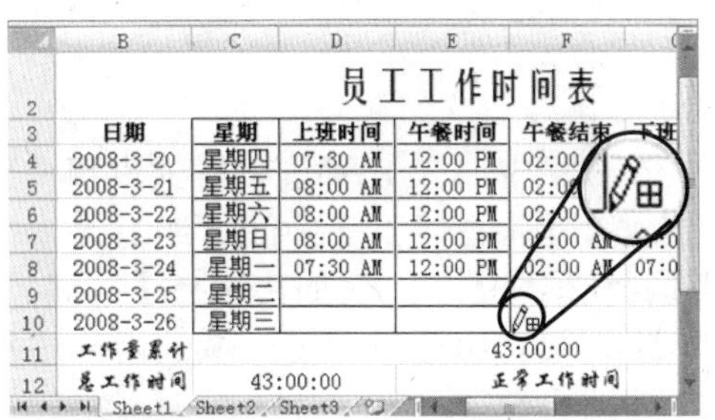

图 5-58 绘制边框

❑ **绘制边框**

执行该命令，当光标变成✎形状时，单击单元格网格线，即可为单元格添加边框，如图 5-58 所示。若在工作表中拖动一个单元格区域，则可以为该区域添加外部边框。

❑ **绘制边框网格**

若执行该命令，当光标变成✎⊞形状，在工作表中拖动一个单元格区域，即可为该区域添加内部和外部的所有边框，如图 5-59 所示。

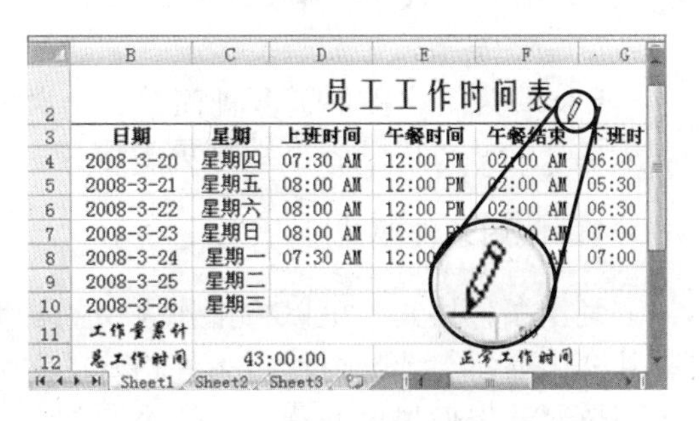

图 5-59 绘制边框网格

❑ **擦除边框**

若执行【擦除边框】命令，当光标变成⌫形状时，单击要擦除边框的单元格，即可清除该单元格边框。

❑ **线条颜色**

在【线条颜色】级联菜单中选择一种色块，则在绘制边框时，可以绘制相应颜色的边框。

❑ 线型

在【线条颜色】级联菜单中，提供了 13 种线条样式，选择所需选项，即可以该线条样式绘制边框。

3. 利用对话框

要为单元格区域添加较为复杂的边框样式，如斜线表头，则可以在【设置单元格格式】对话框的【边框】选项卡中进行设置。例如，单击【框线】下拉按钮，执行【其他边框】命令，即可打开【设置单元格格式】对话框的【边框】选项卡，如图 5-60 所示。在【边框】选项卡中，包含以下 3 栏内容。

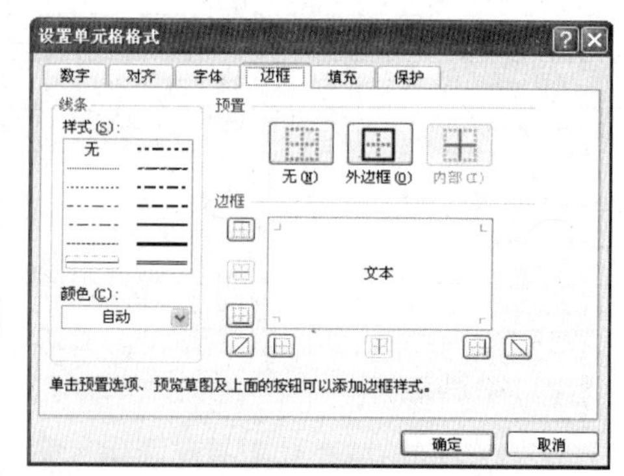

图 5-60 【边框】选项卡

❑ 线条

在该栏中，主要包含【样式】和【颜色】下拉列表。在【样式】列表中，提供了 14 种线条样式，选择不同的样式即可添加相应的边框效果。另外，在【颜色】下拉列表中，可以设置线条的颜色。当用户选择线条颜色后，【样式】列表中的线条颜色将随之更改。

❑ 预置

在【预置】栏中，主要包含【无】、【外边框】和【内部】3 种图标。选择【外边框】图标，可以为所选的单元格区域添加外部边框；选择【内部】图标，即可为所选单元格区域添加内部框线。若用户需要删除边框，只需选择【无】图标。

❑ 边框

在该栏中，有 8 种边框样式供用户选择，主要包含【上框线】、【中间框线】、【下框线】和【斜线框线】等。例如，选择【中间竖框线】样式，即可在所选单元格区域的内部添加竖边框，如图 5-61 所示。

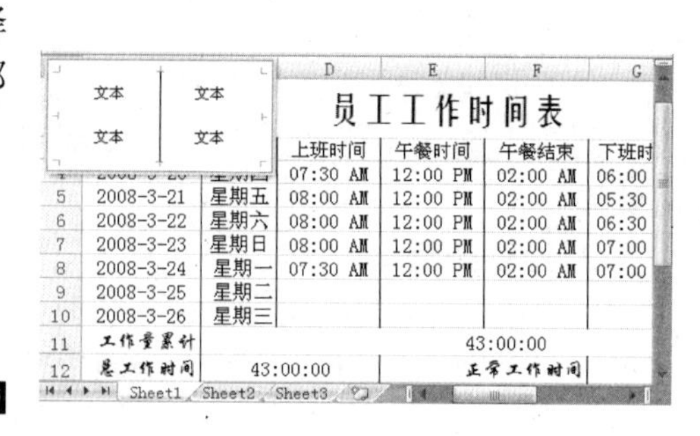

图 5-61 添加内部竖边框

5.5.3 使用样式

Excel 为用户提供了多种简单、新颖的单元格样式。应用这些样式，可以使表格更加美观，而且可以使表格数据更为醒目。

1. 使用条件格式

利用条件格式，可以将工作表中的数据有条件地筛选出来，并在单元格中添加颜色将其突出显示。选择要使用条件格式的单元格区域，单击【样式】组中的【条件格式】下拉按钮，根据自己的需要执行不同的命令，并设置相应的格式。

例如，在“销售统计”工作表中，要筛选数量在 1500 以上的数据，可以选择 D3 到 D11 单元格区域。然后，单击【条件格式】下拉按钮，执行【突出显示单元格规则】|

【大于】命令，在弹出的对话框中为单元格设置格式即可，如图 5-62 所示。

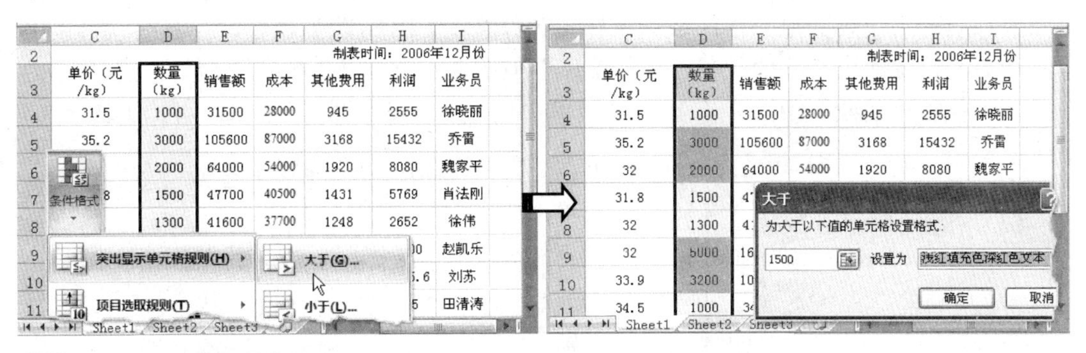

图 5-62　设置条件格式

在【条件格式】列表中，其他选项的功能如下。

❑ **项目选取规则**

选择要设置项目选取规则的单元格区域，执行【条件格式】|【项目选取规则】命令，在其级联菜单中选择相应的选项，并进行相应设置即可。例如，在“销售统计”工作表中，选择【高于平均值】选项，即可筛选费用高于平均值的数据，如图 5-63 所示。

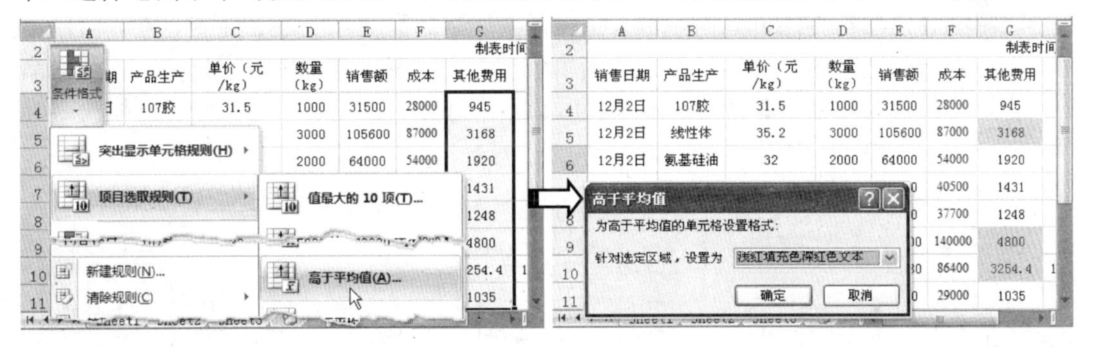

图 5-63　项目选取规则

❑ **数据条**

选择要显示数据条的单元格区域，执行【条件格式】|【数据条】命令，在其级联菜单中选择相应的选项即可。例如，在“销售统计”工作表中，要以“蓝色数据条”显示产品的单价，可执行【数据条】命令，在其级联菜单中选择“蓝色数据条”选项即可，如图 5-64 所示。

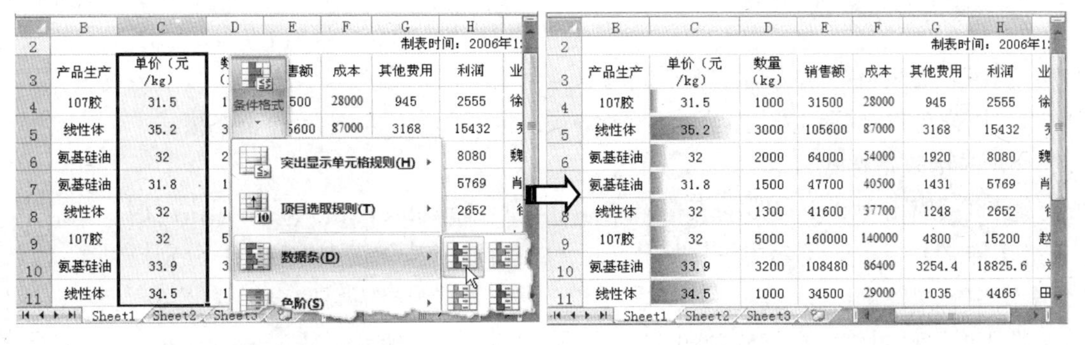

图 5-64　使用数据条条件格式

❑ 色阶

选择要使用色阶的单元格区域，执行【条件格式】|【色阶】命令，在其级联菜单中选择相应的选项即可。例如，在“销售统计”工作表中，要以“黄-红色阶”显示产品的单价，可执行【色阶】命令，在其级联菜单中选择“黄-红色阶”选项即可，如图 5-65 所示。

图 5-65 使用色阶条件格式

❑ 图标集

选择要使用图标集的单元格区域，执行【条件格式】|【图标集】命令，在其级联菜单中选择相应的选项即可。例如，在“销售统计”工作表中，要以“三标志”显示产品的单价，可执行【图标集】命令，在其级联菜单中选择“三标志”选项即可，如图 5-66 所示。

图 5-66 使用图标集条件格式

2. 套用表格格式

利用套用表格格式的功能，不仅可以美化工作表，还可以节省用户设置表格格式的时间。用户可以选择预先定义好的表格格式，也可以自己创建新的表格格式。

❑ 应用表格格式

要直接应用 Excel 自带的表格格式，首先应选择要套用格式的单元格区域，然后，单击【样式】组中的【套用表格格式】下拉按钮，在其列表中，Excel 分别提供了【浅色】、【中等深浅】以及【深色】3 栏内容，用户只需选择需要的表样式即可。例如，选择 “浅色”栏中的“表样式浅色 11”选项，如图 5-67 所示。

❑ 新建表格格式

如果对预定义的表格格式不满意，还可以自定义表格格式。单击【套用表格格式】下拉按钮，执行【新建表快速样式】命令，弹出如图5-68所示的对话框，并在【名称】文本框中，输入新表格样式的名称。然后，在【表元素】列表中，选择要设置的表格元素，例如，选择【标题行】选项，并单击【格式】按钮，在弹出的对话框中进行设置即可。

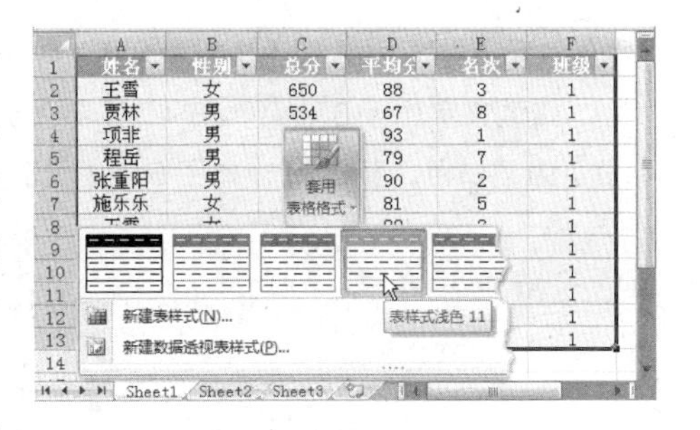

图 5-67 套用表格样式

另外，如果用户要在当前工作簿中使用新表样式作为默认的表样式，可以启用【设为此文档的默认表快速样式】复选框。但是，用户自定义的表样式只存储在当前工作簿中，不能用于其他工作簿。

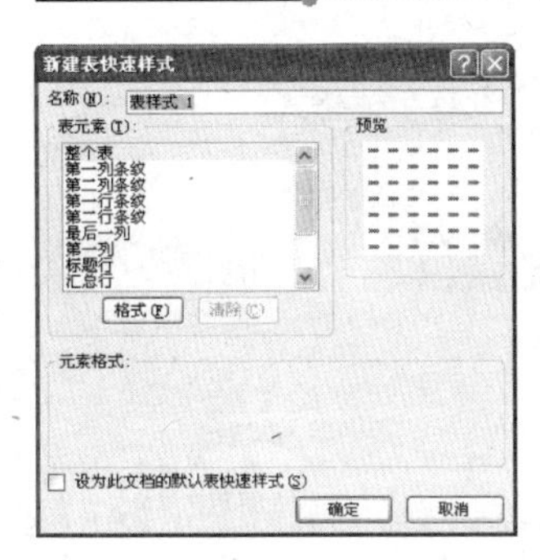

图 5-68 【新建表快速样式】对话框

3. 应用单元格样式

在 Excel 中，用户可以为创建的表格应用不同的单元格样式。选择要应用样式的单元格或者单元格区域后，单击【样式】组中的【单元格样式】下拉按钮，选择相应的单元格样式即可。例如，在“销售统计”工作表中，选择A1单元格，单击【单元格样式】下拉按钮，选择【标题】栏中的【标题】选项，如图5-69所示。

图 5-69 应用单元格样式

5.6 实验指导：员工薪资记录表

员工薪资记录表主要是记录员工的基本信息和薪资上调幅度。通过该表，可以清晰地查看每位员工的工资上调情况和实发工资，下面将运用设置数字格式、运用公式和添加边框样式等功能，来具体介绍员工薪资记录表的操作步骤，如图5-70所示。

图 5-70 效果图

操作步骤：

1. 在A1单元格中，输入“员工薪资记录表”文字，设置【字体】为“隶书”，【字号】为22，并单击【加粗】按钮，如图5-71所示。
2. 设置A1至I1单元格区域的【对齐方式】为

“合并后居中”，并设置【填充颜色】为“橙色，强调文字颜色 6，深色 25%”，【字体颜色】为“白色，背景 1”，如图 5-72 所示。

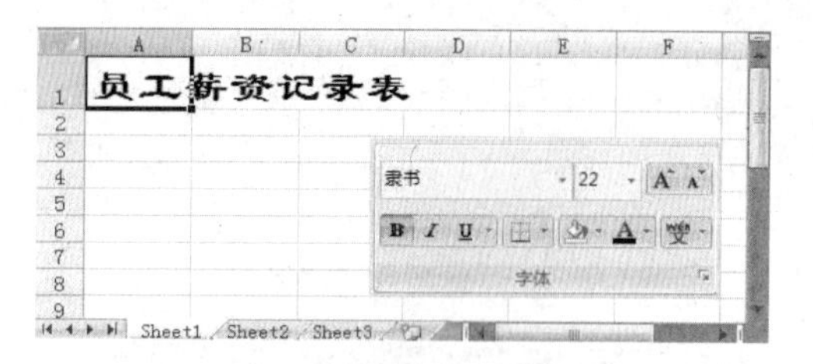

图 5-71　设置字体格式

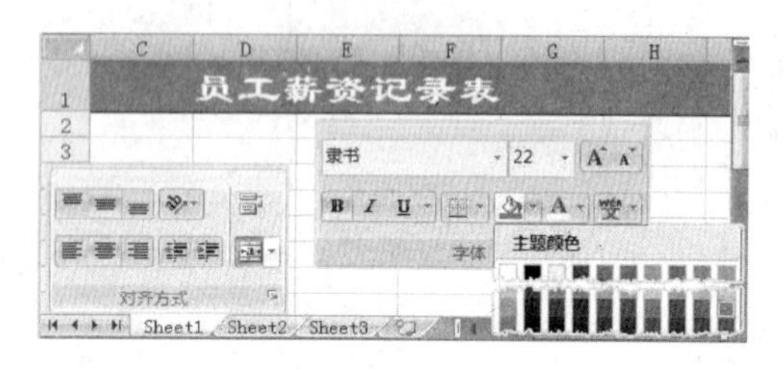

图 5-72　设置对齐方式

3　在 A2 至 I2 单元格区域中输入字段名，设置【字号】为 12，单击【加粗】和【居中】按钮。选择 D2、E2、F2、G2 和 H2 单元格，并单击【自动换行】按钮，如图 5-73 所示。

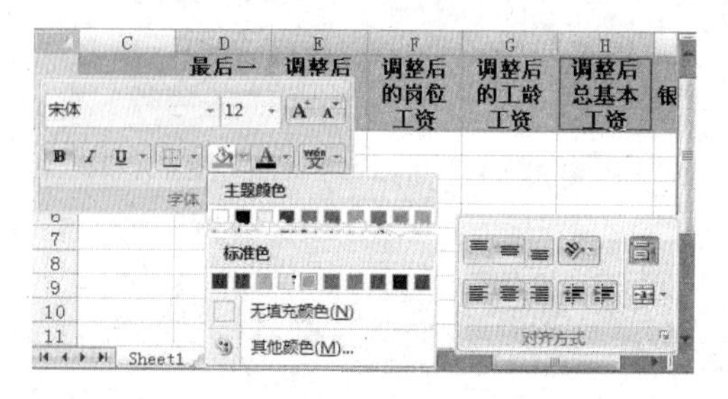

图 5-73　设置字段名格式

4　选择 A3 单元格，单击【数字】组中的【数字格式】下拉按钮，选择【文本】项，并输入 001。拖动该单元格右下角的填充柄至 A22 单元格，如图 5-74 所示。

5　在 B3 至 I22 单元格区域中输入相应内容。在 D3 至 D4 单元格区域中输入内容，并拖动该区域右下角的填充柄至 D22 单元格，如图 5-75 所示。

6　选择 H3 单元格，单击【函数库】组中的【自动求和】下拉按钮，执行【求和】命令，并单击编辑栏中的【输入】按钮，如图 5-76 所示。

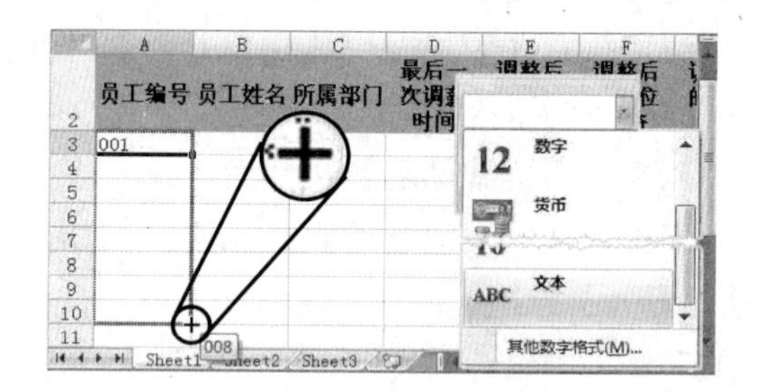

图 5-74　设置并复制数字格式

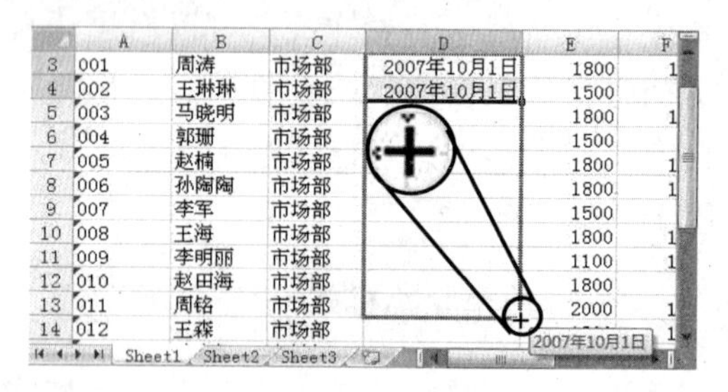

图 5-75　复制相应字段信息

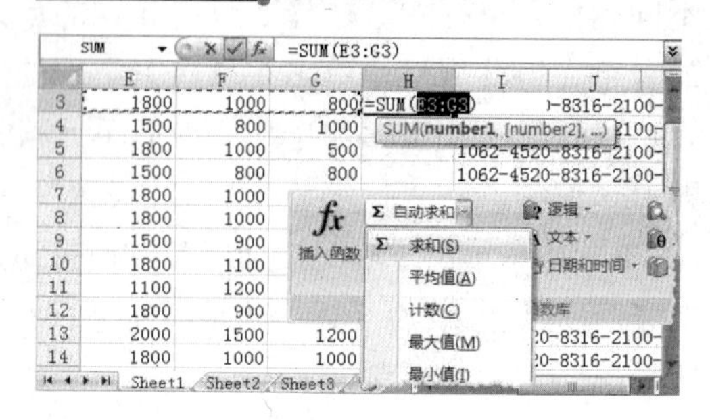

图 5-76　自动求和

7　选择 H3 单元格，并拖动右下角的填充柄至 H22 单元格，如图 5-77 所示。

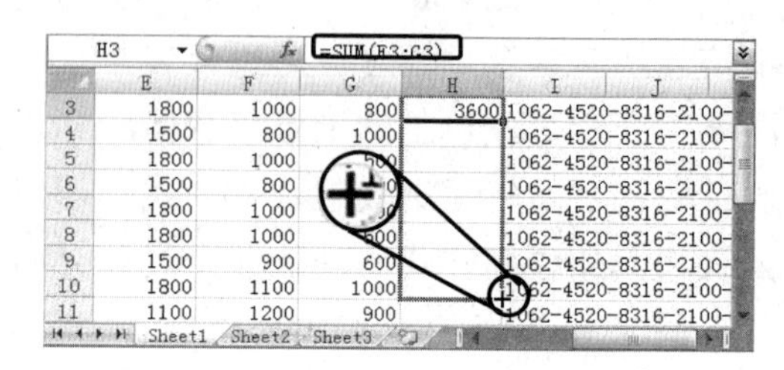

图 5-77　复制公式

8　选择 D3 至 D22 单元格区域，在【数字】组中【数字格式】下拉列表中，选择【短日期】

项，如图 5-78 所示。

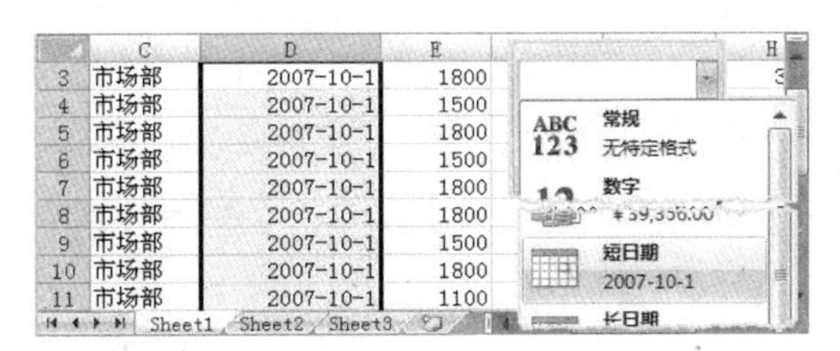

图 5-78 设置数字格式

9 选择 E3 至 H22 单元格区域，在【数字】组中的【数字格式】下拉列表中，选择【货币】项，并单击两次【减少小数位数】按钮，如图 5-79 所示。

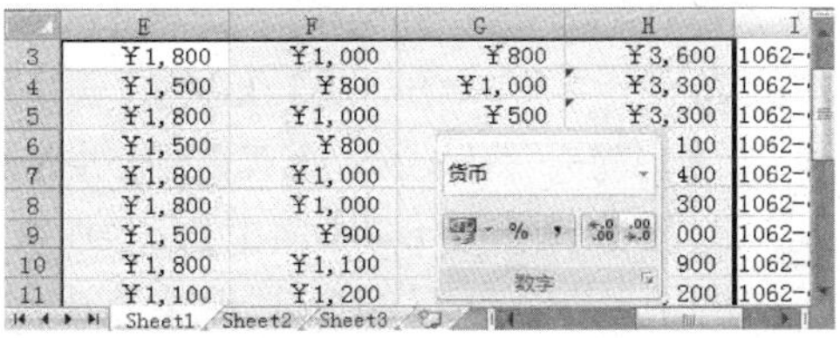

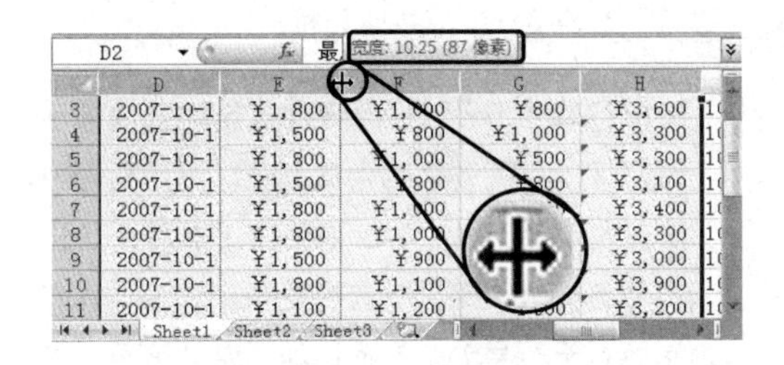

图 5-79 设置数字格式

10 选择 D 列至 H 列，将鼠标至于任意一列分界线上，当光标变成“单横线双向”箭头时，向左拖动至显示“宽度：10.25（87 象素）”处松开，如图 5-80 所示。

图 5-80 调整列宽

11 设置 A3 至 I22 单元格区域的【对齐方式】为“居中”，并选择该区域中的“奇数”行，设置其【填充颜色】为“橄榄色，强调文字颜色 3，淡色 40%”，如图 5-81 所示。

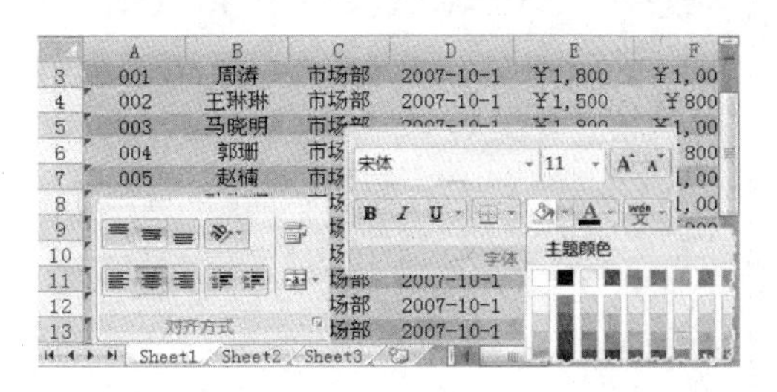

图 5-81 设置填充颜色

12 选择 A2 至 I22 单元格区域，在【设置单元格格式】对话框中的【线条】栏中，将“双”线条和“较细”线条样式，分别预置为“外边框”和“内部”，如图 5-82 所示。

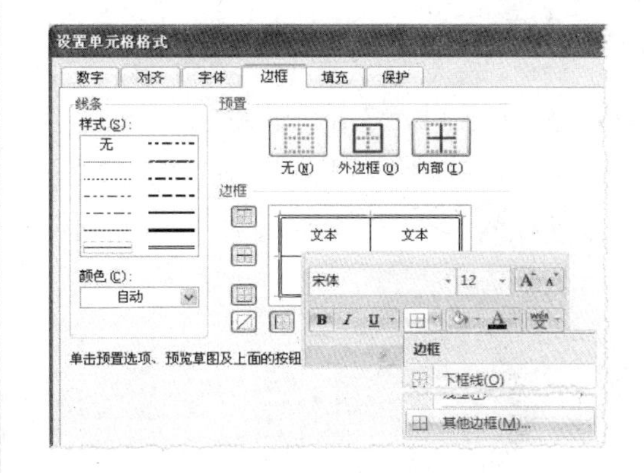

图 5-82 添加边框样式

13 启用【显示/隐藏】组中的【网格线】复选框，隐藏工作表中的网格线。然后单击 Office 按钮，执行【打印】|【打印预览】命令，即可预览该工作表。

5.7 实验指导：制作个人简历

个人简历表是一种记录个人基本资料的表格，也是方便用人单位管理的一种个人信息档案。通过个人简历表可以了解某个人的基本信息，如文化程度、毕业院校、原单位等信息。下面通过运用合并单元格功能及工作表的行高和列宽等知识，来制作一张个人简历表，如图 5-83 所示。

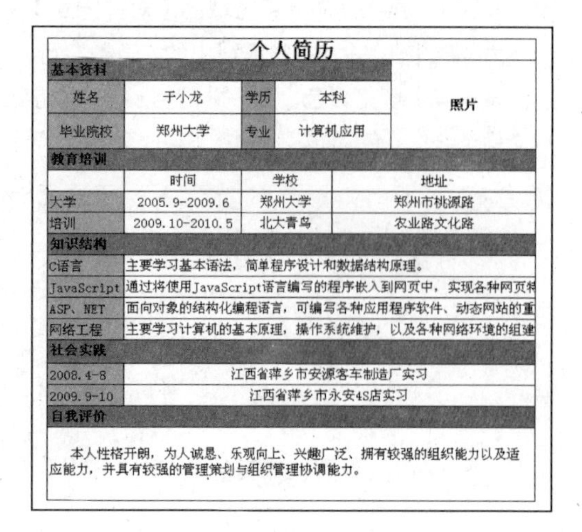

图 5-83　效果图

操作步骤：

1 启动 Excel 2010 组件，在打开的空白工作簿中，右击 Sheet1 标签，执行【重命名】命令，输入“个人简历表”文字。然后，右击 Sheet2 标签，执行【删除】命令，并运用相同方法删除工作表 3，如图 5-84 所示。

图 5-84　修改名称

2 在 B1 至 I17 单元格区域中，分别选择合适的单元格，并输入“个人简历表”的相关信息，如图 5-85 所示。

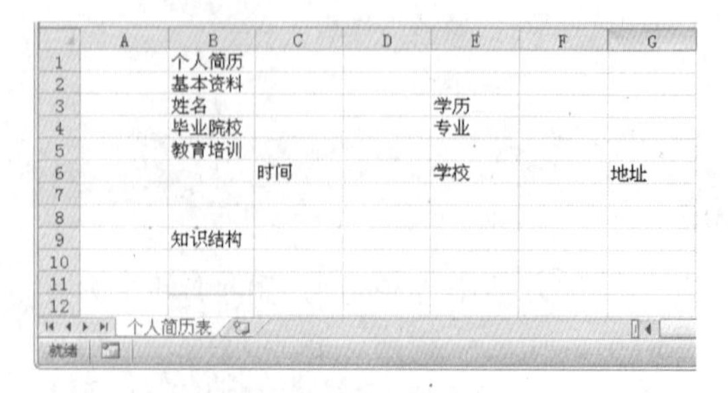

图 5-85　输入信息

3 选择 B1 单元格，并选择【开始】选项卡，单击【字体】组中字号下拉按钮，设置字号为 18，同时单击【加粗】按钮。然后，选择 B2 单元格，按住 Ctrl 键逐个单击 B5、B9、B14 和 B17 单元格，对文字进行加粗设置，如图 5-86 所示。

图 5-86　设置样式

4 选择 B1 至 I1 单元格区域，并选择【开始】选项卡，单击【对齐方式】组中的【合并并居中】按钮。然后，分别选择需要合并的单元格区域，单击【合并并居中】下拉按钮，执行【合并单元格】命令进行单元格合并，如图 5-87 所示。

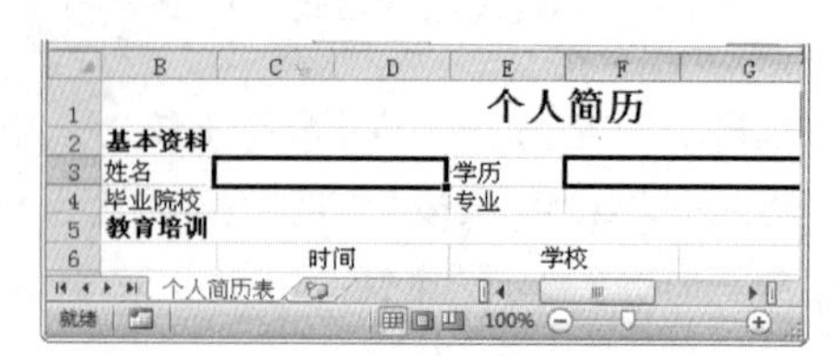

图 5-87　合并单元格

5 将鼠标置于 B 列的列标处，当变为双向箭头时，双击即可调整至合适列宽。使用相同方法分别调整 D 列和 G 列列宽。然后，单击行号与列号交叉处，选择整张工作表，并将光标置于行号处，向下拖动至合适高度，如图 5-88 所示。

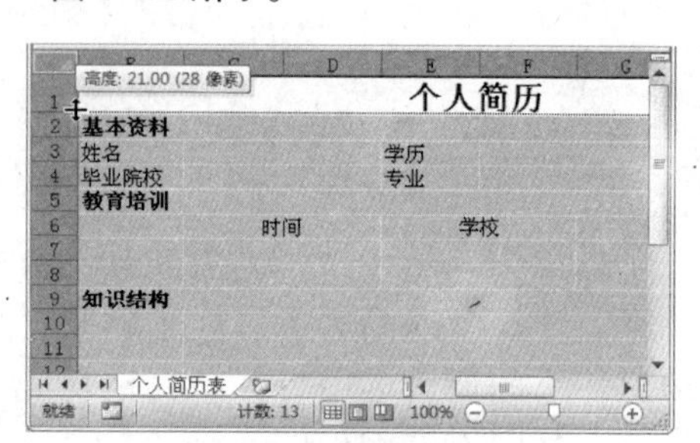

图 5-88　调整高度

6 选择 B2 至 G2 单元格区域，然后按住 Ctrl 键选择 B5 至 I5、B9 至 I9、B14 至 I14 和 B17 至 I17 单元格区域，单击【样式】组内的【单元格样式】下拉按钮，选择“强调文字颜色 1”。然后，同时选择 B2、B5、B9、B14、B17 单元格，单击【字体】组中的【加粗】按钮，并单击【字体颜色】下拉按钮，选择“黑色”，如图 5-89 所示。

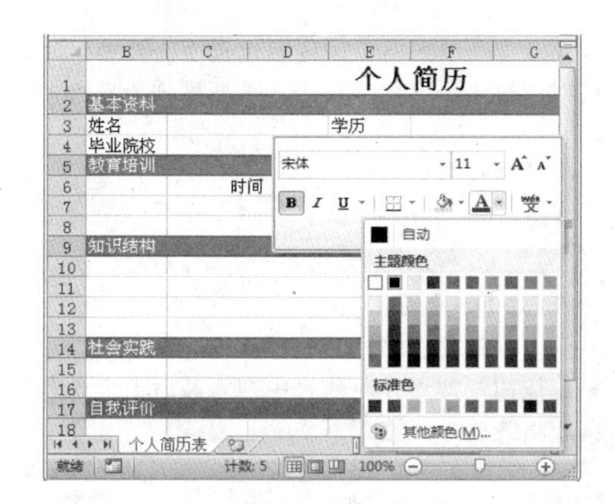

图 5-89 设置样式

7 使用相同方法，设置 B3、B4、E3 和 E4 单元格样式为“60%，强调文字颜色 1”。然后，单击【字体颜色】下拉按钮，选择“黑色”。接着，选择 B3 单元格，单击【对齐样式】组内的【居中】按钮，如图 5-90 所示。

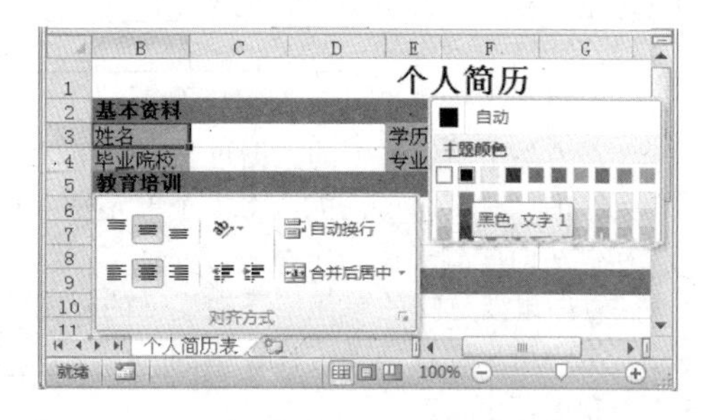

图 5-90 设置文字颜色

8 个人简历表格制作完毕，下面输入某个人的信息，以便查看效果。然后，同时选择 B7、B8、B10 至 B15 单元格，应用样式为“60%，强调文字颜色 1”，设置字体颜色为黑色。并将光标置于 B1 单元格内，按住鼠标左键，拖动鼠标选择整个简历表。接着，单击【字体】组中的【边框】下拉按钮，选择【所有边框】选项，如图 5-91 所示。选择【文件】选项卡，执行【打印】命令，即可预览表格效果。

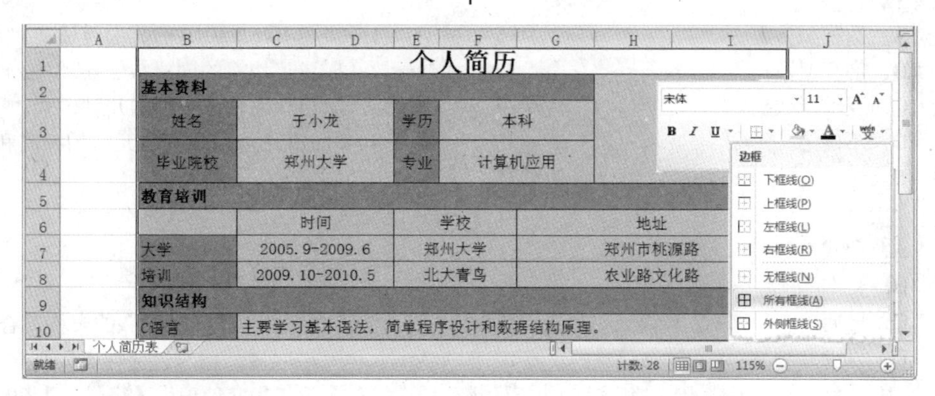

图 5-91 设置边框

5.8 思考与练习

一、填空题

1. Excel 是以工作表的方式进行数据运算和分析的，因此，要使用 Excel 处理数据，应首先在单元格中__________，然后进行相应操作。

2．在 Excel 工作表中输入当前日期应按

__________键；输入当前时间应按__________键。

3．在 Excel 工作表中，单击__________可以选择整列；单击__________可以选择整行。

4．在工作表中进行序列填充时，填充结果为递减值，则说明其步长值必定为__________。

5．利用 Excel 中的__________和__________功能，可以使工作表返回到原始状态。

6．当某个单元格中的数据过长时，可以使用单元格的__________功能，将多个单元格合并在一起，从而起到美化的作用。

7．如果要选择的单元格不在当前的视图范围中，用户可以通过拖动工作表中的__________来调整视图范围。

8．在单元格中输入文本信息时，其默认的单元格对齐方式为__________。

二、选择题

1．在 Excel 工作表中进行复制操作时，可以只复制单元格的部分特性，如格式、公式等，这必须通过__________来实现。

A．部分粘贴

B．部分复制

C．选择性粘贴

D．选择性复制

2．一般情况下，Excel 默认的显示格式为右对齐的数据是__________。

A．数值型数据

B．字符型数据

C．逻辑型数据

D．不确定

3．Excel 的自动填充功能，可以自动填充__________。

A．公式

B．文本

C．日期

D．以上几项均可

4．在 Excel 工作表中，用户可以按__________键，选择一个不连续的单元格区域。

A．Ctrl

B．Shift

C．Alt

D．Ctrl＋Shift

5．在 Excel 中，撤销和恢复的快捷键分别为__________。

A．Ctrl＋C；Ctrl＋V

B．Ctrl＋X；Ctrl＋V

C．Ctrl＋Z；Ctrl＋Y

D．Ctrl＋F；Ctrl＋H

6．在 Excel 工作表的一个单元格输入数据后，按 Enter 键可以使其__________单元格成为活动单元格。

A．下一个

B．左侧

C．右侧

D．上一个

7．当单元格中的内容过长而需要换行时，可以通过__________命令，重新排列单元格中的内容。

A．移动单元格

B．居中

C．合并单元格

D．两端对齐

8．在【定位条件】对话框中，选择__________单选按钮，即可在工作表中搜索最后一个含有数据或格式的单元格。

A．公式

B．最后一个单元格

C．引用单元格

D．当前区域

三、简答题

1．概述 Excel 2010 的界面组成。

2．概述工作簿的创建与保存。

3．简单介绍输入数据的几种方式。

4．简单介绍如何设置单元格的行高和列宽。

四、上机练习

1．制作课程表

创建一个名为“课程表”的表格。合并 A1 至 G1 单元格区域，输入“课程表”文字，并设置【字体】为“华文琥珀”；【字号】为 20。合并 A2 至 B2 单元格区域，利用“直线”形状，绘制两根斜线，并放置合适的位置。然后，插入文本框，分别输入“星期”、“课程”、“节次”文字，并放置合适的位置；在 C2 至 G2 单元格区域内输入“星期一”、“星期二”、“星期三”等字段名称。

分别合并 A3 至 A6、A7 至 A9 单元格区域，输入“上午”、“下午”文字；并在 B3 至 B9、C3 至 G9 单元格区域中输入节次和课程内容，均设置相应的字体格式。最后，为 A2 至 G9 单元格区域添加边框，外侧边框为“双框线”线型，如图 5-92 所示。

课 程 表

课程/星期/节次		星期一	星期二	星期三	星期四	星期五
上午	1	数学	语文	化学	英语	数学
	2	数学	语文	数学	语文	英语
	3	语文	数学	历史	语文	物理
	4	英语	生物	语文	微机	历史
下午	5	地理	微机	物理	地理	作文
	6	政治	化学	英语	音乐	作文
	7	体育	自习	美术	体育	班会

图 5-92 制作课程表

2. 美化课程表

选择标题，设置【字体颜色】为“紫色”。分别选择 A2 至 G2、A3 至 A9、B3 至 B9 单元格区域，并填充颜色为“深蓝，文字 2，深色 40%”，设置【字体颜色】为“白色”。然后，选择 C3 至 G9 单元格区域，并填充颜色为“黄色”。最后，单击【边框】下拉按钮，在【绘制边框】列表中，选择【线型】为“粗匣框线”，【线条颜色】为“绿色”，并绘制 A6 至 G6 单元格区域的下边框，如图 5-93 所示。

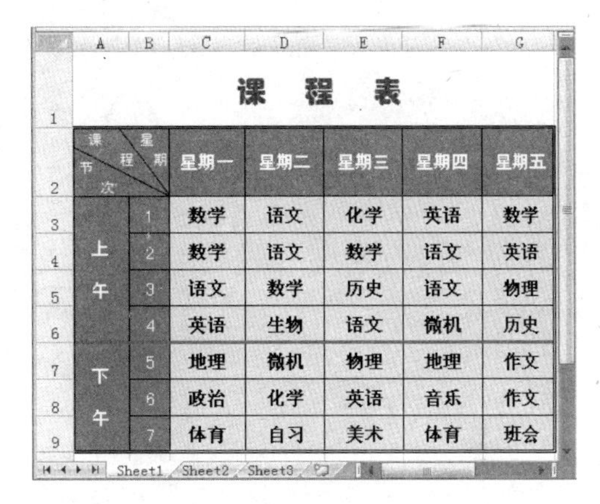

课 程 表

课程/星期/节次		星期一	星期二	星期三	星期四	星期五
上午	1	数学	语文	化学	英语	数学
	2	数学	语文	数学	语文	英语
	3	语文	数学	历史	语文	物理
	4	英语	生物	语文	微机	历史
下午	5	地理	微机	物理	地理	作文
	6	政治	化学	英语	音乐	作文
	7	体育	自习	美术	体育	班会

图 5-93 美化课程表

第 6 章

Excel 高级应用

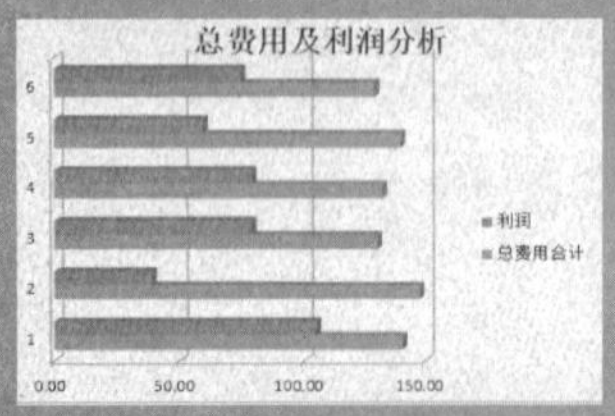

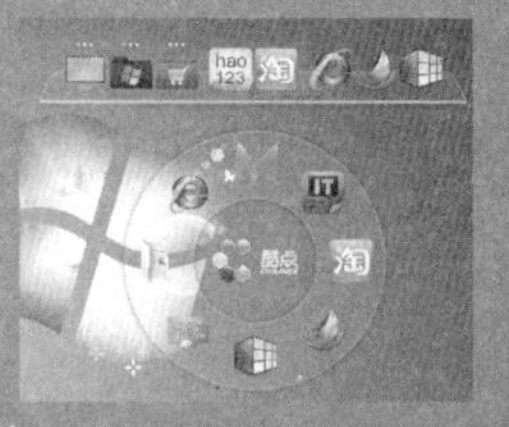

Excel 除了可以用来建立漂亮的表格，在表格中输入数据以外，它还具有强大的计算功能。例如，用户可以通过其中的公式以及函数功能，对表格中的数据进行复杂计算与分析；还可以根据工作表中的数据创建图表，来形象地展现表格中的数据。

本章主要介绍公式以及函数的使用方法，如何根据工作表中的数据建立图表，如何使用审核工具来审核工作表中的错误等知识。

本章学习要点：

- 掌握公式及函数的使用
- 掌握数据图表的应用
- 了解数据分析及管理
- 了解工作表打印设置

6.1 使用公式与函数

Excel 是办公自动化中非常重要的一款软件，除了可以创建外观精美的工作表之外，还具有强大的数据计算功能。它不仅支持公式的运算，而且为创建复杂公式提供了多种函数。利用公式与函数，用户可以方便快速地对工作表中的数据进行统计分析，或者根据单元格数据之间的运算关系，自动生成新的单元格数据。

6.1.1 公式概述

用户也可以将公式理解为“由用户自行设计，对工作表进行计算和处理的计算式”。因此，先了解公式的概述和书写方法是应用公式的前提。

1. 公式的概述

一个完整的公式，通常由运算符和参与计算的元素（操作数）组成。公式在输入时，必须以等号（=）开头。例如，在下面的公式中，结果等于 2 乘以 3 再加 5（=2*3+5）。公式也可以包括下列部分或全部内容：函数、引用、运算符和常量，如图 6-1 所示。

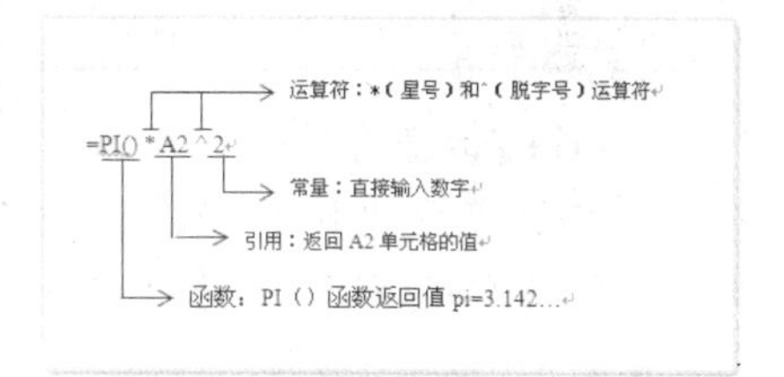

图 6-1 公式

Excel 中的公式有一些基本特性，介绍如下。

- 全部公式以等号开始。
- 输入公式后，其计算结果显示在单元格中。
- 当选择一个含有公式的单元格后，单元格的公式就显示在编辑栏中。

2. 在公式中使用常量

常量是不用计算的值。例如，日期（2009-2-10）、数字（12、50 等），以及文本等都是常量。

表达式或由表达式得出的结果不是常量。如果在公式中使用常量而不是对单元格的引用，例如，“=20–10”，则只有自己更改公式时其结果才会更改。

提 示

公式是在工作表中对数据进行分析的等式，它可以对工作表数值进行加、减、乘、除等运算。公式可以引用同一工作表中的其他单元格、同工作簿中不同工作表的单元格或者其他工作簿中工作表的单元格数据。

6.1.2 运算符和优先级

运算符则是指对操作用于运算的加、减、乘、除和一些比较运算符等符号。其中包含算术运算符、比较运算符、文本运算符和引用运算符。

公式中的运算符存在的位置或类型不同，产生的结果就会不同，因此在创建公式前，学习不同类型的运算符及运算符的优先级是非常重要的。

1．运算符的种类

公式中的运算符是对公式中的元素进行特定类型的运算。其主要包括以下几种运算符。

❑ 算术运算符

算术运算符包括加、减、乘、除、百分号和脱字号等，详细介绍如表 6-1 所示。

表 6-1　算术运算符

算术运算符	含义	解释及示例
+（加号）	加	计算两个数值之和（6=1+5）
-（减号）	减	计算两个数值之差（3=7-4）
*（星号）	乘	计算两个数值的成绩（5*6=30）
/（斜杠）	除	计算两个数值的商（9/3=3）
%（百分号）	百分比	将数值转换成百分比格式（10+30）%
^（脱字号）	乘方	数值乘方计算（2^3=8）

❑ 比较运算符

比较运算符是用来比较两个数值的，并产生逻辑值 TRUE 或者 FALSE，即条件相符则产生逻辑真值 TRUE；若条件不符则产生假值 FALSE，如表 6-2 所示。

表 6-2　比较运算符

比较运算符	含　义	示　例
=（等号）	相等	A5=10
<（小于号）	小于	2<5
>（大于号）	大于	8>3
>=（大于等于号）	大于等于	B2>=5
<=（小于等于号）	小于等于	C6<=9
<>（不等于号））	不等于	4<>6

❑ 文本运算符

文本运算符只有一个连接符“&”，利用文本运算符可以将文本连接起来，如表 6-3 所示。

表 6-3　文本运算符

文本运算符	含　义	示　例
&（与符）	将两个文本进行连接	=“王”&“小强”
&（与符）	将单元格与文本连接	=E5&“姓名”
&（与符）	将单元格与单元格连接	=B3&A8

❑ 引用运算符

使用引用运算符可以将不同单元格区域合并计算，如表 6-4 所示。

表 6-4　引用运算符

文本运算符	含　义	示　例
:（冒号）	区域运算符	包括在两个引用之间的所有单元格的引用
,（逗号）	联全运算符	将多个引用合并为一个引用
（空格）	交叉运算符	对两个引用共有的单元格的引用

2．公式中运算符的优先级

在使用一个有混合运算的公式时，必须了解公式的运算顺序，也就是运算的优先级。对于不同优先级的运算，按照优先级从高到低的顺序进行计算。对一同优先级的运算，按照从左到右的顺序进行计算。各种运算符的优先级，如表 6-5 所示。

表 6-5　运算符优先级

运算符（优先级从高到低）	说　明
:（冒号）	区域运算符
,（逗号）	联合运算符
（空格）	交叉运算符
-（负号）	负号（负数）
%（百分比号）	数字百分比
^（幂运算符）	乘幂
*（乘号）和/（除号）	乘法和除法运算
+（加号）和–（减号）	加法和减法运算
&（文本连接符）	连接两个字符串
=（等于号）>（大于号）<（小于号）>=（大于等于号）<=（小于等于号）<>（不等于号）	比较运算符

用户若想更改求值的顺序，可以将公式中先计算的部分用括号括起来。例如，公式“=4*5+2”的计算机结果为 22，但公式“=4*（5+2）”的计算结果为 28。

6.1.3　编辑公式

掌握了公式的组成结构和运算顺序后，下面来介绍公式的输入方法，以及如何进行移动和复制公式，以提高 Excel 工作表的操作速率。

1．输入公式

所有的公式在输入时，都是以“=”开始的。在一个公式中可以包含有各种运算符、常量、函数以及单元格引用等，如图 6-2 所示。

然后，按 Enter 键或者单击编辑栏中的【输入】按钮✓，此时，将在该单元格中显示出计算的结果，而在编辑栏中显示输入的公式，如图 6-3 所示。

2．显示公式

用户输入公式后，将自动计算其结果。如果需要将公式显示到单元格中，可以通过【Excel 选项】对话框进行设置。

	A	B	C	D	E	F
1	学号	姓名	语文	数学	英语	总分
2	2008001	张远	89	75	89	=C2+D2+E2
3	2008002	王新	88	85	96	
4	2008003	李军	86	95	97	
5	2008004	刘宏伟	76	97	85	
6	2008005	赵洪伟	79	91	74	
7	2008006	李小慧	82	96	72	

图 6-2 输入表达式

	A	B	C	D	E	F
1	学号	姓名	语文	数学	英语	总分
2	2008001	张远	89	75	89	253
3	2008002	王新	88	85	96	
4	2008003	李军	86	95	97	
5	2008004	刘宏伟	76	97	85	
6	2008005	赵洪伟	79	91	74	
7	2008006	李小慧	82	96	72	

图 6-3 输入显示结果

当然，也可以选择【公式】选项卡，单击【公式审核】组中的【显示公式】按钮来查看单元格中所输入的公式，如图 6-4 所示。当用户再次单击【显示公式】按钮时，将显示其结果。

提 示

用户也可直接按 Ctrl+`键，来显示所输入的公式或者函数，再次按该键将显示计算结果。

	F	G	H
2	总分	平均分	名次
3	=C3+D3+E3	=F3/3	=RANK(F3,F$3:G$9)
4	=C4+D4+E4	=F4/3	=RANK(F4,F$3:G$9)
5	=C5+D5+E5	=F5/3	
6	=C6+D6+E6	=F6/3	
7	=C7+D7+E7	=F7/3	
8	=C8+D8+E8	=F8/3	
9	=C9+D9+E9	=F9/3	

图 6-4 显示公式

3. 移动和复制公式

当用户要在多个单元格中使用相同的表达式时，可通过移动和复制公式来解决。移动或复制公式可使用以下几种方法。

❑ **使用【剪贴板】复制**

首先选择要复制的单元格，单击【剪贴板】组中的【复制】下拉按钮，执行【复制】命令。然后，再选择将公式复制到的单元格，单击【粘贴】按钮，即可将公式复制到该单元格中，并且会显示计算结果，如图 6-5 所示。

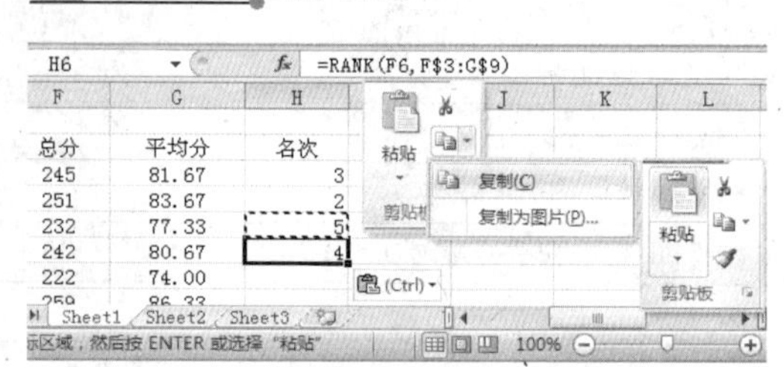

图 6-5 【剪贴板】复制

❑ **使用填充柄复制**

选择要复制公式的单元格。然后，移动鼠标至单元格右下方填充柄处，当光标变成实心“十”字形状时，拖动鼠标至要复制公式的单元格处，即可完成公式的复制，如图 6-6 所示。

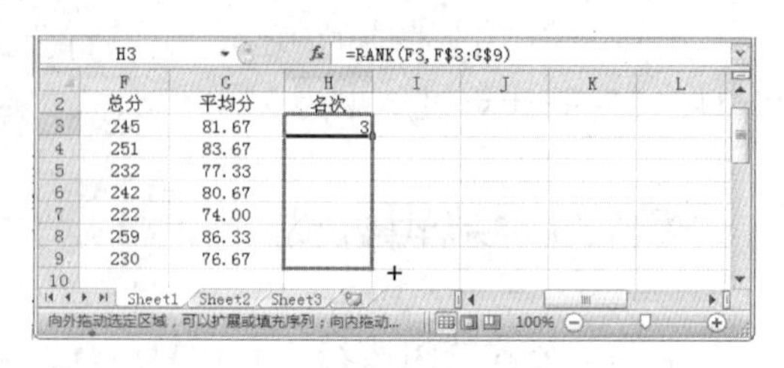

图 6-6 填充柄复制

❑ **使用快捷键复制**

选择要复制公式的单元格，按 Ctrl+C 键复制公式；然后选择目标单元格，按 Ctrl+V 键进行粘贴。

提 示

用户在移动公式时，公式内的单元格引用不会更改。如果复制公式时，单元格引用将根据所引用的类型而变化。

另外，选择公式所在的单元格，按 Delete 键，即可删除公式，同时单元格中的计算结果也被删除。

6.1.4 审核公式

在向 Excel 工作表中的编辑栏输入公式时，如果输入的公式不符合格式或其他要求，公式的计算结果就显示不出来，并且在单元格中会显示错误信息，例如“#NAME”。

1. 错误检查

当输入公式后单元格中显示错误时，使用【公式审核】组中的【错误检查】功能，可以方便地查找到该错误是由哪些单元格引起的。

要查找错误单元格中的错误源时，可以选择该单元格后，选择【公式】选项卡，单击【审核公式】组中的【错误检查】下拉按钮，执行【追踪错误】命令。此时，系统在工作表中指出该公式所引用的所有单元格。其中红色箭头将指出导致错误公式的单元格，而蓝色箭头将指出包含错误数据的单元格，如图 6-7 所示。

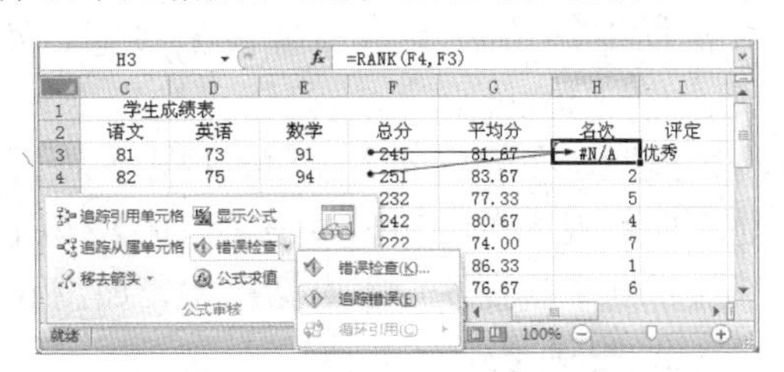

图 6-7 错误检查

当单击【错误检查】下拉按钮，执行【错误检查】命令时，将会弹出【错误检查】对话框，系统会检查工作表中是否含有错误，如图 6-8 所示。

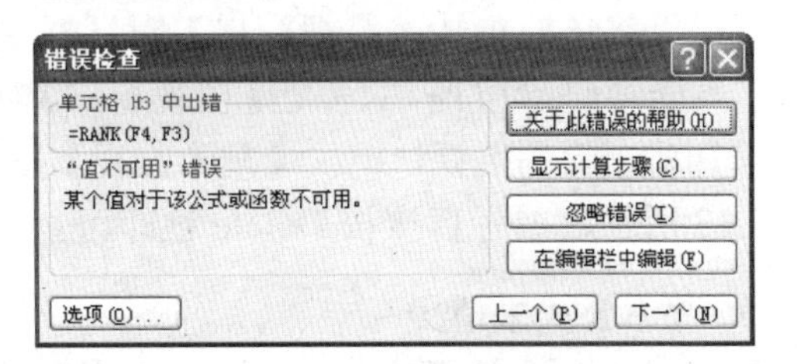

图 6-8 【错误检查】对话框

2. 追踪单元格

在查找公式中的错误时，用户可以通过查找与公式相关的单元格，来查看该公式引用的单元格中是否有错误。

用户可以选择包含公式的单元格后，选择【公式】选项卡，单击【公式审核】组中的【追踪引用单元格】按钮。此时系统将会在工作表中用蓝色的追踪箭头和边框指明为公式提供数据的单元格，如图 6-9 所示。

图 6-9 追踪引用单元格

另外，选择一个具有数据的单元格，单击【公式审核】组中的【追踪从属单元格】按钮后，系统会用蓝色箭头指明该单元格被哪个单元格中的公式所引用，如图 6-10 所示。

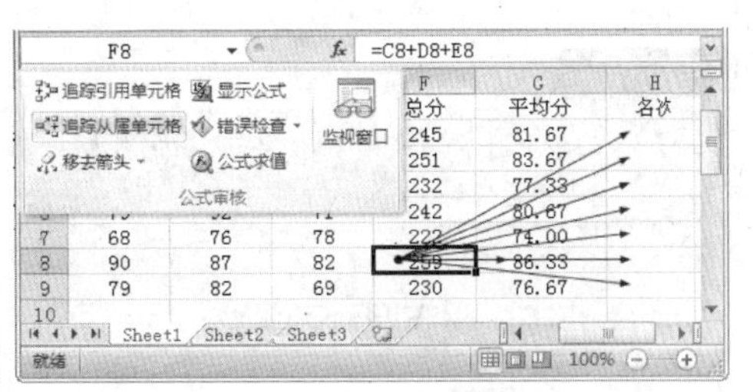

图 6-10 追踪从属单元格

提 示

当用户单击【公式审核】组中的【移去箭头】按钮时，追踪单元格所显示的蓝色箭头就会除去。

3．监视窗口

当需要在 Excel 中同时查看多个工作表中不同单元格内的数值时，可以利用监视窗口对这些单元格中的数据或者公式进行查看。而在进行监视之前，还需要向监视窗口中添加单元格。

❑ 添加监视

利用 Excel 中的监视窗口，可以方便地在大型工作表中检查、审核或确认公式的计算及其结果。通过监视窗口，用户无需反复滚动或者定位到工作表的不同部分。

若要在 Excel 中添加监视，只需选择要监视的单元格，并单击【公式审核】组中的【监视窗口】按钮。然后，在弹出的【监视窗口】对话框中，单击【添加监视】按钮，如图 6-11 所示。

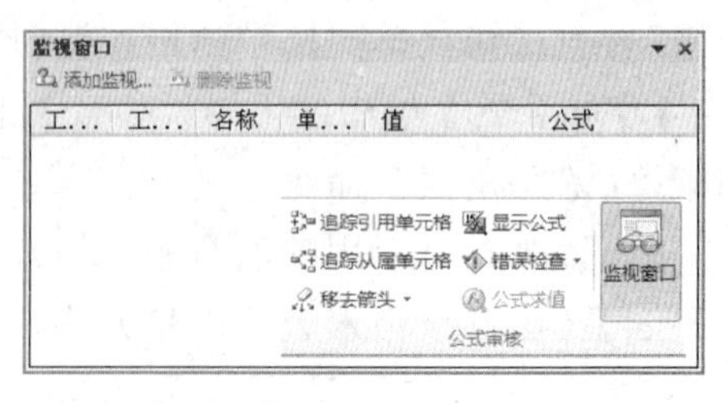

图 6-11 监视窗口

此时，在弹出的【添加监视点】对话框中，将显示要监视的单元格，单击【添加】按钮，即可使其显示到【监视窗口】对话框中，如图 6-12 所示。

图 6-12 添加监视

❑ 删除监视

当不再需要对含有公式的单元格进行监视时，则可以将该监视从【监视窗口】对话框中删除。

若要删除监视，只需在【监视窗口】对话框中，选择要删除的监视，单击【删除监视】按钮，如图 6-13 所示，或者直接按 Delete 键即可。

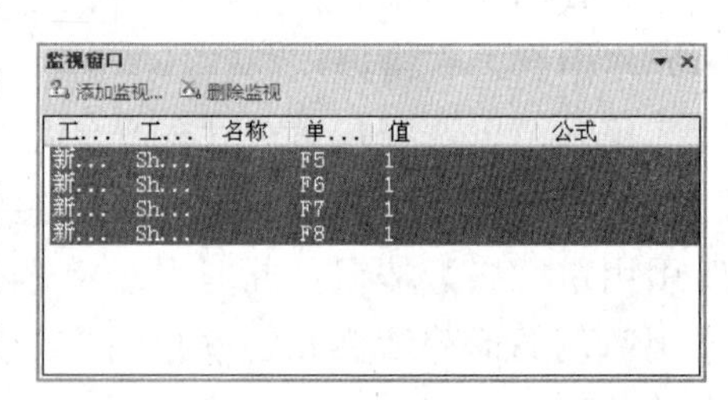

图 6-13 删除监视

4．公式求值

使用公式求值功能可对公式的每个部分单独求值以调试公式，尤其是针对比较复杂的公式，公式求值可对公式分段求值，检查出公式的错误所在。

选择使用公式的单元格后，选择【公式】选项卡，单击【公式审核】组中的【公式求值】按钮，在弹出的【公式求值】对话框中，单击【求值】按钮，可对公式中划横线部分进行计算求值，如图 6-14 所示。

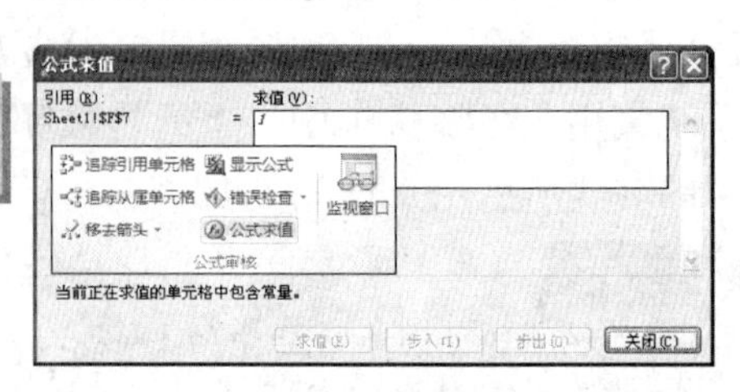

图 6-14 公式求值

提 示

在【公式求值】对话框中，单击【步入】按钮时，系统会对公式中划横线部分进行解释。

6.1.5 使用函数

函数可以使数据在计算过程中更快捷、更方

便。本节主要学习函数的结构，以及学习常用函数的使用范围及操作方法。另外，还将学习最常用的自动求和功能，并让用户快速掌握求和、平均值和最大值等计算方法。

1．输入函数

函数是预定义的特殊公式，它们使用参数进行计算，然后返回一个计算值，函数的结构如图6-15所示。

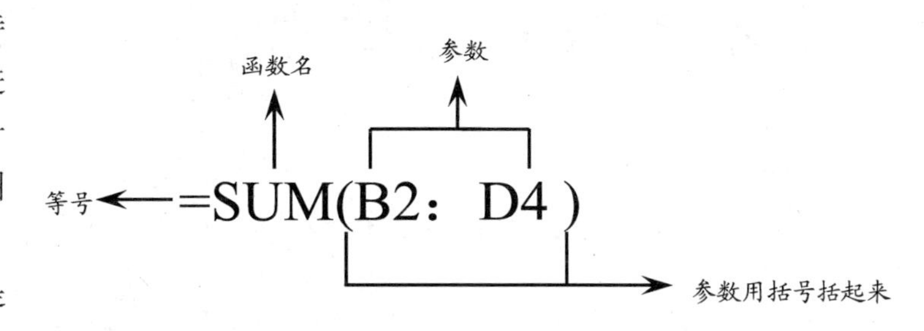

图6–15　常用函数结构

函数的参数可以是常量、公式或其他函数。函数的结构以函数名称开始，后面是左圆括号、以逗号分隔的参数和右圆括号。如果函数以公式的形式出现，应该在函数名称前面输入等号(=)。Excel 函数的一般形式为：=函数名(参数 1，参数 2，......)。例如，函数=SUM(B2:D4)，其中 SUM 为函数名，B2:D4 为参数。

当用户插入函数公式时，可以先选择需要计算的单元格，再单击编辑栏中的【插入函数】按钮 *fx*，弹出【插入函数】对话框，如图 6-16 所示。

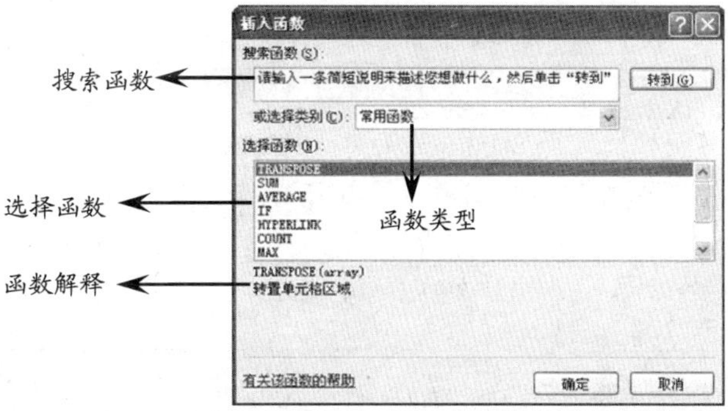

在该对话框中，主要包含以下几种参数设置，可以用于对函数进行搜索，或者选择函数的类型等。

图6–16　【插入函数】对话框

- ❑ **搜索函数**　在该文本框中，输入相应的函数，单击【转到】按钮，即可查找到所需要的函数。
- ❑ **或选择类别**　单击该下拉按钮，即可在弹出的下拉列表中选择所需的函数类别。
- ❑ **选择函数**　在该栏中，选择应用的函数。如果用户选择函数后，将在列表框下面显示出该函数的功能解释。
- ❑ **有关该函数的帮助**　单击该按钮，即可弹出【Excel 帮助】窗口，在该窗口中可以查看该函数的帮助信息。

例如，在【或选择类别】下拉列表中选择【常用函数】项，在【选择函数】栏中，选择 SUM 项，单击【确定】按钮，即可弹出【函数参数】对话框，如图 6-17 所示。

在【函数参数】对话框中，主要包含以下几种参数设置，其功能详细介绍如下。

- ❑ **函数参数**　所选择的函数不同，则函数的参数将会发生变化。
- ❑ **计算结果**　表示函数运算后的最终结果。
- ❑ **参数解释**　所选的函数不同，则参数解释的内容就有所不同。参数解释主要是介绍参数所代表的含义。

在【函数参数】对话框中，选择函数参数的单元格区域，并单击【确定】按钮，即可求出函数结果，如图 6-18 示。

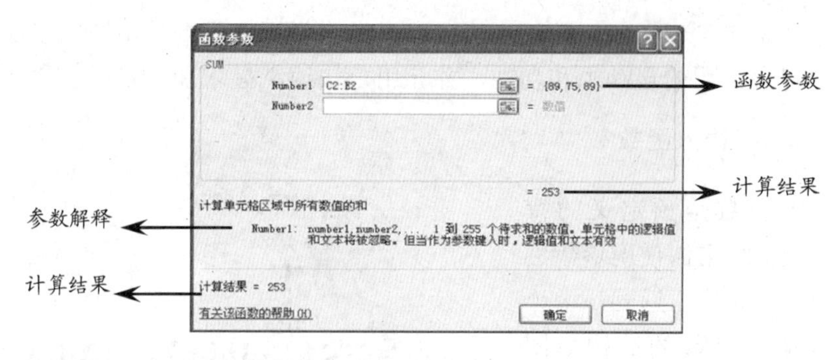

图 6-17 【函数参数】对话框

2. 常用函数

函数作为处理数据的一个最重要工具，在日常工作中有时需要用到许多函数来解决复杂的数据。一些常用函数可以简化数据的复杂性，为运算带来方便。例如，求和函数（SUM()）、平均数函数（AVERAGE()）、求最大值函数（MAX()）、求最小值函数（MIN()）等，如表 6-6 所示。

F2 =SUM(C2:E2)

	A	B	C	D	E	F
1	学号	姓名	语文	数学	英语	总分
2	2008001	张远	89	75	89	253
3	2008002	王新	88	85	96	
4	2008003	李军	86	95	97	
5	2008004	刘宏伟	76	97	85	
6	2008005	赵洪伟	79	91	74	
7	2008006	李小慧	82	96	72	

Sheet1 Sheet2 Sheet3

图 6-18 计算函数结果

表 6-6 常用函数

函数	格　式	功　能
SUM	=SUM(number1, number2 ,…)	返回单元格区域中所有数字的和
AVERAGE	=AVERAGE(number1, number2, …)	计算所有参数的平均数
IF	=IF(logical_tset, value_if_true, value_if_false)	执行真假值判断，根据对指定条件进行逻辑评价的真假，而返回不同的结果
COUNT	=COUNT(value1, value2,…)	计算参数表中的参数和包含数字参数的单元格个数
MAX	=MAX(number1, number2, …)	返回一组参数的最大值，忽略逻辑值及文本字符
SUMIF	=SUMIF(range, criteria, sum_range)	根据指定条件对若干单元格求和
PMT	=PMT(rate, nper, fv, type)	返回在固定利率下，投资或贷款的等额分期偿还额
STDEV	=STDEV(number1, number2…)	估算基于给定样本的标准方差
SIN	=SIN(number)	返回给定角度的正弦

Excel 提供了丰富的函数，按照其功能可分为以下几类，其具体功能详细介绍如下。

❑ **数据库函数**

当需要分析数据清单中的数值是否符合特定条件时，可以使用数据库工作表函数。

❑ **日期与时间函数**

通过日期和时间函数，可以在公式中分析或处理日期值和时间值。例如，NOW 函数和 DATE 函数。

NOW 函数的含义是返回当前系统日期和时间所对应的序列号。例如，单击【函数库】组中的【日期和时间】下拉按钮，执行 NOW 命令，弹出【函数参数】对话框，即可计算出当前的日期，如图 6-19 所示。

DATA(year,month,day)函数的含义是返回在 Microsoft Office Excel 日期时间代码中代表日期的数字。单击【日期和时间】下拉按钮，执行 DATE 命令。然后在弹出的【函数参数】对话框中，输入相应的数据，如图 6-20 所示，即可计算出日期的值。

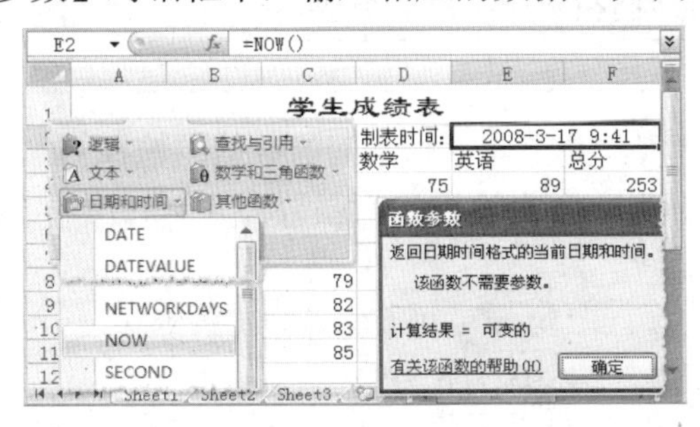

图 6-19 NOW 函数

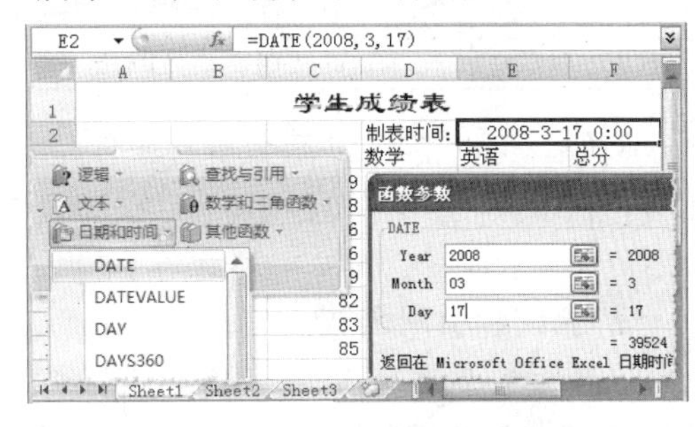

图 6-20 DATE 函数

❑ 工程函数

工程工作表函数用于工程分析，主要对数据进行各种工种上的运算和分析。这类函数中的大多数可分为 3 种类型：对复数进行处理的函数、在不同的数字系统（如十进制系统、十六进制系统、八进制系统和二进制系统）间进行数值转换的函数、在不同的度量系统中进行数值转换的函数。

❑ 财务函数

财务函数可以进行一般的财务计算，如确定贷款的支付额、投资的未来值或净现值，以及债券或息票的价值。财务函数中常见的参数如表 6-7 所示。

表 6-7 财务函数常见参数功能

参　数	功　能
未来值（fv）	在所有付款发生后的投资或贷款的价值
期间数（nper）	投资的总支付期间数
付款（pmt）	对于一项投资或贷款的定期支付数额
现值（pv）	在投资期初的投资或贷款的价值。例如，贷款的现值为所借入的本金数额
利率（rate）	投资或贷款的利率或贴现率
类型（type）	付款期间内进行支付的间隔，如在月初或月末

❑ 信息函数

可以使用信息工作表函数确定存储在单元格中的数据的类型。信息函数包含一组称为 IS 的工作表函数，在单元格满足条件时返回 TRUE。

❑ 逻辑函数

逻辑函数主要用来判断、检查条件是否成立。逻辑函数主要包含 7 种函数类型，其功能如表 6-8 所示。

表 6-8 逻辑函数功能表

类　型	功　能
AND	将多个条件式一起进行判断
FALSE	返回 FALSE 的逻辑值

续表

类　型	功　能
IF	将参数的逻辑值取反
IFERROR	如果公式计算出错误值，则返回指定的值；否则返回公式的结果
NOT	将参数的逻辑值取反
OR	如果任一参数为 TRUE，则返回 TRUE
TRUE	返回逻辑值 TRUE

例如，可以使用 IF 函数确定条件是真还是假，并由此返回不同的数值。选择 G5 单元格，在编辑栏中输入“=IF（F4>=250，“达标”，“没有达标”）”函数公式，如图 6-21 所示。

❑ 查询和引用函数

当需要在数据清单或表格中查找特定的数值时，或者需要查找某一单元格的引用时，可以使用查询和引用工作表函数。例如，如果需要在表格中查找与第一列中的值相匹配的数值，可以使用 VLOOKUP 工作表函数。如果需要确定数据清单中数值的位置，可以使用 MATCH 工作表函数。

G4　=IF(F4>=250,"达标","没有达标")

	C	D	E	F	G
1	学生成绩表				
2		制表时间:	2008-3-17 0:00		
3	语文	数学	英语	总分	综合评定
4	89	75	89	253	达标
5	88	85	96	269	
6	86	95	97	278	
7	76	97	85	258	
8	79	91	74	244	
9	82	96	72	250	
10	83	98	83	264	
11	85	99	91	275	

图 6-21　输入函数公式

❑ 数学和三角函数

数学和三角函数就是进行各种数学操作和几何运算的函数，常见的数学和三角函数有求和函数、绝对值函数等。

单击【数学和三角函数】下拉按钮，在该下拉列表中选择 SUM 函数，然后在【函数参数】对话框中，设置函数的参数，如图 6-22 所示。

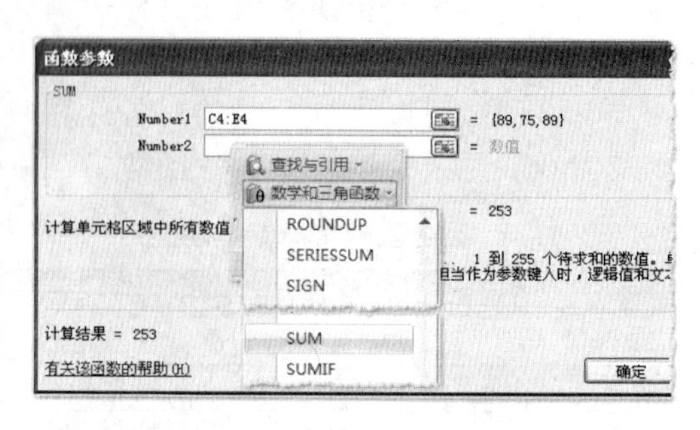

图 6-22　【函数参数】对话框

❑ 用户自定义函数

如果要在公式或计算中使用特别复杂的计算，而工作表函数又无法满足需要，则需要创建用户自定义函数。这些函数，称为用户自定义函数，可以通过使用 Visual Basic for Applications 来创建。

❑ 统计函数

统计工作表函数用于对数据区域进行统计分析，包括概率、取样分布、方差、求平均值、工程统计等。例如，统计工作表函数可以提供由一组给定值绘制出的直线的相关信息，如直线的斜率和 y 轴截距，或构成直线的实际点数值。

例如，单击【其他函数】下拉按钮，在【统计】级联菜单中，选择 AVERAGE 项，即可在弹出的【函数参数】对话框中，对函数进行统计，如图 6-23 所示。

❑ 文本函数

通过文本函数，可以在公式中处理文字串。下面的公式为一个示例，借以说明如何使用函数 TODAY 和函数 TEXT 来创建一条信息，该信息包含着当前日期并将日期以"dd-mm-yy"的格式表示。

Excel 中的文本函数主要是用来取得单元格中的文本的，用于文本处理工作，文本函数所要完成的功能是文本的“搜索”和“替换”，也可以改变大小写或确定字符串的长度，还可以将日期插入字符串或连接在字符串上。

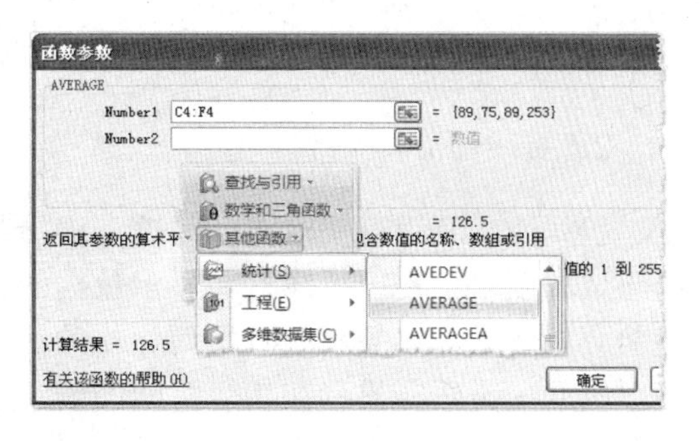

图 6-23 统计函数

LEFT 函数指的是从一个文本字符串的第一个字符开始返回指定个数的字符。例如，单击【文本】下拉按钮，执行 LEFT 命令。然后在弹出的【函数参数】对话框中，设置函数的参数，如图 6-24 所示。

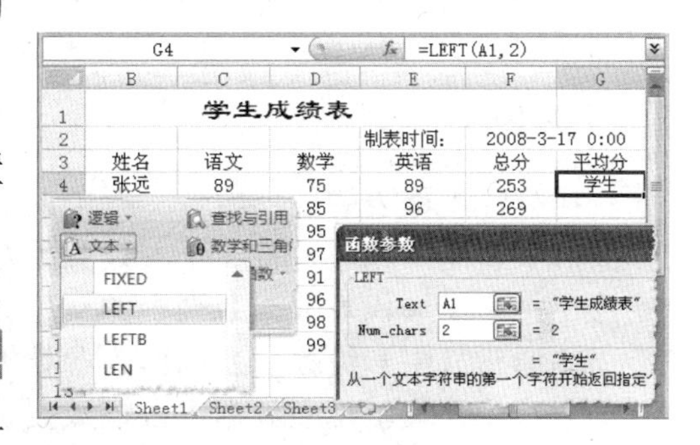

图 6-24 文本函数

6.2 数据图表化

使用图表对表格中的数据进行分析，可以清晰地体现出数据间的各种相对关系。在 Excel 2010 中，利用强大的图表功能，可以轻松创建具有交流数据信息及专业水准的图表，从而使数据层次分明、条理清楚、易于理解。

6.2.1 图表类型

在 Excel 中，共提供了 11 种类型的图表供用户选择使用。为工作表中的数据选择适当类型的图表，可以更好地展示数据之间的关系，从而能够帮助用户更直观地了解其发展的趋势。

1. 柱形图和条形图

柱形图与条形图是最为常用的两种图表类型，它们之间的区别在于其伸展方向的不同。其中，这两种类型的图表又可以分别分为二维、三维、圆柱、圆锥以及棱锥 5 种不同的子图表类型。

❑ 柱形图

柱形图是 Excel 默认的图表类型，主要用于显示一段时间内的数据变化，或者各项之间的比较情况。在柱形图中，通常沿水平轴组织类别，而沿垂直轴组织数值。在 Excel 中，系统为用户提供了 19 种不同的柱形图，如图 6-25 所示为该类型的“簇状柱形图”。

❑ 条形图

条形图与水平的柱形图类似，它可以利用水平横条的长度显示各个项目之间的比较情况，该类图表中共包含 15 种子图表类型。通常情况下，条形图的类别数据沿垂直轴均匀分布，而数值则沿水平轴分布，如图 6-26 所示。

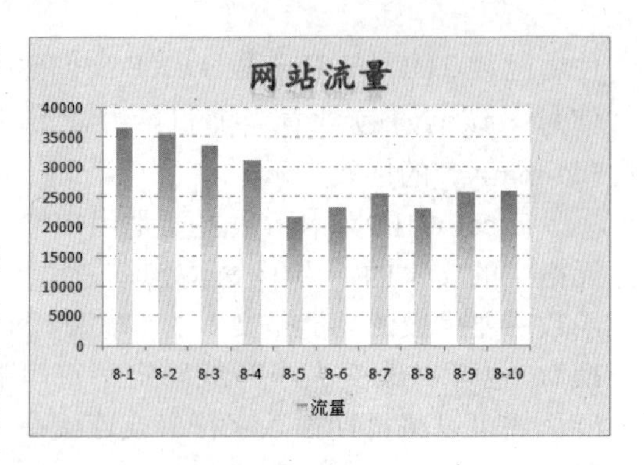

图 6-25 柱形图

2. 折线图

折线图是利用直线段将各数据点连接起来而组成的图形，它以折线方式显示数据的变化趋势。折线图可以显示随时间而变化的连续数据，因此非常适合显示在相等时间间隔下数据的趋势。在折线图中，类别数据沿水平轴均匀分布，而所有值数据沿垂直轴均匀分布，如图 6-27 所示。

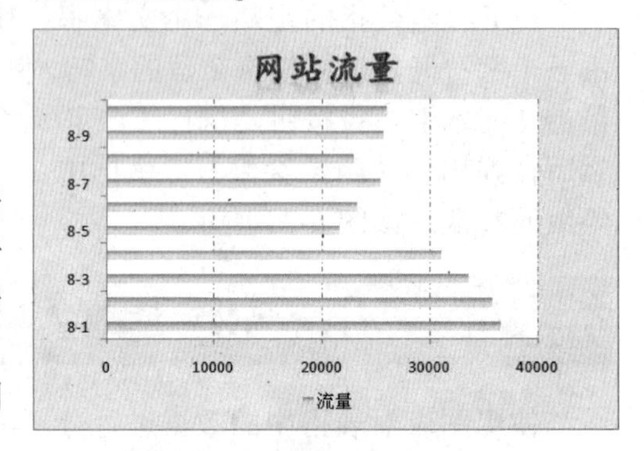

图 6-26 条形图

3. 饼图

仅排列在工作表的一列或者一行中的数据可以绘制到饼图中。它是将一个圆划分为若干个扇形，每个扇形代表数据系列中的一项数据值。饼图通常只用一组数据系列作为源数据。饼图的大小用于表示相应数据项占该数据系列总和的比例值，因此，饼图通常用来描述比例、构成等信息。

饼图可以分为 6 个子图表类型，如图 6-28 所示即为【二维饼图】中的【分离型饼图】子类型。

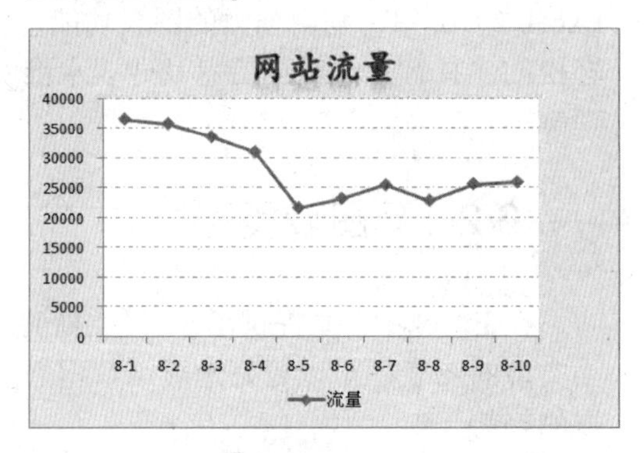

图 6-27 折线图

4. 散点图和面积图

XY 散点图与折线图类似，它不仅可以利用线段来描述数据，而且可以利用一系列的点来描述数据。XY 散点图除了可以显示数据的变化趋势外，更多地用来描述数据之间的关系（如几组数据之间是否相关等）。

而面积图实际上是折线图的另一种表现形式，它使用折线和分类轴（即 X 轴）组成的面积以及两条折线之间的面积来显示数据系列的值。

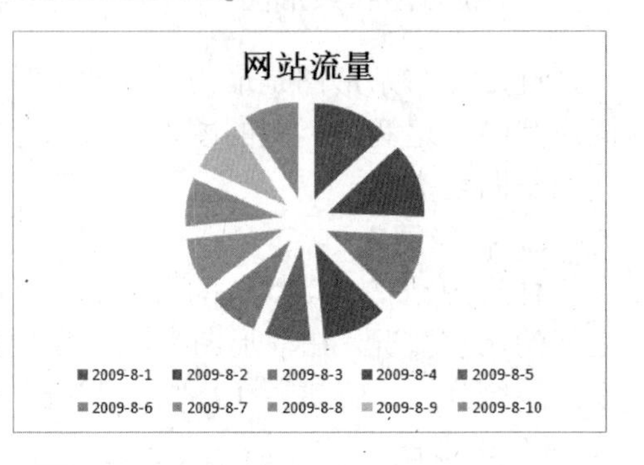

图 6-28 饼图

❑ **散点图**

XY 散点图通过把数据描述成一系列的坐标值来对比一系列的数据，它表示某个实验中的多个实验值。

在散点图中，沿水平轴方向显示一组数值

数据，沿垂直轴方向显示另一组数值数据。散点图将这些数值合并到单一数据点，并以不均匀间隔或者簇的方式显示它们，如图 6-29 所示。

❑ **面积图**

面积图除具备折线图的特点，强调数据随时间的变化以外，还可以通过显示数据的面积来分析部分与整体的关系。例如，用于描述国民经济不同时期、不同产业部门的产值数据等。

在 Excel 中，面积图共包含 6 种子图表类型，如图 6-30 所示即为【堆积面积图】子类型。

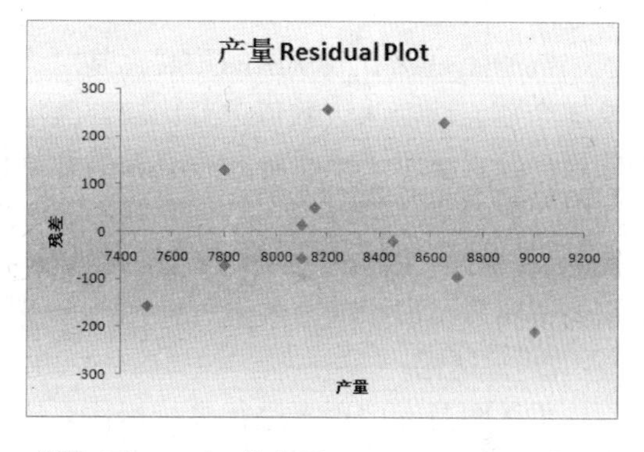

图 6-29 散点图

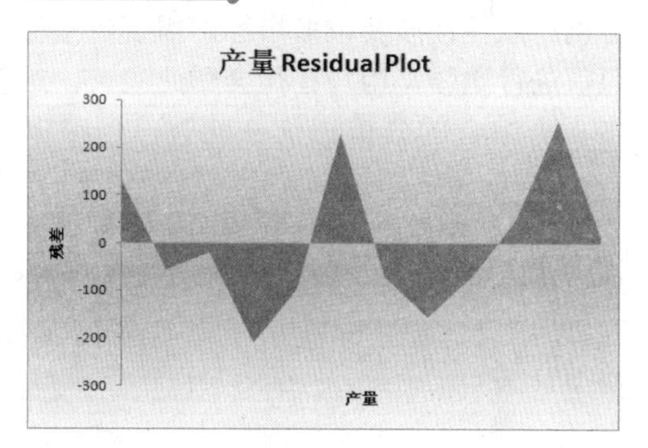

图 6-30 面积图

5．其他图表类型

除上述几种常用的图表类型之外，在 Excel 中还包含有另外几种专业性较强的图表类型。例如，用于查看股价波动幅度大小的股价图，以及比较多个数据系列聚合值的雷达图等。

❑ **股价图**

股价图通常用来显示股价的波动情况，以特定的顺序排列在工作表的列或行中的数据可以绘制到股价图中。另外，股价图也可以用于科学数据的统计。如一段时间内的温度变化。

股价图共有 4 种子图表类型：“盘高-盘低-收盘图”、“开盘-盘高-盘低-收盘图”、“成交量-盘高-盘低-收盘图”和“成交量-开盘-盘高-盘低-收盘图”。其中，“开盘-盘高-盘低-收盘”图也被称为 K 线图，是股市上研究、判断股票行情最常用的技术分析工具之一。

在股价图中，各子图表类型必须按照其不同的数值系列和正确的顺序创建图表，如图 6-31 所示为“成交量-开盘-盘高-盘低-收盘图”子图表类型，它是按照成交量、开盘、盘高、盘低和收盘的顺序排列的。

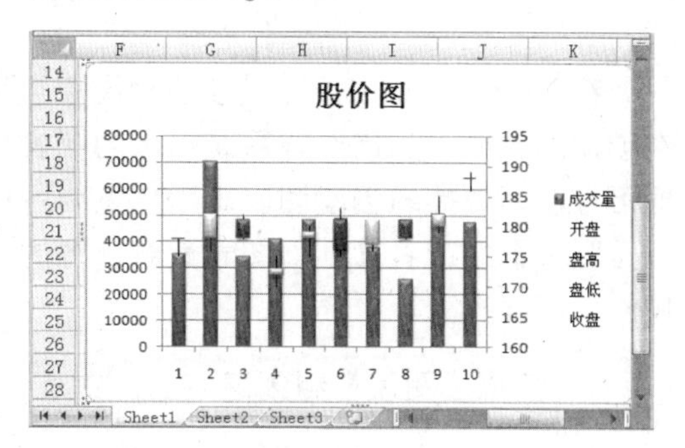

图 6-31 股价图

❑ **曲面图**

曲面图是折线图和面积图的另一种形式。它在原始数据的基础上，通过跨两维的趋势线描述数据的变化趋势，并通过图形的坐标轴，方便地变化观察数据的角度。利用曲面图，可以找到两组数据之间的最佳组合。

曲面图的子图表类型有“三维曲面图”、“三维曲面框架图”、“俯视曲面图”和“俯视曲面框架图”4 种，如图 6-32 所示为“三维曲面图”。

❑ 圆环图

圆环图与饼图类似，也是用于显示各个部分与整体之间的比例和构成等信息，但在圆环图中可以包含多个数据系列。圆环图包含有两个子图表类型，如图 6-33 所示为基本的圆环图。

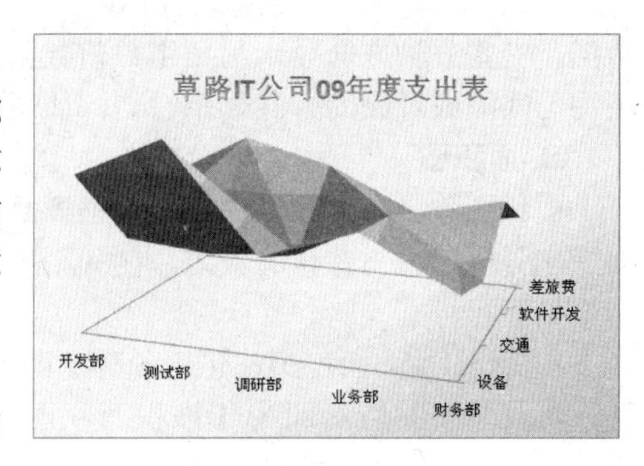

图 6-32 曲面图

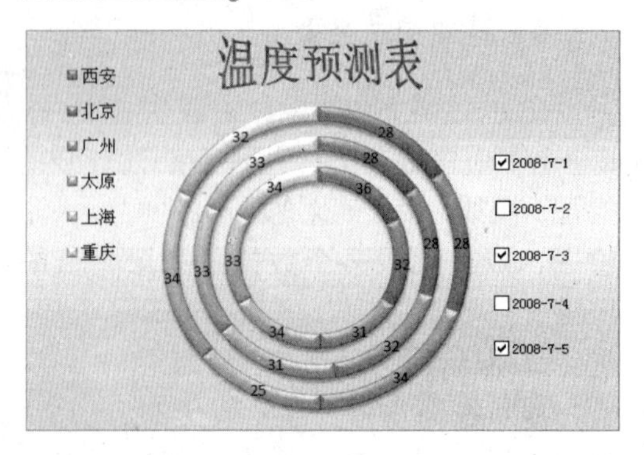

图 6-33 圆环图

❑ 气泡图

气泡图是 XY 散点图的扩展，是对成组的及 3 个数值而非两个数值进行比较。气泡所处的坐标分别标出了水平轴和垂直轴的数据值，同时气泡的大小可以表示数据系列中第 3 个数据的值，数值越大，则气泡越大。如图 6-34 所示为该图表类型中的“三维气泡图”。

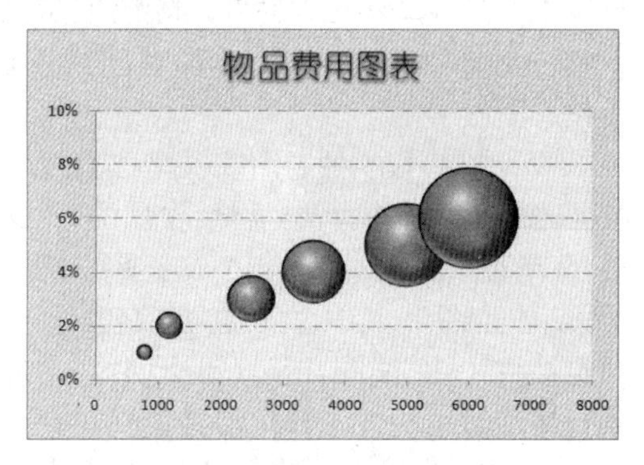

图 6-34 气泡图

❑ 雷达图

雷达图是专门用于进行多指标体系比较分析的专业图表。例如在进行财务报表综合评价分析时，往往涉及很多指标，需要将指标与参照值进行比较，用户往往会顾此失彼，难以得出一个综合的分析评价。此时，便可以利用 Excel 中的雷达图进行分析。

Excel 中包含 3 种雷达图表类型，即“普通雷达图”、“带数据标记的雷达图”，以及“填充雷达图”，如图 6-35 所示为“普通雷达图”类型。

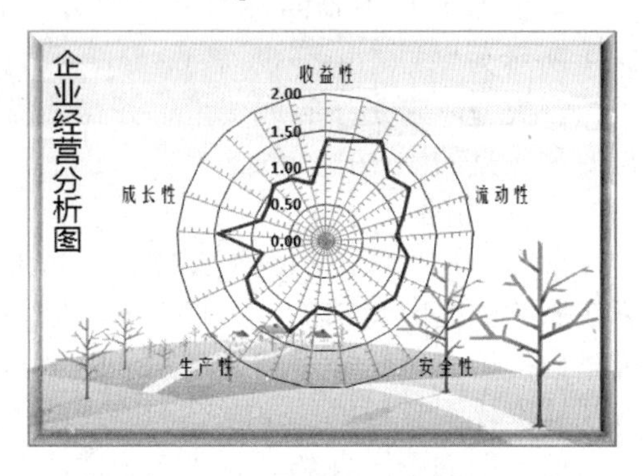

图 6-35 雷达图

6.2.2 创建图表

在 Excel 2010 中，提供了多种图表类型。在创建图表时，只需选择系统提供的图表样式即可方便、快捷地创建图表。用户主要可以通过【图表】组或者【插入图表】对话框的相应操作来创建图表。

1. 使用【图表】组创建

在工作表中，选择要创建图表的数据区域，选择【插入】选项卡，在【图表】组中单击相应的图表类型下拉按钮，选择所需的图表样式即可，如图 6-36 所示。例如选择【柱形图】中的“簇状柱形图”图表样式，如图 6-37 所示。

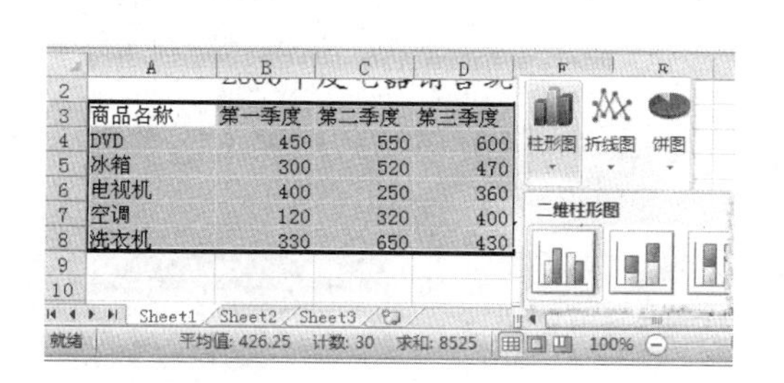

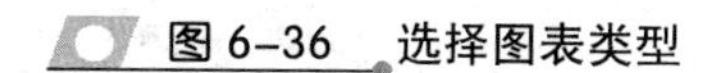
图 6-36 选择图表类型

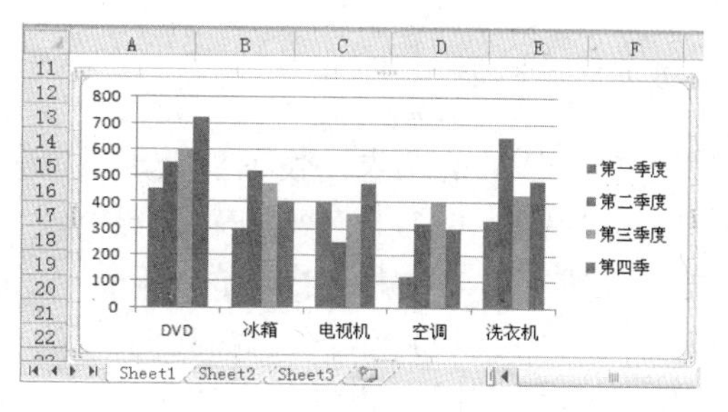

图 6-37 创建图表

2. 使用【插入图表】对话框创建

在工作表中，选择要创建图表的数据区域，单击【图表】组中的【对话框启动器】按钮，在弹出的【插入图表】对话框中，选择图表样式，单击【确定】按钮即可，如图 6-38 所示。

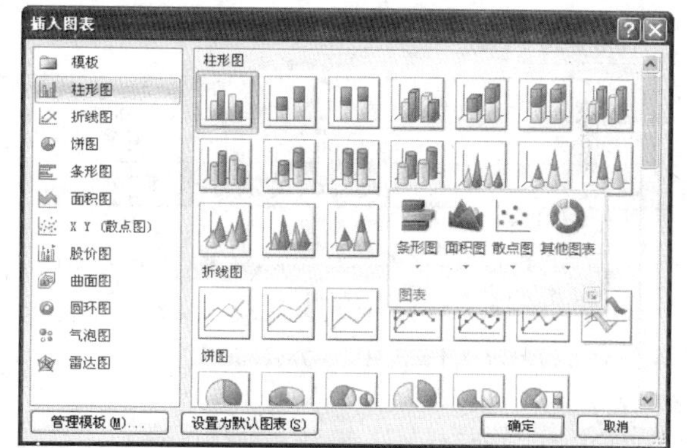

图 6-38 【插入图表】对话框

其中，在弹出的【插入图表】对话框中，其左侧主要提供了如【柱形图】、【折线图】、【饼图】等 11 种图表类型。用户只需选择左侧的相应选项，则在对话框的右侧将显示其相应类型的图表。该对话框与【图表】组中的图表类型相同，只是多了一个【模板】文件夹，该文件夹中，可以保存用户从 Internet 上下载的图表模板，以及用户自己创建的图表模板。

提 示

当对图表进行各项设置后，想将该图表设置为图表模板时，可以单击【类型】组中的【另存为】按钮。在弹出的对话框中，设置图表模板的保存位置与名称，即将选择的图表保存为图表模板。

提 示

如果要基于默认图表类型快速创建图表，先选择要用于图表的数据。然后，按 Alt+F11 键或者按 F11 键即可。按 Alt+F11 键，则图表显示为嵌入图表；按 F11 键，则图表显示在单独的图表工作表上。

6.2.3 编辑图表

插入图表后，图表的位置、大小及显示的内容，并非理想中所希望显示的内容。所以对于插入的图表，还需要进行编辑操作。例如，当图表中显示数据不完整时，可以向图表中添加图表元素。

1. 移动图表

选择要移动的图表，使图表处于激活状态。然后，将鼠标移动到图表上，当鼠标变为“四向”箭头时，拖动图表到合适位置即可在本工作表中移动图表。

另外，还可以将图表移动到其他工作表中。选择【设计】选项卡，单击【位置】组中的【移动图表】按钮，弹出【移动图表】对话框，在该对话框中选择位置。

当选择【新工作表】单选按钮时，在其后的文本框中输入名称，并单击【确定】按钮，则图表会移到以该名称创建的新工作表中，如图 6-39 所示。在该对话框中，主要包含两种位置，其功能如表 6-9 所示。

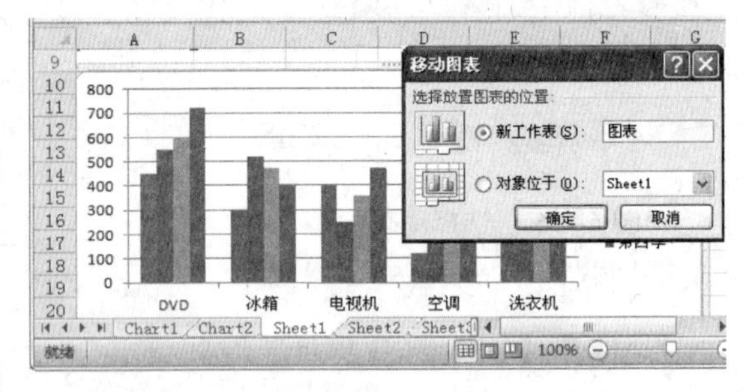

图 6-39 移动图表

表 6-9 移动图表

位　置	说　明
新工作表	建立的图表单独放在新工作表中，从而创建一个图表工作表
对象位于	建立的图表对象被插入到当前工作表中

当选择【对象位于】单选按钮，并单击其下拉按钮，选择工作簿中的其他工作表，则图表会移动到选择的工作表中，如图 6-40 所示。

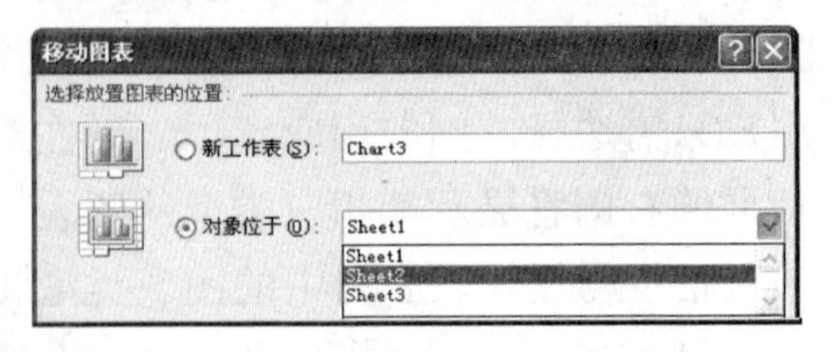

图 6-40 选择对象

提　示

选择要移动的图表，右击图表执行【移动图表】命令，也可弹出【移动图表】对话框。

2. 添加数据

在 Excel 表格中输入要添加的数据，然后选择图表，则数据区域被自动选定。接着，将鼠标置于数据框的右下角，当光标变成“双向”箭头时，向下拖动数据区域即可添加数据，如图 6-41 所示。

用户可以从图表中观察到增加了一个“录音机”商品的相关数据，如图 6-42 所示。

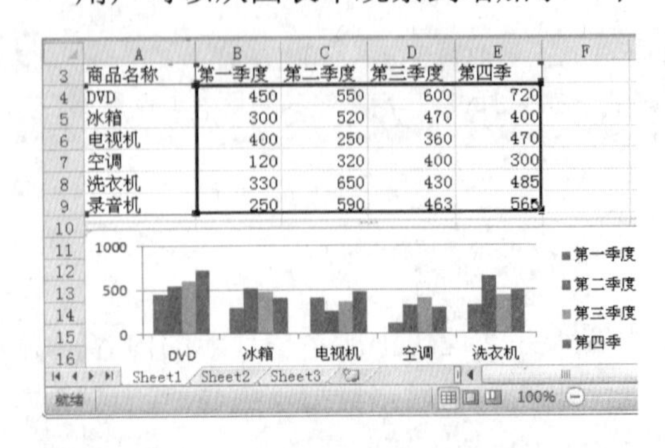

图 6-41 选择数据

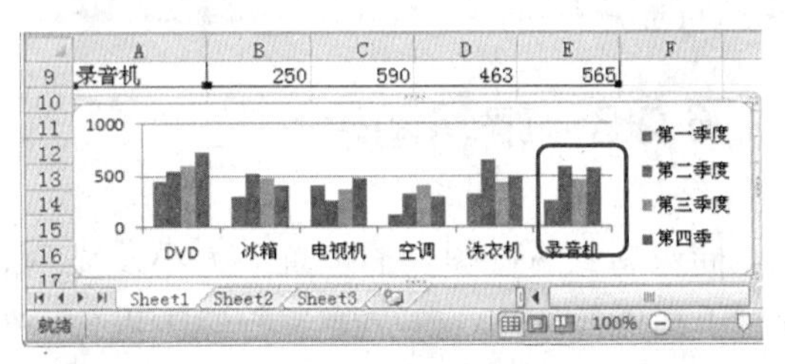

图 6-42 添加图表数据

用户也可以输入需要添加的数据，并右击图表执行【选择数据】命令。然后，在弹出的【选择数据源】对话框中单击【折叠】按钮，重新选择数据区域，再单击【展开】按钮，最后单击【确定】按钮，即可将数据添加到图表中，如图 6-43 所示。

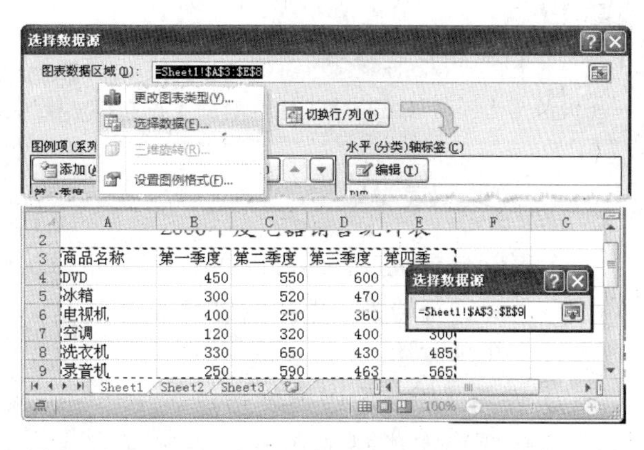

图 6-43　添加数据

其中，在【选择数据源】对话框中，【图表数据区域】表示选择需要创建图表的数据区域。另外，在该对话框中，还可以单击【添加】、【编辑】、【删除】等按钮，对图表中的数据进行添加、编辑及删除操作。

另外，用户还可以输入要添加的数据，选择【设计】选项卡，单击【数据】组中的【选择数据】按钮，然后在弹出的【选择数据源】对话框，选择添加的数据区域即可添加。

3．删除数据

对于图表中多余的数据，也可以将其删除。首先，选择表格中需要删除的数据区域，如图 6-44 所示；然后，按 Delete 键即可删除工作表和图表中的数据，如图 6-45 所示。

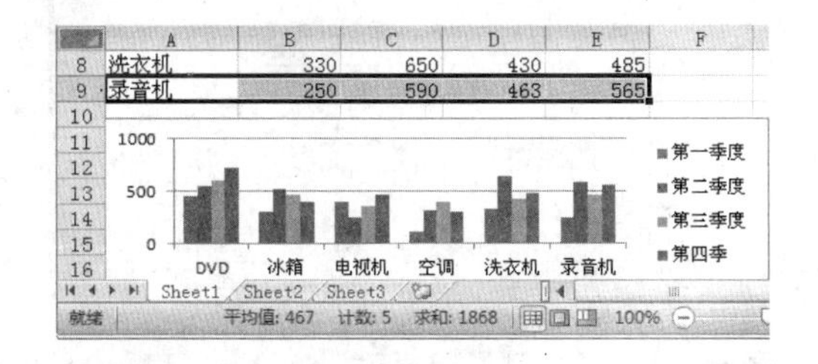

图 6-44　选择数据

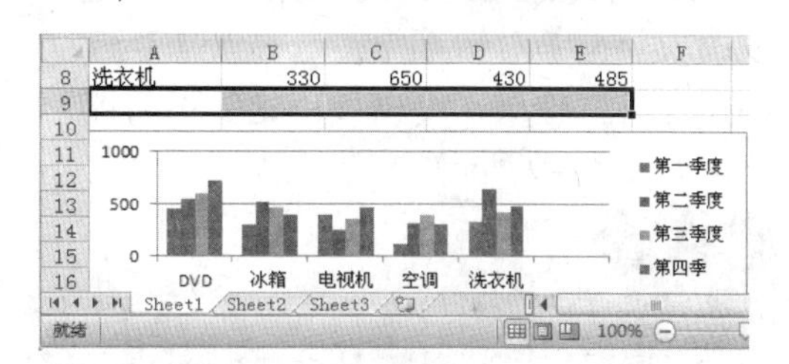

图 6-45　删除数据

提　示

若用户选择图表中的数据，按 Delete 键只会删除图表中的数据，而不能删除工作表中的数据。

选择图表，则工作表中的数据将自动被选中，将鼠标置于被选定数据的右下角，如图 6-46 所示；然后，按住鼠标左键向上拖动，就可减少数据区域的范围，即删除图表中的数据，如图 6-47 所示。

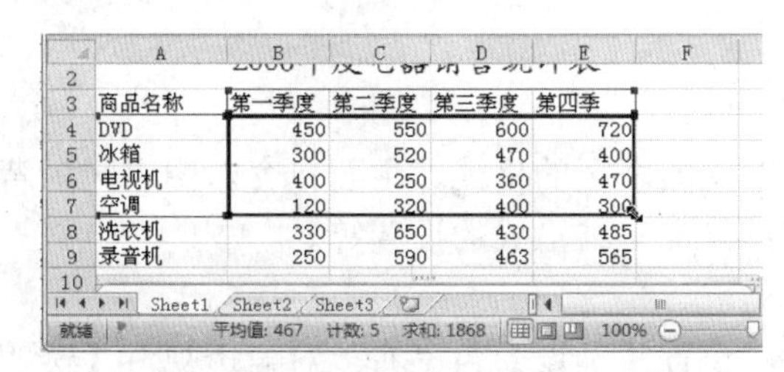

图 6-46　选择数据

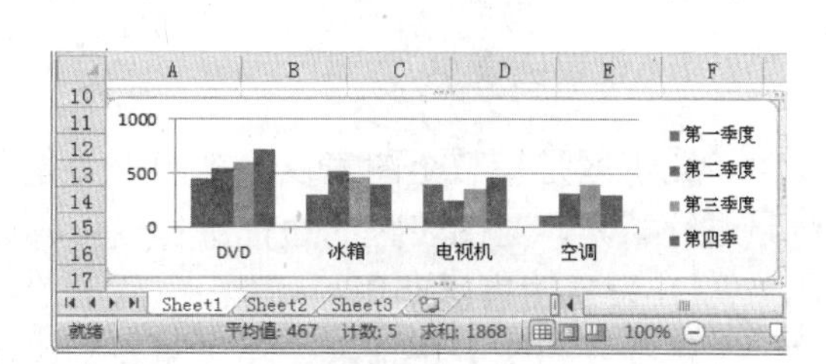

图 6-47　删除数据

提 示

删除图表中的数据，也可单击【数据】组中的【选择数据】按钮或右击执行【选择数据】命令，在弹出的【选择数据源】对话框中单击【折叠】按钮，减少数据区域的范围。

4．更改图表类型

图表创建完成后，还可以在多种图表类型之间进行转换。更改图表类型主要有以下几种方法。

❑ 使用【图表】组更改

选择要更改类型的图表，并选择【插入】选项卡，单击【图表】组中的【折线图】下拉按钮，选择【带数据标记的折线图】项，即可将柱形图更改为折线图，如图 6-48 所示。

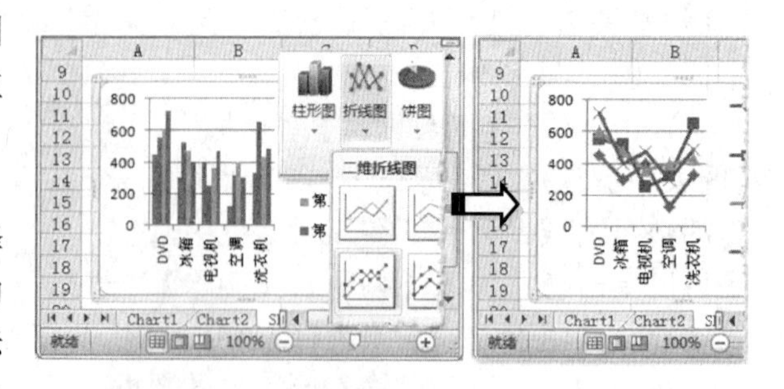

图 6-48 图表组更改

❑ 使用【类型】组更改

选择要更改类型的图表，并选择【设计】选项卡，在【类型】组中单击【更改图表类型】按钮。在弹出的【更改图表类型】对话框中，选择所需更改的图表类型样式，单击【确定】按钮即可，如图 6-49 所示。

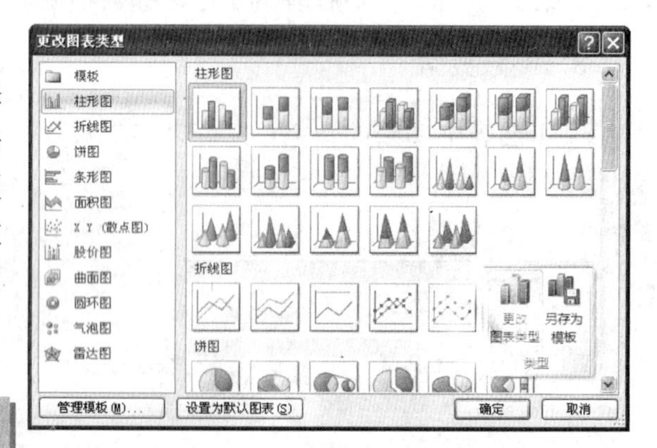

图 6-49 【类型】组更改

提 示

选择要更改类型的图表，右击执行【更改图表类型】命令，也可打开【更改图表类型】对话框。

6.2.4 设置图表格式

当创建图表后，用户可以用颜色、图案、对齐方式以及其他格式属性设置图表的格式。另外，用户还可以更改图表的布局格式。这样，输出的图表将更加美观，并且与漂亮的工作表具有相同的风格。

1．设置图表区

图表区是指整个图表及全部图表元素。设置图表区的格式，主要包含对图表区的背景进行填充、对图表区的边框进行设置，以及包含三维格式的设置等。

❑ 设置图表区阴影

选择【阴影】选项卡，在【阴影】栏中，设置【预设】为“右上对角透视”；【透明度】为 53%；【大小】为 100%，如图 6-50 所示。其中，在【阴影】栏中，各选项功能如表 6-10 所示。

表 6-10 阴影选项设置

阴影选项	功　能
预设	阴影的类型，共包含 24 种阴影，如右下斜偏移、内部左上角和左上对角透视等
颜色	阴影的颜色
透明度	设置阴影的透明度，值越大，阴影越模糊。如透明度为 100%，阴影为完全透明
大小	阴影的大小
模糊	阴影的模糊程度
角度	阴影的角度
距离	阴影和图表之间的距离

❑ 设置图表区边框颜色

选择【边框颜色】选项卡，用户可以通过选择不同的单选按钮，设置线条为【无线条】、【实线】或【渐变线】等。例如，选择【实线】单选按钮，并在【颜色】下拉列表中选择一种颜色，如选择“红色”色块，如图 6-51 所示。

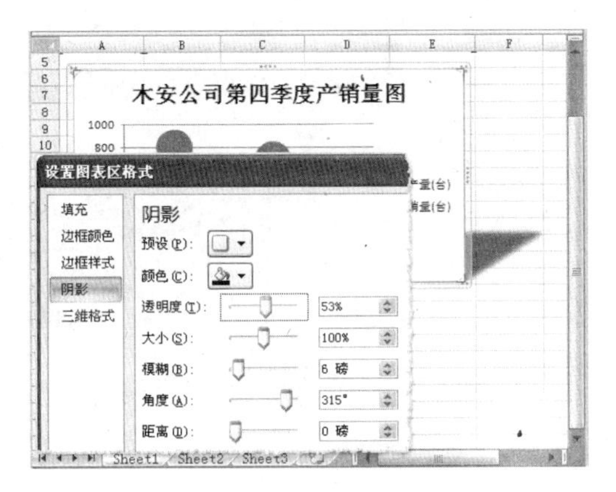

图 6-50 添加图表阴影

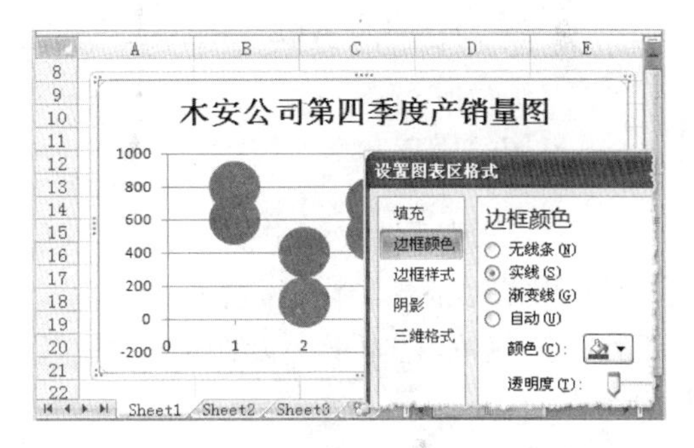

图 6-51 设置边框颜色

❑ 设置图表区边框样式

选择【边框样式】选项卡，在【边框样式】栏中，设置【宽度】为“5.5 磅”；并在【复合类型】下拉列表中，选择一种类型样式，如图 6-52 所示。其中，在【边框样式】栏中，各选项的功能如表 6-11 所示。

表 6-11 边框样式功能表

边框样式	功　能
宽度	调整图表边框线的宽度
复合类型	在该下拉列表中，提供了 5 种类型的复合线条，用户可以根据需要进行选择
短划线类型	在该下拉列表中，提供了 8 种类型的短划线类型，如实线、圆点、方点等
圆角	启用该复选框，则图表的边框将变为圆角形

❑ 设置图表区三维格式

选择【三维格式】选项卡，在【三维格式】栏中，设置【顶端】为“艺术装饰”，并设置其宽度与高度。然后在【表面效果】栏中，设置【材料】为“亚光效果”；【照明】为“日出”，效果如图 6-53 所示。

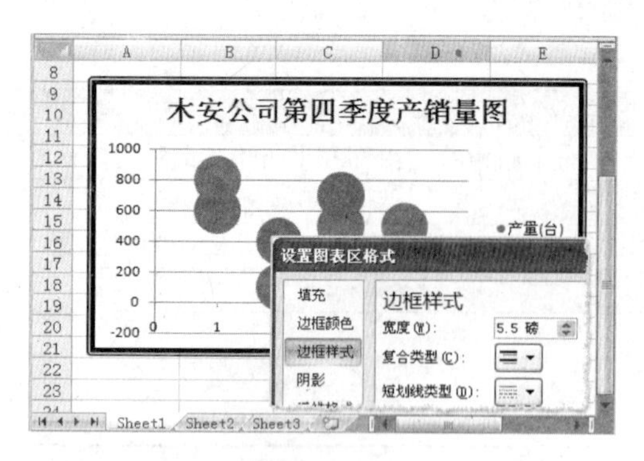

图 6-52 设置边框样式

图 6-53 三维效果

❑ 填充图表区颜色

右击图表区域，执行【设置图表区域格式】命令，然后在弹出的对话框中进行设置。例如，选择【填充】选项卡，并选择【纯色填充】单选按钮，效果如图 6-54 所示。其中，在【填充】栏中，主要包含 5 个单选按钮，其功能如下表 6-12 所示。

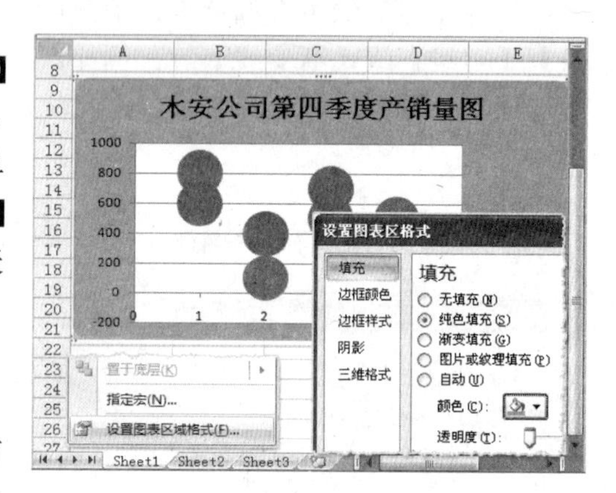

图 6-54 设置图表区格式

2．设置绘图区格式

绘图区指通过轴来界定的区域，包括所有数据系列的图表区。绘图区也可以像图表区一样进行填充颜色、边框颜色及阴影效果的设置，其操作方法相同。

表 6-12 填充功能

按钮名称	功　　能
无填充	选择该单选按钮，则图表区将被设置为无颜色填充（透明）
纯色填充	选择该单选按钮，则可以为图表区添加一种纯色，如蓝色或绿色等
渐变填充	选择该单选按钮，则可以使图表区的背景从一种颜色过渡到另一种颜色
图片或纹理填充	选择该单选按钮，则可以为图表区添加图片背景或纹理样式
自动	选择该单选按钮，则图表区的所有设置将恢复到默认的状态

选择图表的绘图区域，右击执行【设置绘图区格式】命令。然后在弹出的【设置绘图区格式】对话框中，进行设置绘图区的格式。例如，选择【填充】选项卡，并选择【纯色填充】单选按钮，设置【颜色】为“橙色，强调文字颜色 6，淡色 80%”，如图 6-55 所示。

另外，用户可以选择图表，并选择【布局】选项卡，单击【背景】组中的【绘图区】下拉按钮，执行【其他绘图区选项】命令，然后在弹出的【设置绘图区格式】对话框中进行设置，如图 6-56 所示。

3．设置标题的格式

图表的标题主要用来描述该图表的主题内容。本节主要介绍对图表标题和坐标轴标题格式的设置。用户不仅可以通过【标签】组进行设置，也可以右击相应标题，执行相关命令进行设置。

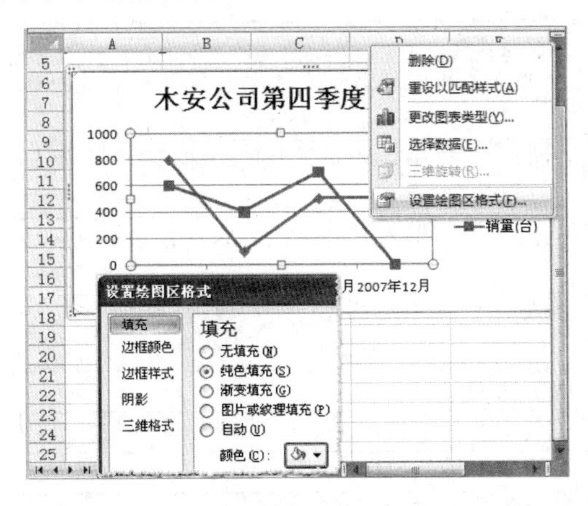

图 6-55 设置绘图区格式

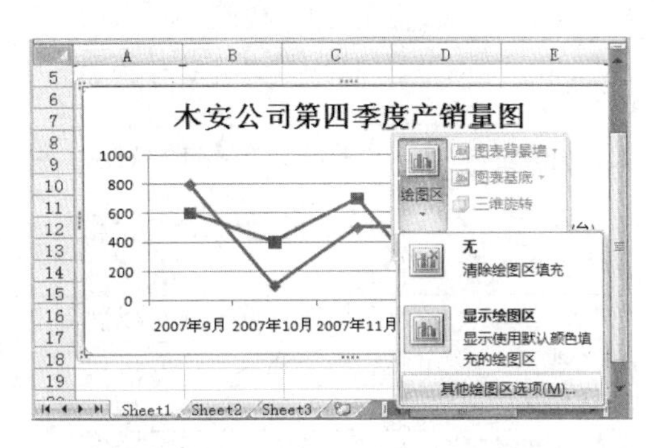

图 6-56 执行【其他绘图区选项】命令

❑ 设置图表标题格式

选择图表，并选择【布局】选项卡，单击【标签】组中的【图表标题】下拉按钮，执行【其他标题选项】命令，然后在弹出的【设置图表标题格式】对话框中进行设置格式即可。例如，选择【渐变填充】单选按钮，并设置【预设颜色】为“麦浪滚滚”，效果如图 6-57 所示。

用户也可以右击图表标题，执行【设置图表标题格式】命令，然后在弹出的【设置图表标题格式】对话框中进行设置，如图 6-58 所示。

图 6-57 设置图表标题格式

提 示

设置标题字体格式的方法是：选择图标标题中的文字，在弹出的浮动工具栏上进行设置或者在【字体】组中进行设置。

4．设置图表中的坐标轴格式

右击图表中的坐标轴，执行【设置坐标轴格式】命令，然后在弹出的【设置坐标轴格式】对话框中进行相应的设置，如图 6-59 所示。

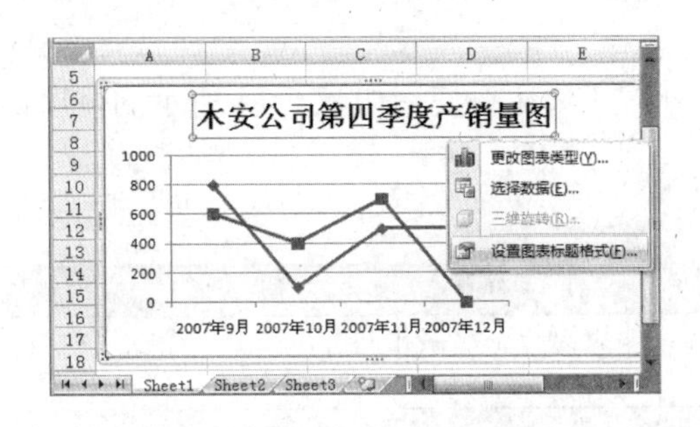

图 6-58 执行【设置图表标题格式】命令

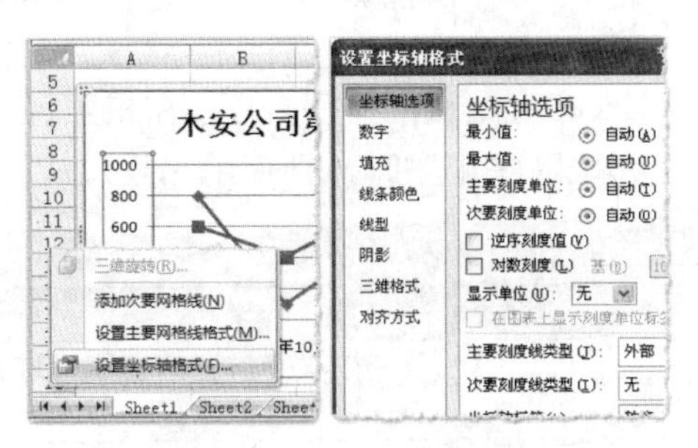

图 6-59 设置坐标轴格式

在【设置坐标轴格式】对话框中，各选项的功能作用如表 6-13 所示。

表 6-13　坐标轴选项功能表

选　项	功　能
最小值	选择【固定】单选按钮，并在其后的文本框中输入具体数值，即可设置坐标轴刻度的最小值
最大值	选择【固定】单选按钮，并在其后的文本框中输入具体数值，即可设置坐标轴刻度的最大值
主要刻度单位	选择【固定】单选按钮，在其后的文本框中输入具体值，可以设置主要刻度线的单位
次要刻度单位	选择【固定】单选按钮，在其后的文本框中输入具体值，可以设置次要刻度线的单位
逆序刻度值	启用该复选框，可以使刻度线上的值逆向显示
对数刻度	启用该复选框，即可使坐标轴以对数刻度显示数值
显示单位	在其列表中选择一种选项，即可设置坐标轴的单位
主要刻度线类型	可以设置主要刻度线型为“内部”、“外部”或者“交叉”
次要刻度线类型	可以设置次要刻度线型为“内部”、“外部”或者“交叉”
坐标轴标签	单击该下拉按钮，可以设置坐标轴标签的位置
自动	选择该单选按钮，设置图表中数据系列与横坐标轴之间的距离为默认值
坐标轴值	选择该单选按钮，并在其后的文本框中输入值，即可设置数据系列与横坐标轴之间的距离
最大坐标轴值	选择该单选按钮，可以使数据系列与横坐标轴之间的距离最大显示

6.3　数据分析与管理

Excel 具有强大的数据分析和数据处理功能，能够为经济管理人员、科研人员以及工程技术人员提供强有力的帮助。在分析和处理工作表数据时，利用 Excel 的排序、筛选和分类汇总等功能，可以方便、快捷地管理数据，从而有效地帮助用户提高工作效率。

6.3.1　数据排序

对数据进行排序不仅可以快速直观地显示、理解数据，还可以帮助用户做出有效的决策。因此，在 Excel 中为用户提供了强大的数据排序功能。但是，在 Excel 中既有默认的排序顺序，也有自定义排序。

1．默认排序次序

Excel 有默认的排序顺序，在按照升序排序时，Excel 将使用如表 6-14 所示的排序次序；在按降序排序时，则使用相反的次序。

表 6-14　默认排序次序

值	说　明
文本	首先按汉字拼音的首字母进行排列。如果第一个汉字相同时，按第二个汉字拼音的首字母进行排列
数字	数字按从最小的负数到最大的正数进行排序

续表

值	说明
日期	日期按从最早的日期到最晚的日期进行排序
逻辑	在逻辑值中，FLASE 排在 TURE 之前
错误	所有错误值（如#Null！和#REF!）的优先级相同
空白单元格	无论是按升序还是降序排序，空白单元格总是放在最后

2．对文本进行排序

通过表 6-14 的描述，其对文本进行排序时，一般对汉字和英文字母进行排序。其中，在对汉字进行排序时，首先按汉语拼音的首字母进行排列。如果第一个汉字的拼音相同，则按第二个汉字拼音的首字母排序。而如果对字母列进行排序，即将按照英文字母的顺序排列，如从 A 到 Z 升序排列或者从 Z 到 A 降序排列。

例如，在工作表中，选择需要排序的任意单元格（如 C4 单元格）。然后，选择【数据】选项卡，单击【排序和筛选】组中的【升序】按钮，即可对“姓名”列进行升序排序，如图 6-60 所示。

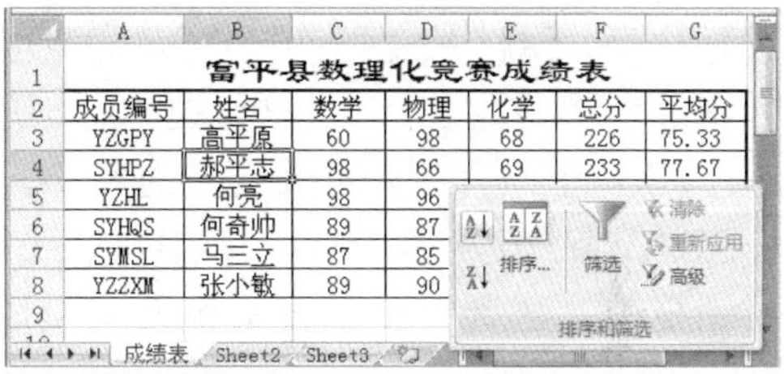

图 6-60　对文本进行升序排序

其中，在【排序和筛选】组中，为用户提供了 3 个排序按钮，其名称和功能如表 6-15 所示。

表 6-15　排序按钮名称及功能

排序按钮	名称	功能
A↓Z	升序	按字母表顺序、数据由小到大、日期由前到后排序
Z↓A	降序	按反向字母表顺序、数据由大到小、日期由后向前排序
AZ/ZA	排序	单击该按钮，弹出【排序】对话框，一次性根据多个条件对数据排序

3．对数字进行排序

选择单元格区域中的一列数值数据，或者选择该列中的任意一个单元格。然后，单击【编辑】组中的【排序和筛选】下拉按钮，执行【降序】命令，如图 6-61 所示。

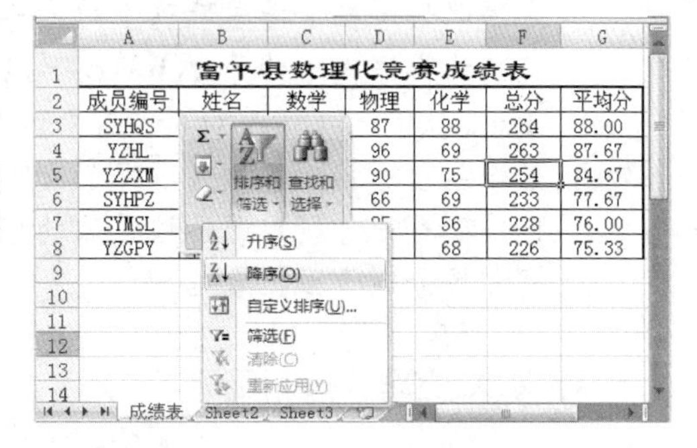

图 6-61　对数字进行排序

4．对日期或时间进行排序

选择单元格区域中的一列日期或者时间，或者选择日期或时间所在列的任意一个单元格。然后，选择【数据】选项卡，单击【排序和筛选】组中的【升序】按钮，如图 6-62 所示。

5．自定义排序

自定义排序是根据用户在【排序】对话框中，设置的排序条件来进行排序的。而默认的排序次序是按照系统提供的次序进行排序的。本节主要介绍如何进行自定义排序以及了解默认的排序次序。

单击【升序】或【降序】按钮可以很方便地对数据进行排序，但是当遇到一列中有多个相同的数据等复杂情况时，用户可以创建自己需要的排序方式进行排序。单击【排序和筛选】组中的【排序】按钮，弹出【排序】对话框，如图 6-63 所示。

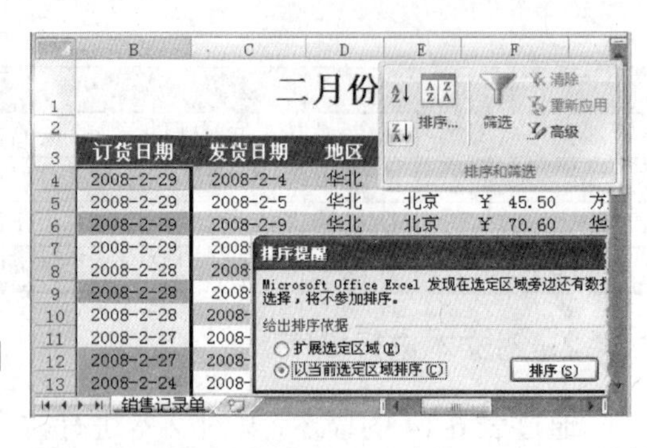

图 6-62 对日期或时间进行排序

在该对话框中，【主要关键字】项是用户进行排序时选择的排序字段，即对哪一列数据进行排序。【排序依据】项主要包含数值、单元格颜色等，用户可以依据这些选项进行排序。【次序】项即用户在排序的过程中，是按升序还是降序进行排序的。其中，在【排序】对话框中，包含了多个按钮和选项，其功能如下。

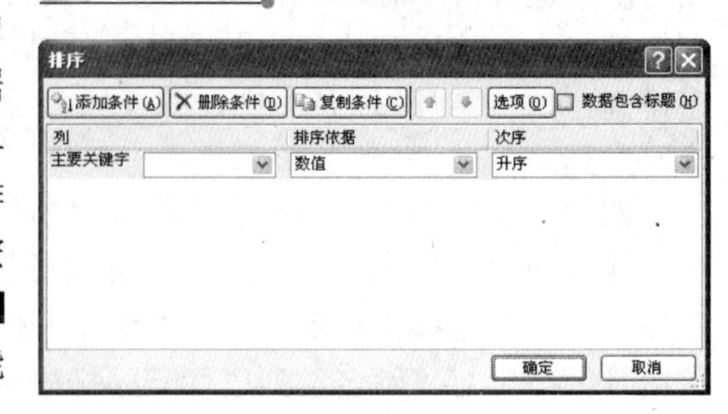

图 6-63 【排序】对话框

- **添加条件** 单击【添加条件】按钮，即可添加一个次要关键字选项。用户可以在主要关键字有相同的数据时，运用次要关键字进行排序。
- **删除条件** 单击【删除条件】按钮，删除当前条件关键字。
- **复制条件** 单击【复制条件】按钮，复制当前条件关键字。
- **上移和下移按钮** 单击【上移】按钮，可选择上一个关键字条件；单击【下移】按钮，可选择下一个关键字条件。
- **选项** 单击【选项】按钮，将弹出【排序选项】对话框，可以设置排序的方向和方法。如果在【排序选项】对话框中，启用【区分大小写】复选框，则字母字符的默认排序次序为：a A b B c C d D e E f F g G h H i I j J k K l L m M n N o O p P q Q r R s S t T u U v V w W x X y Y z Z。
- **数据包含标题** 启用【数据包含标题】复选框，表示排序后的数据中保留字段名行，若禁用则表示排序时原来的字段名行也参与数据排序，并将该行按相应的排序方式分布于数据表格中。

6.3.2 筛选数据

使用数据筛选功能可以使用户从庞大的数据中选择某些符合条件的数据并隐藏无用的数据，从而减少数据量，便于查看。在 Excel 中，用户可以使用自动筛选功能，也可以通过高级筛选处理更复杂的数据。

1. 自动筛选

使用自动筛选可以创建 3 种筛选类型：按列表值、按格式和按条件。对于每个单元格区域或列表来说，这 3 种筛选是互斥的。例如，不能既按单元格颜色又按数字列表进行筛选，只能在两者中任选其一。

选择要进行文本筛选的单选格区域。在【编辑】组中单击【排序和筛选】下拉按钮，执行【筛选】命令，即可自动在该字段名后添加下拉按钮，如图 6-64 所示。

图 6-64　执行【筛选】命令

单击该下拉按钮，在弹出的文本值列表中，通过启用或禁用各个复选框，来选择或清除要作为筛选依据的文本值，并单击【确定】按钮。例如，启用【陈宁】、【陈伟】等复选框，如图 6-65 所示。

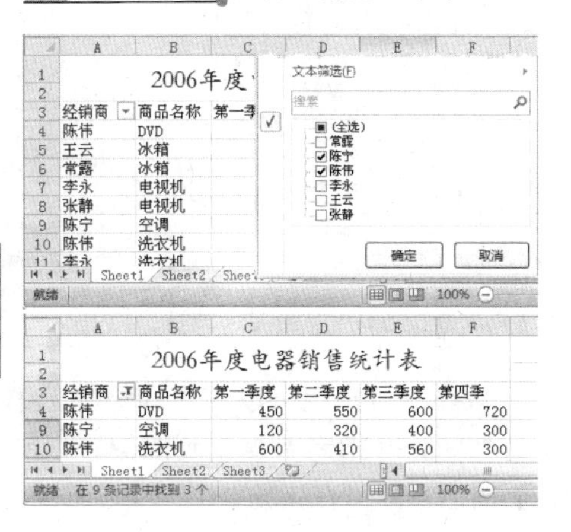

图 6-65　设置筛选依据

提　示

筛选数字与筛选文本方法基本相同，在筛选数字时，创建筛选后，用户只需要单击该下拉按钮进行设置即可。

2. 自定义自动筛选

用户也可以在创建筛选功能后，单击其下拉按钮，选择【文本筛选】级联菜单中的选项，如选择【不等于】选项，在弹出的【自定义自动筛选方式】对话框中进行设置，如图 6-66 所示。

在筛选数据时，可以通过【自定义自动筛选方式】对话框，设置按照多个条件进行筛选。若用户只需要同时满足两个条件，需选择【与】单选按钮；若用户只需要满足两个条件之一，可选择【或】单选按钮。

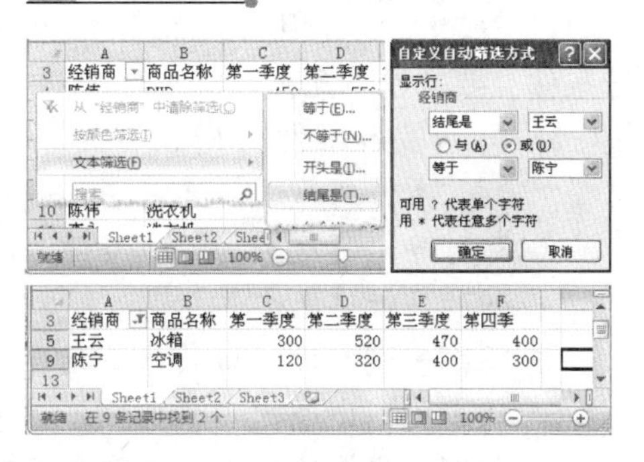

图 6-66　自动筛选

提　示

在【自定义自动筛选方式】对话框中，用户可以分别单击两个下拉按钮，选择筛选条件，也可以直接输入筛选条件。

3. 高级筛选

在实际应用中，当利用自动筛选功能无法完成筛选时，可以通过高级筛选来完成。高级筛选是指通过复杂条件来筛选单元格区域中的内容。

在进行复杂筛选前，需要在工作表中输入筛选的高级条件。例如，在 D17～D19 单元格区域中输入要显示产品的名称，如图 6-67 所示。

	C	D	E	F	G
6	编制单位：星辉公司			日期：2009年8月25日	
7	产品	明细	单位	时间（日）	数量
8	办公耗材	2G优盘	个	1	5
9	办公耗材	电脑显示器	个	10	4
10	办公耗材	A4纸张	箱	13	5
11	钢材	型号6	吨	3	8
12	材料	化学用品	袋	6	10
13	汽车备用件	轮胎、零件	箱	7	12
14	机器配件	电子数显器	个	20	20
15	机器配件	红外线检测仪	个	15	10
16					
17		产品			
18		办公耗材			
19		机器配件			

图 6-67　创建筛选条件

创建筛选条件之后，便可以开始按照筛选条件进行筛选操作。选择【数据】选项卡，单击【排序和筛选】组中的【高级】按钮，如图 6-68 所示。在弹出的【高级筛选】对话框中，分别设置列表区域和条件区域，并单击【确定】按钮，即可按照自定义的筛选条件进行筛选，如图 6-69 所示。

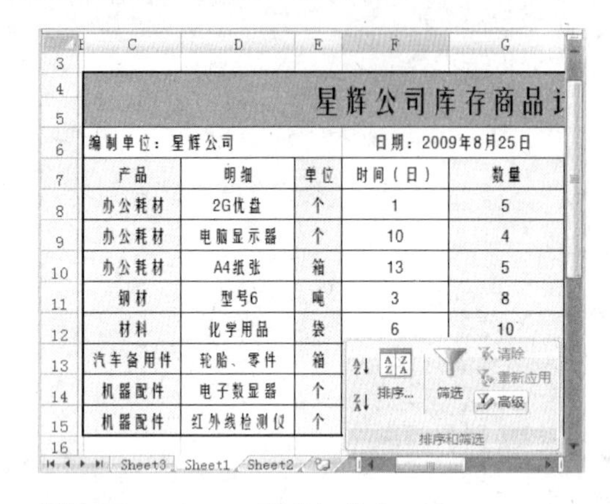

图 6-68 开始高级筛选

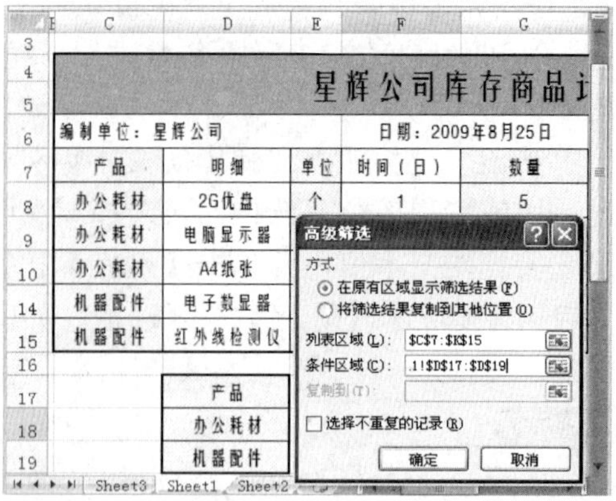

图 6-69 筛选结果

另外，用户也可以在【高级筛选】对话框中，选择【将筛选结果复制到其他位置】单选按钮，并指定要复制到的位置，单击【确定】按钮，即可在指定位置显示筛选结果，如图 6-70 所示。

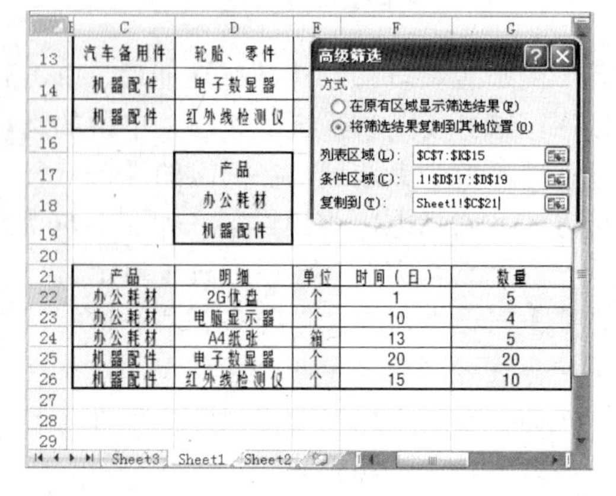

图 6-70 在其他位置复制筛选数据

在 Excel 中，使用高级筛选时，可用的筛选条件主要有以下几种。

- **同列多行条件** 同列多行条件属于“或”条件的筛选，只需满足一个条件即可显示筛选数据。该条件分布在一列的多行单元格中。
- **同行多列条件** 该条件是指在同一行的不同列中创建多个条件，该条件属于“与”条件的筛选，即需要同时满足所设置的多个条件，才能筛选出相应的数据信息。
- **异行多列条件** 异行多列条件是指在不同行的不同列中创建多个条件，该条件属于“或”条件的筛选。
- **多行多列条件** 在多行多列条件中，同一行数据之间为“与”条件，即保留同时满足该行条件的数据；同时，多行多列条件的各行之间为“或”条件。

6.3.3 分类汇总

分类汇总是按某一列数据中相同的部分进行分类，再通过汇总函数，如 SUM、COUNT 和 AVERAGE 等，对数据进行合并计算的一种分析计算类型。对于一个工作表中的数据，如果能在适当的位置加入分类汇总后的统计数据，将使数据内容更加清晰、易懂。

1. 创建分类汇总

在数据管理过程中，有时需要进行数据统计汇总工作，从而进行决策判断。用户可以通过Excel提供的分类汇总功能帮助解决这个问题。

使用分类汇总，Excel 将自动创建公式，并对数据清单的某个字段提供诸如“求和”和“平均值”之类的汇总函数，实现对分类汇总值的计算，而且将计算结果分级显示出来。

在执行【分类汇总】命令之前，首先应对数据进行排序，将数据中关键字相同的一些记录集中在一起。选择工作区中的表格，并选择【数据】选项卡，单击【分组显示】组中的【分类汇总】按钮。在弹出的【分类汇总】对话框中，可以选择【分类字段】、设置【汇总方式】、启用或者禁用【选定汇总项】等，如图 6-71 所示。

此时，在 B 列中将商品名称相同的数据汇总到一起，并将【第一季度】、【第二季度】等季度值求和汇总，如图 6-72 所示。

图 6-71　创建分类汇总

	B	C	D	E	F
4	DVD	450	550	600	720
5	DVD 汇总	450	550	600	720
6	冰箱	280	429	542	480
7	冰箱	300	520	470	400
8	冰箱 汇总	580	949	1012	880
9	电视机	300	500	400	400
10	电视机	400	250	360	470
11	电视机 汇	700	750	760	870
12	空调	120	320	400	300
13	空调 汇总	120	320	400	300

Sheet3　就绪　平均值: 804.85　计数: 80　求和: 48291　100%

图 6-72　效果图

提　示

> 如果指定摘要行位于明细数据行上方，在【分类汇总】对话框中禁用【汇总结果显示在数据下方】复选框。如果指定摘要行位于明细数据行下方，则启用该复选框。

在【分类汇总】对话框下方，还有 3 个指定汇总结果位置的复选框，其含义如下。

- ❑ **替换当前分类汇总**　如果是在分类汇总基础上又进行分类汇总操作，则清除前一次汇总结果，然后按本次分类要求进行汇总。
- ❑ **每组数据分页**　在打印工作表时，每一类将分别打印。
- ❑ **汇总结果显示在数据下方**　将分类汇总结果显示在本类最后一行，系统默认放在本类的第一行。

2. 嵌套分类汇总

进行分类汇总之后，若需要对数据进一步的细化，即在原有汇总结果的基础上，再次进行分类汇总，便采用嵌套分类汇总的方式。本节主要介绍嵌套分类汇总的具体操作方法及使用技巧。

例如，将“商品名称”字段按升序进行排序，并在【分类汇总】对话框的【分类字段】下拉列表中，选择要进行分类汇总的项（如选择【商品名称】项）。在【汇总方式】下拉列表中，选择【求和】函数；并在【选定汇总项】下拉列表中，选择进行汇总的数值的列，例如选择【数量】和【出（入）库总价】项。

进行首次汇总后，可以再次单击【分类汇总】按钮。在【分类汇总】对话框中，设置在【汇总方式】下拉列表中，选择【平均值】函数；并禁用【替换当前分类汇总】复选框，单击【确定】按钮，即可得到如图 6-73 所示的嵌套分类汇总结果。

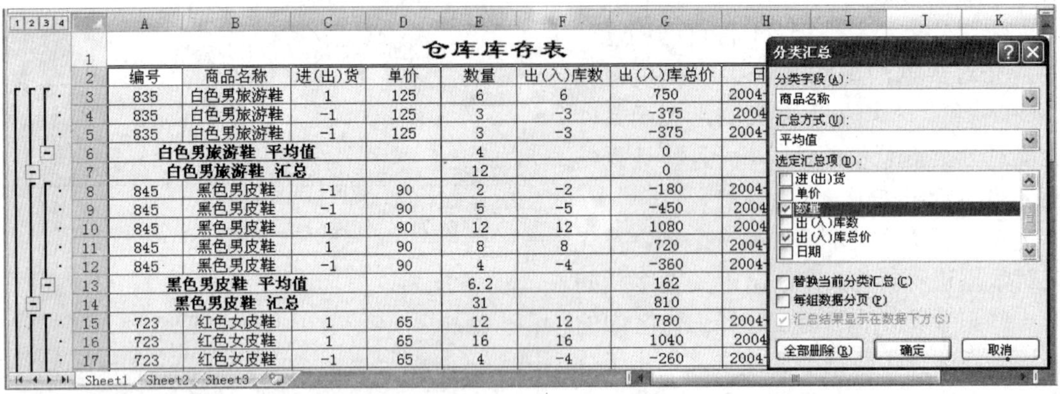

仓库库存表

编号	商品名称	进(出)货	单价	数量	出(入)库数	出(入)库总价	日
835	白色男旅游鞋	1	125	6	6	750	2004
835	白色男旅游鞋	-1	125	3	-3	-375	2004
835	白色男旅游鞋	-1	125	3	-3	-375	2004
	白色男旅游鞋 平均值			4		0	
	白色男旅游鞋 汇总			12		0	
845	黑色男皮鞋	-1	90	2	-2	-180	2004
845	黑色男皮鞋	-1	90	5	-5	-450	2004
845	黑色男皮鞋	1	90	12	12	1080	2004
845	黑色男皮鞋	1	90	8	8	720	2004
845	黑色男皮鞋	-1	90	4	-4	-360	2004
	黑色男皮鞋 平均值			6.2		162	
	黑色男皮鞋 汇总			31		810	
723	红色女皮鞋	1	65	12	12	780	2004
723	红色女皮鞋	1	65	16	16	1040	2004
723	红色女皮鞋	-1	65	4	-4	-260	2004

图 6-73　嵌套分类汇总后的结果

提　示

要删除创建的分类汇总，首先选择包含分类汇总的单元格，重新打开【分类汇总】对话框，然后单击【全部删除】按钮即可。

6.4　打印工作表

当创建并设置好工作表之后，用户还可以将该工作表的内容打印出来。而在打印工作表之前，用户还需要对工作表进行页面设置，并通过打印预览功能来预览工作打印出来的最终效果。

6.4.1　页面设置

在 Excel 中，对工作表页面的设置和对图表页面的设置可以分别进行，用户可以根据工作表或者图表的大小设置纸张大小和纸张方向。在设置页面的过程中，用户还可以选择使用设置页面的不同方法。

1. 设置工作表页面

设置工作表页面，可以利用功能区或者通过【页面设置】对话框的【页面】选项卡来完成。若要利用功能区来设置工作表页面，可以选择【页面布局】选项卡，利用【页面设置】组和【调整为合适大小】组更改纸张方向、大小和缩放比例。

□ 更改纸张方向

默认情况下，Excel 工作表纸张的方向均为“纵向”，若要更改其页面的方向，可以单击【页面设置】组中的【纸张方向】下拉按钮，选择【横向】选项即可，如图 6-74 所示。

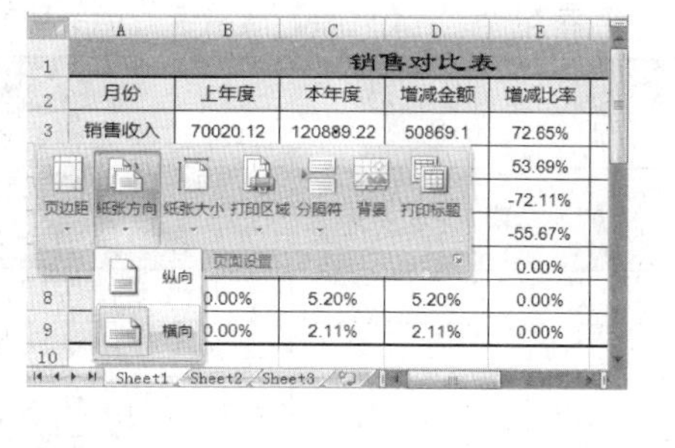

图 6-74 更改纸张方向

□ 更改纸张大小

若要更改工作表纸张的大小，只需单击【纸张大小】下拉按钮，在其列表中提供了多种常用的纸张类型，用户只需选择要使用的纸张即可，如图 6-75 所示。

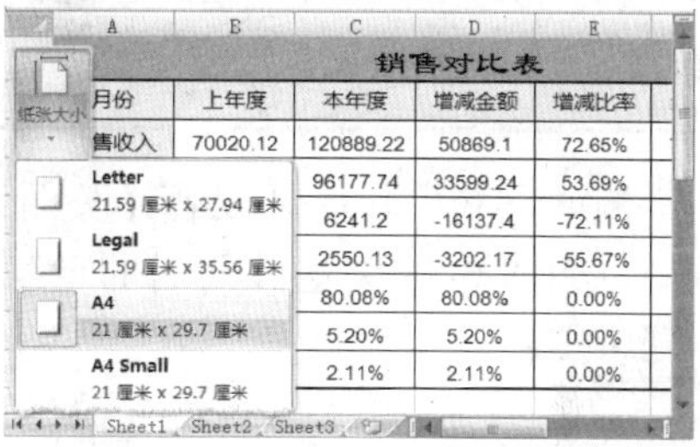

图 6-75 设置纸张大小

提 示

在 Excel 中不支持用户自定义纸张大小，若列表中没有要使用的纸张，可以选择较为接近的纸张，并通过设置页边距来解决该问题。

□ 设置缩放比例

在【调整为合适大小】组中，用户可以为工作表指定缩放比例，使其按照实际大小的百分比拉伸或者收缩要打印输出的工作表。另外，用户还可以指定收缩打印输出的高度和宽度，从而使页面适合更多的页数。

例如，在【缩放比例】微调框中，输入 110%，即可使该工作表在预览时，按照原始大小的 110% 显示，如图 6-76 所示。

图 6-76 设置缩放比例

提 示

若要设置工作表的缩放比例，必须将最大【宽度】和最大【高度】设置为“自动”，否则【缩放比例】选项将被禁用。

另外，单击【页面设置】组中的【对话框启动器】按钮，在弹出的对话框中，可以同时更改页面的方向、纸张的大小和缩放比例。同时，用户还可以针对打印质量和要打印的起始页码进行设置，如图 6-77 所示。其中，各选项的功能作用如表 6-16 所示。

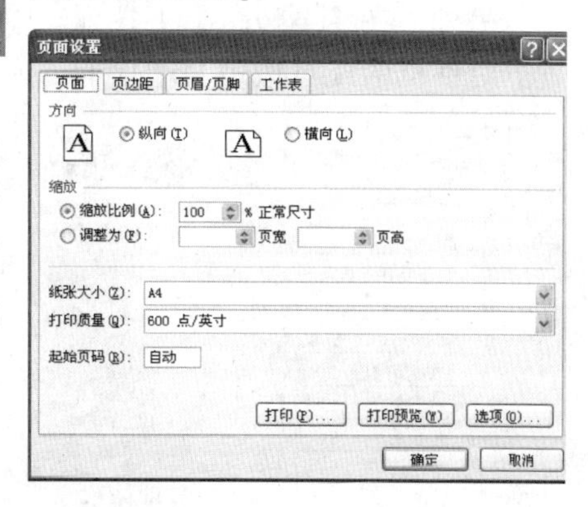

图 6-77 【页面】选项卡

2. 设置图表页面

在设置图表页面时，首先需要选择工作表中的图表，然后再更改其方向和大小。但是，与设置工作表页面不同的是，Excel 不能对图表的缩放比例和打印输出的宽度、高度进行设置。除此之外，图表页面的设置方法与工作表页面的设置方法基本相同。

表 6-16 【页面】选项卡各选项功能作用表

名　称	作　用
方向	通过选择该栏中的【纵向】和【横向】单选按钮，来设置工作表的页面方向
缩放	设置工作表的显示比例，或者选择【调整为】单选按钮，在【页宽】和【页高】微调框中，设置页面的高度和宽度
纸张大小	单击该下拉按钮，在其列表选择要使用的纸张类型
打印质量	根据所使用打印机分辨率的不同，该栏中的打印质量也不相同
起始页码	当打印的工作表中含有多个页面，且要打印其中的一部分时，则可以在该文本框中输入要打印的起始页
【打印】、【打印预览】和【选项】按钮	单击【打印】按钮，可以在弹出【打印内容】对话框中，对打印项进行设置；单击【打印预览】按钮，可以预览当前工作表；单击【选项】按钮，即可在弹出的对话框中，对工作表的布局、纸张和质量进行设置，还可以为打印机进行维护

例如，利用功能区或者【页面设置】对话框中的【页面】选项卡，更改图表页面的方向，如图 6-78 为更改前后的示意图。

提　示

选择图表后，【页面设置】对话框中的【缩放】选项和【调整为合适大小】组中的各选项都将被禁用。

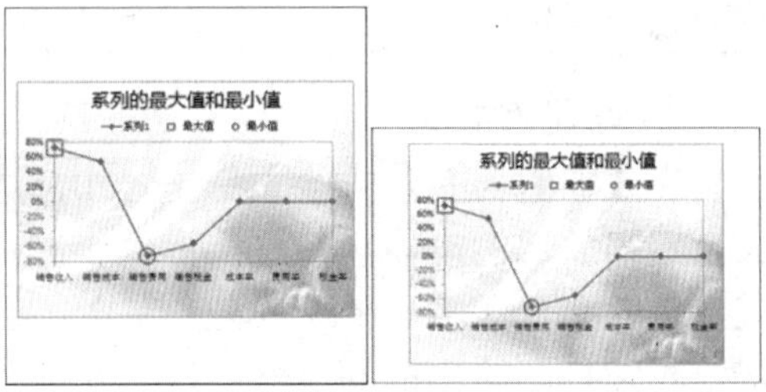

图 6-78 图表页面方向

6.4.2 设置页边距

页边距是指工作表或者图表上、下、左、右 4 边与页面边界之间的距离。用户既可以使用 Excel 内置的普通页边距、宽页边距或者窄页边距，也可以定义自己需要的页面边距。

在 Excel 中，页边距的单位通常用厘米来表示。若要使用内置的页边距选项，可以选择要设置页边距的工作表或者图表，单击【页边距】下拉按钮，在其列表中选择所需的页面边距，可以达到快速设置页边距的目的，如图 6-79 所示。

另外，在【页边距】下拉列表中，执行【自定义页边距】命令，即可打开【页面设置】对话框的【页边距】选项卡，如图 6-80 所示。

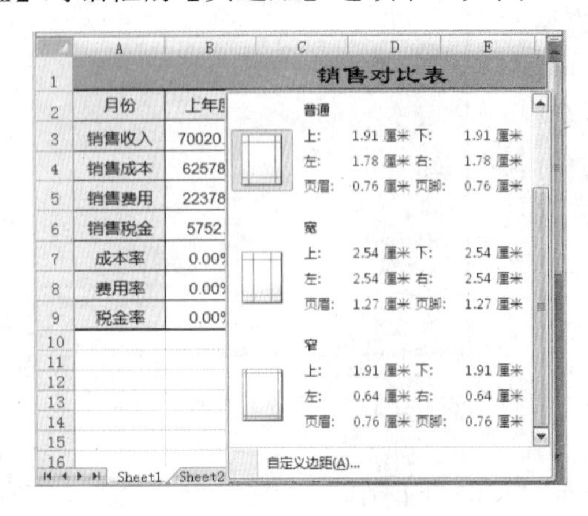

图 6-79 内置页边距选项

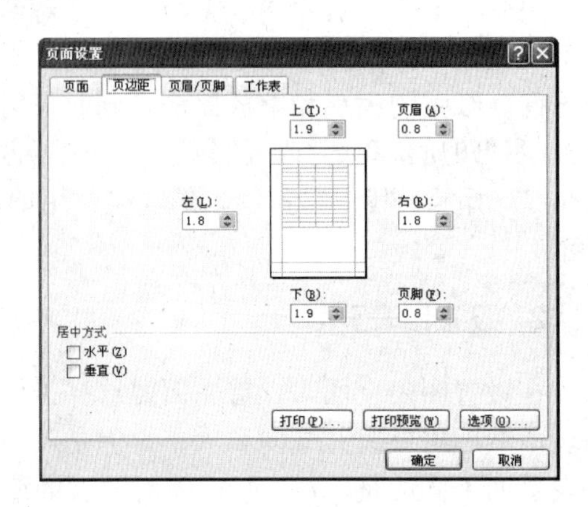

图 6-80 【页边距】选项卡

在该选项卡中，通过单击【上】、【下】、【左】、【右】微调框中的微调按钮，或者直接在其中输入具体的数值，即可为工作表指定页边距；在【页眉】和【页脚】微调框中，输入数值可以更改页眉和页脚到纸张边缘的距离。

另外，在【居中方式】栏中，还包含有两个复选框。若启用【水平】复选框，则使数据区域在工作表中以水平方向居中；若启用【垂直】复选框，则以垂直方向居中。

6.4.3 设置打印区域

打印区域是指Excel工作表中要打印的数据范围。在未指定工作表打印区域时，Excel会自动选取包含数据的最大行和列作为打印区域。在Excel中，如果只需要打印工作表中的一部分数据，而又不方便将其隐藏时，可以通过设置打印区域的方法来完成。

1. 利用功能区设置打印区域

在Excel中，用户可以通过【页面布局】选项卡中的【页面设置】组来快速更改系统默认的打印区域。

若要设置打印区域，只需选择工作表中要作为打印区域的单元格或者单元格区域。然后，单击【页面设置】组中的【打印区域】下拉按钮，执行【设置打印区域】命令即可，如图6-81所示。

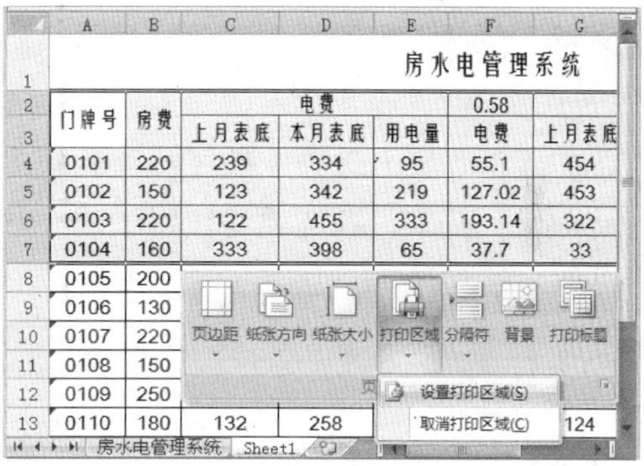

图6-81 设置打印区域

若要在工作表中添加多个打印区域，可以选择要添加到打印区域的数据范围，再次单击【打印区域】下拉按钮，执行【添加到打印区域】命令即可，如图6-82所示。

图6-82 添加打印区域

将所选区域设置为打印区域后，该区域将会以黑色虚线边框的格式出现在该工作表中。若要取消打印区域，可以选择要取消打印的区域，执行【取消打印区域】命令；如果未选择某个打印区域，而执行该命令，Excel将取消工作表中所有的打印区域。

提　示

当工作表中已经存在打印区域时，若再次执行【设置打印区域】命令，则会替换原有的打印区域。

2. 利用对话框设置打印区域

利用该方式除了可以设置工作表的打印区域之外，还可以设置打印标题、打印效果，以及打印顺序等内容。

在【页面设置】对话框中，选择【工作表】选项卡，将光标置于【打印区域】文本框中，利用鼠标拖动的方式，在工作表中选择要打印的区域，并单击【确定】按钮即可，如图 6-83 所示。

图 6-83　利用对话框设置打印区域

在该对话框中，其他选项的功能作用如下。

❑ 打印标题

当工作表中的数据过长，需要将其打印为多页时，默认情况下，仅会在首页显示工作表标题。这样，第二页之后的数据则会因没有标题而变得不易理解。通过打印标题的设置，可以帮助用户轻松解决这一问题。

❑ 打印

在【工作表】选项卡的【打印】栏中，通过启用不同的复选框，即可为工作表添加特殊效果。其中，各选项的作用如表 6-17 所示。

表 6-17　【打印】栏中各选项的作用

名　称	功　能
网格线	若启用该复选框，在打印工作表时可以将网格线一起打印
单色打印	若启用该复选框，即可在打印工作表时，忽略其中的颜色，将其以黑白色调进行处理
草稿品质	启用该复选框，打印时将不打印网格线，同时图形以简化方式输出
行号列标	在打印工作表时，如果需要显示行号和列标，可以启用该复选框
批注	单击该下拉按钮，可以选择是否要打印工作表中的批注，或者选择打印批注的方式
错误单元格打印为	在该下拉列表中，用户可以选择如何打印输出错误单元格中的值

❑ 打印顺序

通过对打印顺序的设置，可以控制页码的编排和打印的前后次序。在【工作表】选项卡中，包含【先列后行】和【先行后列】两个单选按钮供用户选择。

其中，【先列后行】单选按钮为默认打印顺序，该方式将从第一页向下进行页码编排和打印，然后移至右边并继续向下打印工作表。若选择【先行后列】单选按钮，则在打印工作表时，从第一行向右进行页码编排和打印，然后下移并继续向右打印工作表。

6.5　实验指导：制作经营情况分析图表

经营情况分析图表是记录公司各种损益科目数据的表格，可以使经营者对一段时间内公司的损益情况有一个整体了解。下面，通过运用 Excel 2010 中的图表功能，制作一个“经营情况分析图表”，使用户掌握公式的运用及图表格式的设置方法，效果如图 6-84 所示。

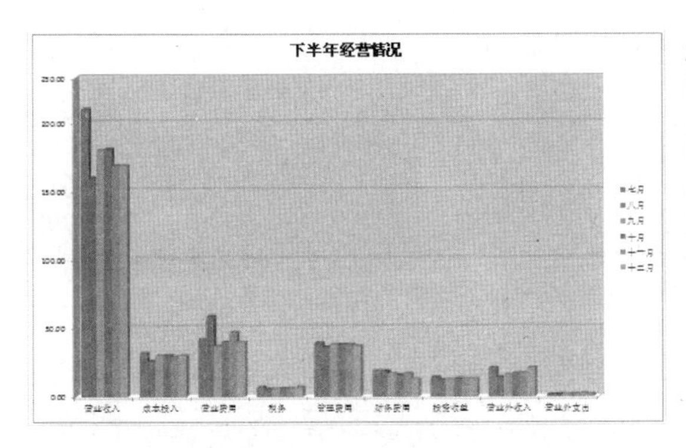

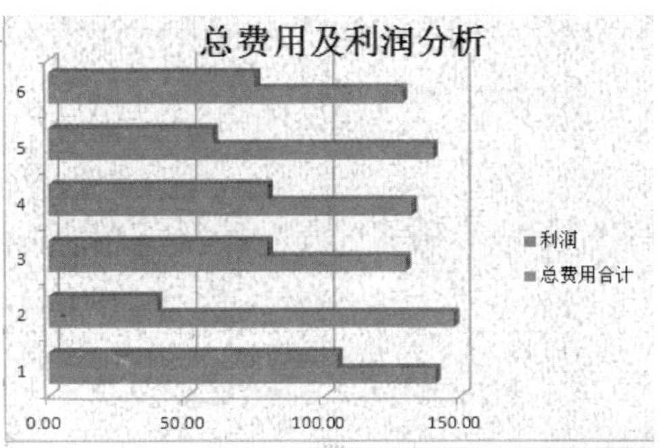

图 6-84 经营情况分析图表

操作步骤：

1. 合并 A1 至 G1 单元格区域，输入“商科公司经营情况分析”文字。然后，设置【字体】为“华文楷体”；【字号】为 18，并单击【加粗】按钮。接着，在 A2 至 G11 单元格区域内，输入相关数据信息，如图 6-85 所示。

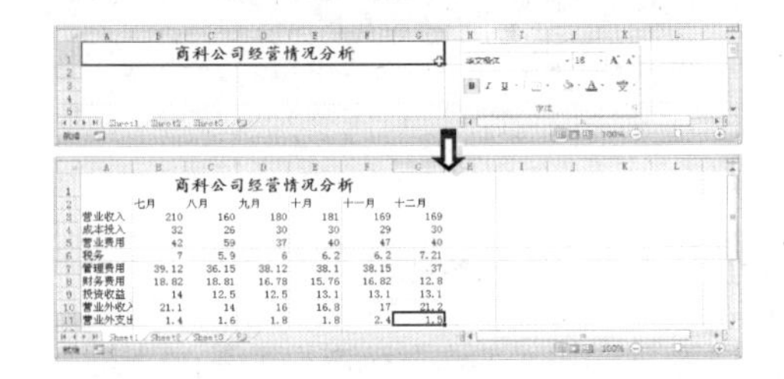

商科公司经营情况分析

	七月	八月	九月	十月	十一月	十二月
营业收入	210	160	180	181	169	169
成本投入	32	26	30	30	29	30
营业费用	42	59	37	40	47	40
税务	7	5.9	6	6.2	6.2	7.21
管理费用	39.12	36.15	38.12	38.1	38.15	37
财务费用	18.82	18.81	16.78	15.76	16.82	12.8
投资收益	14	12.5	12.5	13.1	13.1	13.1
营业外收入	21.1	14	16	16.8	17	21.2
营业外支出	1.4	1.6	1.8	1.8	2.4	1.5

图 6-85 插入数据

2. 选择 B2 至 G2 单元格区域，单击【对齐方式】组中的【居中】按钮，如图 6-86 所示。

商科公司经营情况分析

B	C	D	E	F	G
七月	八月	九月	十月	十一月	十二月
210	160	180	181	169	1
32	26	30			
42	59	37			
7	5.9	6			
39.12	36.15	38.12			
18.82	18.81	16.78			
14	12.5	12.5	13.1	13.1	13
21.1	14	16	16.8	17	21
1.4	1.6	1.8	1.8	2.4	1

图 6-86 设置对齐方式

3. 选择 B3 至 G11 单元格区域，双击【数字】组中的【增加小数位数】按钮，如图 6-87 所示。

4. 分别在 A12 和 A13 单元格中输入“总费用合计”和“利润”文字，如图 6-88 所示。

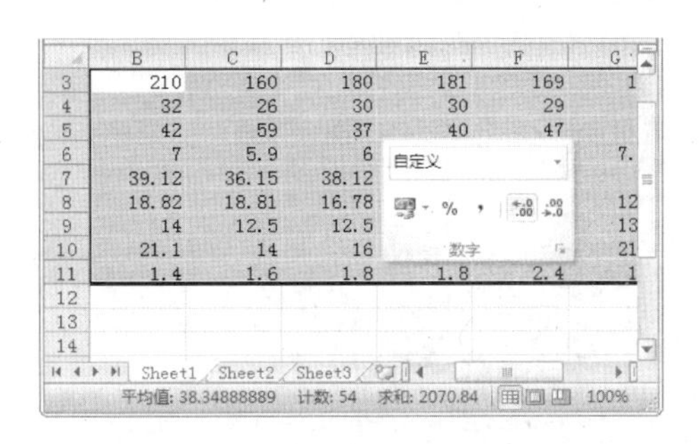

图 6-87 设置小数位数

RANK =B4+B5+B6+B7+B8+B11

	A	B	C	D	E
3	营业收入	210.00	160.00	180.00	181.00
4	成本投入	32.00	26.00	30.00	30.00
5	营业费用	42.00	59.00	37.00	40.00
6	税务	7.00	5.90	6.00	6.20
7	管理费用	39.12	36.15	38.12	38.10
8	财务费用	18.82	18.81	16.78	15.76
9	投资收益	14.00	12.50	12.50	13.10
10	营业外收入	21.10	14.00	16.00	16.80
11	营业外支出	1.40	1.60	1.80	1.80
12	总费用合计	'+B8+B11			
13	利润				

图 6-88 输入数据

5. 在 B12 和 B13 单元格中分别输入“=B4+B5+B6+B7+B8+B11”和“=B3+B9+B10-B12”公式，并填充 B12 至 G11 单元格区域数据，如图 6-89 所示。

6. 选择 A2 至 G11 单元格区域，在【插入】选项卡内，单击【图表】组中的【柱形图】下拉按钮，选择“三维簇状柱形图”选项，如图 6-90 所示。

7. 选择【布局】选项卡，单击【标签】组中的【图标标题】下拉按钮，执行【图表上方】

命令，并在弹出的“图标标题”文本框中设置标题，如图 6-91 所示。

	A	B	C	D	E	F
3	营业收入	210.00	160.00	180.00	181.00	16
4	成本投入	32.00	26.00	30.00	30.00	2
5	营业费用	42.00	59.00	37.00	40.00	4
6	税务	7.00	5.90	6.00	6.20	
7	管理费用	39.12	36.15	38.12	38.10	3
8	财务费用	18.82	18.81	16.78	15.76	1
9	投资收益	14.00	12.50	12.50	13.10	1
10	营业外收入	21.10	14.00	16.00	16.80	1
11	营业外支出	1.40	1.60	1.80	1.80	
12	总费用合计	140.34				
13	利润	+B10-B12				
14						

RANK =B3+B9+B10-B12

图 6-89 输入公式

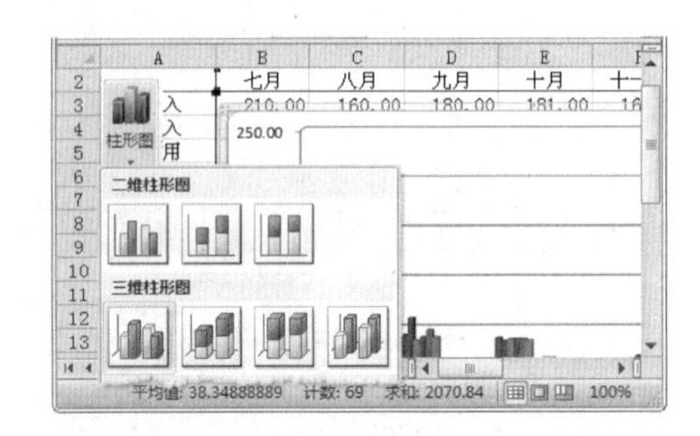

图 6-90 三维簇状柱形图

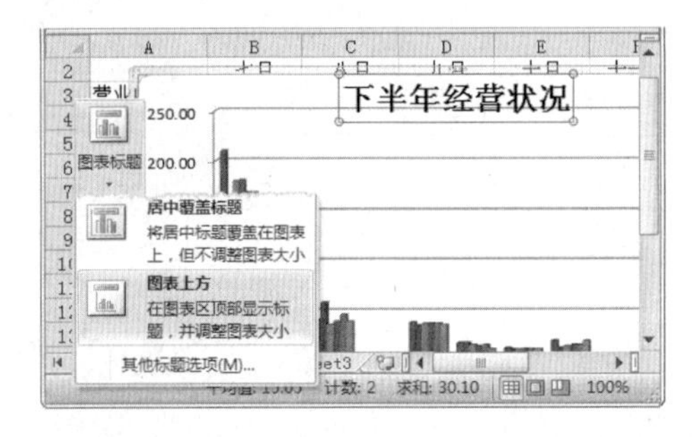

图 6-91 设置标题

8 选择图表区，在其空白处右击，执行【设置背景墙格式】命令。在弹出的对话框中，单击【填充】选项中的【纯色填充】单选按钮，设置颜色为“水绿色，强调文字颜色 5，淡色 40%”，如图 6-92 所示。

9 单击【设计】选项卡中的【移动图表】按钮，在弹出的对话框中选择【新工作表】选项，并在其文本框中输入“下半年经营情况”文字，如图 6-93 所示。

图 6-92 设置背景墙格式

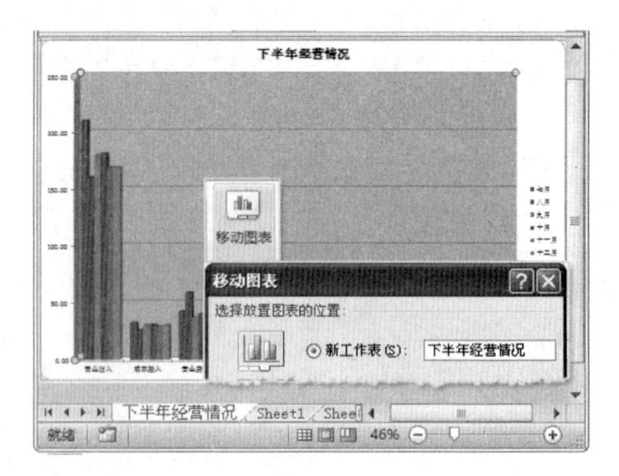

图 6-93 移动图表

10 单击 Sheet 工作表标签，选择 A12 至 G13 单元格区域。然后，在【插入】选项卡中，单击【图表】组中的【条形图】下拉按钮，选择“三维簇状条形图”选项，并设置图表标题，如图 6-94 所示。

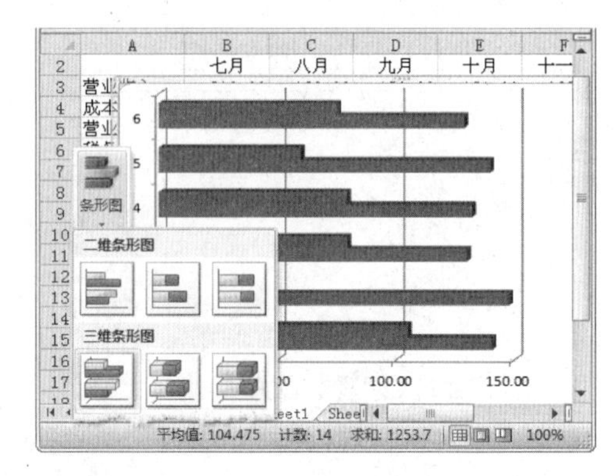

图 6-94 三维簇状条形图

11 选择【格式】选项卡，单击【形状样式】组中的【形状填充】下拉按钮，选择【纹理】

级联菜单内“新闻纸”选项，如图 6-95 所示。

12 选择【页面布局】选项卡，单击【工作薄视图】组中的【页面布局】按钮，并禁用【显示】组中的【网格线】复选框即可浏览表格效果。

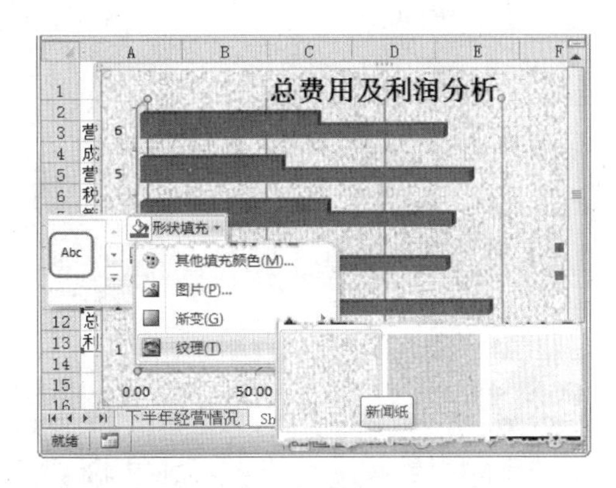

图 6-95 设置纹理

6.6 实验指导：制作购房贷款管理表

随着国家队贷款政策的优化，有更多的人申请贷款。但到底选择哪种住房贷款更合适，需要用户根据贷款方案表进行具体分析。下面使用 PMT 函数、LOOKUP 函数，并运用方案管理器和创建方案报告等知识，来制作一张购房贷款方案表，效果如图 6-96 所示。

方案摘要	当前值：	个人住房公积金贷款	个人住房商业贷款	非个人住房贷款
可变单元格：				
C4	50000	50000	50000	50000
D4	10	10	10	10
E4	4.50%	4.50%	4.50%	4.50%
C5	60000	60000	60000	60000
D5	20	20	20	20
E5	5.00%	5.00%	5.00%	5.00%
C6	45000	45000	45000	45000
D6	15	15	15	15
E6	5.20%	5.20%	5.20%	5.20%
结果单元格：				
D7	非个人住房贷款	非个人住房贷款	非个人住房贷款	非个人住房贷款

注释：“当前值”这一列表示的是在
建立方案汇总时，可变单元格的值。
每组方案的可变单元格均以灰色底纹突出显示。

图 6-96 效果图

操作步骤：

1 新建一个空白工作薄，重命名 Sheet1 工作表标签。在该工作表中输入表头、标题等信息，如图 6-97 所示。

2 在【字体】组和【对齐方式】组中，设置单元格中字体的大小、颜色及对齐方式等，如图 6-98 所示。

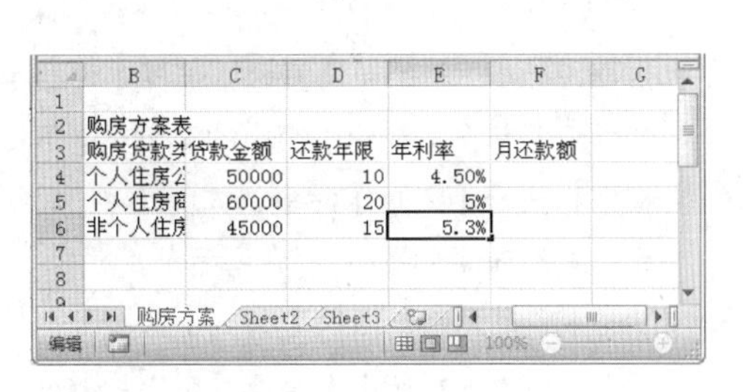

图 6-97 输入数据

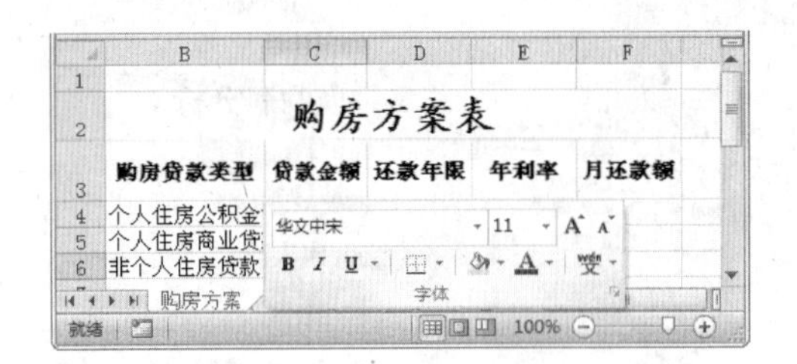

图 6-98 设置对齐方式

3 分别合并 B7 至 C8 单元格区域和 D7 至 F8 单元格区域。然后，在 B7 单元格中输入“优选方案”字段。选择 F4 单元格，在【公式】选项卡中，单击【函数库】组中的【财务】下拉按钮，选择 PMT 函数，如图 6-99 所示。

图 6-99 选择函数

4 在弹出的【函数参数】对话框中，设置函数参数，并单击【确定】按钮，如图 6-100 所示。

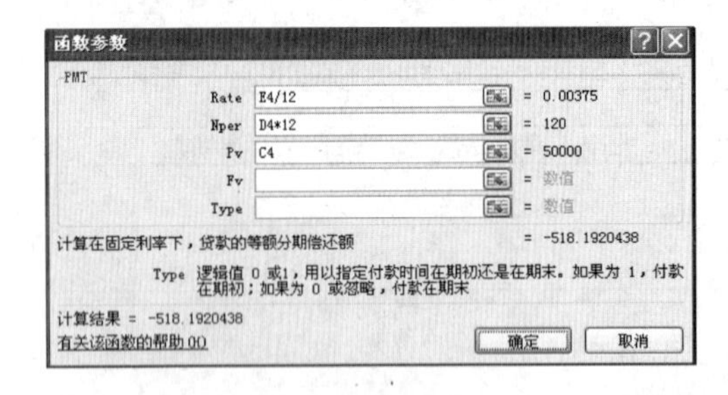

图 6-100 设置函数

5 选择 F4 至 F6 单元格区域，选择【开始】选项卡，单击【编辑】组中的【填充】下拉按钮，执行【向下】命令，如图 6-101 所示。执行效果如图 6-102 所示。

6 选择 D7 单元格，选择【公式】选项卡，单击【函数库】组中的【查找和引用】下拉按钮，选择 LOOKUP 函数。然后，在弹出的【选定参数】对话框中，选择组合方式，单击【确定】按钮，弹出【函数参数】对话框。接着，在该对话框中设置函数参数，如图 6-103 所示，效果如图 6-104 所示。

图 6-101 执行【向下】命令

图 6-102 效果图

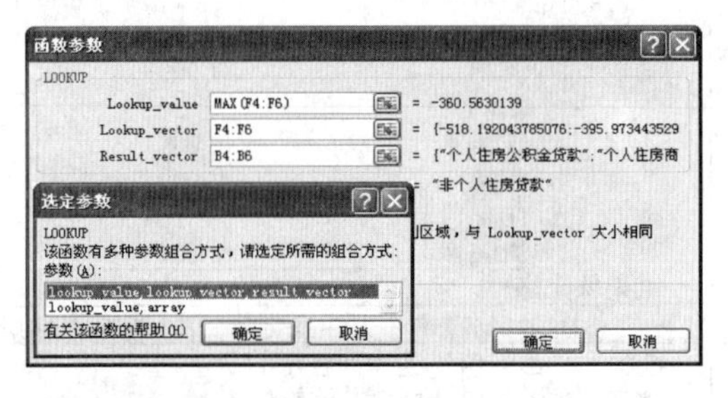

图 6-103 设置函数

图 6-104 效果图

7 选择【数据】选项卡，单击【数据工具】组中的【虚拟分析】下拉按钮，执行【方案管理器】命令，如图 6-105 所示。在弹出的对话框中，单击【添加】按钮，如图 6-106 所示。

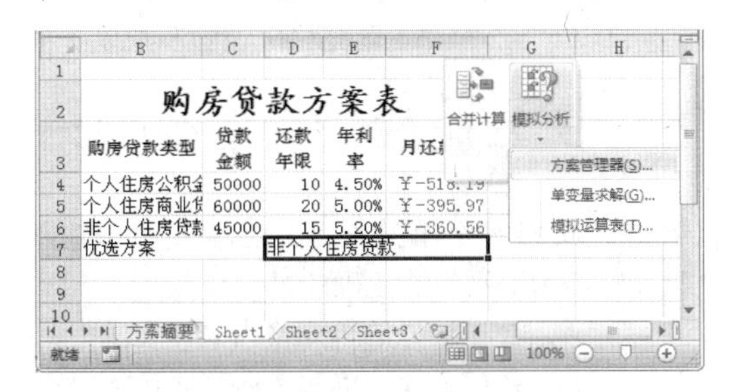

图 6-105 执行【方案管理器】命令

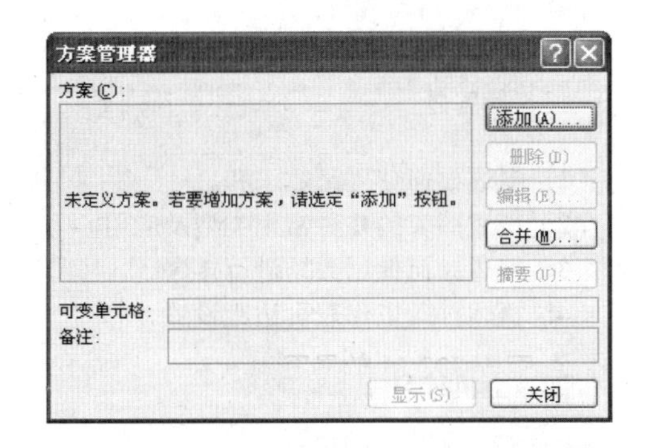

图 6-106 单击【添加】按钮

8 在【添加方案】对话框中，对【方案名】和【可变单元格】进行设置，并单击【确定】按钮。然后，在【方案变量值】对话框中，设置可变单元格的值，单击【确定】按钮，返回【方案管理器】对话框，如图 6-107 所示。

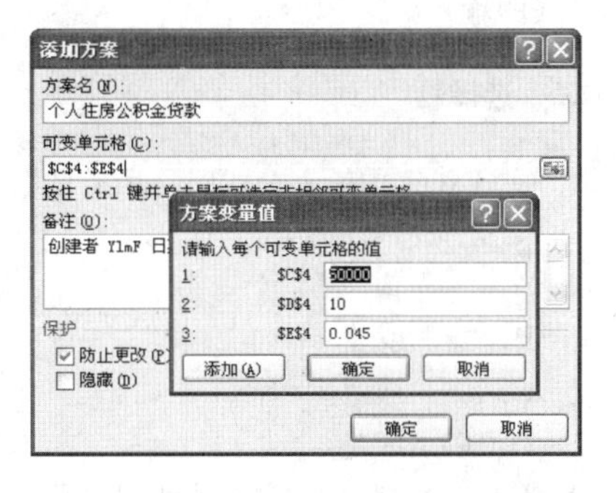

图 6-107 方案管理器

9 使用相同方法创建其他两个方案。选择“非个人住房贷款”方案，单击【摘要】按钮，在弹出的【方案摘要】对话框中，选择【方案摘要】单选按钮，并对【结果单元格】进行设置，单击【确定】按钮。然后，单击【方案管理器】对话框中的【摘要】按钮，即可显示摘要信息，如图 6-108 所示。

图 6-108 显示摘要信息

6.7 思考与练习

一、填空题

1．在输入公式时，首先要在编辑栏或单元格中，输入__________符号，再输入公式本身。

2．在 Excel 中公式中包含的运算符，分别为__________、比较运算符、文本连接符和引用运算符。

3．单元格引用可以分为引用样式、__________、绝对引用和混合引用 4 种引用格式。

4．在 Excel 中用户单击【公式审核】组中的__________按钮，可以在工作表中显示出公式所引用的单元格。

5．在常用函数中，求平均值的函数是__________。

6．要复制公式时，可以将鼠标移动到表格右下角的__________上，光标变为“实心十字箭头”➕形状时，拖动鼠标即可快速复制该公式。

7．在复制图表时，首先选择图表，按__________和__________键，完成图表的复制。

8．当输入数组公式时，可按__________键结束公式的输入。

二、选择题

1．在 Excel 中输入公式时，所有的公式必须以__________符号开始。

A．“=”或“*”

B．“*”或“+”

C．“=”或“+”

D．以上都是

2．Excel 的文本运算符是使用__________符号来连接的。

A．“ •”

B．“$”

C．“：”

D．“@”

3．当工作表中的单元格中显示“#######”时，则表示该单元格中输入的内容存在__________问题。

A．输入到单元格中的数值或公式产生的结果太长，超出了单元格宽度

B．该单元格中使用了 Microsoft Excel 不能识别的文本

C．引用该单元格无效

D．使用了错误的参数或运算对象类型

4．下列哪种方法，不可能将图表移动到其他工作表？__________

A．选择图表后，按 Ctrl+C 和 Ctrl+V 键

B．选择图表后，单击【位置】组中的【移动图表】按钮

C．右击图表执行【移动图表】命令

D．使用图表拖动方法，改变图表位置

5．选择图表后，按__________键，即可将选择的图表删除。

A．Ctrl

B．Delete

C．Tab

D．Shift

6．下列__________函数是用于求和的函数。

A．SUM

B．AVERAGE

C．IF

D．MAX

7．（SUM（A2：A4））*2^3 的含义是__________。

A．A2 单元格与 A4 单元格的比值乘以 2 的 3 次方

B．A2 单元格与 A4 单元格的比值乘以 3 的 2 次方

C．A2 至 A4 单元格区域的和乘以 2 的 3 次方

D．A2 单元格和 A4 单元格相加之和乘以 2 的 3 次方

8．选择某个单元格后，在编辑栏中输入“23+45”，则下列说法正确的是__________。

A．会在选择的单元格内立即显示为 23

B．会在选择的单元格内立即显示为 45

C．会在选择的单元格内立即显示为 68

D．会在选择的单元格内立即显示为 23+45

三、简答题

1．概述如何使用函数求和。

2．概述图表的几种常用类型及应用。

3．概述如何使用数据进行排序。

4．概述打印工作表页边距设置。

四、上机练习

1．制作学生成绩表

创建一个名为“学生成绩表”的工作表。合并 A1 至 F1 单元格区域，输入标题内容，并设置相应的字体格式；分别在 A2 至 F2 单元格区域内输入“学号”、“姓名”、“总分”等字段名。使用自动填充的方法，在 A3 至 A12 单元格区域内容输入学号。

然后，在“姓名”、“英语”等字段名下输入相应的信息；选择 C3 至 F3 单元格区域，利用【函数库】组中的【求和】命令计算总分。拖动 F3 单元格的填充柄，向下填充至 F12 单元格。最后，为 A2 至 F12 单元格区域添加边框，如图 6-109 所示。

2．对学生成绩表进行排名次

打开 “学生在绩表”，在“总分”单元格后，插入一列。在 G2 单元格中输入“名次”文字。然后，选择 G3 单元格，输入“=RANK(F3，F$3：F$12)”公式，并填充 G4 至 G12 单元格区域。

最后，合并A1至G1单元格，为G2至G12单元格区域添加边框，如图6-110所示。

学生成绩表

学号	姓名	语文	数学	英语	总分
200901	付江	78	86	93	257
200902	卢敏	80	83	78	241
200903	杨洁	75	84	88	247
200904	李娜	87	66	92	245
200905	何琪瑞	78	91	79	248
200906	吴冰	75	96	85	256
200907	余艳艳	81	68	59	208
200908	刘巧云	68	60	87	215
200909	杨澜	67	81	64	212
200910	周敏	76	77	56	209

图6-109 制作学生成绩表

学生成绩表

学号	姓名	语文	数学	英语	总分	名次
200901	付江	78	86	93	257	1
200902	卢敏	80	83	78	241	6
200903	杨洁	75	84	88	247	4
200904	李娜	87	66	92	245	5
200905	何琪瑞	78	91	79	248	3
200906	吴冰	75	96	85	256	2
200907	余艳艳	81	68	59	208	10
200908	刘巧云	68	60	87	215	7
200909	杨澜	67	81	64	212	8
200910	周敏	76	77	56	209	9

图6-110 排名次

第 7 章

PowerPoint 演示文稿

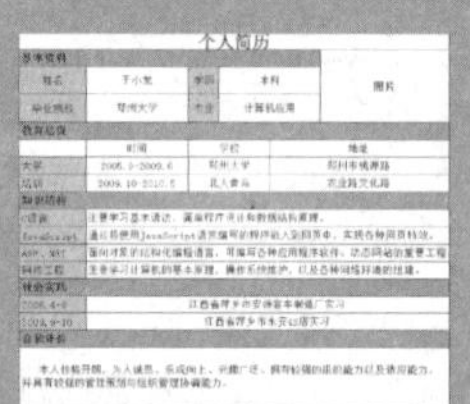

随着计算机技术的逐渐发展，越来越多的企事业单位开始使用计算机作为各种多媒体发布、演示的平台。随之而来，出现了各种多媒体发布演示软件。微软公司开发的 Microsoft PowerPoint 提供了丰富的多媒体元素，允许用户使用简单的可视化操作，创建复杂的多媒体演示程序。

本章主要向用户介绍 PowerPoint 的工作界面，并在了解其视图的基础上，逐步学习演示的创建、保存、打开及关闭等操作。另外，还包括一些幻灯片内文本的基本操作，例如，输入文本、修改文本、复制、移动和删除文本等，为用户制作更具有专业水准的演示文稿奠定坚实的基础。

本章学习要点：

- 了解 PowerPoint 2010 概述
- 掌握演示文稿的创建与保存
- 掌握幻灯片内容的添加
- 掌握幻灯处的基本操作
- 播放演示文件

7.1 PowerPoint 2010 概述

Microsoft PowerPoint 是微软公司开发的一款著名的多媒体演示设计与播放软件，其允许用户以可视化的操作，将文本、图像、动画、音频和视频集成到一个可重复编辑和播放的文档中，通过各种数码播放产品展示出来。

7.1.1 PowerPoint 2010 工作界面

PowerPoint 2010 采用了全新的操作界面，以与 Office 2010 系列软件的界面风格保持一致。相比之前版本，PowerPoint 2010 的界面更加整齐而简洁，更便于操作。PowerPoint 2010 软件的基本界面如图 7-1 所示。

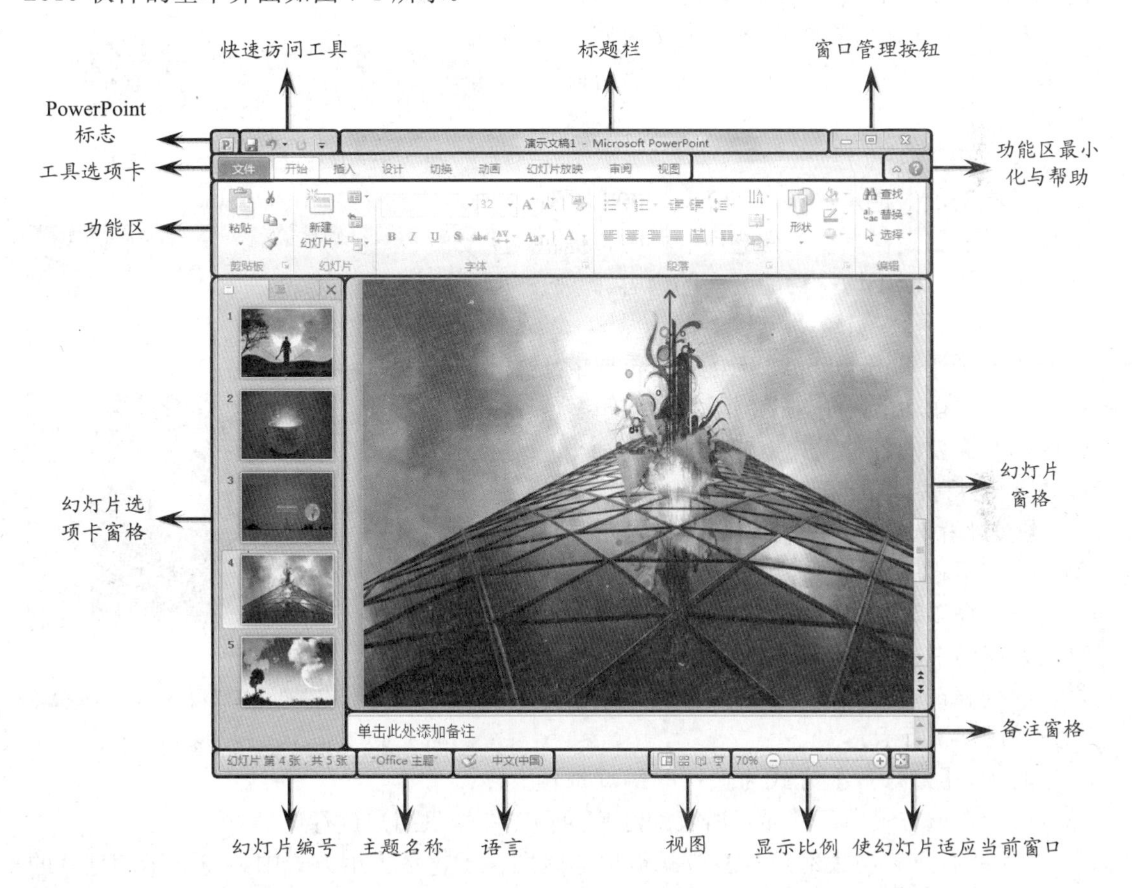

图 7-1　PowerPoint 2010 工作界面

从图 7-1 可以看出，PowerPoint 2010 的主窗体主要包括 7 个组成部分，详细介绍如下。

❑ 标题栏

标题栏是几乎所有 Windows 窗口共有的一种工具栏。在该工具栏中，可显示窗口或应用程序的名称。除此之外，绝大多数 Windows 窗口的标题栏还会提供 4 种窗口管理按钮，包括【最小化】、【最大化】、【向下还原】以及【关闭】4 个按钮。

提 示

【最大化】按钮和【向下还原】按钮的作用完全相反，因此在窗口以最大化状态显示时，只会显示【向下还原】按钮，而窗口以浮动方式显示时，则只会显示【最大化】按钮。

在 PowerPoint 2010 的标题栏中，除了基本的窗口或应用程序名称和窗口管理按钮外，还提供了【PowerPoint 标志】以及快速访问工具。单击【PowerPoint 标志】按钮，将显示【还原】、【移动】、【大小】、【最小化】、【最大化】和【关闭】等窗口操作命令，如图 7-2 所示。

图 7-2 单击【PowerPoint 标志】

快速访问工具是 PowerPoint 提供的一组快捷按钮，在默认情况下，其包含【保存】、【撤销】、【恢复】和【自定义快速访问工具栏】等工具。在单击【自定义快速访问工具栏】按钮后，用户可自定义快速访问工具中的按钮。

❑ 工具选项卡栏

工具选项卡栏是继承自 Office 2007 系列软件的重要工具栏。在工具选项卡栏中，提供了多种按钮，用于切换功能区中的内容。

❑ 功能区

功能区是 PowerPoint 2010 中最重要的工具栏之一。在功能区中，提供了用户编辑多媒体演示所需要的各种工具按钮、菜单和命令。

❑ 幻灯片选项卡窗格

【幻灯片选项卡】窗格的作用是显示当前幻灯片演示程序中所有幻灯片的预览或标题，供用户选择以进行浏览或播放。在【幻灯片选项卡】窗格中，用户可以选择两种方式显示幻灯片的列表，即【幻灯片】方式或【大纲】方式，如图 7-3 所示。

图 7-3 幻灯片选项卡窗格

其中，【幻灯片】方式为默认的幻灯片预览方式，在该方式中，将显示所有幻灯片的预览图像供用户进行选择。

【大纲】方式与【幻灯片】方式最大的区别在于，在大纲方式中，将显示幻灯片的标题，允许用户对标题进行更改。用户也可以单击标题，以显示相应的的幻灯片。

❑ 幻灯片窗格

幻灯片窗格是 PowerPoint 的【普通】视图中最主要的窗格。在该窗格中，用户既可以浏览幻灯片的内容，也可以选择功能区中的各种工具，对幻灯片的内容进行修改。

❑ 备注窗格

在设计幻灯片时，在某些情况下可能需要在幻灯片中标注一些提示信息。如不希望这些信息在幻灯片中显示，则可将其添加到【备注】窗格。

❑ 状态栏

状态栏是多数 Windows 程序或窗口共有的工具栏，其通常位于窗口的底部，显示各种说明信息，并提供一些辅助工具。

在 PowerPoint 2010 的状态栏中，可显示幻灯片编号、主题名称以及幻灯片所使用的语言。

除此之外，用户还可以通过状态栏中提供的【视图】工具栏切换 PowerPoint 的视图，以实现各种功能，各视图切换按钮如表 7-1 所示。

表 7-1 视频切换按钮

按钮	作　用	按钮	作　用
	普通视图		幻灯片浏览视图
	阅读视图		幻灯片放映视图

在状态栏中，用户可以单击当前幻灯片的【显示比例】数值，在弹出的【显示比例】对话框中选择预设的显示比例，或输入自定义的显示比例值。

在状态栏最右侧，提供了【使幻灯片适应当前窗口】按钮。单击该按钮后，PowerPoint 2010 将自动根据窗口的尺寸大小，对幻灯片窗格内的内容进行缩放。

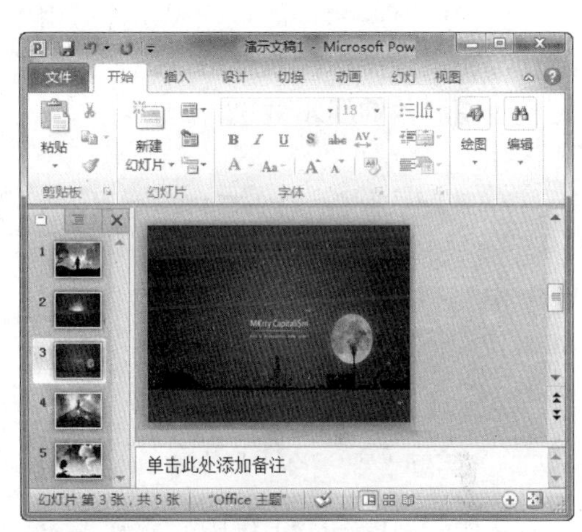

图 7-4 普通视图

7.1.2 视图方式

视图是 PowerPoint 窗体布局的方式。在 PowerPoint 2010 中，软件提供了 4 种视图供用户选择，以根据界面的功能提高用户工作的效率。

❑ 普通视图

【普通】视图是 PowerPoint 2010 默认的视图，在该视图中，提供了工具选项卡、功能区等工具栏，以及【幻灯片选项卡】、【幻灯片】和【备注】等窗格，允许用户编辑幻灯片的内容，并对幻灯片的内容进行简单的浏览，如图 7-4 所示。

❑ 幻灯片浏览

【幻灯片浏览】视图相比【普通】视图，隐藏了【幻灯片】和【备注】等窗格，其他则与【普通】视图保持一致。该视图着重通过【幻灯片选项卡】窗格显示幻灯片的内容，供用户浏览，并选择相应的幻灯片，如图 7-5 所示。

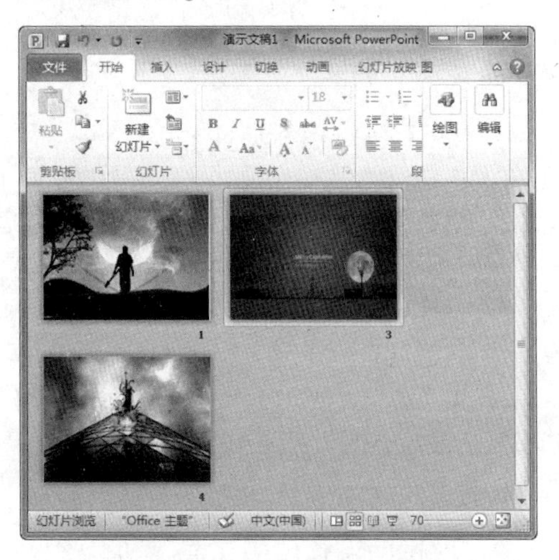

图 7-5 【幻灯片浏览】视图

❑ 阅读视图

【阅读】视图是一种简洁的 PowerPoint 视图。在【阅读】视图中，隐藏了用于幻灯片编辑的各种视图，仅保留了标题栏和状态栏等两个工具栏和【幻灯片】窗格，如图 7-6 所示。

【阅读】视图将 PowerPoint 的各种工具和功能进行了大幅精简，其通常用于在幻灯片制作完成后对幻灯片进行简单的预览。

图 7-6 【阅读】视图

提 示

在进入【阅读】视图后，用户可单击【幻灯片】窗格，对当前播放的幻灯片进行切换，播放完成后，PowerPoint 会自动转入【普通】视图。

❑ 幻灯片放映

【幻灯片放映】视图是一种仅可应用于全屏的视图。在该视图中，用户可以通过全屏的方式浏览整个幻灯片的演示效果。

7.1.3 PowerPoint 2010 新增功能

作为 Office 2010 最重要的组件之一，PowerPoint 2010 增加了大量实用的功能，为用户提供了全新的多媒体体验。

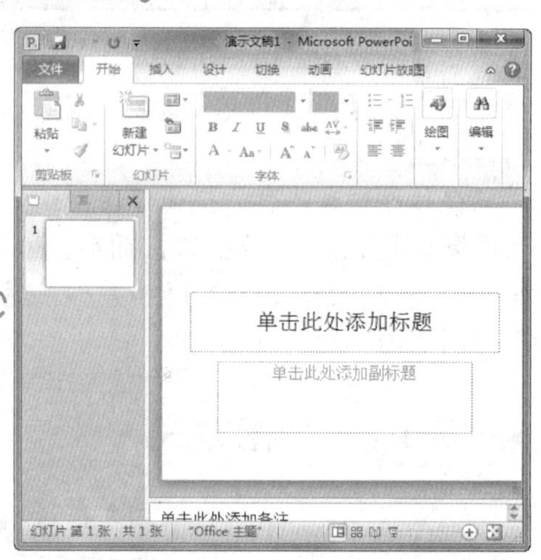

图 7-7 PowerPoint 2010 界面

1. 全新 Office2010 界面

在 PowerPoint 2010 中，微软为 PowerPoint 应用了统一的 Office 2010 风格的界面，通过直观的【文件】选项卡和一系列的子菜单，提高用户操作的效率，如图 7-7 所示。

2. 强大的视频处理功能

在 PowerPoint 2010 中，提供了强大的视频处理功能，用户不仅可以将视频嵌入到 PowerPoint 文档中，还可以控制视频的播放，对视频进行裁剪和编辑，如图 7-8 所示。

除此之外，PowerPoint 2010 还提供了视频样式功能，帮助用户创建更加多样化的多媒体演示程序。

图 7-8 视频处理功能

3. 改进的图像编辑工具

PowerPoint 2010 提供了全新的图像编辑工具，允许用户为图像添加各种艺术效果，并进行高级更正、颜色调整和裁剪，可微调多媒体演示程序中的各种图像，以增强多媒体演示程序的感染力，如图 7-9 所示。

图 7-9　图像编辑工具

4. 动态三维切换效果

PowerPoint 2010 添加了全新的动态幻灯片切换效果以及更多逼真的动画效果，可制作出更加吸引用户注意力的多媒体演示程序。

5. 压缩和保护演示文稿

PowerPoint 2010 允许用户对已创建的基于 PowerPoint 2010 的多媒体演示文稿进行压缩，降低演示文稿所占用的磁盘空间，增强演示文稿在互联网中传输时的效率。

同时，PowerPoint 2010 还允许用户设置演示文稿的权限级别，允许用户对演示文稿进行加密、设置读写权限等，甚至还支持对演示文稿添加数字签名，提高演示文稿的安全性，如图 7-10 所示。

图 7-10　压缩和保护演示文稿

6. 自定义工作区

与其他 Office 2010 组件相同，PowerPoint 2010 也允许用户自定义工作区，通过修改功能区选项卡中项目的位置、项目内容等，将用户常用的一些功能集中起来，提高用户工作的效率，如图 7-11 所示。

图 7-11　自定义工作区

7. 共享多媒体演示

在 PowerPoint 2010 中，提供了广播幻灯片的功能，允许用户将已创建的多媒体演示文稿通过局域网、广域网等网络广播给其他地方的用户，而无需这些用户安装 PowerPoint 软件或播放器。

另外，还允许用户将多媒体演示创建为包含切换效果、动画、旁白和计时程序的视频，以便在实况广播后与他人分享，如图 7-12 所示。

除此之外，用户也可以注册一个免费的 Windows Live 账户，将多媒体演示上传到免费的 Windows Live SkyDrive 网盘中，以实现演示设计的网络化，在任意一个地点，只需登录

Windows Live 账户，用户即可继续之前进行的工作，如图 7-13 所示。

图 7–12　共享多媒体演示

图 7–13　注册用户

8．团队协作

PowerPoint 2010 增强了与 Office SharePoint 2010 的集成，允许用户通过版本控制，与其他用户共同编辑一个多媒体演示文稿，提高团队创作的效率。

7.2　制作演示文稿

利用 PowerPoint 2010 可以制作适应用户不同需求的各种演示文稿。在对演示文稿进行设计之前，首先要创建一个新的演示文稿来供用户操作。下面主要来了解一下创建演示文稿的方法，以及如何保存演示文稿。

7.2.1　创建演示文稿

启动 PowerPoint 组件，即可创建一个名为“演示文稿 1”的空白文档。用户也可以通过已经打开的 PowerPoint 演示文稿，创建新的演示文稿。在 PowerPoint 2010 中，用户可以通过以下几种方式创建演示文稿。

1．自动创建演示文稿

在启动 PowerPoint 2010 时，PowerPoint 2010 会自动创建一个空白的演示文稿。此时，用户可以直接对该演示文稿进行编辑操作，如图 7-14 所示。

2．创建空白演示文稿

如果用户对自动创建的空白演示文稿进行了编辑，且对编辑的结果并不满意，则用户可以直接选择【文件】选项卡，执行【新建】命令。

在更新的窗口中选择【空白演示文稿】选项，并单击窗口右侧【创建】按钮。PowerPoint 将重新创建一个空白的演示文稿，供用户编辑，如图 7-15 所示。

图 7-14　自动创建演示文稿

图 7-15　创建空白演示文稿

3. 从样本模板创建演示文稿

样本模板是 PowerPoint 2010 自带的模板。通过样本模板，用户可以创建诸多精美的演示文稿。在 PowerPoint 2010 中选择【文件】选项卡，即可在更新的窗口中选择【样本模板】选项，如图 7-16 所示。

此时，PowerPoint 将自动进入样本模板的菜单，显示 PowerPoint 2010 内置的所有样本模板。用户可以单击选择任意一个样本模板，在窗口右侧浏览模板的样式，如图 7-17 所示。

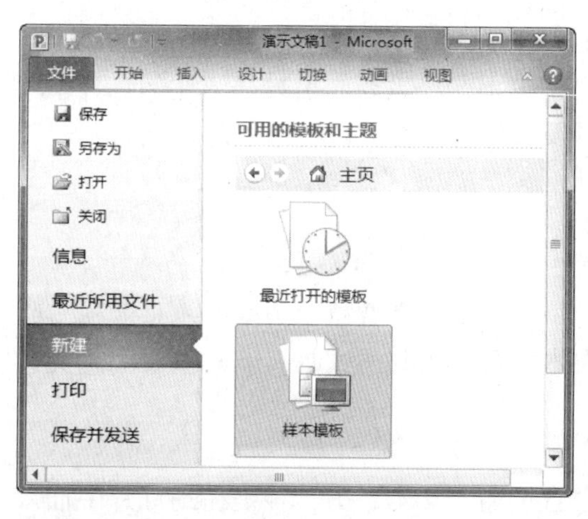

图 7-16　从样本模板创建演示文稿

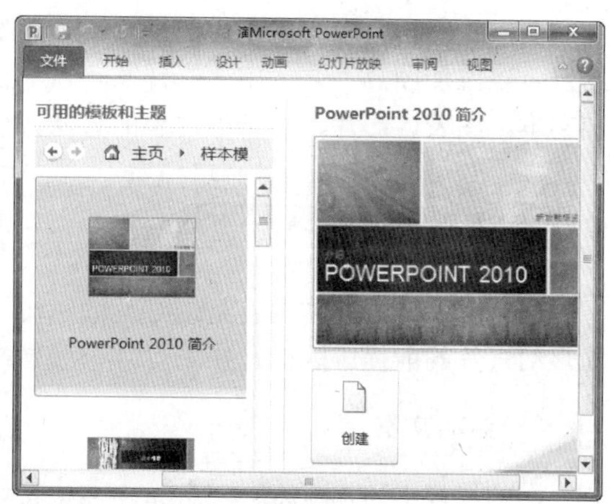

图 7-17　选择样本模板

在确定需要使用该样本模板后，用户可单击【创建】按钮，PowerPoint 将自动把该模板应用到新建的演示文稿中，如图 7-18 所示。

7.2.2 保存演示文稿

完成对演示文稿的创建后，用户需要对其进行保存。用户可以通过单击 Office 按钮，执行【保存】命令，在弹出的如图 7-19 所示的对话框中设置保存位置、要保存的文件名称以及保存类型。PowerPoint 默认的保存类型为“PowerPoint 演示文稿”，其扩展名为.pptx。

图 7–18 创建演示文稿

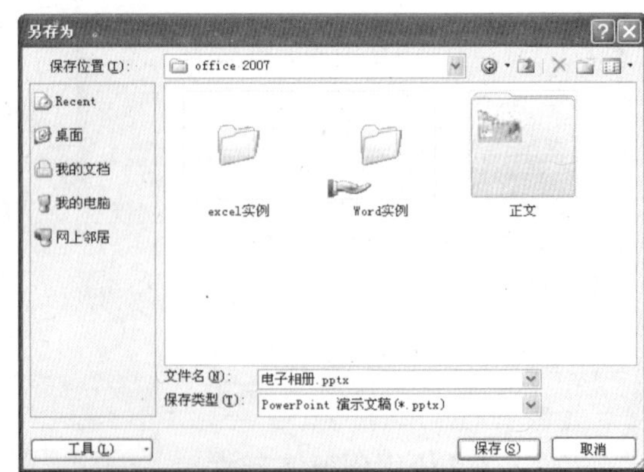

图 7–19 保存演示文稿

提 示

另外，用户也可以通过按 Ctrl+S 键，或者按 F12 键，打开【另存为】对话框。

7.3 添加幻灯片内容

要制作一份有较强表现力的演示文稿，必须要为幻灯片添加内容。在 PowerPoint 中，用户可以添加图片、艺术字、影片与声音等内容。本节将主要向用户介绍在幻灯片中添加文本、图表、影片、声音等内容的方法，以及如何为幻灯片内容添加超链接。

7.3.1 添加文本内容

PowerPoint 的文本内容是幻灯片的基础，一段简洁而富有感染力的文本是制作一张优秀幻灯片的前提。因此，在幻灯片中添加文本以及设置其格式具有非常重要的意义。

1. 添加文本

在幻灯片中添加文本，一种是在占位符中直接输入文本，另一种是在幻灯片中插入文本框，在文本框中输入文本。占位符，即幻灯片中带有虚线边缘的框，用户可以在这些框内放置标题、正文等内容。

❑ 在占位符中输入文本

将光标置于占位符上方单击，选择该占位符。然后，输入文本内容即可，如图 7-20

所示。

❑ 在文本框中输入文本

选择【插入】选项卡，单击【文本】组内的【文本框】下拉按钮，执行【横排文本框】命令，在幻灯片中拖动鼠标即可绘制一个横排文本框。然后，输入文字即可，如图 7-21 所示。

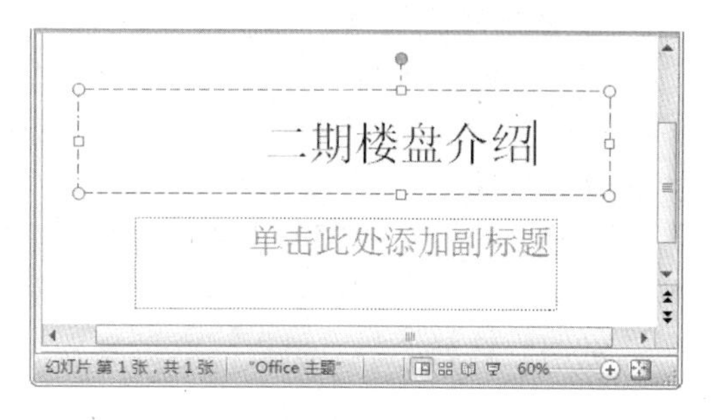

图 7-20 在占位符中输入文本

2. 设置文本格式

PowerPoint 中对文本格式的设置，可以起到美化演示文稿的作用，其主要是对字体和段落格式的设置。

❑ 设置字体格式

图 7-21 在文本框中输入文本

选择占位符或文本框，然后在【开始】选项卡下，单击【字体】组内的【字体】下拉按钮，可选择字体格式；单击【字号】下拉按钮，可设置文本所需的字号大小，如图 7-22 所示。

另外，用户还可以通过单击【字体】组内其他按钮，设置其他字体格式。其中各按钮及功能如表 7-2 所示。

表 7-2 【字体】组

按钮	名　称	功　能
A˄	增大字号	单击此按钮以增大所选字体的字体大小
A˅	减小字号	单击此按钮以减小所选字体的字体大小
	清除所有格式	清除所选内容的所有格式，只留下纯文本
B	加粗	将所选文字加粗
I	倾斜	将所选文字设置为倾斜
U	下划线	给所选文字加下划线
abe	删除线	给所选文字的中间画一条线
S	文字阴影	给所选文字的后边添加阴影，使之在幻灯片上更醒目
AV	字符间距	调整字符之间的间距
Aa	更改大小写	将所选文字更改为全部大写、全部小写或其他常见的大小写形式
A	字体颜色	更改所选字体的颜色

❑ 更改文字方向

如果用户想要更改文字方向，可以在选择占位符或文本框后，单击【文字方向】下拉按钮，在其列表中选择所需的选项即可。例如，选择【竖排】选项，如图 7-23 所示。

图 7-22 设置字体格式

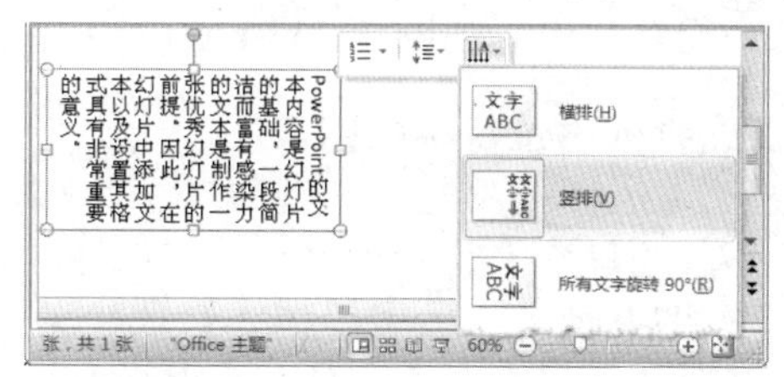

图 7-23 更改文字方向

❑ 添加项目符号

选择要添加项目符号的文本内容，单击【段落】组内的【项目符号】下拉列表，选择需要的项目符号，例如，选择“带填充效果的大圆形项目符号”选项，如图 7-24 所示。

❑ 设置行距

选择要设置行间距的文本信息，单击【行距】下拉按钮，在其列表中选择所需的数值即可。例如，选择 2.5，如图 7-25 所示。

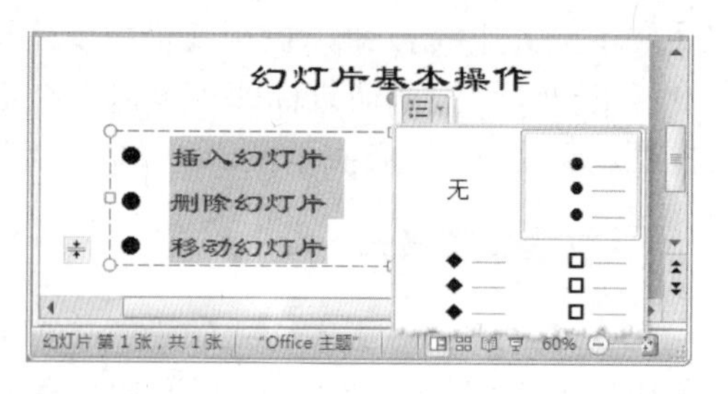

图 7-24　添加项目符号

3. 复制、移动和删除文本

在占位符或文本框中，用户还可以对文本进行复制、剪切、移动和删除等操作，介绍如下。

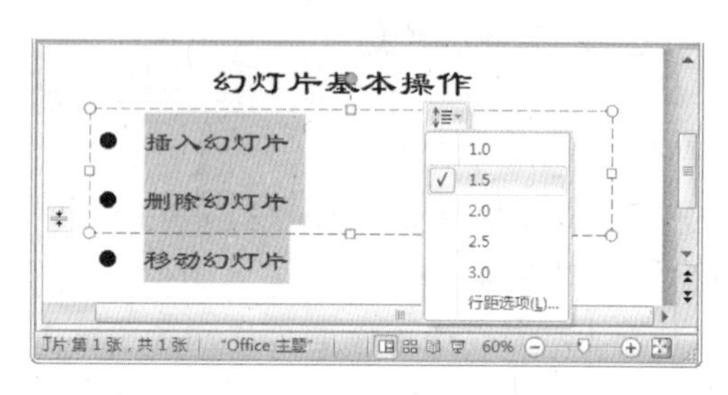

图 7-25　设置行距

❑ 复制文本

选择需要复制的文本，单击【剪贴板】组中的【复制】按钮或者按 Ctrl+C 键复制文本。然后，将光标置于要粘贴文本的位置，单击【剪贴板】组中的【粘贴】按钮或者按 Ctrl+V 键。

❑ 移动文本

单击【剪贴板】组中的【剪切】按钮或者按 Ctrl+X 键，即可剪切文本。然后，将光标置于要移动到的位置，单击【粘贴】按钮或者按 Ctrl+V 键。

❑ 删除文本

选择文本后，按 Backspace 键或 Delete 键。

7.3.2 添加图片

在 PowerPoint 中，用户可以插入两种类型的图片，一种是直接插入的图片，另一种则是存在于占位符中的图片。

1. 直接插入图片

在 PowerPoint 中选择【插入】选项卡，然后即可单击【图像】组中的【图片】按钮，在弹出的【插入图片】对话框中选择图片，将其插入到幻灯片中，如图 7-26 所示。

图 7-26　直接插入图片

2. 插入占位符中的图片

在一些特殊版式的幻灯片中，往往会提供“内容”的占位符，供用户插入各种对象。

此时，用户可在【幻灯片】窗格中选择相应的占位符，然后在该占位符中单击【插入来自文件的图片】按钮，打开【插入图片】对话框，选择相应的图像，将其插入到占位符中，如图 7-27 所示。

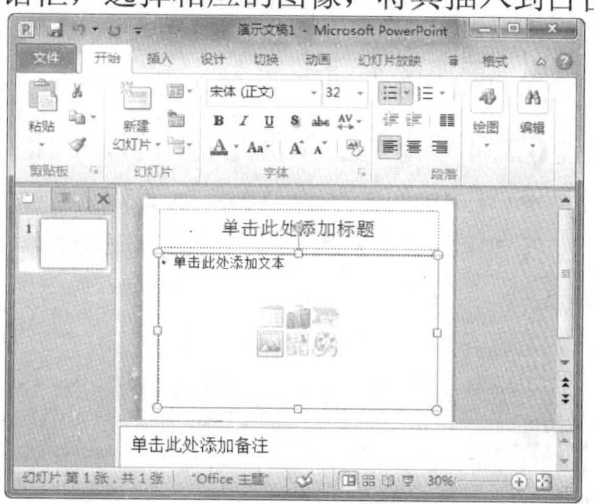

图 7-27　插入占位符中的图片

7.3.3　添加艺术字

艺术字是 PowerPoint 内置的文字样式设置工具。借助艺术字，用户可为文字添加快速样式、填充、轮廓以及文字效果等多种样式。

1．添加快速样式

【快速样式】是 PowerPoint 预设的文本填充、文本轮廓以及文字效果的集合。选中文本之后，用户即可选择【格式】选项卡，在【艺术字样式】组中单击【快速样式】按钮，然后在弹出的菜单中选择快速样式，将其应用到文字上，如图 7-28 所示。

如用户需要清除已添加的艺术字，也可在【快速样式】的菜单中执行【清除艺术字】命令，将已添加的艺术字删除。

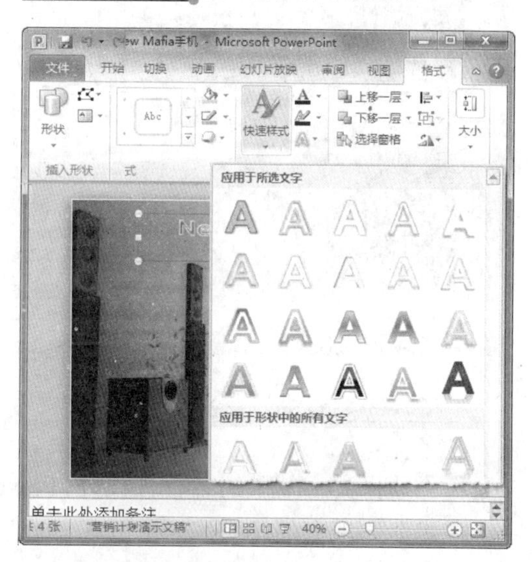

图 7-28　添加快速样式

2．设置文本填充

【文本填充】与文本的前景色相比，其可填充的内容更加复杂一些，不仅可以设置文本内部的颜色，还可将图像等内容设置为文本内部的填充。

在选中文本之后，用户即可选择【格式】选项卡，在【艺术字样式】组中单击【文本填充】按钮，在弹出的菜单中选择填充的类型，如图 7-29 所示。

图 7-29　设置文本填充

3．设置文本轮廓

【文本轮廓】功能的作用是将文本内容视为一个对象，然后为该对象的轮廓周围添加轮廓线条。

选中文本之后，用户即可选择【格式】选项卡，在【艺术字样式】组中单击【文本轮廓】按钮，然后即可在弹出的菜单中选择文本轮廓的样式，如图 7-30 所示。

4．添加文字效果

【文字效果】的作用是将阴影、映像、发光、棱台等多种特殊效果添加到文本中。在 PowerPoint 中，用户可选择文本，然后选择【格式】选项卡，在【艺术字样式】组中单击【文字效果】按钮，然后即可在弹出的菜单中选择相应的文字效果，如图 7-31 所示。

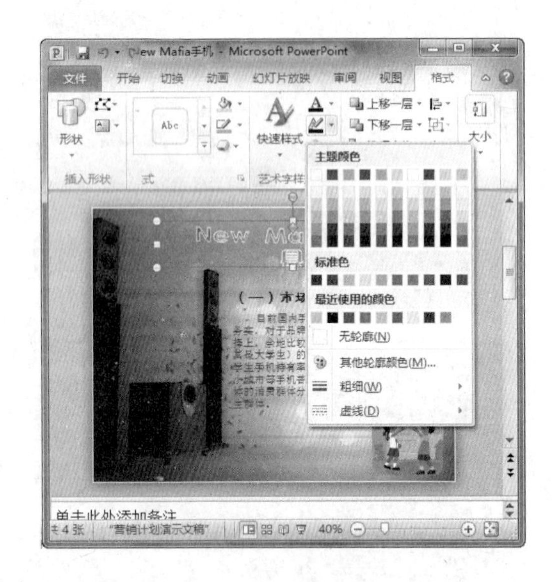

图 7-30 设置文本轮廓

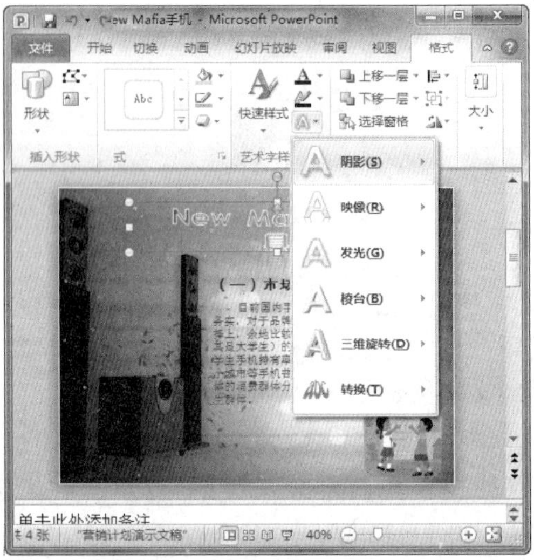

图 7-31 添加文字效果

除了选择文字效果的各种预设外，PowerPoint 还允许用户为文字效果设置各种参数。在【格式】选项卡的【艺术字样式】组中，用户可单击【设置文本效果格式】按钮，打开【设置文本效果格式】对话框；然后，在弹出的【设置文本效果格式】对话框中选择【阴影】、【映像】等选项，设置这些文本效果的参数，如图 7-32 所示。

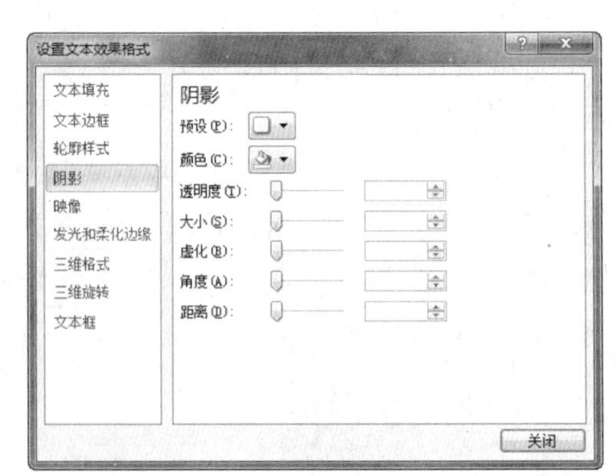

图 7-32 设置文本效果格式

7.3.4 添加视频

使用 PowerPoint，用户还可以为演示文稿插入视频内容。视频内容不仅可以记录声音，还可以记录动态的图形和图像。

1．PowerPoint 视频格式

PowerPoint 支持多种类型的视频文档格式，允许用户将绝大多数视频文档插入到演

示文稿中。常见的 PowerPoint 视频格式如表 7-3 所示。

表 7-3 PowerPoint 视频格式

视频格式	说　　明
ASF	高级流媒体格式，微软开发的视频格式
AVI	Windows 视频音频交互格式
QT，MOV	QuickTime 视频格式
MP4	第 4 代动态图象专家格式
MPEG	动态图象专家格式
MP2	第 2 代动态图象专家格式
WMV	Windows 媒体视频格式

2. 插入文件中的视频

PowerPoint 允许用户从本地计算机或局域网中找寻视频文档，并将其插入到演示文稿中。

用户可选择【插入】选项卡，在【媒体】组中单击【媒体】按钮，执行【视频】|【文件中的视频】命令，即可在弹出的【插入视频文件】对话框中选择本地计算机中的视频文档，如图 7-33 所示。

图 7-33 插入文件中的视频

3. 插入剪贴画视频

剪贴画视频是 PowerPoint 内部和 Office.com 提供的视频。用户也可以将这些视频插入到演示文稿中。

在 PowerPoint 中选择【插入】选项卡，在【媒体】组中单击【媒体】按钮，执行【视频】|【剪贴画视频】命令，即可打开【剪贴画】面板，如图 7-34 所示。

与插入其他类型的剪贴画类似，用户可在【结果类型】的列表中选择【视频】，然后即可在【搜索文字】栏中输入关键字并单击【搜索】按钮，进行搜索，并将搜索的结果插入到演示文稿中。

图 7-34 插入剪贴画视频

7.3.5 添加声频

音频可以记录语声、乐声和环境声等多种自然声音，也可以记录从数字设备采集的数字声音。使用 PowerPoint，用户可以方便地将各种音频插入到演示文稿中。

1．插入文件中的音频

PowerPoint 允许用户为演示文稿插入多种类型的音频，包括各种采集的模拟声音和数字音频。这些音频类型如表 7-4 所示。

表 7-4 音频类型

音频格式	说明
AAC	ADTS Audio，Audio Data Transport Stream（用于网络传输的音频数据）
AIFF	音频交换文件格式
AU	Unix 系统下的波形声音文档
MIDI	乐器数字接口数据，一种乐谱文件
MP3	动态影像专家组制定的第三代音频标准，也是互联网中最常用的音频标准
MP4	动态影像专家组制定的第四代视频压缩标准
WAV	Windows 波形声音
WMA	Windows Media Audio，支持证书加密和版权管理的 Windows 媒体音频

在 PowerPoint 中，用户可选择【插入】选项卡，在【媒体】组中单击【媒体】按钮，在弹出的菜单中选择【音频】选项，执行【文件中的音频】命令，即可在弹出的【插入音频】对话框中选择音频文档，将其插入到演示文稿中，如图 7-35 所示。

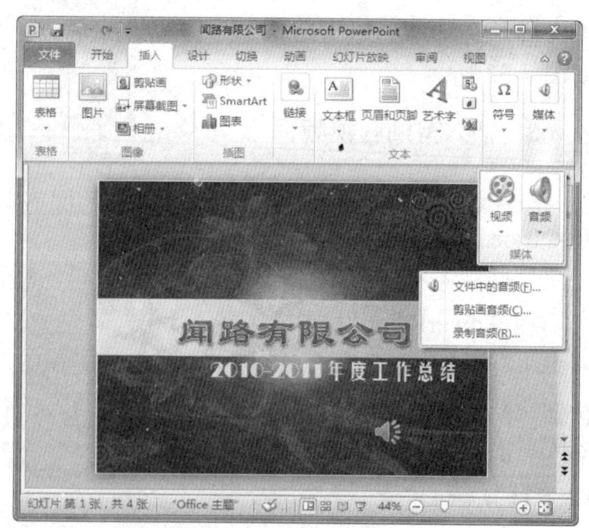

图 7-35 插入文件中的音频

2．插入剪贴画音频

剪贴画音频是 PowerPoint 2010 自带的音频与在 Office.com 官方网站提供的音频资源的集合。

在 PowerPoint 中选择【插入】选项卡，在【媒体】组中单击【媒体】按钮，在弹出的菜单中选择【音频】选项，并在弹出的菜单中执行【剪贴画音频】命令。

此时，PowerPoint 2010 将打开【剪贴画】面板，并显示本地 PowerPoint 软件和 Office.com 官方网站提供的各种音频素材，如图 7-36 所示。

在【剪贴画】面板中，用户可以在【搜索文字】的输入文本域中输入文本，并设置【结果类型】，再单击【搜索】按钮，搜索剪贴画音频。然后，即可在下方选择搜索的结果，将其拖拽到幻灯片中，如图 7-37 所示。

3．插入录制音频

PowerPoint 不仅可以插入储存于本地计算机和互联网中的音频，还可以通过麦克风采集声音，将其录制为音频并插入到演示文稿中。

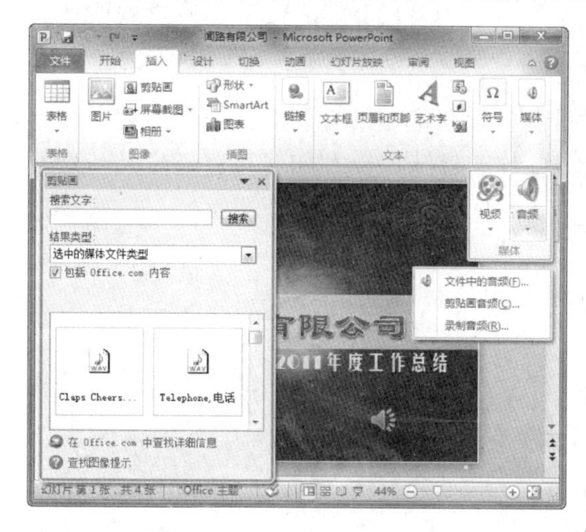

图 7-36 音频素材

图 7-37 插入剪贴画音频

在 PowerPoint 中选择【插入】选项卡，在【媒体】组中单击【媒体】按钮，然后即可在弹出的菜单中选择【音频】选项，执行【录制音频】命令，此时，将打开【录音】对话框，如图 7-38 所示。

在【录音】对话框中，用户可单击【录制】按钮●，录制音频文档。在完成录制后，用户可及时单击【停止】按钮■，完成录制过程，并单击【播放】按钮▶，试听录制的音频，如图 7-39 所示。

在确认音频无误后，即可单击【确定】按钮，将录制的音频插入到演示文稿中，如图 7-40 所示。

图 7-38 【录音】对话框

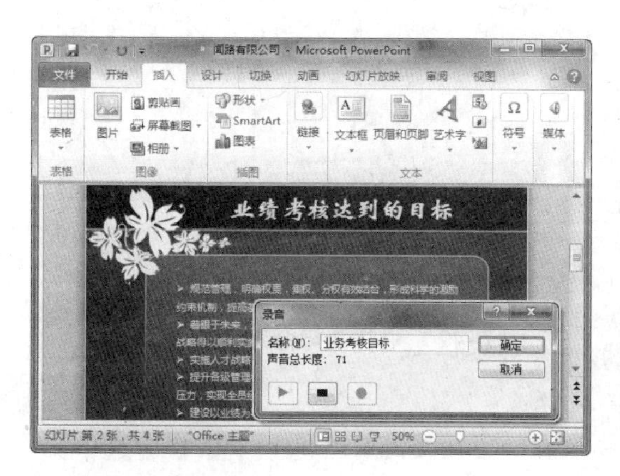

图 7-39 播放音频

图 7-40 插入音频

7.4 幻灯片的基本操作

在制作演示文稿的过程中，对幻灯片的编辑与管理是非常必要的。本节主要介绍在制作演示文稿时，插入、删除、复制和移动幻灯片的方法，以及如何设置幻灯片母版及主题。

7.4.1 插入灯片

PowerPoint 2010 允许用户通过多种方式为演示文稿插入幻灯片，插入幻灯片主要包括 3 种方式，详细介绍如下。

❑ 通过幻灯片组插入幻灯片

在 PowerPoint 中，用户可以直接选择【开始】选项卡，在【幻灯片】组中单击【新建幻灯片】按钮的下半部分，选择幻灯片的布局，插入幻灯片，如图 7-41 所示。

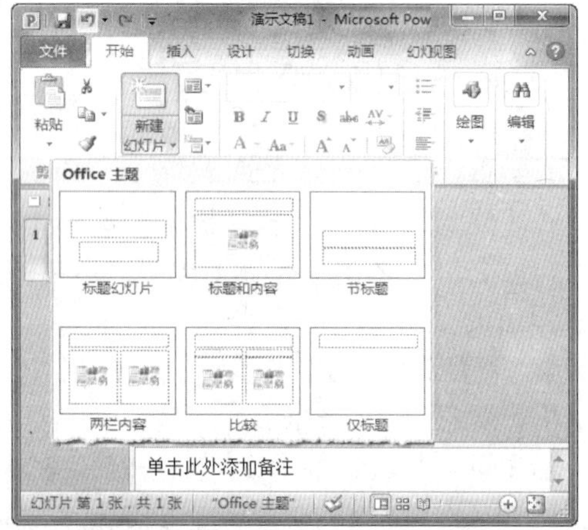

图 7-41 幻灯片组插入幻灯片

用户也可以直接单击【新建幻灯片】按钮的上半部分，直接插入包含“标题行和内容”的幻灯片。

❑ 右击执行命令插入幻灯片

将鼠标移动到【幻灯片选项卡】窗格后，用户可以通过右击，执行【新建幻灯片】命令，创建新的幻灯片，如图 7-42 所示。

❑ 通过键盘方式插入幻灯片

除了通过各种界面操作插入幻灯片以外，用户也可以通过键盘操作插入新的幻灯片。将鼠标光标置于【幻灯片选项卡】窗格之后，用户即可按 Enter 键，直接插入包含“标题行和内容”的幻灯片。

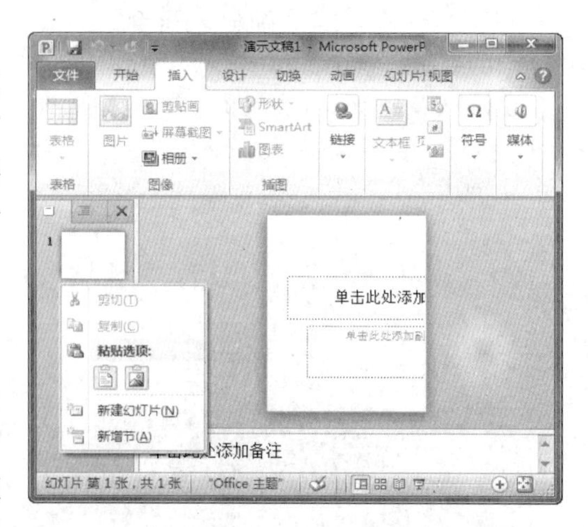

图 7-42 右击执行命令插入幻灯片

7.4.2 移动灯片

移动幻灯片可以调整一张或多张幻灯片的顺序，以使演示文稿更符合逻辑性。在 PowerPoint 中，用户可以直接在【幻灯片选项卡】栏中选中一张幻灯片，然后拖曳鼠标，修改其在演示文稿中的顺序。

例如，将演示文稿中第一幅幻灯片移动到最后，可在【幻灯片选项卡】栏中选中第一幅幻灯片，然后将其拖曳到最后一幅幻灯片的下方，如图 7-43 所示。

如果需要同时拖曳多张幻灯片，用户可按住 Ctrl 键，然后分别选择若干幻灯片，进行拖曳操作。

提 示

如果需要选择几张连续的幻灯片，用户也可按住 Shift 键，然后单击第一张需要选择的幻灯片，再单击最后一张需要选择的幻灯片，即可将其全部选中。

图 7-43 移动幻灯片

7.4.3 复制幻灯片

在 PowerPoint 2010 中，用户可以方便地对幻灯片进行复制和粘贴操作，详细介绍如下。

❑ **通过【剪贴板】组复制和粘贴**

在 PowerPoint 中用户可以从【幻灯片选项卡】中选择相应的幻灯片，然后选择【开始】选项卡，单击【剪贴板】组中的【复制】按钮，复制幻灯片，如图 7-44 所示。

然后，即可在任意打开的演示文稿中在同样的【剪贴板】组中单击【粘贴】按钮，将复制的幻灯片粘贴到目标演示文稿中，如图 7-45 所示。

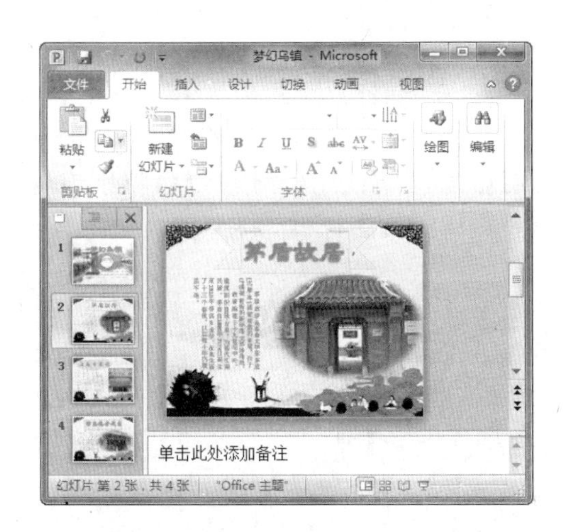

图 7-44 复制幻灯片

图 7-45 粘贴幻灯片

❑ **通过右击执行命令复制和粘贴**

除了单击【复制】和【粘贴】等按钮外，用户还可以在【幻灯片选项卡】栏中右击，通过执行【复制幻灯片】命令，直接将该幻灯片复制。

7.4.4 删除幻灯片

如果创建的幻灯片过多，可将其删除。PowerPoint 允许用户通过两种方法删除幻灯片。

❑ 右击执行命令删除

在 PowerPoint 中，用户可通过【幻灯片选项卡】栏选中相应的幻灯片，然后右击，执行【删除幻灯片】命令，将选中的幻灯片删除，如图 7-46 所示。

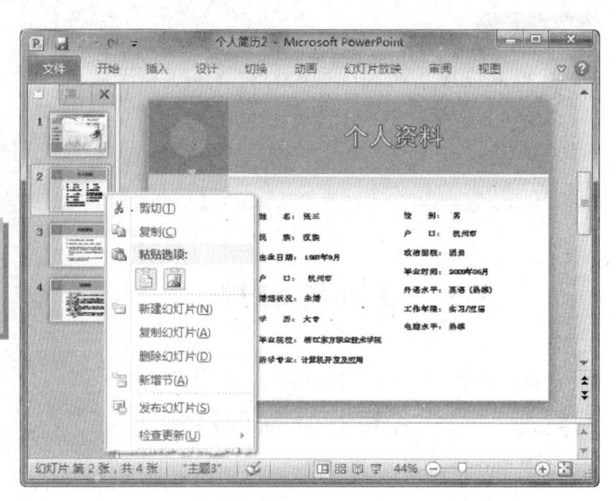

图 7-46 删除幻灯片

提 示

用户也可同时选中多幅幻灯片，然后在任意一幅幻灯片上右击，执行【删除幻灯片】命令，将选中的所有幻灯片全都删除。

❑ 按快捷键删除

除了通过执行命令删除幻灯片外，用户也可以通过键盘快捷键删除幻灯片。在【幻灯片选项卡】栏中选中需要删除的幻灯片，然后按 Delete 键，直接将幻灯片删除。

7.4.5 使用母版

母版是指演示文稿中所有幻灯片的页面格式，并记录所有幻灯片的布局信息。使用幻灯片母版的主要优点是用户可以对演示文稿中的每张幻灯片进行统一的样式更改。

使用幻灯片母版时，由于无需在多张幻灯片上键入相同的信息，因此节省了时间。如果制作的演示文稿非常长，其中包含大量幻灯片，则使用幻灯片母版特别方便。PowerPoint 2010 提供了幻灯片母版、讲义母版和备注母版 3 种母版版式。

1. 设置幻灯片母板

幻灯片母版用于控制该演示文稿中的所有幻灯片的格式。当对幻灯片母版中的某个幻灯片进行格式设置后，则演示文稿中基于该母版幻灯片版式的幻灯片将应用该格式。

要设置幻灯片母版，用户可以选择【视图】选项卡，单击【母版视图】组中的【幻灯片母版】按钮，进入【幻灯片母版】视图。此时，系统也会自动添加【幻灯片母版】选项卡，图 7-47 所示。

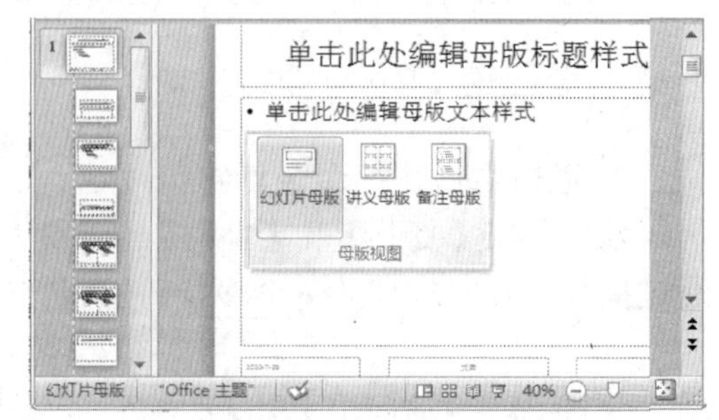

图 7-47 添加幻灯片母版

在该母版中包含了幻灯片中的所有版式，用户可以选择需要应用到演示文稿中的一个或多个幻灯片版式，也可以对其进行各项格式设置，还可以插入图片、图表以及 SmartArt 图形等。

在【幻灯片母版】选项卡中的【编辑母版】组中，用户可以向母版插入母版、版式以及为幻灯片版式重命名等。

❑ 插入幻灯片母版

在【幻灯片母版】选项卡中单击【编辑母版】组中的【插入幻灯片母版】按钮，即可在该母版下再次插入一个包含有所有幻灯片版式的母版，并自动命名为“2”，如图 7-48 所示。

当插入幻灯片母版后，单击【关闭母版视图】按钮，在【开始】选项卡中的【幻灯片】组中单击【版式】下拉按钮，向下拖动下拉菜单中的滑块，则可以看到一个【自定义设计方案】区域，该区域即为插入的幻灯片母版。

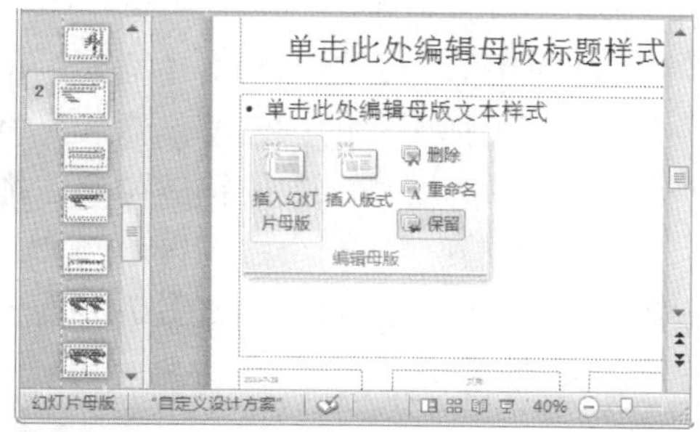

图 7-48　插入幻灯片母版

提　示

当插入幻灯片母版后，该幻灯片母版默认的状态为保留状态。所谓保留状态即保留选择的母版，使其在未被使用的情况下也能保留在演示文稿中。

❑ **插入版式**

在【幻灯片母版】选项卡中，用户可以在幻灯片母版中插入一个用户自定义版式的幻灯片。单击【编辑母版】组中的【插入版式】按钮，即可以在选择的幻灯片下方插入一个仅含有标题占位符的幻灯片，如图 7-49 所示。

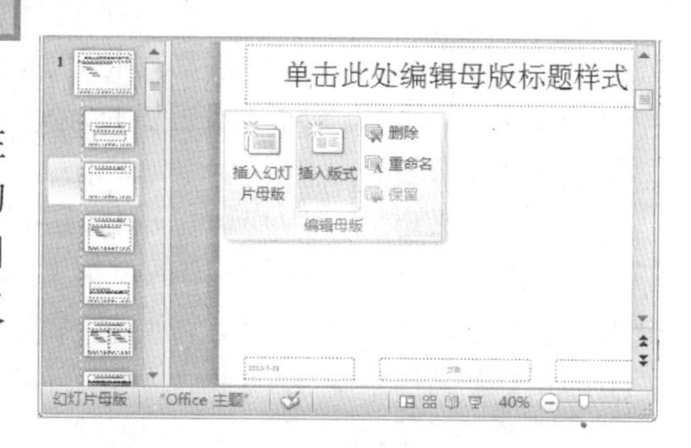

图 7-49　插入版式

❑ **删除幻灯片母版**

当在演示文稿中不使用插入的幻灯片母版中的幻灯片时，则可以将该幻灯片母版删除。选择幻灯片母版中的第一张幻灯片，单击【编辑母版】组中的【删除】按钮，即可从演示文稿中将该母版删除，如图 7-50 所示。

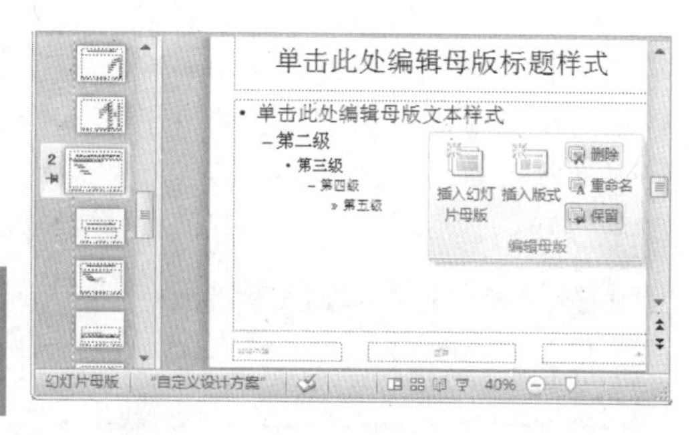

图 7-50　删除幻灯片母版

提　示

删除幻灯片母版时，必须选择母版中的第一张幻灯片，否则【编辑母版】组中的【删除】按钮呈灰色不可用状态。

❑ **重命名**

选择母版的第一张幻灯片，单击【重命名】按钮，在弹出【重命名版式】对话框中输入名称，单击【重命名】按钮，即可对幻灯片母版重命名，如图 7-51 所示。

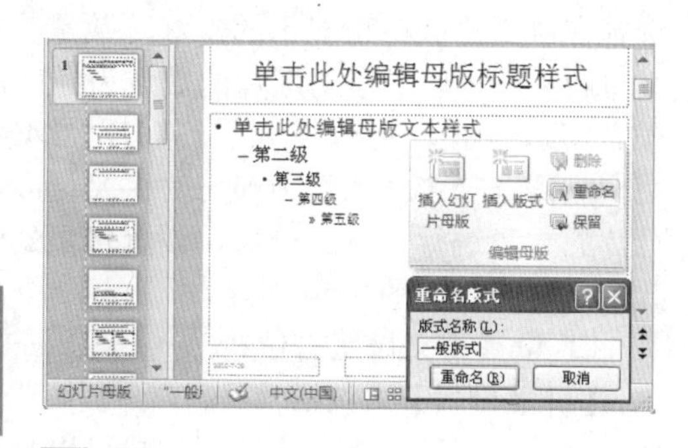

图 7-51　重命名版式

提　示

如果用户选择的不是母版中的第一张幻灯片，单击【重命名】按钮，是对选择的幻灯片版式进行重命名。

❑ **幻灯片母版占位符**

用户可在幻灯片母版中添加各种各样的占位符，其中包括文本占位符、图片占位符、表格占位符、图表占位符、SmartArt 图形占位符、剪贴画占位符等。

在【母版版式】组中单击【插入占位符】下拉按钮，选择所需的占位符。然后，将鼠标移动到幻灯片中要插入占位符的位置，拖动鼠标即可在该位置插入一个占位符，例如，在母版中插入一个图表占位符，如图 7-52 所示。

图 7-52 插入幻灯片母版占位符

2. 设置讲义模板

幻灯片还可以以讲义的形式出现，也就是按一定的布局打印出来的幻灯片。讲义母版可以对页眉和页脚占位符进行移动，也可以设置讲义中幻灯片的页面方向，还可以指定每页要打印的幻灯片数目。

要设置讲义母版，用户可以选择【视图】选项卡，单击【母版视图】组中的【讲义母版】按钮，进入【讲义母版】视图，此时系统也会自动添加【讲义母版】选项卡。

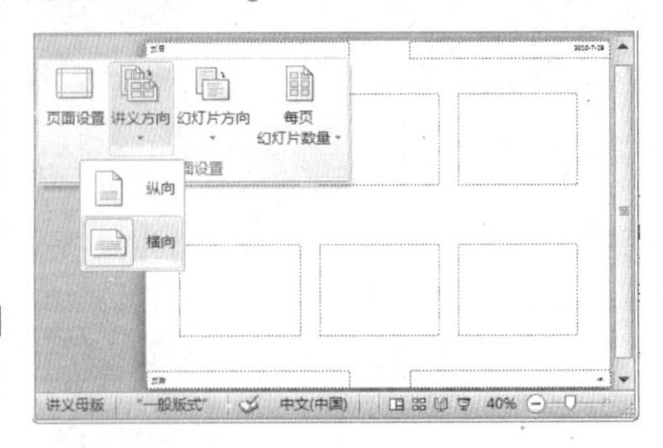

图 7-53 设置页面方向

❑ 设置讲义母版页面

在【讲义母版】选项卡中，单击【页面设置】组中的【讲义方向】下拉按钮，在该下拉列表中主要包含了横向和纵向两种讲义方向。例如，选择【横向】选项，即可设置讲义的页面方向为横向，如图 7-53 所示。

提 示

单击【页面设置】组中的【幻灯片方向】下拉按钮时，可以设置讲义中幻灯片的方向，包括横向和纵向两种方向。

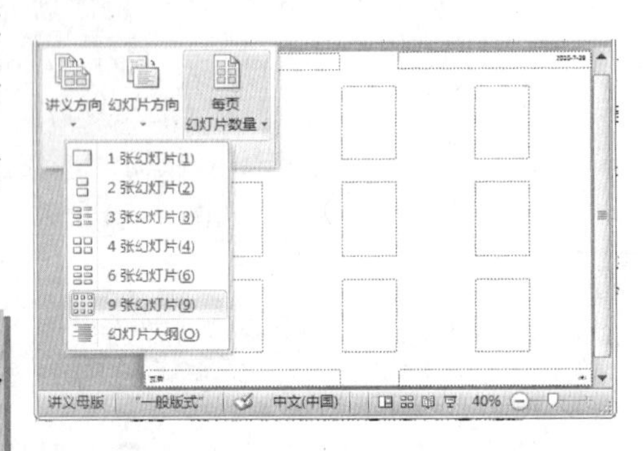

图 7-54 设置每页幻灯片数量

单击【每页幻灯片数量】下拉按钮，可以选择在讲义母版中可显示的幻灯片数量。在讲义母版中，可以显示幻灯片的数量为：1 张、2 张、3 张、4 张、6 张、9 张和幻灯片大纲选项。用户只需选择合适的选项即可对讲义母版中幻灯片的数量进行设置。例如，设置每页幻灯片数量为 9 张，如图 7-54 所示。

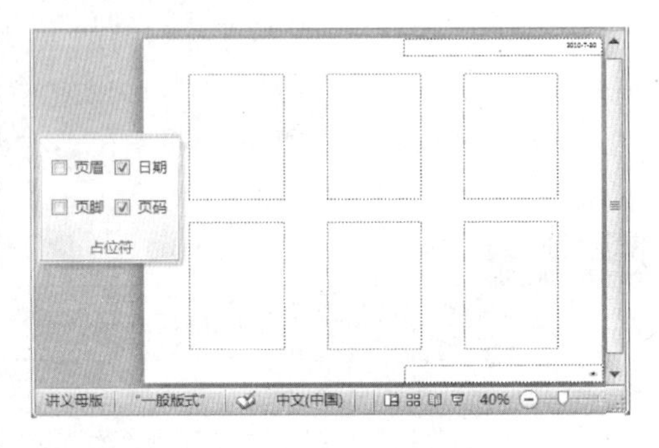

图 7-55 设置讲义母板占位符

❑ 设置讲义母版占位符

【讲义母版】中包括"页眉"、"页脚"、"日期"和"页码"4 个占位符，用户可以禁用或启用各个复选框来控制这 4 个占位符的显示。例如，禁用【页眉】和【页脚】复选框，可以隐藏页眉和页脚，如图 7-55 所示。

3. 设置备注母板

默认情况下，演示文稿的幻灯片中的状态栏的上方还有一个备注页。用户要设置备注母版，可以选择【视图】选项卡，单击【母版视图】组中的【备注母版】按钮，进入【备注母版】视图。

❑ 设置备注母版页面

备注母版中一般包含有一个幻灯片占位符和一个备注页占位符。当单击【备注页方向】下拉按钮时，可设置备注页的方向为横向或纵向。当单击【幻灯片方向】下拉按钮时，可设置幻灯片为横向或纵向。例如，设置备注页方向和幻灯片方向都为横向，如图 7-56 所示。

图 7–56　设置备注母版页面

❑ 占位符

在【占位符】组中禁用和启用各复选框，来控制备注母版中页眉、页脚、日期等占位符的显示。例如，禁用【正文】复选框，即可隐藏备注页，如图 7-57 所示。

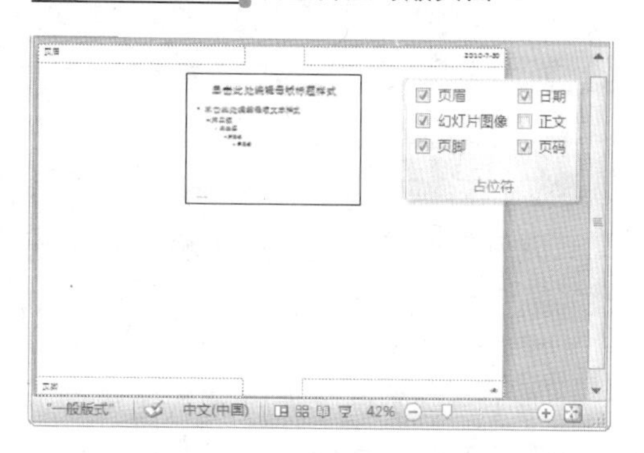

图 7–57　隐藏备注页

7.4.6 应用主题

主题可以作为一套独立的选择方案应用于文件中。套用主题样式，可以帮助用户在指定幻灯片的样式、颜色等内容时，更加方便快捷。

幻灯片主题是指对幻灯片中的标题、文字、图表、背景等项目设定的一组配置。该配置主要包含主题颜色、主题字体和主题效果。

1. 应用主题

选择需要应用主题的幻灯片，并选择【设计】选项卡，单击【主题】组中的【其他】下拉按钮，在【所有主题】列表中选择要应用的主题即可。例如，选择【奥斯汀】选项，如图 7-58 所示。

提　示

其中，在【所有主题】下拉列表中，主要包含演示文稿主题和内置主题两种类型。在演示文稿区域中显示了当前文稿的主题样式，而在内置区域中提供了各种样式供用户选择。

用户不仅可以使用 PowerPoint 内置的主题样式，还可以自定义主题。在【设计】选项卡中，单击【主题】组中的【其他】下拉按钮，执行【浏览主题】命令。然后，在弹出的【选择主题或主题文档】对话框中选择要应用的主题即可，如图 7-59 所示。

另外，右击【主题】区域中的主题列表中要应用的主题样式，即可在弹出的快捷菜单中，指定如何应用所选的主题。各选项功能如表 7-5 所示。

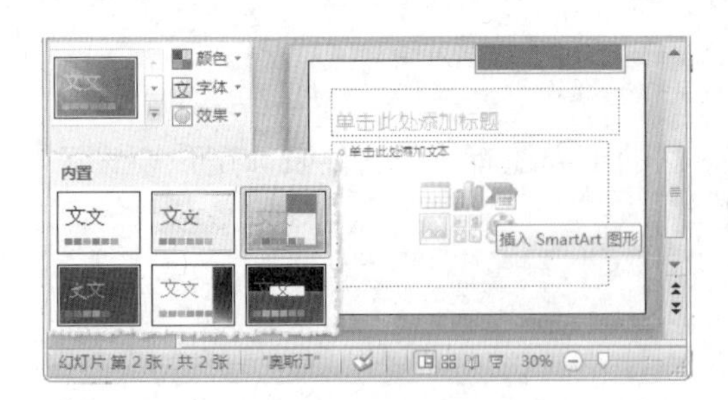

图 7–58 应用主题

图 7–59 【选择主题或主题文档】对话框

表 7–5 应用所选的主题

选 项 名 称	功 能
应用于所有幻灯片	该选项可以将所选的幻灯片主题应用于演示文稿中所有的幻灯片
应用于选定幻灯片	该选项可以将所选幻灯片主题只应用于用户选择的幻灯片
设置为默认主题	将所选幻灯片主题设置为默认的主题样式
添加到快速访问工具栏	将主题列表添加到快速访问工具栏中

2. 更改主题

应用主题后，用户也可根据需求更改主题的颜色、字体和主题效果，详细介绍如下。

❑ 更改主题颜色

在【设计】选项卡中单击【主题】组中的【颜色】下拉按钮，选择一种主题颜色，如选择【复合】选项，即可更改幻灯片的主题颜色，如图 7-60 所示。

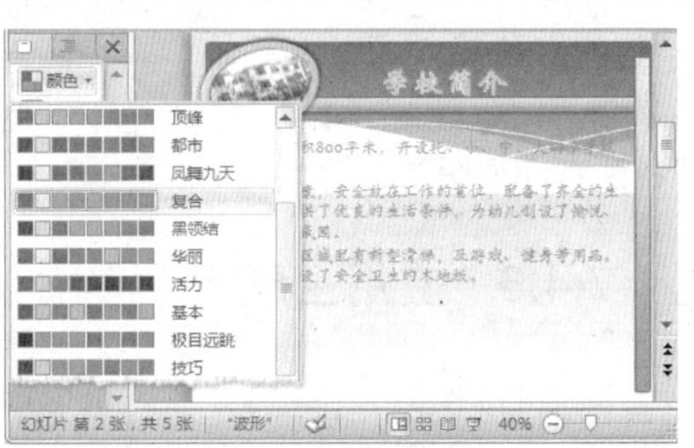

图 7–60 更改主题颜色

提 示

单击【颜色】下拉按钮，执行【新建主题颜色】命令，然后在弹出的【新建主题颜色】对话框中可自定义主题颜色。

❑ 更改主题字体

单击【主题】组中的【字体】下拉按钮，选择一种主题字体，例如，选择【沉稳】选项，即可更改幻灯片的主题字体，如图 7-61 所示。

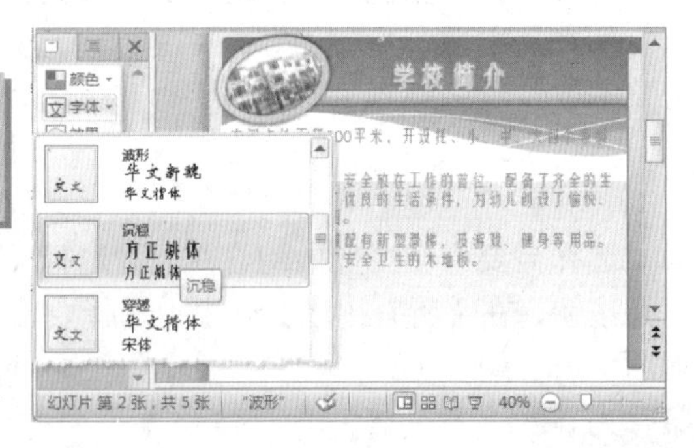

图 7–61 更改主题字体

提 示

单击【字体】下拉按钮，执行【新建主题字体】命令，然后在弹出的【新建主题字体】对话框中可自定义主题字体。

❑ 更改主题效果

单击【主题】组中的【效果】下拉按钮，选择一种主题效果，例如，选择【聚合】

选项，即可更改幻灯片的主题效果，如图 7-62 所示。

7.5 播放演示文稿

PowerPoint 2010 不仅可以设计和制作演示文稿，还可以对演示文稿进行预览和播放。

1. 预览演示文稿

预览演示文稿，是指在演示文稿编辑大体完成后对演示文稿进行简单播放，以检查文稿中的错误等。

在完成演示文稿的编辑后，用户可选择【幻灯片放映】选项卡，然后单击【开始放映幻灯片】组中的【从头开始】按钮，从第一幅幻灯片开始播放，如图 7-63 所示。

除了从头开始外，用户也可以从当前显示的幻灯片开始播放，单击【开始放映幻灯片】组中的【从当前幻灯片开始】按钮即可。在播放幻灯片的过程中，用户可以单击鼠标或按键盘中的 Enter 键、Spale 键等快捷键，播放下一幅幻灯片，或按 Esc 键退出幻灯片的播放。

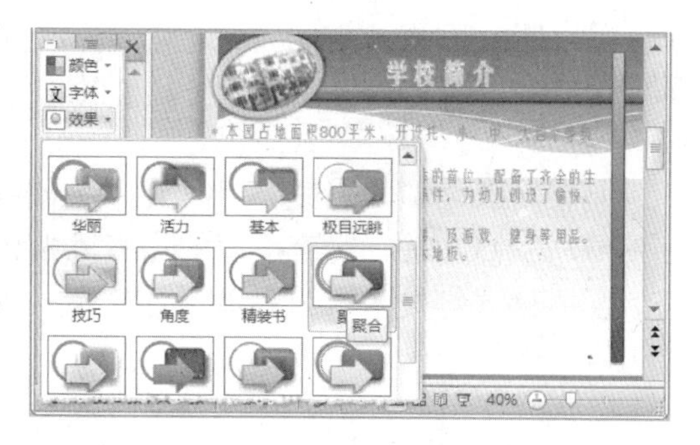

图 7-62 更改主题效果

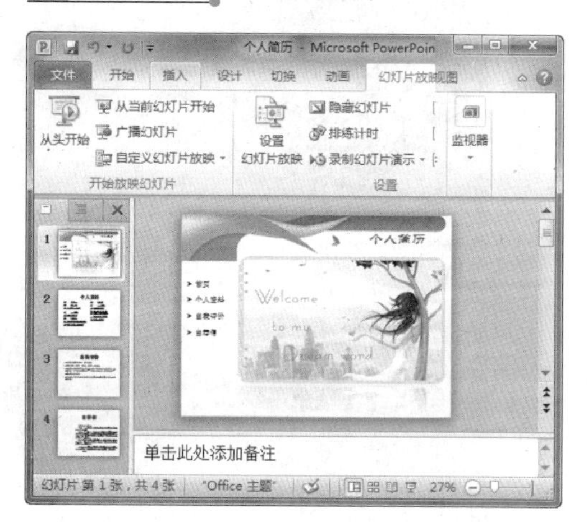

图 7-63 预览演示文稿

在单击【幻灯片放映】|【设置】|【设置幻灯片放映】按钮后，可在弹出的【设置放映方式】对话框中，设置幻灯片的放映属性，如图 7-64 所示。

2. 播放演示文稿

用户也可以切换到【幻灯片放映】视图中，对演示文稿进行简单的播放，如图 7-65 所示。

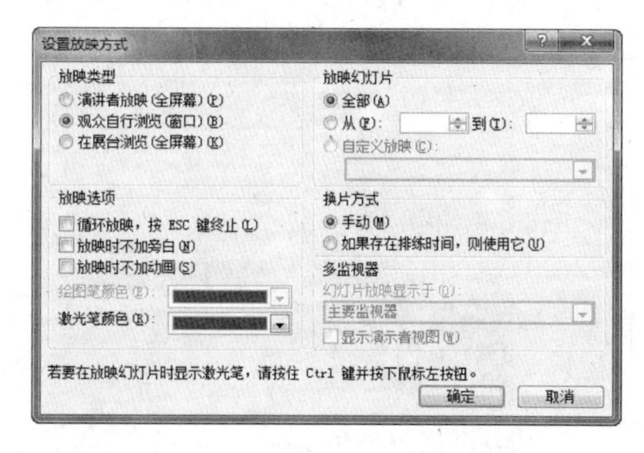

图 7-64 【设置放映方式】对话框

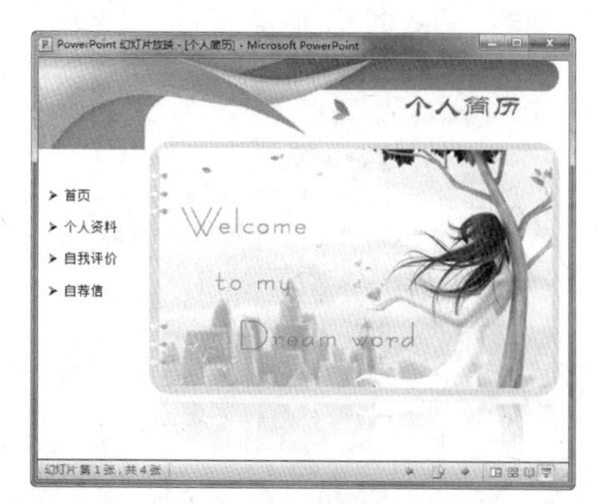

图 7-65 播放演示文稿

7.6 实验指导：制作旅游宣传

乌镇是江南四大名镇之一，是一个拥有 6000 余年悠久历史的古镇，是一个久负盛名的旅游景点，具有江南小镇的优美风光和别致的文化。本例将使用 PowerPoint 的占位符、文本格式等技术，为乌镇设计一个旅游宣传演示文稿，效果如图 7-66 所示。

图 7-66 效果图

操作步骤：

1. 在 PowerPoint 中创建演示文稿，将其保存为“乌镇.pptx”，选择【视图】选项卡，单击【幻灯片母版】按钮，进入【幻灯片母版】视图，如图 7-67 所示。

图 7-67 幻灯片母版视图

2. 单击【背景】组中的【设置背景格式】按钮，在弹出的【设置背景格式】对话框中启用【图片或纹理填充】单选按钮，单击【文件】按钮，在【插入图片】对话框中选择图片插入到幻灯片中，如图 7-68 所示。

图 7-68 设置背景格式

3 删除主标题占位符，拖动副标题占位符将其向上移动。选择【开始】选项卡，单击【形状】按钮，选择“矩形”形状，在幻灯片上绘制形状，如图 7-69 所示。

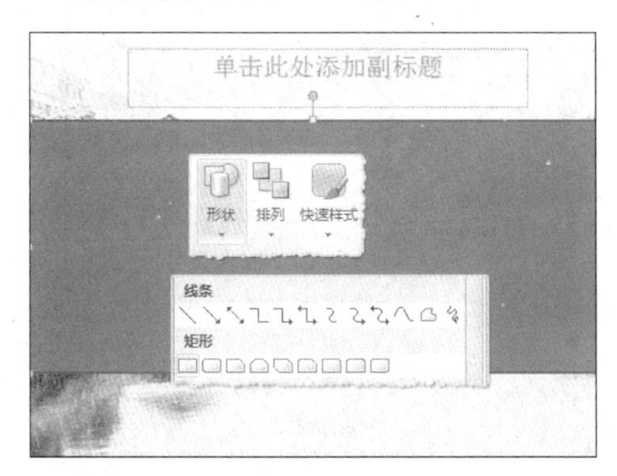

图 7-69 绘制形状

4 选择【格式】选项卡，单击【形状填充】按钮，设置填充颜色为“橙色，强调文本颜色 6，淡色 80%”，如图 7-70 所示。

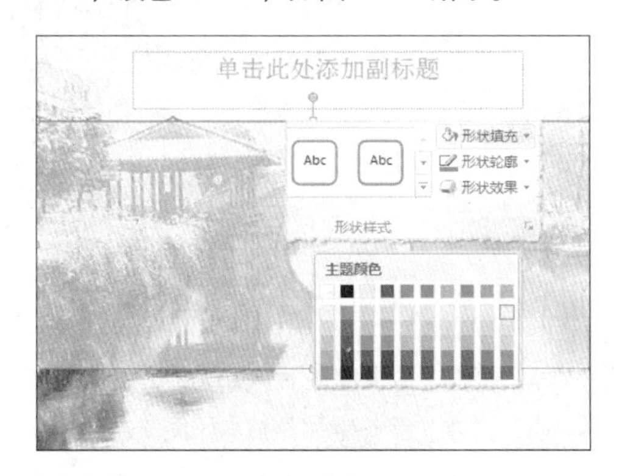

图 7-70 设置主题颜色

5 在副标题占位符中输入文本，设置字体格式。选择【插入】选项卡，单击【图片】按钮，在弹出的【插入图片】对话框中选择图片，插入到幻灯片中，如图 7-71 所示。

6 单击【文本框】按钮，选择【横排文本框】选项，在幻灯片上拖动绘制文本框，并输入文本，如图 7-72 所示。

7 在右侧插入一张图片，单击【图片效果】按钮，执行【柔滑边缘】命令，选择【50 磅】，如图 7-73 所示。

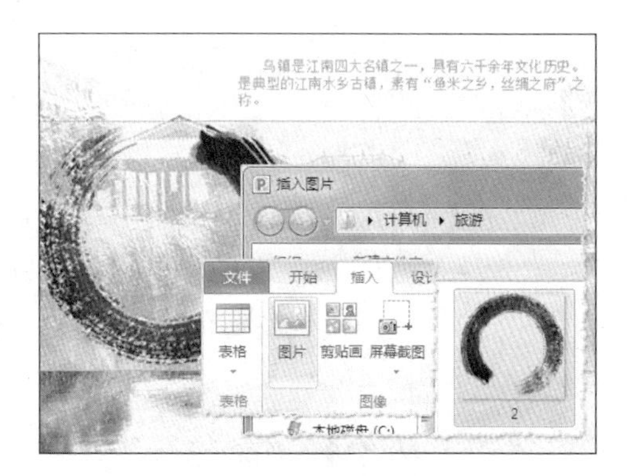

图 7-71 插入图片

图 7-72 输入文本

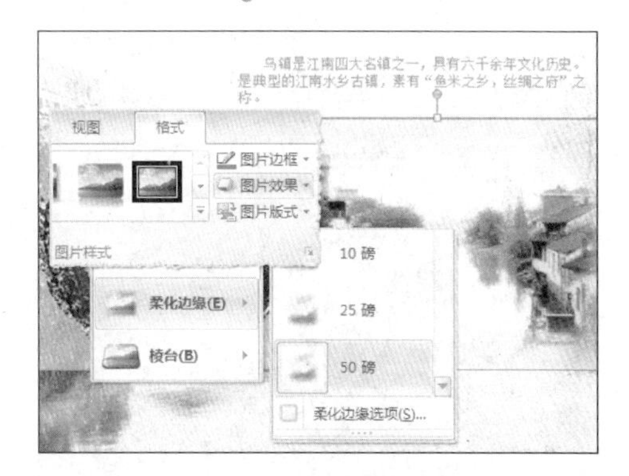

图 7-73 执行【柔滑边缘】命令

8 单击【调整】组中的【颜色】按钮，选择“褐色”，调整图片颜色，如图 7-74 所示。

9 在图片上插入文本框，分别输入文本，设置字体格式。绘制 4 个“圆角矩形”形状，右击执行【设置形状格式】命令，在【设置形状格式】对话框中，单击【预设颜色】按钮，选择“红木”。设置【类型】为【矩形】，方向为“中心辐射”。设置 4 个渐变滑块的透明度都为“50%”，如图 7-75 所示，效果如图 7-76 所示。

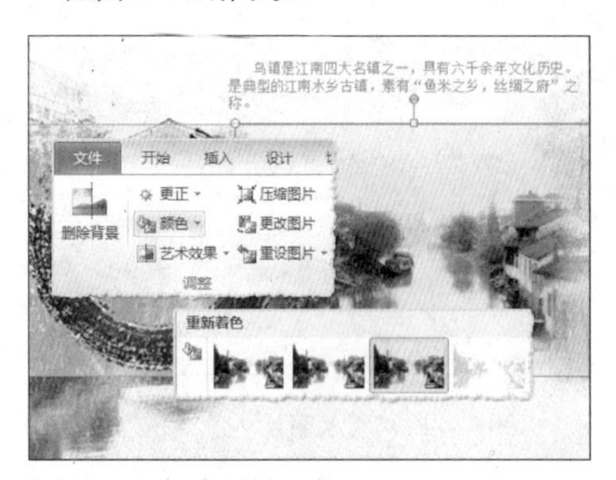

图 7-74　调整图片颜色

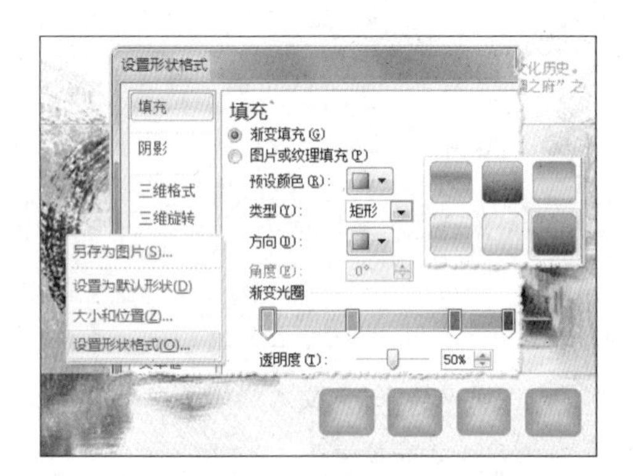

图 7-75　设置形状格式

图 7-76　效果图

10　选择【视图】选项卡，单击【幻灯片母版】按钮，单击【插入幻灯片母版】按钮，插入幻灯片母版，如图 7-77 所示。

11　按照相同设置背景格式的方法设置其背景，然后退出母版视图。单击【新建幻灯片】按钮，选择空白幻灯片，如图 7-78 所示。

图 7-77　插入幻灯片母版

图 7-78　新建幻灯片

12　插入图片，并调整图片大小。再插入文本框，输入文本，设置字体格式，如图 7-79 所示。

图 7-79　设置字体格式

13　再插入两张图片，选择【格式】选项卡，在【图片样式】组中选择“简单框架，白色”

样式，如图 7-80 所示。

图 7-80 设置样式

14 插入横排文本框，输入介绍文本，设置字体格式。选择【格式】选项卡，单击【编辑形状】按钮，执行【更改形状】命令，如图 7-81 所示。

图 7-81 更改形状

15 在弹出的菜单中选择“竖卷形”。在【设置形状格式】对话框中设置其渐变颜色，如图 7-82 所示。

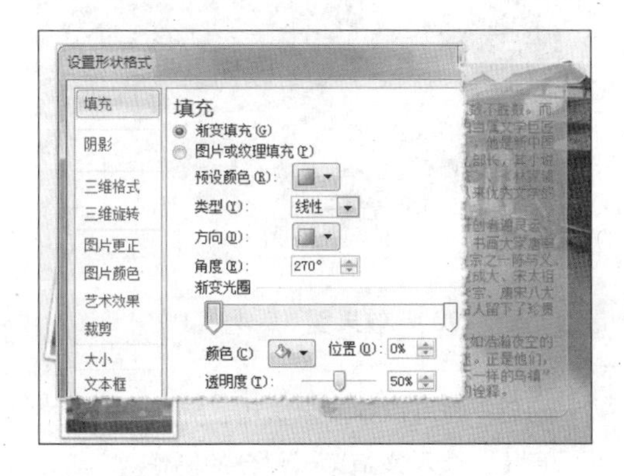

图 7-82 设置形状格式

16 按照相同的方法新建一个母版，单击【新建幻灯片】按钮，选择空白幻灯片。插入图片，再插入文本框，输入文本，设置字体格式，如图 7-83 所示。

图 7-83 字体格式

17 再插入 3 张图片，调整其大小放到合适的位置。插入文本框，输入文本，设置字体格式。按相同编辑文本框形状的方法，更改其形状为“折角形“，并在【设置形状格式】对话框中设置其填充颜色，如图 7-84 所示。

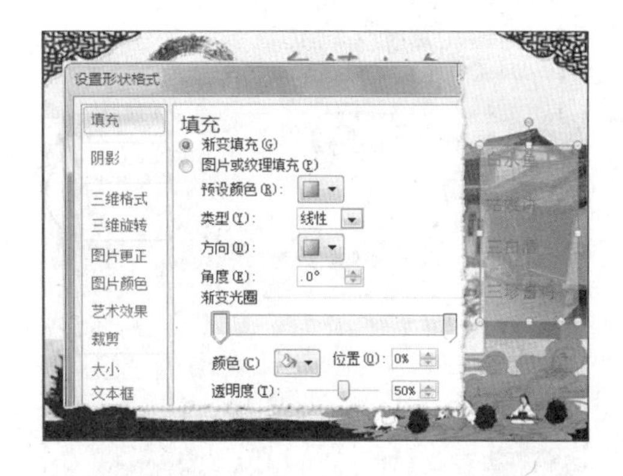

图 7-84 设置形状格式

18 单击【新建幻灯片】按钮，选择【仅标题】幻灯片，新建标题幻灯片，在主标题占位符中输入文本，设置字体格式。再插入一张图片，调整图片大小，如图 7-85 所示，效果如图 7-86 所示。

19 绘制一个和图大小相同的矩形，应用“细微效果-橙色，强调颜色 6”样式，如图 7-87 所示。

图 7-85 新建标题

图 7-86 效果图

图 7-87 设置样式

20 在【设置形状格式】对话框中设置其填充样式。插入文本框，输入文本，设置字体格式，如图 7-88 所示。

21 选择上一张幻灯片，选择“姑嫂饼”文本，在【插入】选项卡中，单击【动作】按钮，在【动作设置】对话框中启用【超链接到】单选按钮，设置超链接到【下一张幻灯片】如图 7-89 所示，效果如图 7-90 所示。

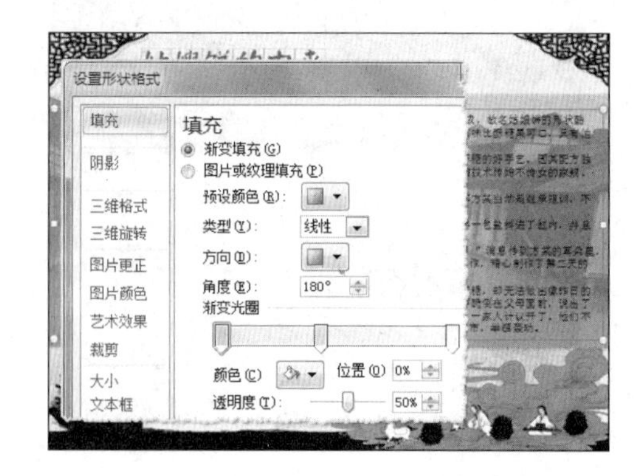

图 7-88 设置形状格式

图 7-89 动作设置

图 7-90 效果图

22 然后，即可保存演示文稿，完成“乌镇旅游宣传”演示文稿第一部分的制作。

7.7 实验指导：制作语文课件

使用 PowerPoint，用户可以通过简单的可视化操作创建演示文稿，并制作幻灯片。在制作幻灯片时，PowerPoint 允许用户插入图像、文本等各种内容。本实验将使用 PowerPoint 的各种基本功能，制作《出师表》的语文课件的开头部分，效果如图 7-91 所示。

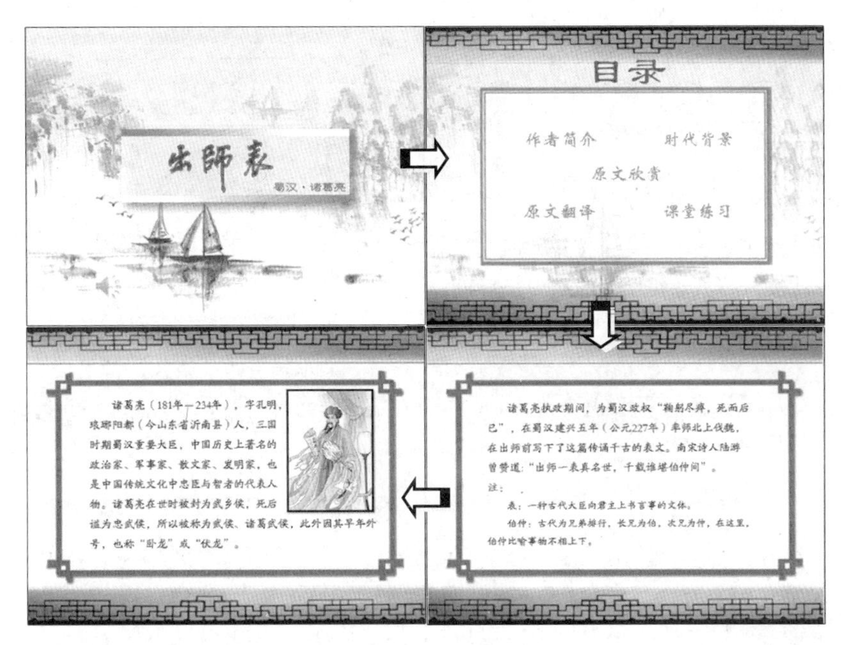

图 7–91 效果图

操作步骤：

1 新建空白演示文稿，单击【背景】组中的【背景样式】下拉按钮，执行【设置背景格式】命令，如图 7–92 所示。

图 7–92 执行【设置背景格式】命令

2 在弹出的【设置背景格式】对话框中，选择【图片或纹理填充】单选按钮，单击【插入自】选项中的【文件】按钮，在弹出的【插入图片】对话框中选择图片，如图 7–93 所示。

图 7–93 设置背景格式

3 在【幻灯片】组中单击【版式】下拉按钮，选择【空白】选项，如图7-94所示。

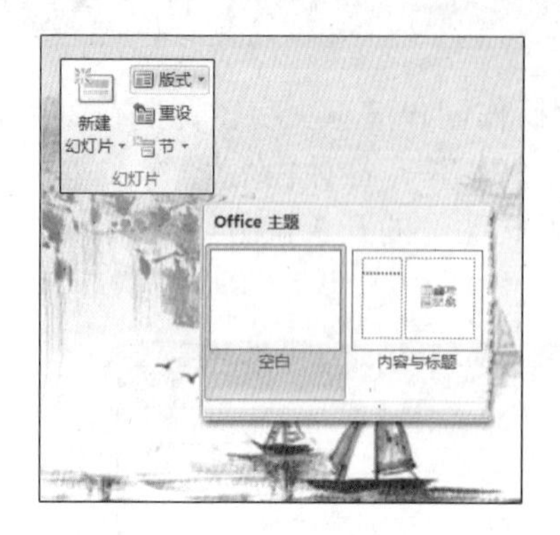

图7-94 选择【空白】项

4 在【图像】组中单击【图片】按钮，插入图片，并在【图片样式】组中，应用“矩形投影”样式，如图7-95所示。

图7-95 应用“矩形投影”样式

5 新建【仅标题】幻灯片，设置背景格式，在【插入图片】对话框中，选择图片为“thirdPageBG.png”，如图7-96所示。然后，在标题占位符中输入文本“目录”，并设置文本格式，如图7-97所示。

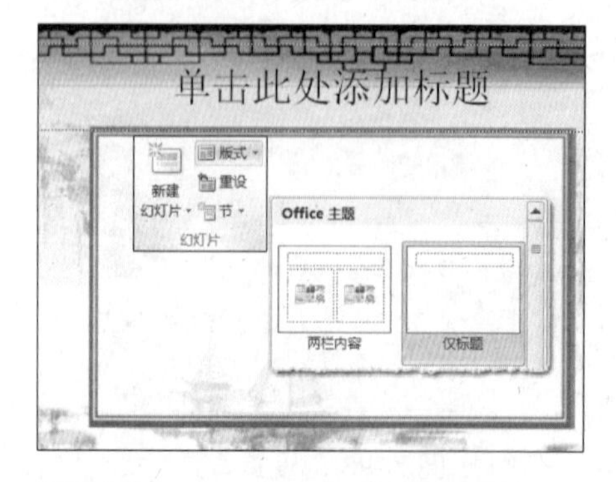

图7-96 选择图片

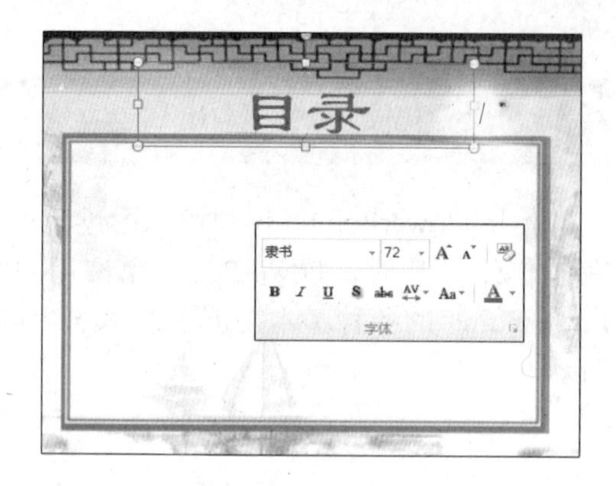

图7-97 设置文本格式

6 在【文本】组中单击【文本框】下拉按钮，在下拉菜单中选择【横排文本框】选项，绘制一个横排文本框，在该文本框中输入文本，设置文本为“汉仪魏碑简”；大小为32；文本颜色为“茶色，背景2，深色50%”。按照相同的方法，插入文本框输入文本，如图7-98所示。

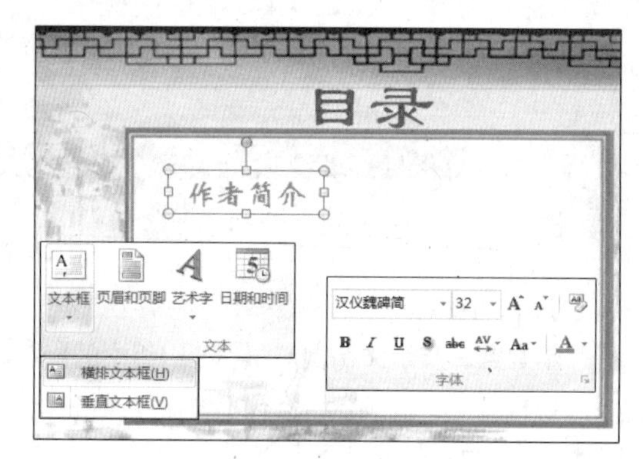

图7-98 插入文本

7 新建空白幻灯片，设置背景格式，在【插入图片】对话框中，选择图片“secondPage-BG.png”。然后，插入横排文本框，输入文本，并设置文本格式，如图7-99所示。

8 选择所有文本，在【段落】组中单击【行距】下拉按钮，选择1.5行距，如图7-100所示。

9 将光标置于文本“明，”后，按Shift+Enter组合键进行强制换行，依次类推。然后，插入图片，设置图片大小并在【图片样式】组中应用“简单框架，黑色”样式，如图 7-101 所示。

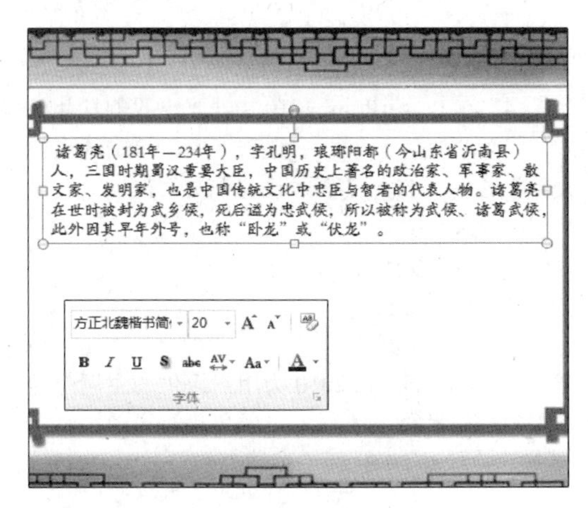

图 7-99 设置文本格式

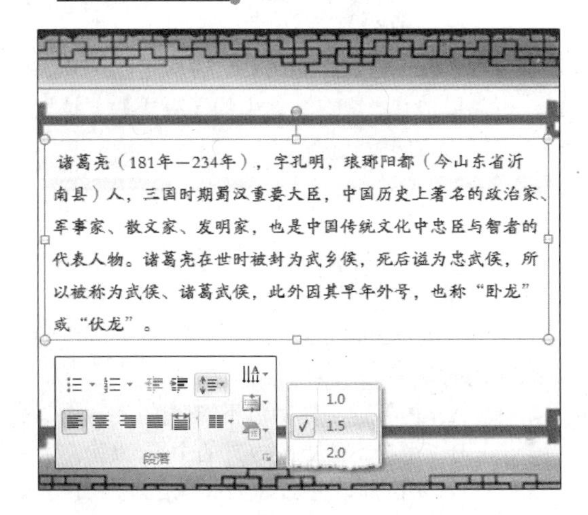

图 7-100 设置行距

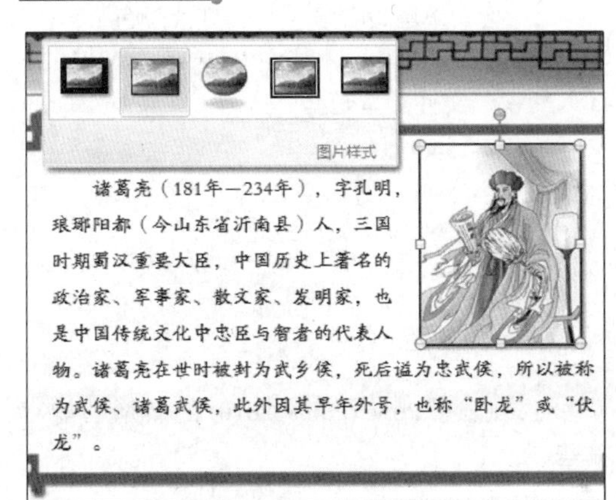

图 7-101 设置图片样式

10 新建空白幻灯片，设置背景格式与上一幻灯片背景图片相同。然后，插入横排文本框，输入文本，并设置文本格式。选择所有文本，在【段落】组中，单击【段落】按钮，在弹出的【段落】对话框中设置【特殊格式】为【首行缩进】，如图 7-102 所示。单击【行距】下拉按钮，选择 1.5 行距，即可完成此部分制作，如图 7-103 所示。

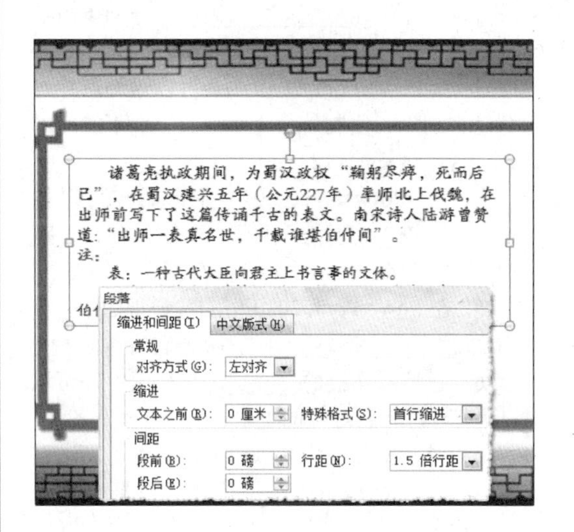

图 7-102 设置【特殊格式】

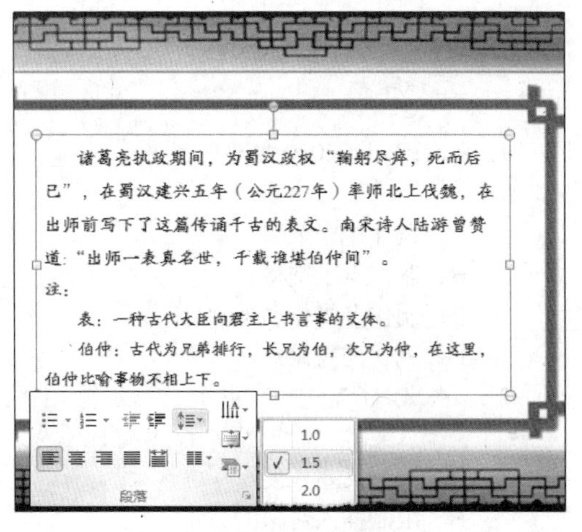

图 7-103 设置【行距】

7.8 思考与练习

一、填空题

1. 在PowerPoint 2010中，其默认的文件扩展名是__________。

2. 在幻灯片浏览视图中，要同时选择多张幻灯片，应先按住__________键，再分别单击各个幻灯片。

3. 在PowerPoint 2010中，可以对幻灯片进行移动、删除、复制、设置动画效果，不能对幻灯片的内容进行编辑的视图是__________。

4. 在PowerPoint 2010中，用户可以按__________键，观看演示效果；按__________键随时退出播放效果。

5. 在PowerPoint 2010中的普通视图中，分别有__________和__________两个选项卡。

6. 在演示文稿的__________视图中，可以输入、查看每张幻灯片的主题、小标题以及备注，并且可以移动幻灯片中各项内容的位置。

7. 在幻灯片中带有虚线边缘的框被称为__________。

8. 在PowerPoint 2010中，创建演示文稿的快捷键是__________；新建幻灯片的快捷键是__________。

二、选择题

1. PowerPoint 2010主要是用来__________的软件。

A. 制作电子表格
B. 制作电子文稿
C. 制作多媒体动画软件
D. 制作网页站点

2. 在幻灯片中，占位符的作用是__________。

A. 表示文本长度
B. 限制插入对象的数量
C. 表示图形大小
D. 为文本、图形预留位置

3. 在PowerPoint 2010中插入超链接，可以实现__________。

A. 实现幻灯片之间的跳转
B. 实现演示文稿幻灯片的移动
C. 中断幻灯片的放映
D. 在演示文稿中插入幻灯片

4. 在PowerPoint 2010中，要更改幻灯片的方向，可以在__________选项卡中，单击【页面设置】按钮，打开【页面设置】对话框。

A. 设计
B. 视图
C. 插入
D. 审阅

5. PowerPoint 2010为用户提供的主题颜色不能对幻灯片的__________颜色进行更改。

A. 文本
B. 背景
C. 超链接
D. 阴影

6. 在PowerPoint 2010中，要应用幻灯片版式，可以单击__________组中的【版式】下拉按钮，选择所需的版式。

A. 段落
B. 幻灯片
C. 页面设置
D. 主题

7. 在PowerPoint 2010中，关于主题颜色的描述正确的是__________。

A. 内置的主题颜色不能删除
B. 用户不能更改内置的主题颜色
C. 用户可以更改，但必须保存为标准色
D. 应用新主题颜色，不会改变进行了单独设置颜色的幻灯片颜色

8. 以下选项中，不能在PowerPoint 2010中插入的视频文件类型是__________。

A. .avi
B. .asf
C. .wmv
D. .mov

三、简答题

1. 概述PowerPoint 2010的新增功能有哪些。

2. 概述创建演示文稿的过程。

3. 概述如何向幻灯片中插入图片。

4．概述母版的使用。

四、上机练习

1．制作“早春”幻灯片

新建幻灯片，应用【两栏内容】版式选项。在标题占位符中输入“早春”文字，设置【字体】为“华文新魏”，【字号】为 66，并应用“填充-强调文字颜色 6，渐变轮廓-强调文字颜色 6”艺术字样式。

然后，在左边文本占位符中输入相应文字，在右边占位符中插入一张图片，并应用“柔化边缘矩形”图片样式，如图 7-104 所示。

图 7-104 设置图片样式

2．数码产品展示幻灯片

新建幻灯片，应用【仅标题】版式，【暗香扑面】主题样式。在标题占位符中输入相应文字，应用“渐变填充-强调文字颜色 4，映像”艺术字样式，并在【文本效果】下拉列表中，选择“朝鲜鼓”转换样式。

然后，插入“水平图片列表”SmartArt 图形。选择【设计】选项卡，更改颜色为“深色 2 填充”，并应用“嵌入”SmartArt 图形样式。再将相应的图片和文字输入 SmartArt 图形，如图 7-105 所示。

图 7-105 应用 SmartArt 样式

第 8 章

计算机网络

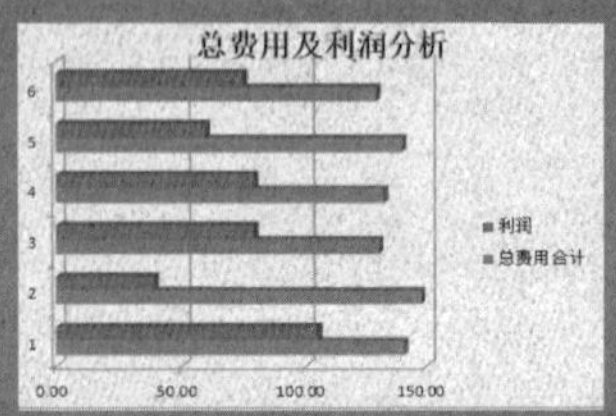

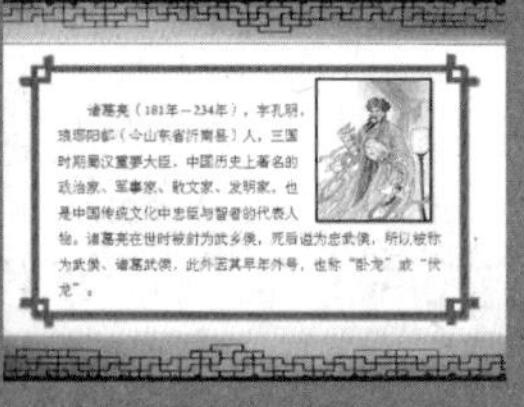

目前，计算机网络正在逐渐改变着人们的生活和工作方式，不断引起世界范围内产业结构的变化，在各国的经济、文化、科研、军事、政治、教育和社会生活等各个领域内发挥着越来越重要的作用。

本章来简单地介绍一下计算机网络的一些概念以及相关内容。通过对本章的学习，让用户对计算机网络有一定的认识，并熟悉网络的分类、应用、结构、模型、IP 地址、网络协议、网络设备等。

本章学习要点：

- 计算机网络概述
- 网络体系结构
- 网络传输与协议
- IP 地址及子网掩码
- 局域网设备

8.1 计算机网络概述

计算机网络是计算机技术、通信技术和网络技术相结合的产物，是现代社会重要的基础设施，为人类获取和传播信息发挥了巨大的作用。

8.1.1 计算机网络及其功能

计算机网络将地理位置不同、功能独立的多台计算机利用通信介质和设备互联起来，在遵循约定通信规则的前提下，使用功能完善的网络软件进行控制，从而实现信息交互、资源共享、协同工作和在线处理等功能。

综上所述，计算机网络具备以下 3 个基本要素，且三者缺一不可。

❑ **不同地理位置、独立功能的计算机**

在计算机网络中，每一台计算机都具有独立完成工作的能力，并且计算机之间可以不在同一个区域（如同一个校园、同一个城市、同一个国家等）。

提　示

在计算机网络中，既可以使用铜缆、光纤等有线传输介质，也可借助于微波、卫星等无线传输介质来实现多台计算机之间的互联。

❑ **计算机网络具有交互通信、资源共享及协同工作等功能**

资源共享是计算机网络的主要目的，而交互通信则是计算机网络实现资源共享的重要前提。例如，以 Internet 为代表的计算机网络，用户可以传递文件、发布信息、查阅/获取资料信息等。

❑ **必须遵循通信规则**

当计算机网络中，计算机需要互相通信时，它们之间必须使用相同的语言。而这种语言即是通信的规则，也是一种通信协议。

计算机网络的主要目的在于实现“资源共享”，即所有用户均能享受网络内其他计算机所提供的软、硬件资源和数据信息。

除此之外，随着计算机网络规模的增大，网络内各具特色的计算机系统越来越多，从而极大地丰富了网络的功能。目前，计算机网络所具备的基本功能主要包括以下几种。

❑ **资源共享**

资源是指构成系统的所有要素，包括计算机系统内的各种软、硬件资源。由于受经济和其他因素的制约，并不是（也不可能）所有用户都能够独立拥有这些资源。

计算机网络的资源共享功能，使得普通用户也可以借助大型计算机或数据库系统等高成本资源来解决自己的问题，极大地提高了计算机软、硬件的利用率，使系统的性能价格比得到改善。

❑ **快速传输**

作为现代通信技术和计算机技术相结合的产物，计算机网络能够使分布在不同地区的计算机系统通过通信线路及时、迅速地传递各种信息。

❑ 集中和综合处理

利用计算机网络的数据传输功能，可以将分散在各地计算机内的数据资源进行集中或分级管理，并对其进行综合处理，以报表的形式提供给管理者或分析者进行分析和参考。

❑ 相互协作，分布式处理

当计算机遇到难以解决的复杂问题时，可以采用合适的算法，将计算任务分散到网络内不同的计算机上进行分布式处理，以减少解决问题所要花费的时间。

而这种利用网络技术将计算机连成高性能分布式系统，以此来扩展计算机的处理能力，提高计算机解决复杂问题的方式，便成为计算机网络的一项重要功能。

❑ 可靠性和可用性

在计算机网络中，当网络内的某一部分（通信线路或计算机等）发生故障时，可利用其他的路径来完成数据传输或将数据转至其他系统内代为处理，以保证用户的正常操作。

例如，当数据库内的信息丢失或遭到破坏时，还可调用另一台计算机内的备份数据库来完成数据处理工作，并恢复遭到破坏的数据库，从而提高系统的可靠性和可用性。

8.1.2 计算机网络的分类

计算机网络经过多年的发展和变化，各个网络所采用的网络技术、传输介质、通信方式等各方面已经变得多种多样。

根据网络所覆盖地理范围的不同，可以将计算机网络分为局域网（LAN，Local Area Network）、城域网（MAN，Metropolitan Area Network）和广域网（WAN，Wide Area Network）3 种类型，如图 8-1 所示。

❑ 局域网

局域网是一种在有限的地理范围内构成的规模相对较小的计算机网络，其覆盖范围通常小于 20km。例如，将一座大楼或一个校园内分散的计算机连接起来的网络都属于局域网。

局域网的特点是网络内不同计算机间的分布距离较近、连接费用低、数据传输可靠性高等，并且组网较为方便，是目前计算机网络中发展最为活跃的分支。

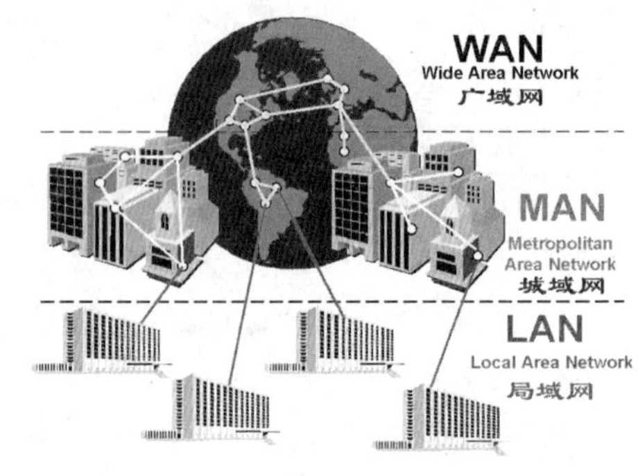

图 8-1 按照网络覆盖范围分类

❑ 城域网

城域网的网络覆盖范围通常为一个城市或地区，距离从几十公里到上百公里，通常包含有若干个彼此互联的局域网。城域网通常由不同的系统硬件、软件和通信传输介质构成，从而使不同类型的局域网能够有效地共享资源。

城域网的特点是传输介质相对复杂、数据传输距离相对局域网要长、信号容易受到外界因素的干扰，组网较为复杂、成本较高。

❑ 广域网

广域网是指能够将众多的城域网、局域网连接起来，实现计算机远距离连接的超大规模计算机网络。广域网的联网范围极大，通常从几百公里到几万公里，其范围可以是市、地区、省、国家，乃至整个世界。

广域网的特点是传输介质极为复杂，并且由于传输距离较长，使得数据的传输速率较低、容易出现错误，所以采用的技术最为复杂。

8.1.3 计算机网络的应用

计算机网络是目前计算机应用的热点，随着信息时代的到来和未来需求的变化，计算机的普及和价格的不断降低，更促进了计算机网络应用的迅速发展。目前，可以将较为常见的网络应用归纳为以下几个方面。

1. 办公自动化

办公自动化系统是一种集计算机技术、数据库、远距离通信技术，以及人工智能、声音、图像、文字处理技术等综合技术于一体的新型信息处理系统。办公自动化系统的主要目的是实现信息共享和公文传输，其功能包括公文处理、日程安排、会议管理、信息发布等，是实现无纸化办公的重要工具，具有简单、可靠、安全和易学易用等特点。

2. 电子数据交换

电子数据交换是一种新型的电子贸易工具，是计算机、通信和现代管理技术相结合的产物。它能够通过计算机网络实现各企业和单位之间的贸易、运输、保险、银行和海关等多种行业信息的数据交换，并在以贸易为中心的基础上完成整个交易过程。由于使用电子数据交换可以减少贸易过程中的纸质文件，因此又被形象地称为“无纸贸易”。

3. 管理信息系统

对于部门分支众多、业务活动复杂的大型企业来说，管理信息系统能够通过收集、分析和处理数据，并在多媒体技术的帮助下，以生动形象的方式为企业决策者提供企业的综合信息或决策指挥信息。

4. 远程教育

远程教育是一种利用在线服务系统，开展学历或非学历教育的全新教学模式。在远程教育系统中，学生可以通过电子邮件、论坛和聊天工具等多种形式与教师或同学进行相互交流或交互，从而促进知识的学习。通过计算机网络技术与教育资源的相结合，远程教育将有限的教育资源变为无限的、不受空间和资金限制、任何人都可以使用的教育资源，实现了教育资源的共享。

5. 证券和期货交易

证券和期货交易是一种高利润、高风险的投资方式。由于行情变化很快，所以投资者必须使用一种迅速、准确的方式来发送交易信息。借助于各个机构之间的互联网络，证券和期货市场可以向投资者提供行情分析和预测、资金管理和投资计划等服务。而管理员、经纪人和投资者也可以利用计算机或手持通信设备直接进行交易，降低了由于手势、传话器、人工录入等方式产生的时间延误，避免了由此造成的经济损失。

6. 电子银行

电子银行是一种基于计算机和计算机网络的新型金融服务系统，能够以 Internet 为媒介，为客户提供银行账户信息查询、转账付款、在线支付代理业务等自助金融服务。

7. 提供现代化的通信方式

现如今，通过计算机网络传递电子邮件已经成为一件极为平常的事情。随着多媒体技术的广泛应用，计算机网络已经不仅仅能够传送文字，还能够传送声音、图像、视频或动画等。

此外，计算机网络技术的发展对现代通信技术和通信方式也产生了极大的影响，目前的程控交换、公共信道信号与集中监控系统也都通过计算机构成了智能化的通信网络。

8.1.4 网络拓扑结构

拓扑（Topology）是一种不考虑物体的大小、形状等物理属性，而仅仅使用点或线描述多个物体实际位置与关系的抽象表示方法。拓扑不关心事物的细节，也不在乎相互的比例关系，而只是以图的形式来表示一定范围内多个物体之间的相互关系。

在实际生活中，计算机与网络设备要实现互联，就必须使用一定的组织结构进行连接，而这种组织结构就叫做“拓扑结构”。网络拓扑结构形象地描述了网络的安排和配置方式，以及各种节点和节点之间的相互关系，通俗地说，“拓扑结构”就是指这些计算机与通信设备是如何连接在一起的。可以说，了解网络的拓扑结构是认识网络的基础，也是设计、组建计算机网络时必须考虑的问题。

网络拓扑结构主要有星形结构、环线形结构、总线形结构、树形结构和网状结构 5 种类型。下面将从拓扑结构的形状、特点等方面，分别对这 5 种网络拓扑结构进行简单介绍。

1. 星形拓扑结构

星形拓扑以中央节点为中心，其他各节点与中央节点通过点与点的方式进行连接。例如，使用集线器组建而成的局域网便是一种典型的星形结构网络，如图 8-2 所示。

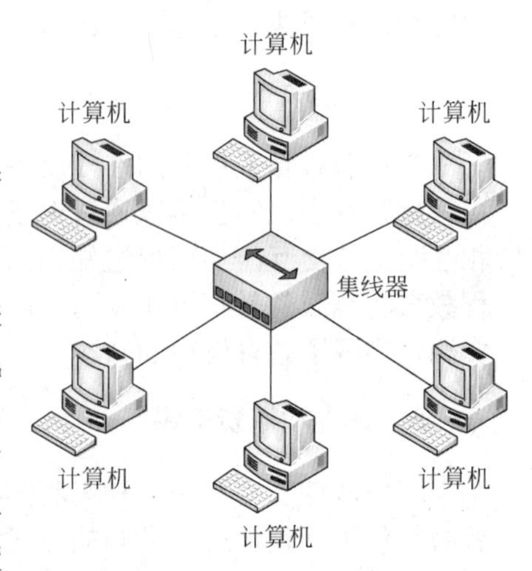

图 8-2 星形拓扑结构

在星形拓扑结构中，由于任何两台计算机要进行通信都必须经过中央节点，因此中央节点需要执行集中式的通信控制策略，以保证网络的正常运行，这使得中央节点的负担往往较重。其优点是网络结构简单、便于集中控制与管理、组网较为容易；其缺点是网络的共享能力较差、通信线路的利用率较低，且中央节点负担较重，一旦出现故障便会导致整个网络的瘫痪。

提 示

根据中央节点设备的不同，星形网络能够使用双绞线和光纤作为传输介质，甚至可以将两种传输介质混合使用。

2．环形拓扑结构

环形网内的各节点通过环路接口连在一条首尾相连的闭合环形通信线路中，其结构如图 8-3 所示。

在环形网络中，一个节点发出的信息会穿越环内的所有环路接口，并最终流回至发送该信息的环路接口。而在这一过程中，环形网内的各节点（信息发送节点除外）通过对比信息流内的目的地址来决定是否接收该信息。

环形拓扑结构的优点是由于信息在网络内沿固定方向流动，并且两个节点间仅有唯一的通路，简化了路径选择的控制。

环形拓扑结构的缺点是由于使用串行方式传递信息，因此当网络内的节点过多时，将严重影响数据传输效率，使网络响应时间变长。此外，环形网络的扩展较为麻烦。

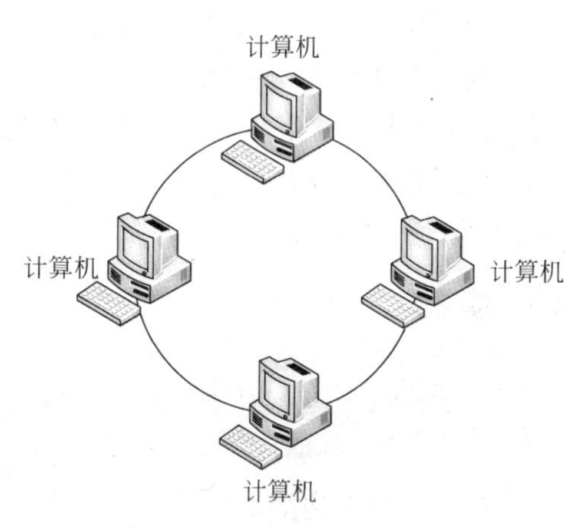

图 8-3 环形拓扑结构

提 示

环形网是局域网内较为常用的拓扑结构之一，适合信息处理系统和工厂自动化系统。在众多的环形网络中，由 IBM 公司于 1985 年推出的令牌环网（IBM Token Ring）是环形网络的典范。

3．总线形拓扑结构

使用一条中央主电缆将相互间无直接连接的多台计算机联系起来的布局方式，称为总线形拓扑，其中的中央主电缆便称为“总线”，其结构如图 8-4 所示。

在总线形网络中，所有计算机都必须使用专用的硬件接口直接连接在总线上，任何一个节点的信息都能沿着总线向两个方向进行传输，并且能被总线上的任何一个节点所接收。由于总线形网络内的信息向四周传播，类似于广播电台，因此总线形网络也被称为广播式网络。

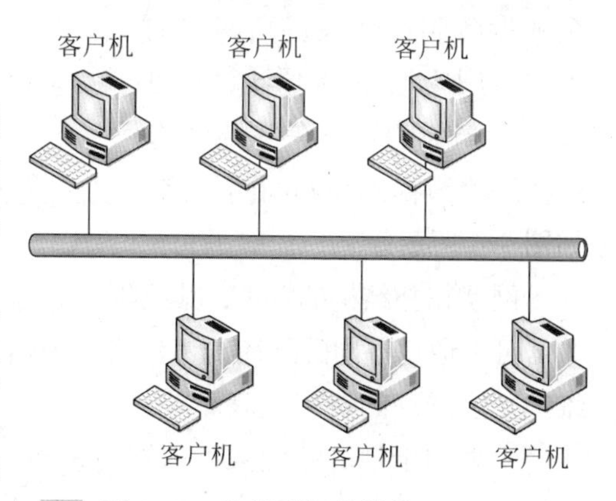

图 8-4 总线形拓扑结构

提 示

总线形网络只能使用同轴电缆作为传输介质。并且，为了避免传输至总线两端的信号反射回总线产生不必要的干扰，总线两端还需要分别安装一个与总线阻抗相匹配的终结器（末端阻抗匹配器，或称终止器），以最大限度地吸收传输至总线端部的能量。

4．树形拓扑结构

树形结构是一种层次结构，由最上层的根节点和多个分支组成，各节点按层次进行连接，数据交换主要在上下节点之间进行，相邻节点或同层结点之间一般不进行数据交换，其结构如图 8-5 所示。

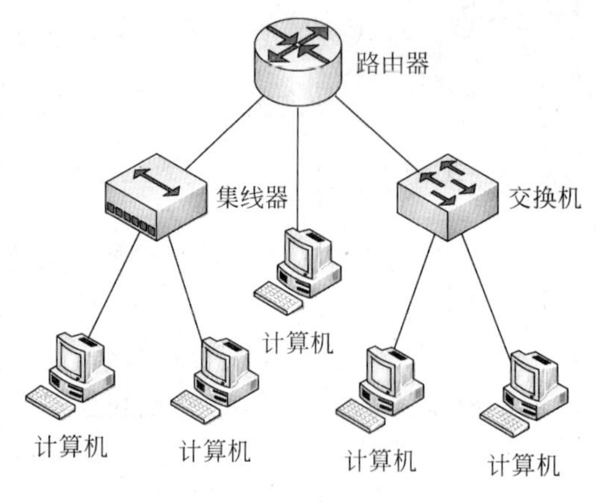

图 8-5　树形拓扑结构

树形拓扑结构的优点是连接简单、维护方便。树形拓扑结构的缺点是资源共享能力较弱，可靠性比较差，任何一个节点或链路的故障都会影响整个网络的运行，并且对根节点的依赖过大。

提　示

在组建树形网络的过程中，分支与分支间不能相互连接，以避免因环路而产生的网络错误。

5．网状拓扑结构

利用专门负责数据通信和传输的结点机构成的网状网络，入网设备直接和接入端计算机进行通信。网状网络通常利用冗余的设备和线路来提高网络的可靠性，因此，接入端计算机可以根据当前的网络信息流量有选择地将数据发往不同的线路，如图 8-6 所示。

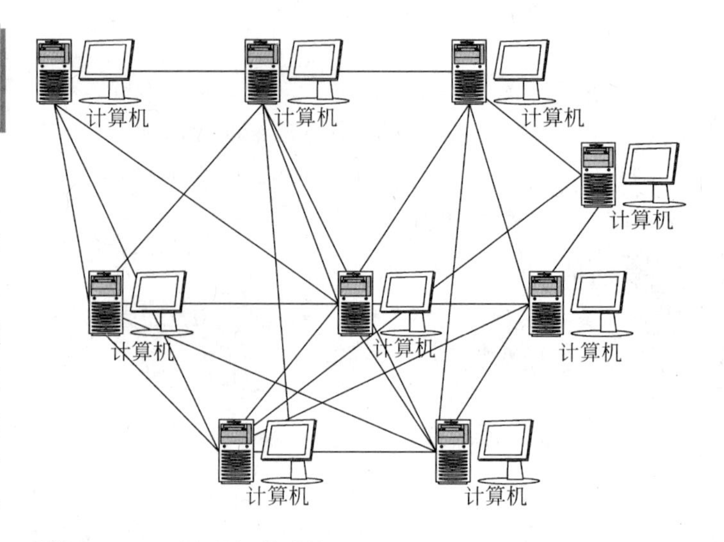

图 8-6　网状拓扑结构

网状拓扑结构的特点：其故障诊断方便；由于使用了冗余线路，具有很高的容错性能；数据可以通过不同的路径传递，保证通信信道的容量。缺点则是：安装和配置比较麻烦，维护冗余线路的费用较高。

主要用于地域范围大、入网主机多（机型多）的环境，常用于构造广域网络。

8.2　网络体系结构

开放系统互联参考模型（Open System Interconnection Reference Model，OSI/RM）是由国际标准化组织（ISO）提出和定义的网络体系结构，是一种用于连接异构系统的分层模型，为分布式应用处理开放系统提供了基础。

8.2.1 OSI 参考模型的分层结构

OSI 参考模型采用分层的结构化技术，共分为 7 层，从下至上依次为：物理层、数据链路层、网络层、传输层、会话层、表示层和应用层。

其中，下面 3 层（即物理层、数据链路层、网络层）依赖两台通信计算机连接在一起所使用的数据通信网相关协议，来实现通信子网的功能；上面 3 层（即会话层、表示层、应用层）面向应用，由本地操作系统提供一套服务，来实现资源子网的功能；中间的传输层建立在由下面 3 层提供服务的基础上，为面向应用的上面 3 层提供网络信息交换服务。图 8-7 所示为 OSI 参考模型网络体系结构。

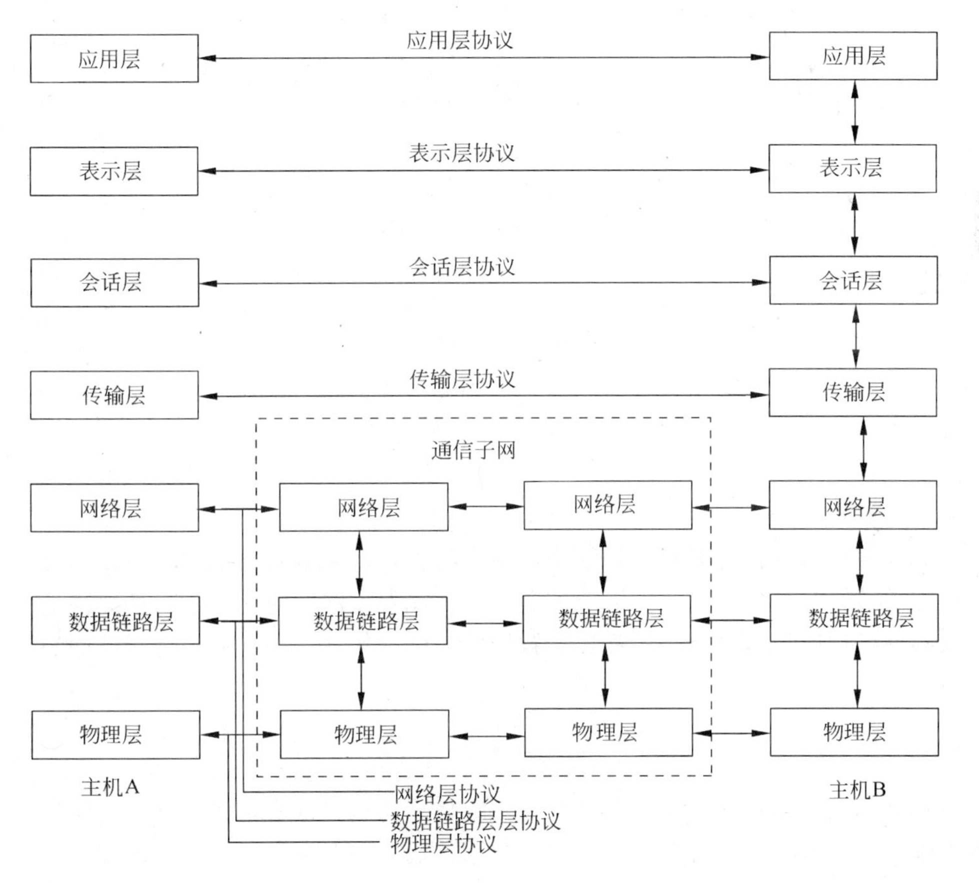

图 8-7 OSI 参考模型

OSI 参考模型确立了网络互联合作的新格局，并不断演进以适应网络技术的发展。其 OSI 参考模型具有以下特性。

- 是一种异构系统互联的分层结构。
- 提供了控制互联系统交互规则的标准框架。
- 定义一种抽象结构，而并非具体实现的描述。
- 不同系统上的相同层的实体称为同等层次实体，同等层实体之间通信由该层的协议管理。

- 相邻层间的接口定义了原语操作和低层向上层提供的服务。
- 所提供的公共服务是面向连接和无连接的数据服务。
- 最底层能够直接传输数据。
- 各层相互独立，每层完成所定义的功能，修改本层的功能不影响其他层。

8.2.2 OSI参考模型实现机制

在OSI参考模型中，每一层利用其下一层提供的服务，为其上一层提供服务，都需要相应的机制来实现。例如，在数据链路层中，需要将数据封装成帧，就需要该层的帧封装机制来实现对数据进行的封装。

1．物理层

物理层是OSI参考模型的最低层，建立在传输介质基础上，利用物理传输介质为数据链路层提供物理连接，实现比特流的传输。该层不仅定义了通信设备与传输线缆接口硬件的电气、机械以及功能和规程的特性，还定义了传输通道上的电气信号以及二进制位是如何转换成电流、光信号或者其他物理形式的。

2．数据链路层

数据链路层调用物理层提供的服务，通过数据链路层协议，把由位组成的数据帧从一个节点传送到相邻节点，为网络层提供透明的、正确有效的传输线路。数据链路层功能的实现需要考虑帧的封装与拆封、流量控制等机制。

3．网络层

网络层又称通信子网层，主要负责控制通信子网的操作，实现网络上任一节点的数据准确、无差错地传输到其他节点。它涉及的是将发送端发出的信息包经过各种途径送到接收端。要实现这样的过程，网络层需要了解通信子网的拓扑结构，从而选择适当的路径。

4．传输层

传输层为OSI参考模型的第4层，是计算机网络体系结构的核心。其任务是为从发送端计算机到接收端计算机提供可靠的、透明的数据传输，并向高层用户屏蔽通信子网的细节，提供通用的传输接口。

5．会话层

在传输层提供的服务基础之上，为两主机的用户进程建立会话连接，提供会话服务，控制两个实体之间的数据交换，以及释放功能。管理双方的会话活动，例如对单工、半双工、全双工的设定。在数据流中插入适当的同步点，当会话发生差错时，能够从双方协议的同步点重新开始会话，又能够在适当时间中断会话，经过一段时间在预先协议的同步点继续会话。

6. 表示层

该层处理有关被传送数据的表示问题，包括数据转换、数据加密、数据压缩。通常不同类型的计算机具有不同的文件格式，不同类型的主机字符编码也可能不同，还有显示器的行列和光标地址也可能不同，这些都需要利用表示层的转换功能进行转换。而表示层实现时需要考虑数据转换、数据加密以及数据压缩等问题。

7. 应用层

应用层是用户和网络的界面，用户的应用进程利用 OSI 提供的网络服务进行通信，完成信息处理，应用层为用户提供许多网络服务所需的应用协议，如文件传送、存取和管理协议（FTAM）、虚拟终端协议、电子邮件协议、简单网络管理协议等。

8.2.3 TCP/IP 的体系结构

TCP/IP 参考模型，如同 OSI 参考模型，也是一种分层体系结构。它分为 4 层，由下至上依次为网络接口层、互联网层、传输层和应用层。虽说 TCP/IP 参考模型与 OSI 参考模型一样采用层次结构概念，并对传输层定义了相似的功能，但两者在层次划分与使用上有很大的区别。如图 8-8 所示，显示了 TCP/IP 参考模型与 OSI 参考模型的对应关系。

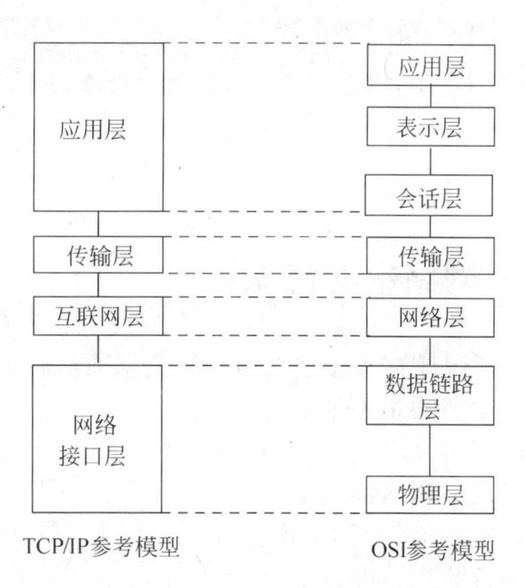

图 8-8 TCP/IP 参考模型与 OSI 参考模型对应关系

1. 网络接口层

这是 TCP/IP 参考模型的最低层，包括了能使用 TCP/IP 与物理网络进行通信的协议，且对应着 OSI 的物理层和数据链路层。它主要负责接收从互联网层传来的 IP 数据包，并将 IP 数据包通过底层物理网络发送出去，或者从底层物理网络上接收物理信号转换成数据帧，抽出 IP 数据包，交给互联网层。

提 示

在 TCP/IP 参考模型中，最低层名称有很多，如链路层、网络访问层、主机—主机层、主机—网络层等。

2. 互联网层（IP 层）

互联网层主要处理计算机之间的通信。其主要功能包括以下 3 个方面。

❑ **处理来自传输层的分组发送请求**

将分组封装到 IP 数据包中，填入数据包头，选择数据包到达目的主机的路径。然后，将数据包发送到相应的网络接口，并进行数据传送。

❑ **处理接收数据包**

接收到数据包，首先检测其正确性，然后决定是由本地接收该数据包，还是转发相应的网络接口。

❑ **处理路径、流量控制、拥塞等问题**

提供相应的差错报告。

3. 传输层（TCP 层）

TCP/IP 参考模型的传输层作用与 OSI 参考模型的作用类似，即在源节点和目的节点两个实体之间提供可靠的端到端数据传输。传输层管理信息流，提供可靠的数据传输服务，以确保数据无差错地按序到达目的节点。

4. 应用层

这是 TCP/IP 参考模型的最高层，对应着 OSI 参考模型中的会话层、表示层和应用层。

用户调用应用程序来访问 TCP/IP 互联网络提供的多种服务，应用程序负责发送和接收数据，每个应用程序选择所需要的传送服务类型，可以是独立的报文序列或者是连续的字节流。应用程序将数据按要求的格式传送给传输层。

8.3 网络传输与协议

网络传输是计算机网络中比较重要的特性之一。为保障其有效的传输，网络协议起着非常重要的作用。

8.3.1 网络中的传输

传输层是两台计算机经过网络进行数据通信时，第一个端到端的层次，具有缓冲作用。当网络层服务质量不能满足要求时，它将服务加以提高，以满足高层的要求。当网络层服务质量较好时，它只用很少的工作。传输层还可进行复用，即在一个网络连接上创建多个逻辑连接。

传输层存在于端开放系统中，是位于低 3 层通信子网系统和高 3 层之间的一层，所以是非常重要的一层。因为它是源端到目的端对数据传送进行控制从低到高的最后一层，如图 8-9 所示。

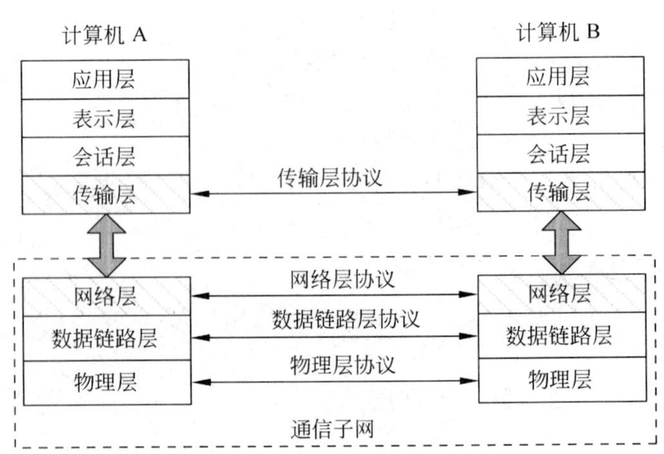

图 8-9 传输层

Internet 网络是通过许多小型网络组建而成的，所以世界上各种通信子网在性能上存在着很大差异，如电话交换网、分组交换网、公用数据交换网以及局域网等通信子网都可互连，但它们提供的吞吐量、传输速率、数据延迟通信费等都相同。

对于会话层来说，要求网络有一性能恒定的界面。因此，传输层就承担了这一功能，并采用分流/合流、复用等技术来调节通信子网中的差异，使会话层感受不到这些差异的存在。不仅如此，传输层还要具备差错恢复、流量控制等功能，以对会话层屏蔽通信子网在这些方面的细节与差异。

在传输层中，有两种不同类型的服务，这两种服务同网络层两种服务（前面章节中所学习过）一样（即面向连接和无连接服务）。传输层的面向连接服务与网络服务类似，都分为 3 个阶段：建立连接、数据传输和释放连接。在这两个层上，编址和寻址以及流控制方法也是相同的。

另外，传输层的无连接服务与网络层的无连接服务也非常相似。但是传输层的设置是必要的，因为通信子网不能保证服务质量可靠，会出现丢失分组、错序、频繁发送 N-RESET 的情况。

8.3.2 TCP/IP 协议

TCP/IP（Transmission Control Protocol/Internet Protocol 的简写，中译名为传输控制协议/因特网互联协议）是 Internet 最基本的协议、Internet 国际互联网络的基础，由网络层的 IP 协议和传输层的 TCP 协议组成。

1. TCP 协议

TCP（Transmission Control Protocol，传输控制协议）是一种面向连接（连接导向）的、可靠的、基于字节流的传输层（Transport layer）通信协议。

在因特网协议族（Internet protocol suite）中，TCP 层是位于 IP 层之上、应用层之下的传输层。不同主机的应用层之间经常需要可靠的、像管道一样的连接，但是 IP 层不提供这样的流机制，而是提供不可靠的包交换。

应用层向 TCP 层发送用于网间传输的、用 8 位字节表示的数据流，然后 TCP 把数据流分割成适当长度的报文段（通常受该计算机连接的网络的数据链路层的最大传送单元（MTU）的限制）。

此时，TCP 把结果包传给 IP 层，由它来通过网络将包传送给接收端实体的 TCP 层。TCP 为了保证不发生丢包，就给每个字节一个序号，同时序号也保证了传送到接收端实体的包的按序接收。

然后，接收端实体对已成功收到的字节发回一个相应的确认（ACK）；如果发送端实体在合理的往返时延（RTT）内未收到确认，那么对应的数据（假设丢失了）将会被重传。TCP 用一个校验和函数来检验数据是否有错误；在发送和接收时都要计算和校验。

2. IP 协议

IP（Internet Protocol，网络之间互连的协议）中文简称为“网协”，也就是为计算机网络相互连接进行通信而设计的协议。

在因特网中，IP 协议是能使连接到网上的所有计算机网络实现相互通信的一套规则，规定了计算机在因特网上进行通信时应当遵守的规则。IP 协议具有以下几个特点。

❑ 不可靠的数据投递服务

IP 协议本身没有能力证实发送的数据包是否能被正确接收。数据包可能在遇到延迟、路由错误、数据包分片和重组过程中受到损坏，但 IP 协议不检测这些错误。在发送错误时，也没有机制保证一定可以通知数据发送端和接收端。

❑ 面向无连接的传输服务

IP 协议不管数据包在传输过程中经过哪些节点，甚至也不管数据包起始于哪台计算机，终止于哪台计算机。数据包从发送端到接收端可能经过不同的传输路径，并且这些数据包在传输过程中有可能丢失，也有可能正确到达。

❑ 尽最大努力的投递服务

IP 协议不会随意地丢弃数据包，只有当系统资源用尽、接收数据错误或网络出现故障时，才丢弃数据包。

3. TCP 连接

TCP 是一个面向连接的协议，无论哪一方向另一方发送数据之前，都必须先在双方之间建立一条连接。下面将详细介绍一个 TCP 连接是如何建立的以及通信结束后是如何终止的。

❑ 建立 TCP 连接

TCP 建立连接的过程也被称为“3 次握手”过程。

如图 8-10 所示，计算机 A 要与要与计算机 B 建立连接，A 发送第一个握手的报文段，其中 SYN 位置 1，并随机选取一个初始数序号 X，这样告诉计算机 A 自己对数据编号的信息。

计算机 B 在接收到计算机 A 发送的请求后返回一个应答报文段，也在其中指出自己的顺序号。

计算机 A 在接收到 B 的应答时发送一个确认报文，其中 ACK 位置 1。计算机 B 在接收到计算机 A 发送的确认报文段后，连接就成功建立了。

通过 3 次握手，计算机 A 与计算机 B 就都做好了传输数据的准备并且交换了一些信息。

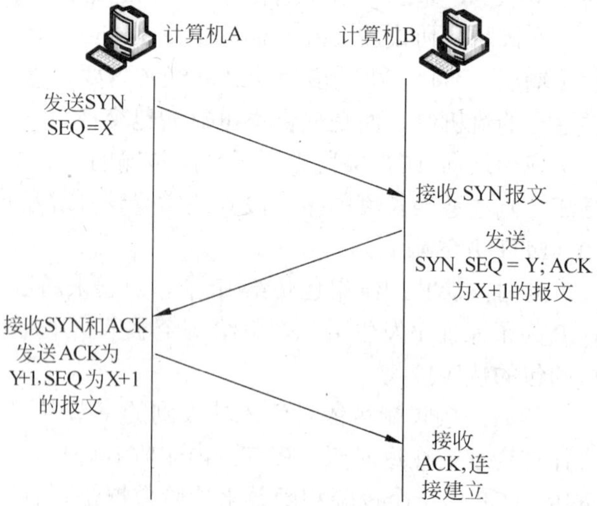

图 8-10 TCP 建立连接

❑ 关闭 TCP 连接

当计算机 A 与计算机 B 的应用程序完成数据传输后，TCP 将关闭连接以释放其所占用的计算机资源。通信双方都可以在数据传输接收后请求释放连接。

如图 8-11 所示，当计算机 A 要关闭连接时，它将发送一个 FIN 位置位、序列号为 Y

的报文段，计算机 B 在接收到此数据后也将马上发送一个证实信号并通知其上层的应用程序，使其知道对方已关闭连接。

此时，计算机 A 不再发送任何数据，但是还可以接收从计算机 B 传送来的数据。当计算机 B 要停止发送数据时，也发送一个带有 FIN 位置的报文段给计算机 A，以告知计算机 A 自己要关闭连接，至此 TCP 连接关闭，双方通信结束。

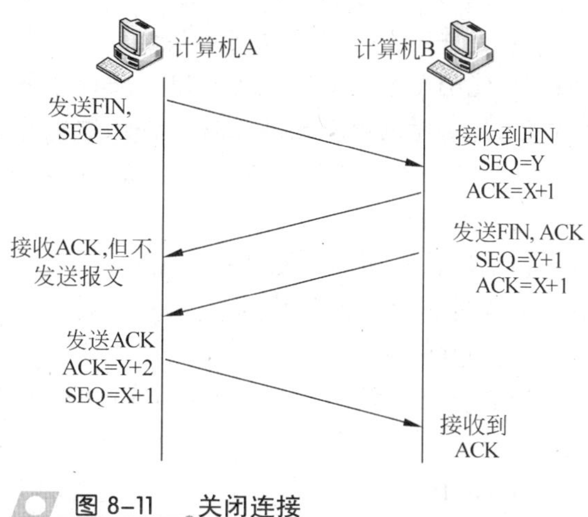

图 8–11 关闭连接

提 示

由于 TCP 是全双工通信，因此只有当接收和发送双方主机都关闭连接时，连接才被真正关闭。只有一方发送关闭连接信号时，则其还能接收对方的数据，直到对方也发出关闭连接的信号为止。

8.3.3 UDP 协议

UDP（User Datagram Protocol，用户数据包协议）协议的全称是用户数据包协议，在网络中它与 TCP 协议一样用于处理 UDP 数据包。

UDP 协议从问世至今已经被使用了很多年，虽然其最初的光彩已经被一些类似协议所掩盖，但是即使是在今天 UDP 仍然不失为一项非常实用和可行的网络传输层协议。

与所熟知的 TCP（传输控制协议）协议一样，UDP 协议直接位于 IP（网际协议）协议的顶层。根据 OSI（开放系统互连）参考模型，UDP 和 TCP 都属于传输层协议。

协议的主要作用是将网络数据流量压缩成数据包的形式。一个典型的数据包就是一个二进制数据的传输单位。每一个数据包的前 8 个字节用来包含报头信息，剩余字节则用来包含具体的传输数据。

UDP 协议基本上是 IP 协议与上层协议的接口。UDP 协议适用于端口分辨运行在同一台设备上的多个应用程序。

与 TCP 不同，UDP 不提供对 IP 协议的可靠机制、流控制以及错误恢复功能等。由于 UDP 比较简单，UDP 头包含很少的字节，比 TCP 负载消耗少。

8.3.4 PPP 协议

PPP（Point to Point Protocol，点对点协议）协议是为在两个对等实体间传输数据包，建立简单连接而设计的，主要用于广域网的连接，但在局域网的拨号连接中同样可以采用。

PPP 协议还满足了动态分配 IP 地址的需要，并能够对上层的多种协议提供支持。无论是同步电路，还是异步电路，PPP 协议都能够建立路由器之间或者主机到网络之间的连接。

PPP 协议是目前应用得最广的一种广域网协议，它主要具有以下几方面特性。

- 能够控制数据链路的建立，方便了广域网的应用。
- 能够对 IP 地址进行分配和管理，有效地控制了所进行的网络通信。
- 允许同时采用多种网络层协议，丰富了协议的应用。
- 能够配置并测试数据链路，并能进行错误检测，保证了通信的可靠。
- 能够对网络层的地址和数据压缩进行可选择的协商。

PPP 协议主要由以下 3 部分组成。

- **HDLC**

PPP 协议采用 HDLC（High Level Data Link Control，高级数据链路控制）技术作为在点对点的链路上封装数据包的基本方法。

- **LCP**

PPP 协议使用 LCP（Link Control Protocol，链路控制协议）来建立、配置和测试数据链路。

- **NCP**

PPP 协议使用 NCP（Network Control Protocol，网络控制协议）来建立和配置不同的网络层协议。PPP 协议允许同时采用多种网络层协议。目前 PPP 协议除了支持 IP 协议外，还支持 IPX 协议和 DEC net 协议。

8.4 IP 地址及子网掩码

IP 地址是 IP 协议为标识互联网中计算机所使用的一种寻址方法。每台接入互联网的计算机都用 IP 地址来标识自己，并依靠 IP 地址与互联网上的其他计算机互相区分、互相联系。

子网掩码与 IP 地址相同，是由 32 位二进制数组成的，通常用点分十进制数的方法来表示。

8.4.1 IP 地址

IP 地址必须是唯一的，为了保证 IP 地址的唯一性，IP 地址由统一的组织负责分配。IP 地址在整个 IP 协议规范中处于很重要的地位。

IP 地址的长度为 32 位无符号的二进制数，它通常采用点分十进制数的表示方法，即每个地址被表示为 4 个以小数点隔开的十进制整数，每个整数对应 1 个字节，如 202.102.24.25。32 位的 IP 地址包括网络号和主机号两部分。其中，网络号即网络地址，用来标识某个网络；主机号用来标识在该网络中的计算机。

为了适应不同规模的物理网络，IP 地址分为 A、B、C、D、E 五类，但在实际应用可分配使用的 IP 地址只有 A、B、C 三类。这 3 类地址统称为单目传送地址，即这些 IP 地址通常只能分配给唯一的一台计算机。D 类地址被称为多播地址，可以用于视频广播或视频点播系统，而 E 类地址尚未使用，保留为将来的特殊用途。

不同类别 IP 地址的网络号和主机号长度划分不同，并且它们所能识别的物理网络数不相同，每个物理网络所能容纳的主机个数也不同，如图 8-12 所示。

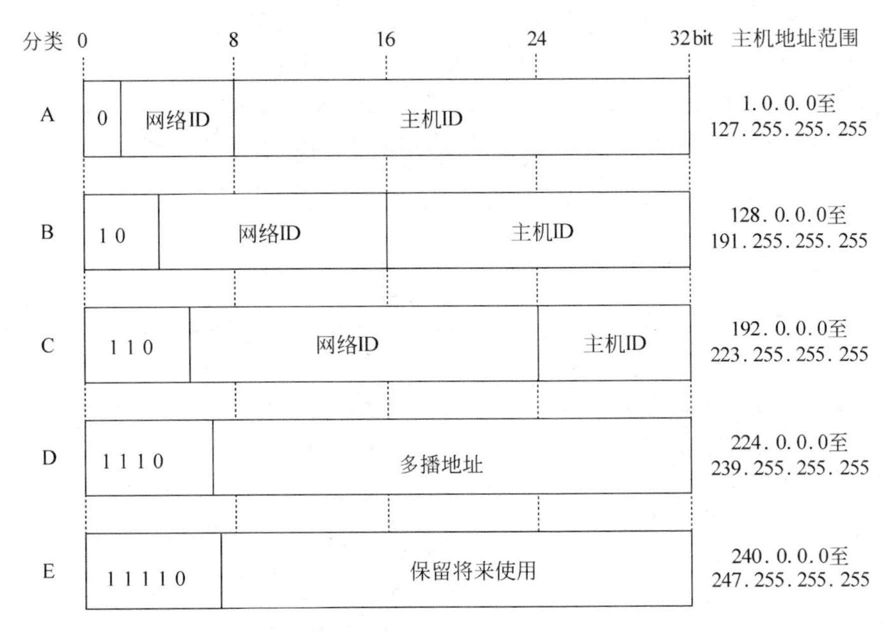

图 8-12 IP 地址的分类与格式

A 类地址用 7 位表示 IP 地址的网络部分，而用 24 位表示 IP 地址的主机部分，最多可容纳主机 $2^8\times2^8\times2^8-2=16777214$ 台，用于规模较大的网络中。B 类地址用 14 位表示 IP 地址的网络部分，而用 16 位表示 IP 地址的主机部分，最多可容纳主机 $2^8\times2^8-2=65534$ 台，适合于中型网络。C 类地址用 24 位表示 IP 地址的网络部分，用 8 位表示 IP 地址的主机部分，最多可容纳主机 $2^8-2=254$ 台，使用于较小规模的网络。D 类地址为多播的功能保留。E 类地址为将来使用而保留。

根据 A、B、C、D、E 的高位数值，可以总结出它们第一个字节的取值范围，如 A 类地址的第一个字节取值范围为 1～126。表 8-1 所示为每种地址类别第一个字节的取值范围。

表 8-1 各类地址取值范围

地址类别	高位数值	第一个字节的十进制数
A	0	1 ~ 126
B	10	128 ~ 191
C	110	192 ~ 223
D	1110	224 ~ 239
E	11110	240 ~ 254

8.4.2 子网掩码

互联网是由许多小型网络构成的，每个网络上都有许多主机，这样便构成了一个有层次的结构。IP 地址在设计时就考虑到地址分配的层次特点，将每个 IP 地址都分割成网络号和主机号两部分，以便于 IP 地址的寻址操作。

IP 地址的网络号和主机号各是多少位呢？如果不指定，就不知道哪些位是网络号、哪些是主机号，这就需要通过子网掩码来实现。

子网掩码不能单独存在，它必须结合 IP 地址一起使用。子网掩码只有一个作用，就是将某个 IP 地址划分成网络地址和主机地址两部分。子网掩码的设定必须遵循一定的规则。

子网掩码也是由 32 位的二进制数构成的，其左边用若干个连续的二进制数字“1”表示，右边用若干个连续的二进制数字“0”表示，其格式如图 8-13 所示。这样通过左边若干连续个数的“1”及右边若干连续个数的“0”能够区分 IP 地址的网络号和主机号部分。

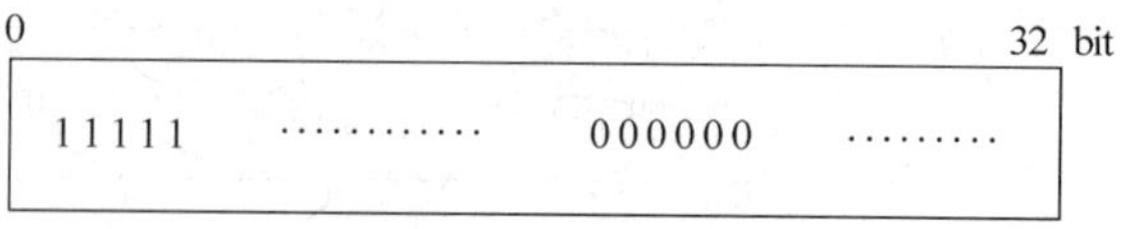

0
32 bit
11111
…………
000000
………

图 8-13 子网掩码格式

子网掩码也通常使用点分十进制数的方法来表示。例如，255.255.255.0 就表示一个子网掩码，与转化后的二进制数关系如图 8-14 所示。并且它是 C 类 IP 地址的默认子网掩码。

0
32 bit
11111111
11111111
11111111
00000000
255
255
255
0

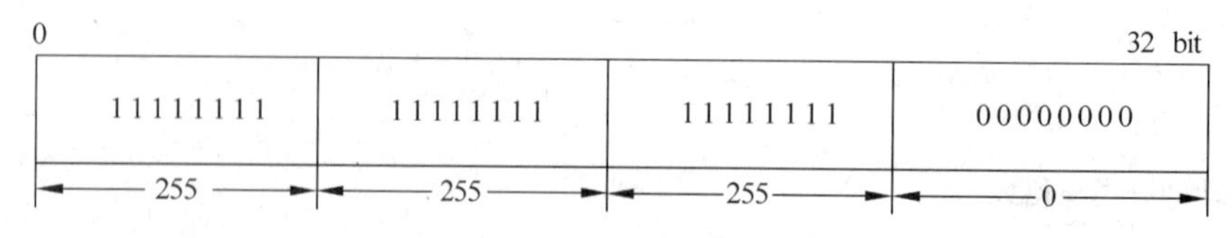

图 8-14 子网掩码十进制与二进制对应关系

常用的子网掩码有数百种，这里只介绍最常用的两种子网掩码，它们分别是“255.255.255.0”和“255.255.0.0”。

- **子网掩码是“255.255.255.0”的网络**

最后面一个数字可以在 0～255 范围内任意变化，因此可以提供 256 个 IP 地址。但是实际可用的 IP 地址数量是 256–2，即 254 个，因为主机号不能全是“0”或全是“1”。

- **子网掩码是“255.255.0.0”的网络**

后面两个数字可以在 0～255 范围内任意变化，可以提供 255^2 个 IP 地址。但是实际可用的 IP 地址数量是 255^2–2，即 65023 个。

为了使用户更容易理解子网掩码的相关知识，还应该明白什么是掩码，什么是子网。

1．子网

对于企业所有主机位于同一网络层次中，不方便管理员对其进行管理。因此，提出了将大网络进一步划分成小网络，而这些小网络就称为“子网”。

IP 地址的子网掩码设置不是任意的。如果将子网掩码设置过大，也就是说子网范围扩大。根据子网寻径规则，很可能发往和本地机不属于同一子网内的计算机，会因为错误的判断而认为目标计算机是在同一个子网内。那么，数据包将在本子网内循环，直到超时并抛弃，使数据不能正确到达目标的计算机，导致网络传输错误。

如果将子网掩码设置得过小，那么会将本来属于同一子网内的机器之间的通信当作是跨子网传输，数据包都交给默认网关处理，这样势必增加默认网关的负担，造成网络效率下降。

因此，子网掩码应该根据网络的规模进行设置。如果一个网络的规模不超过 254 台计算机，采用“255.255.255.0”作为子网掩码就可以了。

2. 掩码

掩码与 IP 地址相对应，具有 32 位地址，当用掩码与 IP 地址进行逐位“逻辑与”（AND）运算后，就能够得知该 IP 地址的网络地址（网络号）。例如，一个 IP 地址为 221.180.60.15，其默认掩码为“255.255.255.0”，与 IP 地址进行 AND 运算后，可得知其网络地址为“201.180.60.0”，如图 8-15 所示。

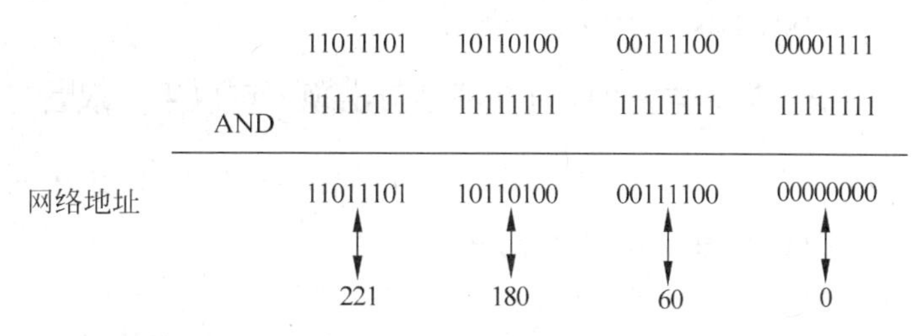

图 8-15 掩码的作用

通常 A 类、B 类和 C 类 IP 地址都有其默认掩码，如表 8-2 所示。

表 8-2 各类地址的默认掩码

地址类别	默认掩码（十进制）	默认掩码（二进制）
A	255.0.0.0	11111111.00000000.00000000.00000000
B	255.255.0.0	11111111.11111111.00000000.00000000
C	255.255.255.0	11111111.11111111.11111111.00000000

8.4.3 了解 IPv6

IPv6 在 1998 年 12 月被互联网工程任务小组（Internet Engineering Task Force，IETF）通过公布互联网标准规范（RFC 2460）的方式定义出台。

IPv6 具有比 IPv4 大得多的地址空间。这是因为 IPv6 使用了 128 位的地址，而 IPv4 只用 32 位。

IPv6 中可能的地址有 $2^{128}\approx3.4\times10^{38}$ 个，也可以考虑为 16^{32} 个，因为 32 位地址每位可以取 16 个不同的值。

在很多场合，IPv6 地址由两个逻辑部分组成：一个 64 位的网络前缀和一个 64 位的主机地址，主机地址通常根据物理地址自动生成，叫做 EUI-64（或者 64-位扩展唯一标识）。

IPv6 二进制位下为 128 位长度，以 16 位为一组，每组以“冒号”（:）隔开，可以分为 8 组，每组以 4 位十六进制方式表示。例如，“2001:0db8:85a3:08d3:1319:8a2e:0370:7344”是一个合法的 IPv6 位址。

同时 IPv6 在某些条件下可以省略，以下是省略规则。

1. 每项数字前导的 0 可以省略

省略后前导数字仍是 0 则继续，如下组 IPv6 是等价的。

2001:0DB8:02de:0000:0000:0000:0000:0e13

2001:DB8:2de:0000:0000:0000:0000:e13

2001:DB8:2de:000:000:000:000:e13

2001:DB8:2de:00:00:00:00:e13

2001:DB8:2de:0:0:0:0:e13

2．若有连贯的 0000 的情形出现，可以用“双冒号”（::）代替

如果 4 个数字都是零，可以被省略。例如下组 IPv6 是等价的。

2001:DB8:2de:0:0:0:0:e13

2001:DB8:2de::e13

遵照以上省略规则，下面这组 IPv6 都是等价的。

2001:0DB8:0000:0000:0000:0000:1428:57ab

2001:0DB8:0000:0000:0000::1428:57ab

2001:0DB8:0:0:0:0:1428:57ab

2001:0DB8:0::0:1428:57ab

2001:0DB8::1428:57ab

不过请注意有的情形下省略是非法的，例如“2001::25de::cade” IPv6 地址是非法的。因为，它有可能是下列几种情形之一，造成无法推断。

2001:0000:0000:0000:0000:25de:0000:cade

2001:0000:0000:0000:25de:0000:0000:cade

2001:0000:0000:25de:0000:0000:0000:cade

2001:0000:25de:0000:0000:0000:0000:cade

如果这个地址实际上是 IPv4 的地址，后 32 位可以用十进制数表示；因此，“::ffff:192.168.89.9”等价于“::ffff:c0a8:5909”，但不等价于“::192.168.89.9”和“::c0a8:5909”。

“::ffff:1.2.3.4”格式叫做 IPv4 映射位址；而“::1.2.3.4”格式叫做 IPv4 一致位址，目前已被取消。

IPv4 地址可以很容易地转化为 IPv6 格式，如 IP 地址为 135.75.43.52（十六进制为 0x874B2B34），它可以被转化为“0000:0000:0000:0000:0000:ffff:874B:2B34”或者“::ffff:874B:2B34”。同时，还可以使用混合符号（IPv4-compatible address），则地址可以为“::ffff:135.75.43.52”。

8.5 局域网设备

在计算机局域网通信中，可以将网络分为有线通信和无线通信两种，其中有线通信主要使用双绞线或者光缆作为传输介质；而无线通信是利用无线电波来进行数据传输的。根据不同的网络，也有着相应的硬件设备使网络完成传输功能。

8.5.1 网络传输介质

对于相对较小范围的传输，一般都采用双绞线的方式进行传输。而当布线有困难时，可以使用无线传输方式进行设备与计算机之间的连接。当两个局域网或者传输距离较远时，可以使用光缆进行传输。

1. 双绞线

在局域网布线中，双绞线是应用最为广泛的传输介质。不管是在小型局域网中，还是在大型局域网中，计算机与计算机、计算机与网络设备之间的连接都需要用双绞线来实现。

双绞线由两根具有绝缘保护层的铜导线组成。把两根绝缘的铜导线按一定密度互相绞在一起，可降低信号干扰的程度，每一根导线在传输中辐射的电波会被另一根线上发出的电波抵消。

双绞线一般由绝缘铜导线相互缠绕而成，每根铜导线的绝缘层上分别涂有不同的颜色，以示区别。如果把一对或多对双绞线放在一个绝缘套管中便成了双绞线电缆，如图8-16所示。

双绞线的每根铜线直径为0.4～0.8mm。双绞线对中的一根铜线传输信号信息，另一根铜线被接地并吸收干扰。将两根线缠绕在一起有助于减少近端串扰的影响，近端串扰是通过分贝（dB）进行度量的。当附近铜线传输的信号损害了另一对的信号时，即发生了所谓的近端串扰现象。

图 8-16　双绞线

每条双绞线两头都需要安装RJ-45连接器（俗称水晶头），如图8-17所示。然后，将RJ-45连接器的一端连接在网卡上的RJ-45接口，另一端连接在集线器或交换机上的RJ-45接口。

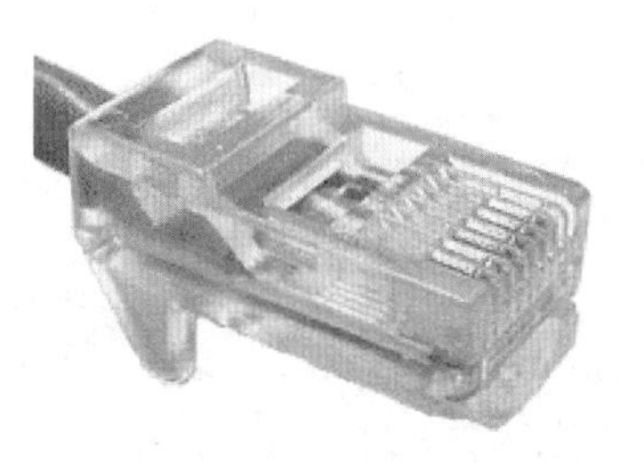

图 8-17　RJ-45连接器（水晶头）

目前，计算机网络内常用的双绞线电缆主要分为以下两种。

❑ **屏蔽双绞线（STP）**

屏蔽双绞线（STP）电缆中的缠绕电线对被一种金属如箔制成的屏蔽层所包围，而且每个线对中的电线也是相互绝缘的，一些STP使用网状金属屏蔽层。

这层屏蔽层如同一根天线，将噪声转变成直流电（假设电缆被正确接地），该直流电在屏蔽层所包围的双绞线中形成一个大小相等、方向相反的直流电（假设电缆被正确接地）。

屏蔽层上的噪声与双绞线上的噪声反相，从而使得两者相抵消。影响STP屏蔽作用的因素包括：环境噪声的级别和类型，屏蔽层的厚度和所使用的材料，接地方法以及屏蔽的对称性和一致性，如图8-18所示为屏蔽双绞线结构示意图。

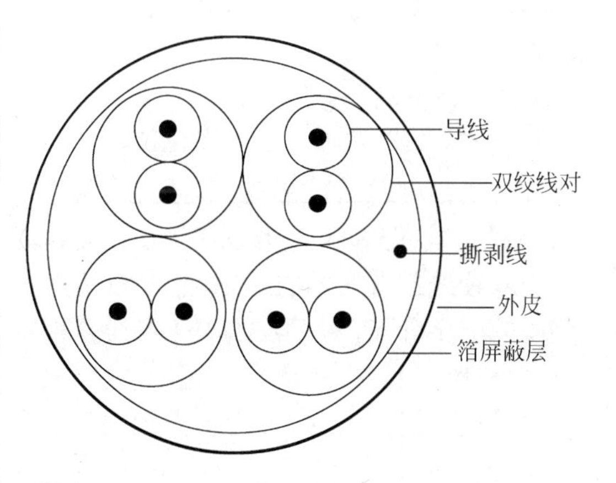

图 8-18　屏蔽双绞线结构

❑ 非屏蔽双绞线（UTP）

非屏蔽双绞线（UTP）电缆包括一对或多对由塑料封套包裹的绝缘电线对，由于没有额外的屏蔽层。因此，UTP 比 STP 更便宜，但抗干扰能力也相对较低，其结构如图 8-19 所示。

IEEE 将 UTP 电缆命名为 10BaseT，其中 10 代表最大数据传输速度为 10Mbps，Base 代表采用基带传输方法传输信，T 代表 Twinst Pair。

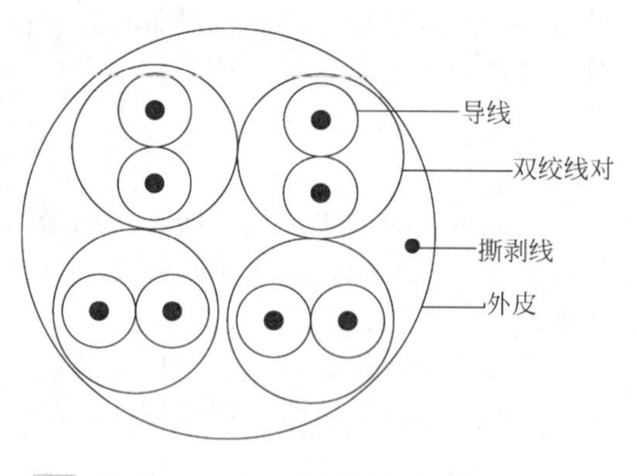

图 8-19 非屏蔽双绞线结构

在实际的局域网组建过程中，使用非屏蔽双绞（UTP）较多。所以用户没有特殊说明双绞线类型时，一般都指 UTP 双绞线。常用的 UTP 双绞线有以下几种。

❑ 五类双绞线

五类双绞线电缆增加了绕线的密度，并且外壳采用了一种高质量的绝缘材料，传输频率可达 100MHz，用于语音传输和最高传输为 100Mbps 的数据传输。五类双绞线是目前最流行的以太网电缆，也是网络布线的主流。

❑ 超五类双绞线

超五类双绞线是在对五类双绞线现有的部分性能加以改善后出现的双绞线电缆，不少性能参数，如近端串扰、衰减串扰比等都有所提高，但其传输带宽仍为 100MHz。

超五类双绞线也是采用 4 个绕线对，其线对的颜色与五类双绞线完全相同，分别为橙白、橙、绿白、绿、蓝白、蓝、棕白和棕。裸铜线直径为 0.51mm（线规为 24AWG），绝缘线直径为 0.92mm，双绞线电缆直径为 5mm。

提 示

AWG（American Wire Gauge）是美国区分线缆直径的标准，通常以“英寸”为度量单位。

虽然超五类双绞线能够提供高达 1000Mbps 的传输带宽，但是需要借助于价格高昂的特殊设备支持。因此，通常只被应用于 100Mbps 快速以太网中，实现桌面交换机到计算机的连接。

❑ 六类双绞线

六类双绞线主要用于千兆网络，各项参数都有大幅度提高，带宽可达到 250MHz。六类双绞线在外形上和结构上与五类和超五类双绞线都有一定的差别，它不仅增加了绝缘的十字骨架，将双绞线的 4 对线分别置于十字骨架的 4 个凹槽内，而且双绞线电缆的直径也更粗。图 8-20 所示为六类双绞线结构示意图。

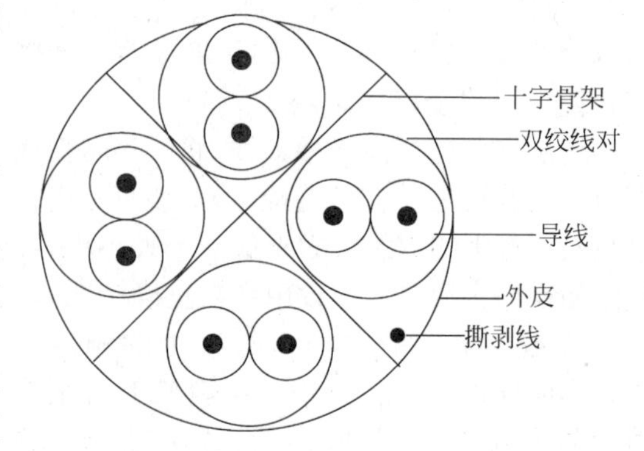

图 8-20 六类双绞线结构

六类双绞线电缆中央的十字骨架随长度的变化而旋转角度，将 4 个绕线对卡在骨架的凹槽内，保持 4 个绕线对的相对位置，提高电缆的平衡特性和串扰衰减。另外，能够保证在安装过程中电缆的平衡结构不遭到破坏。六类双绞线的裸铜线直径为 0.57mm（线规为 23AWG），绝缘线直径为 1.02mm，双绞线电缆直径为 6.53mm。

提 示

目前，在局域网中，用到七类双绞线占少数。七类双绞线能够在 100Ω的双绞线上提供高达 600MHz 的带宽，支持语音、数据和视频的传输，其接口有 RJ 型和非 RJ 型两种。

2. 光缆

光导纤维简称为光缆或者光纤，在它的中心部分包括了一根或多根玻璃纤维，通过从激光器或发光二极管发出的光波穿过中心纤维来进行数据传输。

20 世纪 80 年代初期，光缆开始进入网络布线，与铜质介质相比，光纤具有一些明显的优势。因为光纤不会向外界辐射电子信号，所以使用光纤介质的网络无论是在安全性、可靠性，还是网络性能方面都有了很大的提高。

光纤是用于电气噪声环境中最好的传输介质，因为它携带的是光脉冲。一般将光纤作为计算机网络的主干来提供服务器之间最快的和容错性最好的数据通路。

在光纤的外面是一层玻璃，称之为包层。它如同一面镜子，将光反射回中心，反射的方式根据传输模式而不同。这种反射允许纤维的拐角处弯曲而不会降低通过光传输的信号的完整性。在包层外面，是一层塑料的网状的 Kevlar（一种高级的聚合纤维），以保护内部的中心线。最后一层塑料封套覆盖在网状屏蔽物上。图 8-21 所示为一根光纤的不同层面。

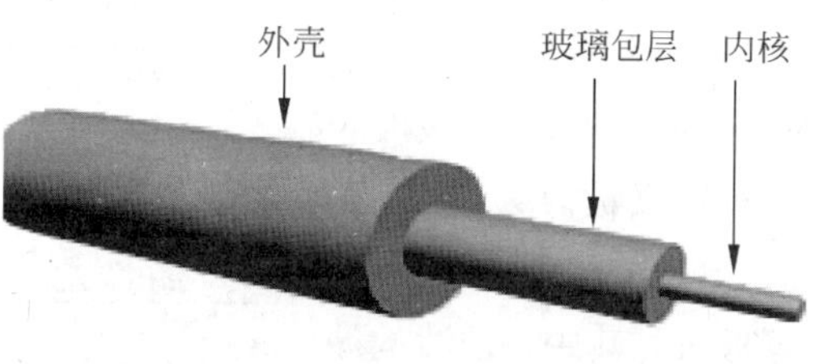

图 8-21 光纤

光缆无需像铜线一样传输电信号，因而它不会产生电流。因此，光缆传输的信号可以保持在光缆中而不会被轻易截取，除非在目标节点处。但另一方面，通过侵入网络，就可以监视铜线产生的信号。光缆传输信号的距离也比双绞线电缆所能传输的距离要远得多。它的整个网络长度也得益于无需中继器或放大器。

除此之外，光缆还广泛用于高速网络行业。使用光缆最大的障碍是高成本，另一个缺点是光缆一次只能传输一个方向的数据。为了克服单向性的障碍，每根光缆必须包括两股，一股用于发送数据，一股用于接收数据。

按光波在光纤中的传输模式，光纤可分为多模光纤和单模光纤。

❑ **多模光纤（Multi Mode Fiber）**

多模光纤能够在单根或者多根光缆上同时传输几种光波，其中心玻璃芯较粗（50μm 或 62.5μm）。但其模式色散较大，这就限制了传输数字信号的频率，而且随距离的增加会更加严重。例如，600MB/km 的光纤在 2km 时只有 300MB 的带宽。

提 示

光纤色散是指由于光纤中传输信号的不同频率成分或者信号能量的各种模式成分，在传输过程中因速度不同互相散开所造成信号波形失真、脉冲展宽的物理现象。模式色散是指光纤中同一频率信号能量的各种模式成分，由于不同模式的时间延迟不同而引起的色散。

❑ 单模光纤（Single Mode Fiber）

单模光纤中心玻璃芯很细（芯径一般为 9μm 或 10μm），只能传一种模式的光。其模间色散很小，适用于远程通信，但还存在着材料色散和波导色散，单模光纤对光源的谱宽和稳定性有较高的要求，即谱宽要窄，稳定性要好。图 8-22 所示为单模光纤和多模光纤的差异。

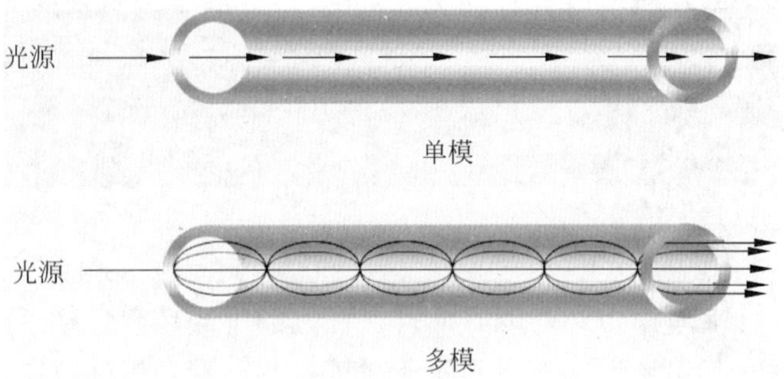

光源

单模

光源

多模

图 8-22　单模光纤和多模光纤

3. 无线电波

在电磁波谱中，波长最长的是无线电波。一般将频率低于 3×10^{11}Hz 的电磁波统称为无线电波。无线电波通常是由电磁振荡电路通过天线发射出去的。无线电波按波长的不同又被分为长波、中波、短波、超短波、微波等波段。其中，长波的波长在 3km 以上，微波的波长小到 0.1mm。

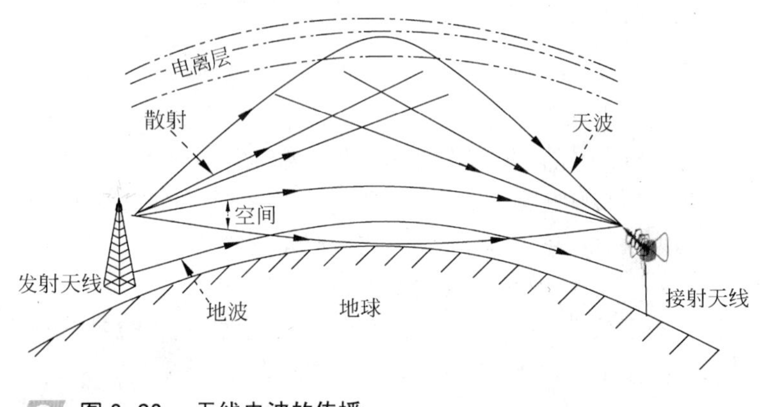

图 8-23　无线电波的传播

无线电波通过多种传输方式从发射天线到接收天线，主要有自由空间波、对流层反射波、电离层波和地波，如图 8-23 所示。

❑ 地波传播

地波传播也称表面波传播，是电波沿着地球表面到达接收点的传播方式。电波在地球表面上传播，以绕射方式可以到达视线范围以外。地面对表面波有吸收作用，吸收的强弱与带电波的频率、地面的性质等因素有关。

❑ 天波传播

天波传播就是自发射天线发出的电磁波，在高空被电离层反射回来到达接收点的传播方式。电离层对电磁波除了具有反射作用以外，还有吸收能量与引起信号畸变等作用。其作用强弱与电磁波的频率和电离层的变化有关。

❑ 散射传播

散射传播是指利用大气层对流层和电离层的不均匀性来散射电波，使电波到达视线以外的地方。对流层在地球上方约 10 英里处，是异类介质，反射指数随着高度的增加而减小。

❑ 外层空间传播

外层空间传播是指无线电在对流层、电离层以外的外层空间中的传播方式。这种传播方式主要用于卫星或以星际为对象的通信中，以及用于空间飞行器的搜索、定位、跟踪等。

❑ 自由空间波

自由空间波又称为直线波，沿直线传播，用于卫星和外部空间的通信，以及陆地上的视距传播。视线距离通常为 50km 左右。

电波传播不依靠电线，也不像声波那样，必须依靠空气介质传播，有些电波能够在地球表面传播，有些波能够在空间直线传播，也能够从大气层上空反射传播，有些电波甚至能穿透大气层，飞向遥远的宇宙空间。发信天线或自然辐射源所辐射的无线电波，通过自然条件下的介质到达收信天线的过程，就称为无线电波的传播。

无线电波的频谱，根据它们的特点可以划分为表 8-3 所示的几个波段。根据频谱和需要，可以进行通信、广播、电视、导航和探测等，但不同波段电波的传播特性有很大差别。

表 8-3 无线电波的频谱

<table>
<tr><th colspan="2">波段</th><th>波长</th><th>频率</th><th>传播方式</th><th>主要用途</th></tr>
<tr><td colspan="2">长波</td><td>10km～1km</td><td>30KHz～300KHz</td><td>地波</td><td>超远程无线电、通信和导航</td></tr>
<tr><td colspan="2">中波</td><td>1km～100m</td><td>300KHz～3MHz</td><td rowspan="2">地波和天波</td><td rowspan="3">调幅无线电、广播、电报、通信</td></tr>
<tr><td colspan="2">中短波</td><td>100m～50m</td><td>1500kHz～6000kHz</td></tr>
<tr><td colspan="2">短波</td><td>50m～10m</td><td>3MHz～30MHz</td><td>天波</td></tr>
<tr><td rowspan="4">微波</td><td>米波（VHF）</td><td>10m～1m</td><td>30MHz～300MHz</td><td>近似直线传播</td><td>调频无线电、广播、电视、导航</td></tr>
<tr><td>分米波（UHF）</td><td>1m～0.1m</td><td>300MHz～3000MHz</td><td rowspan="3">直线传播</td><td>电视</td></tr>
<tr><td>厘米波（SHF）</td><td>10cm～1cm</td><td>3000MHz～30000MHz</td><td>雷达</td></tr>
<tr><td>毫米波（EHF）</td><td>10mm～1mm</td><td>30000MHz～300000MHz</td><td>导航</td></tr>
</table>

❑ 长波

长波是指频率为 100kHz 以下的无线电波。由于大气层中的电离层对长波有强烈的吸收作用，长波主要靠沿着地球表面的地波传播，其传播损耗小，绕射能力强。频率低于 30kHz 的超长波，能绕地球作环球传播。

长波传播时，具有传播稳定、受大气影响小等优点。在海水和土壤中传播，吸收损耗也较小。由于长波需要庞大的天线设备，我国广播电台没有采用长波（LW）波段，国产收音机一般都没有长波（LW）波段。长波段主要用作发射标准时间信号、极地通信及海上导航等。

❑ 中波

中波是指频率为 300kHz～3MHz 的无线电波。它可以靠电离层反射的天波形式传播，也可靠沿地球表面的地波形式传播。

白天，由于电离层的吸收作用大，天波不能作有效的反射，主要靠地波传播。但地面对中波的吸收比长波强，而且中波绕射能力比长波差，传播距离比长波短。对于中等功率的广播电台，中波可以传播300km左右。

晚上，电离层的吸收作用减小，可大大增加传播距离。无线电广播中的中波（MW）频率范围我国规定为535kHz～1605kHz，所以国产收音机的中波（MW）接收频率范围为535kHz～1605kHz。

❑ 短波

短波是指频率为3MHz～30MHz的无线电波。由于频率较高、波长短，沿地球表面传播的地波绕射能力差，传播的有效距离短，而且地球表面矿物质对其吸收率甚高，故不论发射电力多大，不出百里以内，其沿地面进行的电磁波即被吸收以尽。

短波以天波形式传播时，在电离层中所受到的吸收作用小，有利于电离层的反射。经过一次反射可以得到100km～4000km的跳跃距离。经过电离层和大地的几次连续反射，传播的距离更远。我国规定无线广播中的短波（SW）频率范围为2～24MHz，有的收音机又把短波波段划分为短波1（SW1）、短波2（SW2）等。

❑ 超短波

超短波是指波长为1～10m（频率为30M～300MHz）的无线电波。它的频率很高，波长很短，绕射能力很弱，障碍物对其影响较大，地的吸收能力也很强，一般不适于地波方式传播。由于超短波的频率高，电离层无法反射，所以也不适于天波方式传播。

超短波主要靠空间波方式传播，以直线传播为主，由于有地球曲率的影响，传播距离较短，不得不靠增加天线高度来增加通信距离。

8.5.2 网络设备

如果需要将多台计算机组建成一个网络，则除了传输介质之外，还需要必要的网络设备。所以说，网络设备也是组成计算机网络不可缺少的硬件设备。

1. 网卡

在局域网中，不同计算机、网络设备，以及计算机与网络设备之间的连接，都需要通过网卡来实现。

❑ 有线网卡

网卡（Network Interface Card，NIC）也叫网络适配器，是计算机连接网络中各设备的接口。它能够使计算机、服务器、打印机等网络设备，通过网络传输介质（如双绞线、同轴电缆或光纤）接收并发送数据，达到资源共享的目的，如图8-24所以。

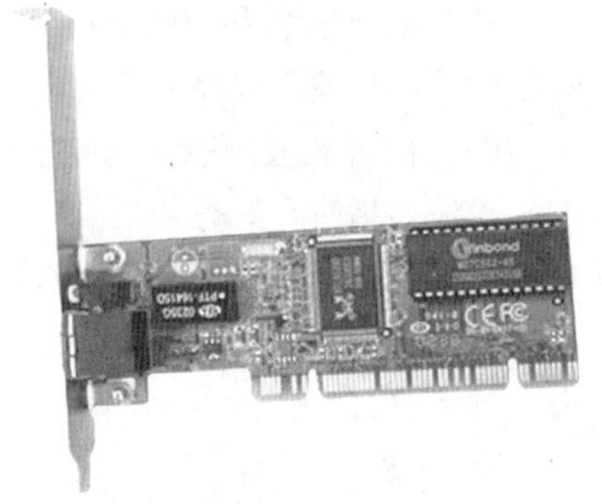

图8-24 网卡

在计算机网络中，网卡一方面负责接收网络上的数据包，通过和自己本身的物理地址相比较决定是否为本机应接收信息，解包后并将数据通过主板上的总线传输给本地计算机。另一方面将本地计算机上的数据打包后传入网络。

❑ 无线网卡

无线网卡并不像有线网卡的主流产品只有 10M/100M/1000Mbps 规格，而是分为 11Mbps、54Mbps 以及 108Mbps 等不同的传输速率，而且不同的传输速率分别属于不同的无线网络传输标准，如图 8-25 所示。

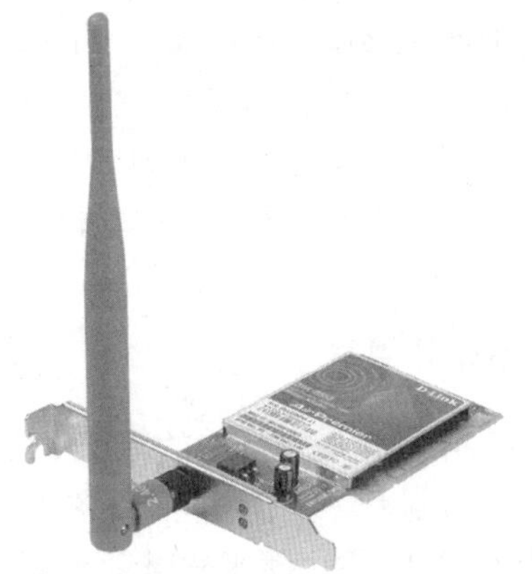

图 8-25 无线网卡

USB 接口已被计算机外设广泛应用，且具有传输速率较高、设备安装简单、支持热插拔等优点，如图 8-26 所示。

USB 无线网卡则采用 USB 接口的特点具有即插即用、散热性能强、传输速度快等优点，还能够方便地利用 USB 延长线将网卡远离计算机避免干扰以及随时调整网卡的位置和方向。

2．以太网交换机

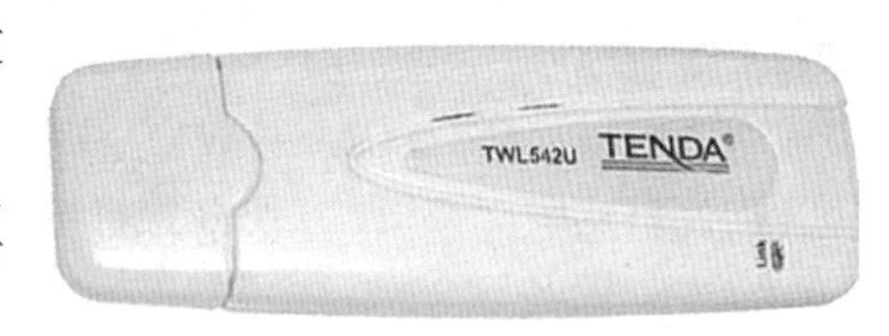

图 8-26 USB 无线网卡

交换机作为局域网中常见的互联设备，工作在 OSI 参考模型的数据链路层，主要用于完成数据链路层和物理层的工作。

传统的以太网中，在任意一个时刻网络中只能有一个站点发送数据，其他站点只可以接收信息，若想发送数据，只能退避等待。

因此，共享式以太网的固定带宽被网络上所有站点共享，随机占用，网络中的站点越多，每个站点平均可以使用的带宽就越窄，网络的响应速度就越慢。

局域网交换机具有交换功能，并且所有端口平时都不连通，当工作站需要通信时，局域网交换机能同时连通许多端口，使每一对端口都能像独占通信媒体那样无冲突地传输数据，通信完成后断开连接。

由于消除了公共的通信媒体，每个站点独自使用一条链路，不存在冲突问题，可以提高用户的平均数据传输速率，即容量得以扩大。

目前，局域网中使用的交换机的传输多数为 100Mbps，而根据局域网中计算机的数目不同，可以选择相匹配接口数量的交换机，如图 8-27 所示。

图 8-27 双绞线局域网交换机

光纤交换机是一种高速的网络传输中继设备，它较普通交换机而言采用了光纤电缆作为传输介质。光纤传输的优点是速度快、抗干扰能力强。

光纤以太网交换机是一款高性能的管理型的二层光纤以太网接入交换机。用户可以选择全光端口配置或光电端口混合配置，接入光纤媒质可选单模光纤或多模光纤。该交换机可同时支持网络远程管理和本地管理以实现对端口工作状态的监控和交换机的设置，如图 8-28 所示。

图 8-28 光纤以太网交换机

在无线网络中，无线交换机所扮演的角色与有线交换机类似，如图 8-29 所示。无线交换机采用和普通交换机类似的方式与 AP 实现连接，无线 AP 将 802.11 帧封装进 802.3 帧当中，然后通过专用隧道传输到无线交换机。

由此不难看出，无线交换机的作用类似于无线网桥设备，它可将多个单一存在的无线网络桥接起来，形成范围更广的网络。

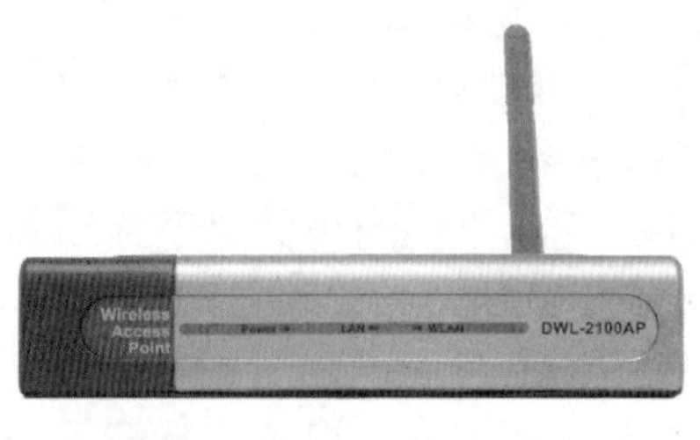

图 8-29 无线交换机

3. 宽带路由器

图 8-30 宽带路由器

宽带路由器在一个紧凑的箱子中集成了路由器、防火墙、带宽控制和管理等功能，具备快速转发能力。宽带路由器具有灵活的网络管理和丰富的网络状态等特点。

多数宽带路由器针对国内宽带应用优化设计，可满足不同的网络流量环境，具备满足良好的宽带网络适应性和网络兼容性。多数宽带路由器采用高度集成设计，集成 100Mbps 宽带以太网 WAN 接口，并内置多口 100Mbps 自适应交换机，方便多台机器连接内部网络与 Internet，如图 8-30 所示。

图 8-31 无线宽带路由器

无线宽带路由器是一种用来连接有线和无线网络的通信设备，如图 8-31 所示。它可以通过 Wi-Fi 技术收发无线信号来与个人数码助理和笔记本等设备通信。无线网络路由器可以在不设电缆的情况下，方便地建立一个计算机网络。

8.6 实验指导：安装 ADSL 及路由器

在用户宽带接入端安装宽带路由器，并对其进行正确的配置，即可实现多用户共享一个用户账号接入高速宽带 Internet。目前，随着家庭计算机终端的增多，通过宽带路由器来实现宽带共享，是家庭或办公室网络中使用最广泛的方法。

1. 实验目的

- 配置 WAN。
- 配置 LAN。
- 备份配置信息。

2. 实验步骤

1 将接 ADSL Modem 的双绞线一端接到宽带路由器的 WAN 口，并将直通双绞线的一端接入宽带路由器的任一 LAN 口，而另一端接入计算机的网络接口。

2 在 IE 浏览器窗口的地址栏中，输入 //192.168.0.1，按 Enter 键，弹出【连接到 192.168.0.1】对话框。然后，在该对话框的【用户名】文本框中，输入 admin，并在【密码】文本框中，输入密码，单击【确定】按钮，如图 8-32 所示。

3 进入宽带路由器配置界面，选择左侧栏【WAN 设置】选项，在右侧栏中显示 WAN 设置项，并单击【上网方式】下拉列表框，选择【PPPoE（大部分的宽带网或 xDSL）】选项，如图 8-33 所示。

图 8-32 输入用户和密码

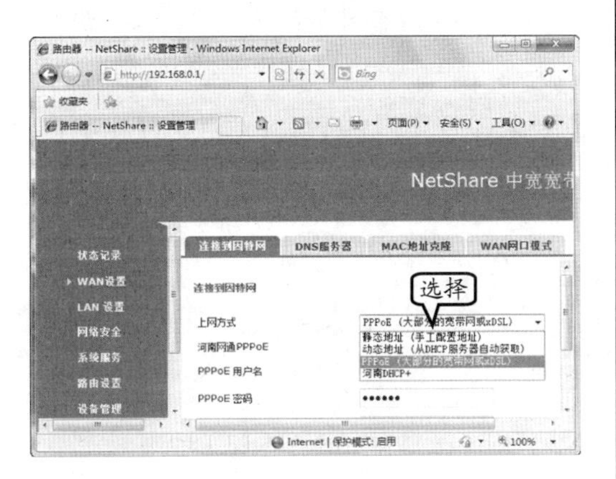

图 8-33 选择上网方式

4 在【PPPoE 用户名】文本框中输入用户名，如 15010500008，并在【PPPoE 密码】文本框中，输入密码。然后，【DNS 服务器】文本框中，输入 DNS 服务器 IP 地址，并单击【确定】按钮，如图 8-34 所示。

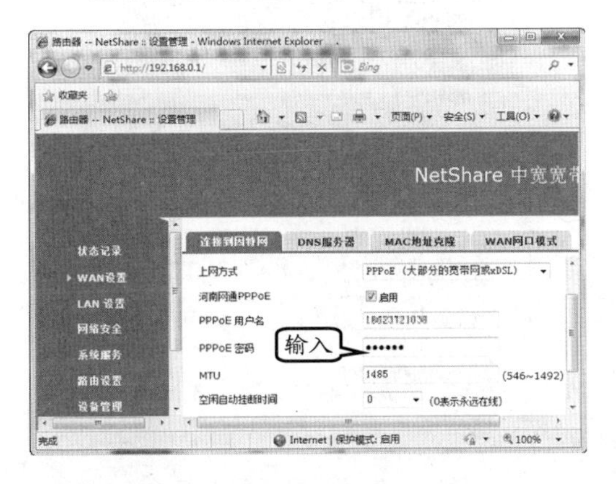

图 8-34 WAN 设置

5 选择左侧栏中【LAN 设置】选项，右侧栏中显示 LAN 设置项，启用【开启 DHCP 服务器功能】复选框，并设置【起始 IP 地址】和【结束 IP 地址】。然后，单击【使用时间】下拉列表框，选择【一天】选项，并启用【开启 DNS 代理】复选框，单击【确定】按钮，如图 8-35 所示。

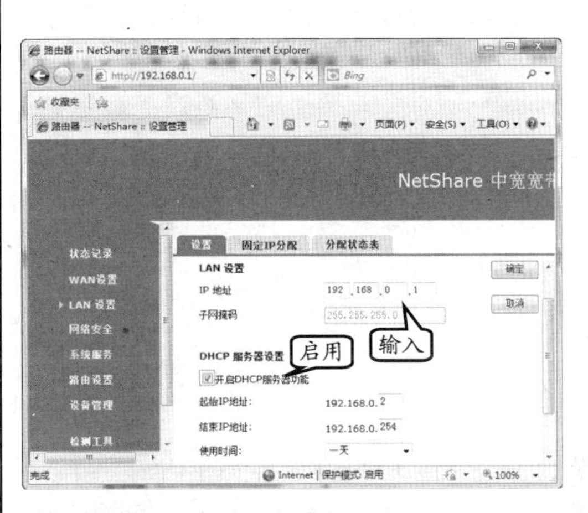

图 8-35 VLAN 设置

6 选择左侧栏中【设备管理】选项，在右侧栏中选择【设置信息】选项卡，并单击该选项卡中的【备份】按钮。然后，在弹出的【文件下载】对话框中，单击【保存】按钮，并选择配置信息的保存位置，如图 8-36 所示。

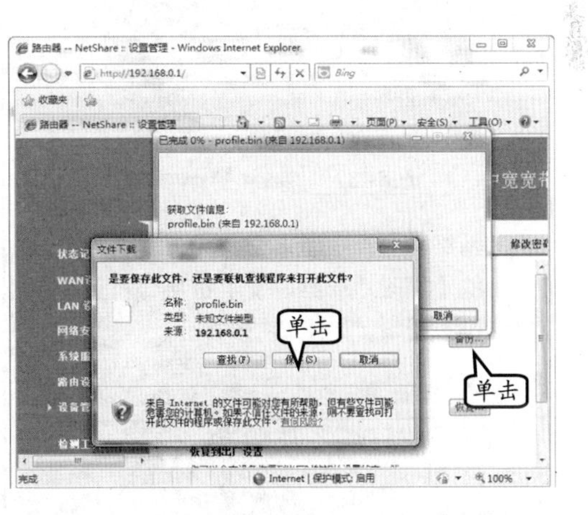

图 8-36 备份配置信息

7 备份完毕后，选择【重启动】选项卡，单击【重启动】按钮。待宽带路由器重新启动完毕，选择左侧栏中【退出】选项，退出宽带路由器配置页面即可。

8.7 实验指导：设置 IP 地址

IP 地址是网络中计算机的唯一标识，只有通过 IP 地址，计算机之间才能相互通信。IP 地址的设置分为两种情况，一种是手动设置，一种是自动分配。本节以手动设置为例，介绍 IP 地址的设置方法。

1. 实验目的

- ❑ 打开网络共享中心。
- ❑ 设置 IP 地址。
- ❑ 设置 DNS 地址。
- ❑ 查看 IP 地址。

2. 实验步骤

1 右击桌面上【网络】图标，执行【属性】命令，打开【网络和共享中心】窗口，如图 8-37 所示。

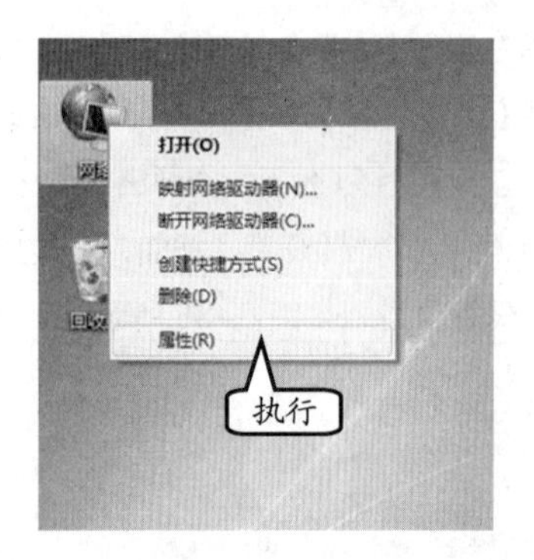

图 8-37 执行【属性】命令

2 在【网络和共享中心】窗口中，单击左侧窗格中的【更改适配器设置】链接，打开【网络连接】窗口，如图 8-38 所示。

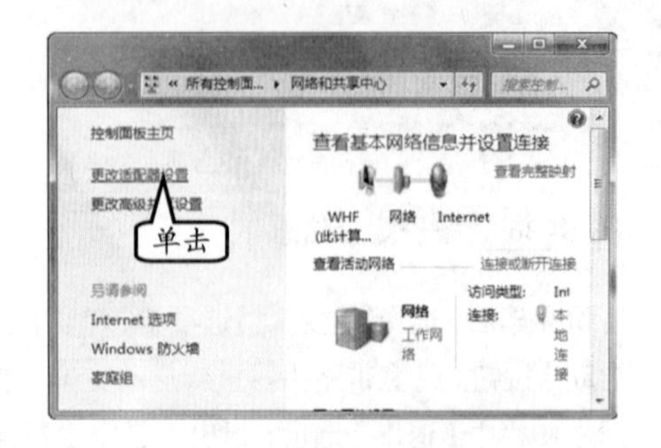

图 8-38 单击链接

提 示

在控制面板中也提供了【网络和共享中心】选项。单击【开始】按钮，执行【控制面板】命令，然后选择【网络和 Internet】选项，在该窗口中，选择【网络和共享中心】选项。

3 在【网络连接】窗口中，右击【本地连接】图标，执行【属性】命令，如图 8-39 所示。

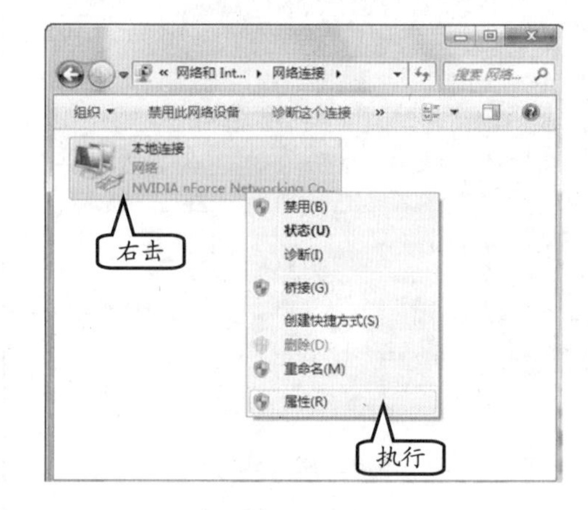

图 8-39 执行【属性】命令

4 在弹出的【本地连接 属性】对话框中，选择【Internet 协议版本 4（TCP/IPv4）】选项，并单击【属性】按钮，如图 8-40 所示。

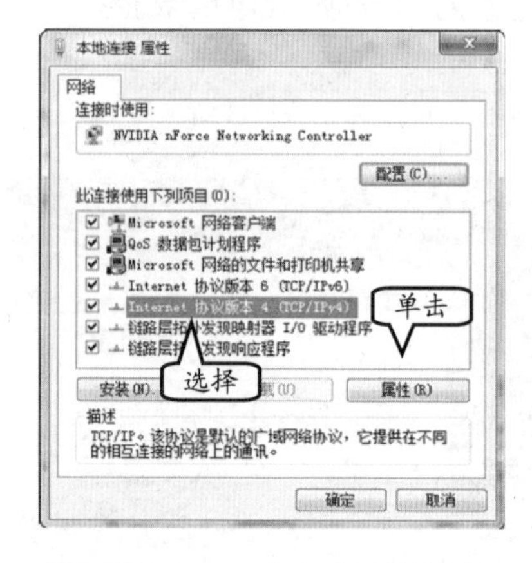

图 8-40 单击【属性】按钮

5 在弹出的【Internet 协议版本 4（ICP/IPv4）属性】对话框中，单击【使用下面的 IP 地址】

单选按钮，并输入相应的信息，同时单击【使用下面的 DNS 服务器地址】单选按钮，输入 DNS 服务器 IP 地址。单击【确定】按钮，如图 8-41 所示。然后，在【本地连接 属性】对话框中，单击【确定】按钮。

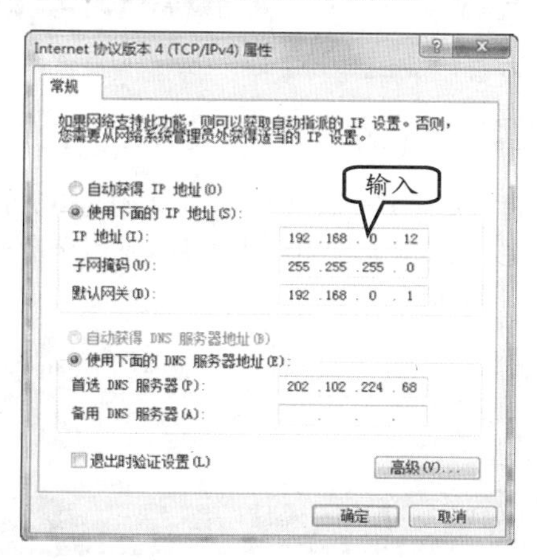

图 8-41 设置 IP 地址

提 示

在手动设置 IP 地址时，IP 地址与默认网关必须处于同一个网段。如果用户的网关具有解析域名的功能，可以设置 DNS 服务器地址为本网段的网关地址。如果不具有该功能，则可以设置全国通用的 DNS 服务器地址。

6 单击【开始】按钮，在搜索文本框中，输入“cmd”命令，并按 Enter 键，如图 8-42 所示。

图 8-42 输入命令

7 在命令提示符窗口中，输入“ipconfig”命令，按 Enter 键，查看 IP 地址信息，如图 8-43 所示。

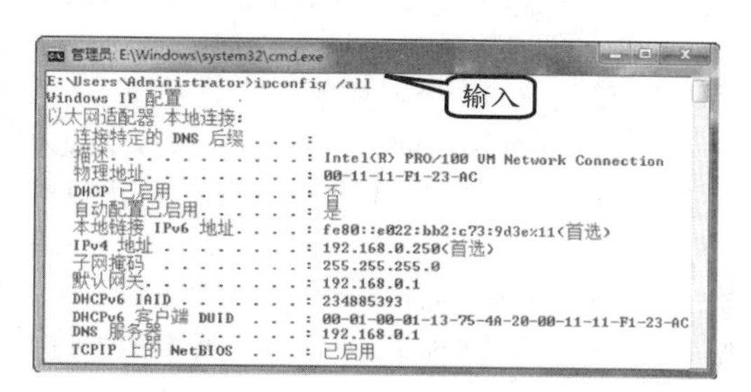

图 8-43 查看 IP 情况

提 示

在命令提示符中，可以使用“netsh”命令设置 IP 地址。在命令提示符中输入“netsh interface ip set address 本地连接 static 192.168.0.250 255.255.255.0 192.168.0.1”命令，并按 Enter 键。“本地连接”是指需要设置 IP 地址的网路连接名称。

8.8 思考与练习

一、填空题

1. 计算机网络的主要目的在于实现“________”，即所有用户均能享受网络内其他计算机所提供的软、硬件资源和数据信息。

2. 网络体系结构是指计算机网络层和各层协议的集合，________和________是两个常用的网络体系结构。

3. ________的主要功能是完成网络中主机间的报文传输，其关键问题之一是使用数据链路层的服务将每个报文从源端传输到目的端。

4. ________是 IP 协议为标识互联网中计算机所使用的一种寻址方法，每台接入互联网的计算机都用它来标识自己。

5. ________是局域网布线中最常用到的一种传输介质，尤其在星型网络拓扑中，并且是必不可少的布线材料。

6. 光导纤维简称为光缆或者光纤。在它的中心部分包括一根或多根玻璃纤维，通过从________或________发出的光波穿过中心纤维来进行数据传输。

7. 网卡（Network Interface Card，NIC）也叫________，是计算机连接网络中各设备的接口。

二、选择题

1. 在下列选项中，不属于计算机网络基本要素的是________。

A. 计算机网络是自主计算机的互联集合

B. 计算机网络具有交互通信、资源共享及协同工作等功能

C. 计算机间的互联必须遵循约定的通信规则，并通过相应的软、硬件实现

D. 接入网络内的计算机必须共享自己所拥有的资源

2. IP 协议的 3 个主要特点是________。

A. 不可靠、面向无连接、尽最大努力投递

B. 不可靠、面向连接、尽最大努力投递

C. 可靠、面向无连接、尽最大努力投递

D. 可靠、面向无连接、全双工

3. 下列 IP 地址中，属于 B 类 IP 地址的是________。

A. 10.0.0.0

B. 192.168.0.1

C. 168.0.0.1

D. 202.102.224.23

4. 在下列传输介质中，对于单个建筑物内的局域网来说，性能价格比最高的传输介质是________。

A. 光纤　　B. 双绞线

C. 红外线　　D. 激光

5. 具有 24 个 10Mbps 端口的交换机的总带宽可以达到________。

A. 10M　　B. 100M

C. 240M　　D. 10/24M

三、简答题

1. 计算机网络大致可分为几类？

2. 简述 OSI 参考模型及各层含意。

3. 简述 IP 地址的划分方法。

四、上机练习

1. 连接计算机与局域网交换机

在组建局域网过程中，可以将多台计算机与局域网交换机连接。例如，将网线的一端插入到计算机的 RJ-45 接口中。在插入网线过程中，应注意水晶头凸处与接口的凹处相对应。并且，使水晶头凸出的卡片，卡入到接口的凹入的卡槽中，如图 8-44 所示。

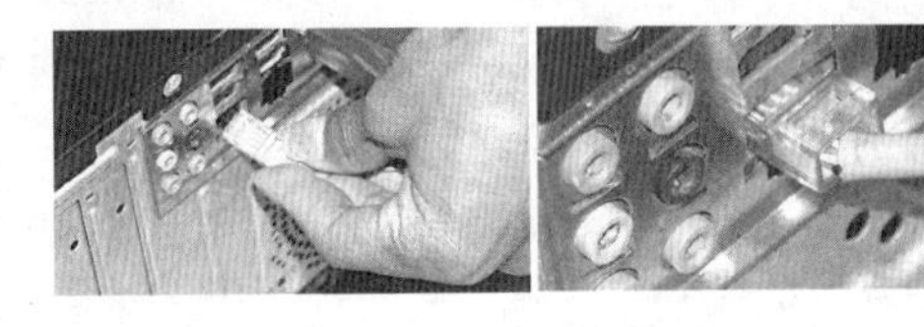

图 8-44　网络连接计算机

再将网线另一端的接头，插入到交换机的端口上，并插交换机的电源线插头，使用交换机通电，如图 8-45 所示。

图 8-45　连接交换机

2. 安装无线路由器

无线路由器是组网中经常用到的设备之一，其在应用方面与有线相比，设置简单，无需布线，如今在传输速率方面也有了显著的提升。

首先，将电源接头的一端插入无线路由器背面的电源孔，然后将另一端接入电源插座，如图 8-46 所示。

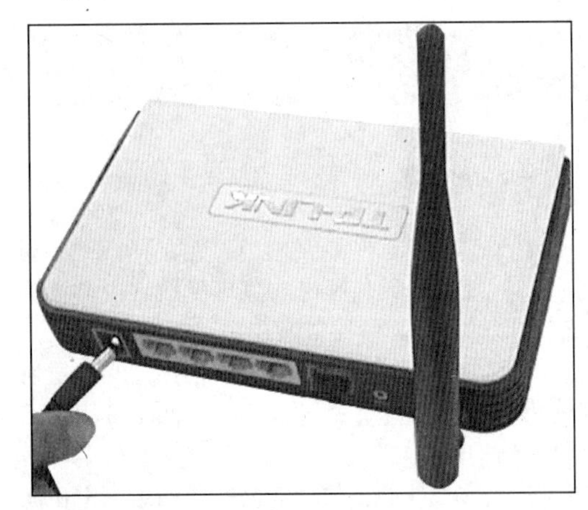

图 8-46　安装电源接头

提 示

将电源接头接好，等待无线路由器重启完毕后，再进行下一步连接操作。

将连接至 ADSL Modem 设备网线的一端插入无线路由器的 WAN 口，如图 8-47 所示。

图 8-47 将网线插入 WAN 口

将与计算机连接网线的一端，插入无线路由器LAN区域1-4号端口的任意一个端口，如图8-48所示。

图 8-48 连接计算机网线端口

在连接完毕后，可查看到信号灯闪烁情况，以判断是否成功连接。

提 示

连接成功后，在无线路由器上应该 POWER 灯恒亮；Status 灯约每秒闪烁一次；WAN 灯不定时闪烁；WLAN 灯闪烁；接上 LAN 端口的灯闪烁。

第 9 章

常用工具软件

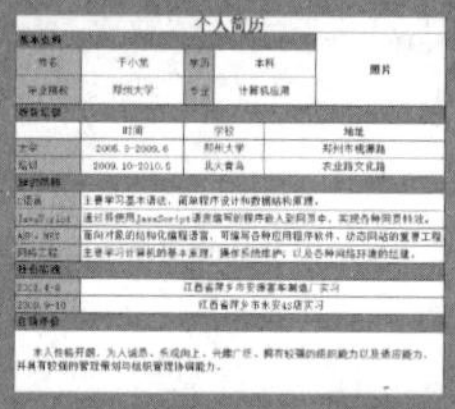

在使用计算机的过程中，凡是通过手动去设置、处理操作系统或者软件中一些选项的，都会感到非常吃力。

尤其用户在管理计算机的一些软、硬件设备时，有些内容并非了解，所以需要借助一些工具软件来完成。而工具软件的目的，就是用来辅助计算机的维护和管理。

本章来学习一下，在计算机中经常使用一些软件操作，有助于帮助用户管理和操作计算机。例如，在系统中软件的安装与卸载，查看硬件信息，使用杀毒软件，一些通信工具的应用等。

本章学习要点：

- 安装及卸载软件
- 了解计算机硬件信息
- 网络软件
- 多媒体软件
- 电子阅读软件

9.1 安装及卸载软件

在计算机中，免不了要对一些软件进行安装与卸载操作。例如，经常使用的 Office 办公软件、图形设计使用的 Photoshop 软件、QQ 通信软件等。

9.1.1 获取安装程序

在使用软件之前，首先需要获取软件的安装程序或使用程序。获取软件的渠道主要有 3 种：一是通过实体商店购买软件的安装光盘等；二是通过软件开发商的官方网站下载或获取光盘；三是到第三方的软件网站中下载。

1. 从实体商店购买光盘

很多商业性的软件都是通过全国各地的软件零售商销售的。例如，著名的连邦软件店等。在这些软件零售商的商店中，用户可购买各类软件的零售光盘或授权许可序列号。

2. 从软件开发商网站下载

一些软件开发商为了推广其所销售的软件，会将软件的测试版或正式版放到互联网中，供用户随时下载。

对于测试版软件，网上下载的版本通常会限制一些功能，等用户注册之后才可以完整地使用所有的功能。而对于一些开源或免费的软件，用户则可以直接下载并使用所有的功能。

例如，从微软公司的官方网站下载 Internet Explorer 9.0 版本，用户通过浏览器打开 Microsoft 的下载中心，并找到与操作系统相匹配的程序，单击【下载】按钮，如图 9-1 所示。

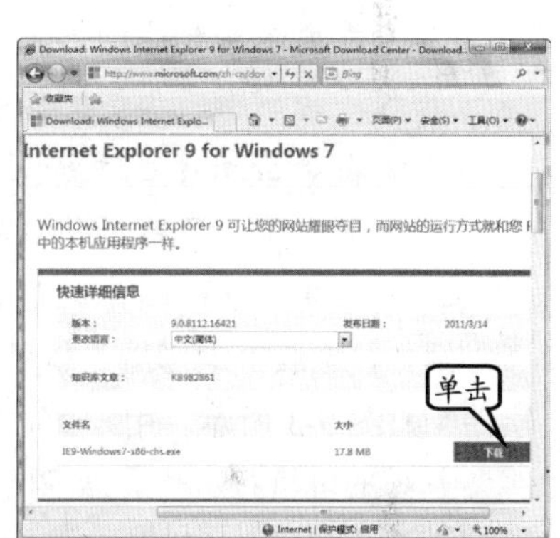

图 9-1　下载 IE 9.0 浏览器

3. 在第三方的软件网站下载

除了购买光盘和从官方网站下载软件外，用户还可以通过其他的渠道获得软件。在互联网中，存在很多第三方的软件网站，提供各种免费软件或共享软件的下载。

例如，下载 QQ 2012 版本的软件，则可以在“百度”网站中，搜索该软件。并单击列表中的“太平洋下载中心”网站链接，在弹出的页面中下载该软件，如图 9-2 所示。

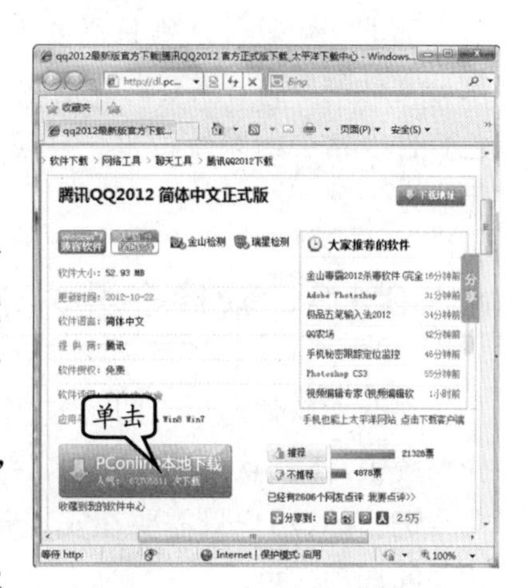

图 9-2　下载 QQ 软件

9.1.2 软件的类型

一般在安装软件过程中，有一些软件需要用户输入软件的注册码或者序列号等。否则，该软件无法安装或者即便安装后，有一些功能是无法使用的。

因此，在软件中出现了另一种说法，即绿色软件和非绿色软件。绿色软件就是指完全可以独立运行，不需要安装，不会依赖系统文件或者其他的程序，不会向注册表内注册任何内容。

绿色软件有着自己的严格特征。

- ❑ 不对注册表进行任何操作。
- ❑ 不对系统敏感区进行操作，一般包括系统启动区根目录、安装目录（Windows）、程序目录（Program Files）、账户专用目录。
- ❑ 不向非自身所在目录外的目录进行任何写操作。
- ❑ 因为程序运行本身不对除本身所在目录外的任何文件产生任何影响，所以根本不存在安装和卸载问题。
- ❑ 程序的删除，只要把程序所在目录和对应的快捷方式删除就可以了（如果用户手工在桌面或其他位置设了快捷方式），只要这样做了，程序就完全干净地从电脑里删去了，不留任何垃圾。
- ❑ 不需要安装，随意拷贝、复制就可以用（重装操作系统也可以）。

例如，下载“电影墙”软件，下载后为一个压缩包软件，如图 9-3 所示。用户可以解压缩该软件，在该文件夹中双击可执行程序，如图 9-4 所示。

图 9-3 下载软件

此时，将弹出的该软件的窗口，并不需要安装该软件即可运行。

而非绿色软件通常只需要安装，或者是需要系统的部分文件的支持，需要向注册表中注册软件信息。非绿色软件经常会给系统带来一些垃圾，是导致系统变慢的因素之一。

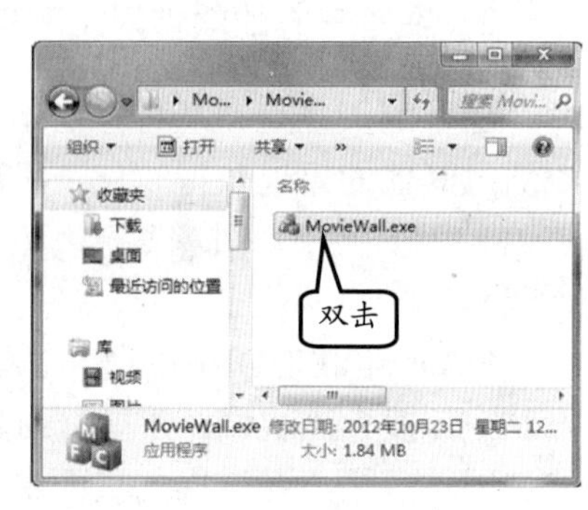

图 9-4 运行软件

9.1.3 软件安装方法

在获取软件之后，即可安装软件。在 Windows 操作系统中，工具软件的安装通常都是通过图形化的安装向导进行的。用户只需要在安装向导的过程中设置一些相关的选项即可。

大多数软件的安装都会包括确认用户协议、选择安装路径、选择软件组件、安装软件文件以及完成安装 5

个步骤。例如，安装“光影魔术手”图像处理软件时，首先双击软件安装程序的图标，如图 9-5 所示。然后，打开软件安装向导，如图 9-6 所示。

图 9-5　双击安装程序

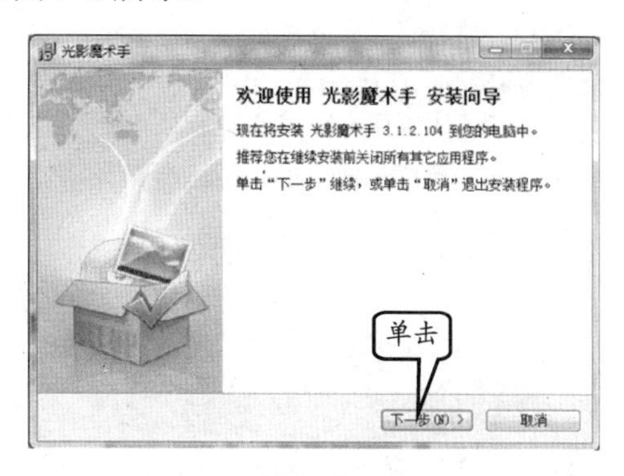

图 9-6　打开软件安装向导

其次，在确认用户协议的步骤中单击【我同意】按钮，确认同意用户协议，如图 9-7 所示。

在弹出的【安装模式】对话框中，用户可以选择【自定义】单选按钮，并单击【下一步】按钮，如图 9-8 所示。

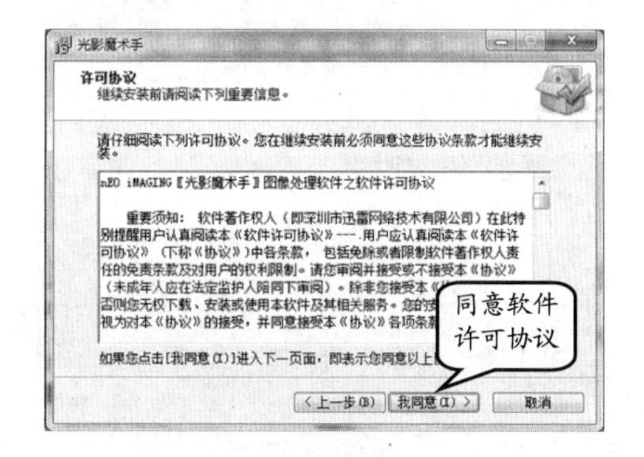

图 9-7　确认用户协议

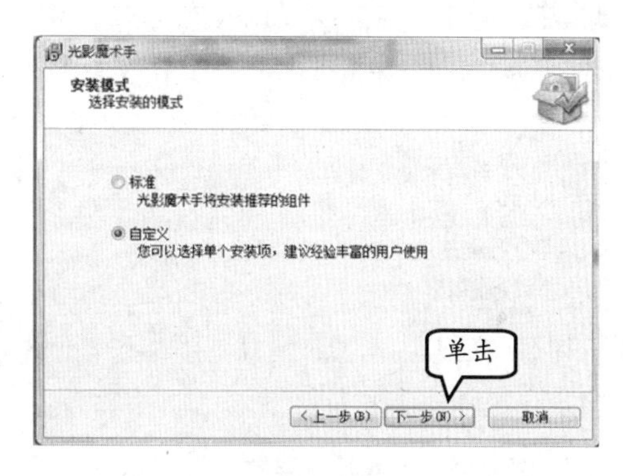

图 9-8　选择安装模式

在安装向导的步骤中设置安装软件的安装路径位置，单击【下一步】按钮，如图 9-9 所示。

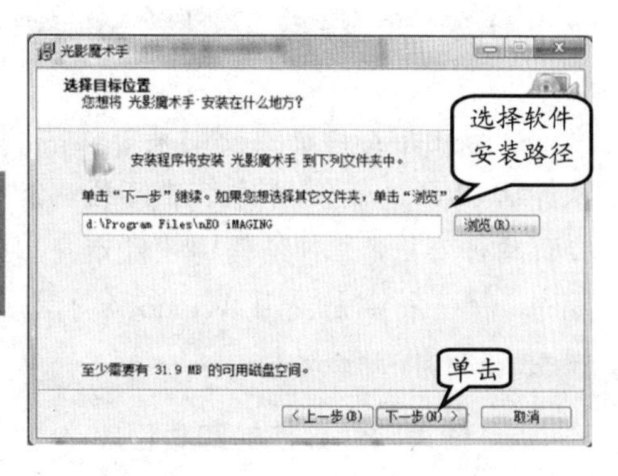

图 9-9　选择安装路径

提　示

在设置安装路径位置时，用户既可以直接在输入文本框中输入安装路径，也可以单击【浏览】按钮，在弹出的【浏览文件夹】对话框中选择安装路径。

然后，即可选择安装软件的各种组件。很多软件都会附带各种各样的组件和插件。这些组件和插件往往并不是软件自身运行必须使用的，因此在安装软件时，应注意选择，如图 9-10 所示。

此时，在弹出的【百度超级搜霸】对话框中，用户可以选择是否安装该控件。例如，禁用【安装百度超级搜霸】复选框，则取消安装该插件，并单击【下一步】按钮，如图 9-11 所示。

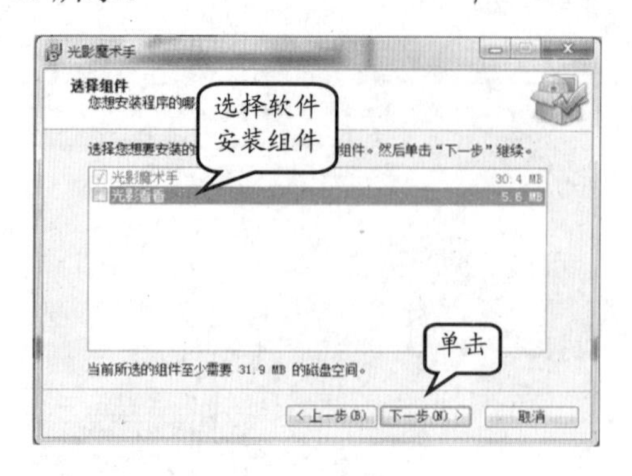

图 9-10 选择软件组件

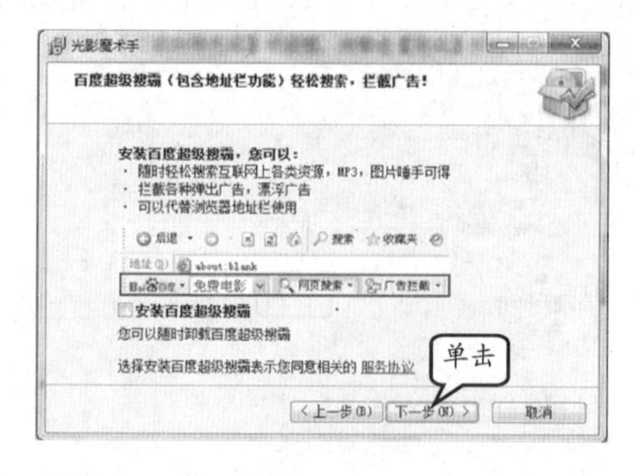

图 9-11 不安装插件

在弹出的【准备安装】对话框中，将显示安装该软件的信息，如【目标位置】、【安装类型】、【选定组件】等，并单击【安装】按钮，如图 9-12 所示。

最后，即可开始安装该软件，并显示安装进度条，如图 9-13 所示。完成安装后，弹出【光影魔术手安装向导完成】对话框，单击【完成】按钮即可，如图 9-14 所示。

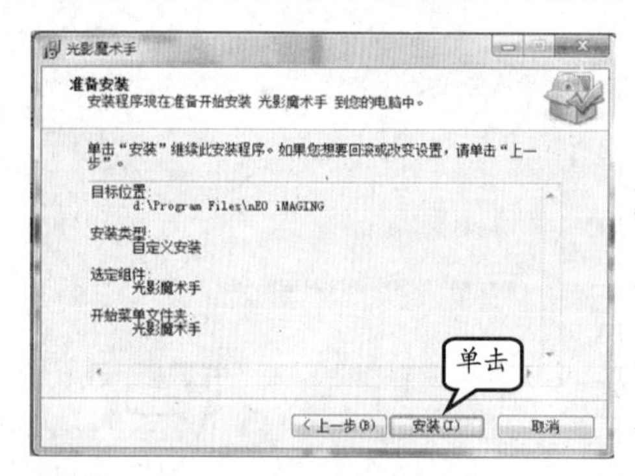

图 9-12 查看安装信息

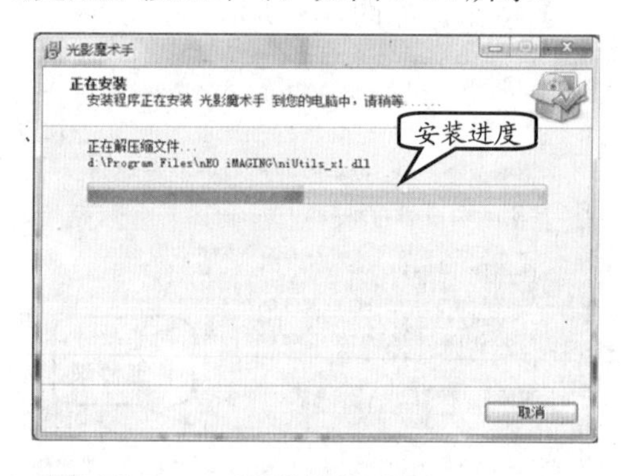

图 9-13 安装软件过程

9.1.4 卸载及删除软件

如果用户不再需要使用某个软件，则可将该软件从 Windows 操作系统中卸载。卸载软件主要有两种方法，一种是使用软件本身自带的卸载程序，另一种则是使用 Windows 操作系统的添加或删除程序卸载软件。

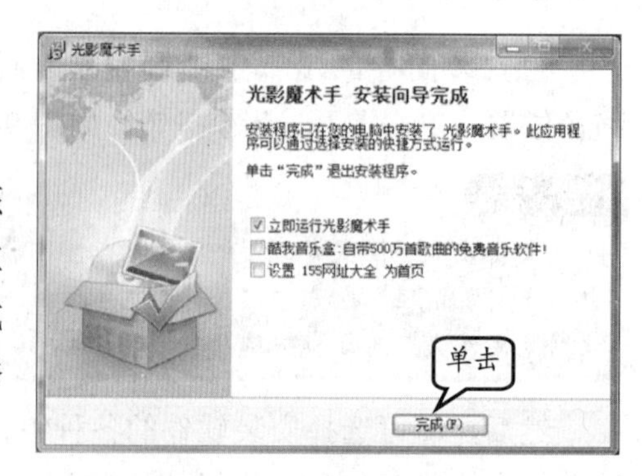

图 9-14 完成安装向导

1. 使用软件自带的卸载程序

大多数软件都会自带一个软件卸载程序。用户可以从【开始】|【所有程序】|【软件名称】的目录下，执行相关的卸载命令。或者，直接在该软件的安装目录下，查找卸载

程序文件，并双击该文件即可，如图 9-15 所示。

提 示

如果用户不知道软件的安装目录，可以右击该软件桌面的快捷图标，执行【属性】命令。然后，在弹出的属性对话框中，单击【查找目标】按钮即可。

然后，即可执行卸载程序。软件的卸载程序会直接将软件安装目录中所有的程序文件删除，如图 9-16 所示。

图 9-15 打开卸载程序

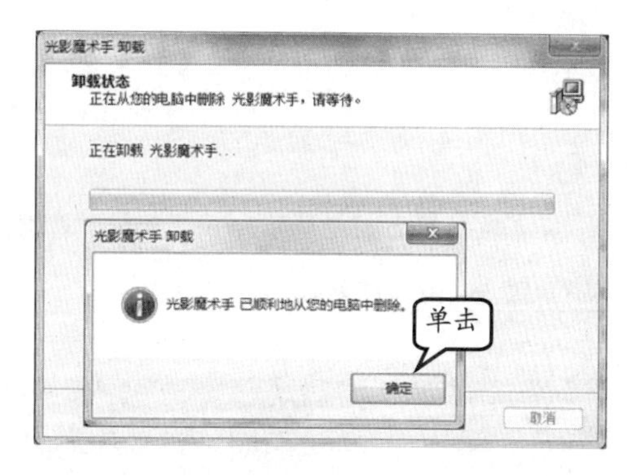

图 9-16 卸载软件

2. 使用添加或删除程序

除了使用软件自带的卸载程序外，用户还可以在【开始】菜单中，执行【控制面板】命令。在弹出的【控制面板】窗口中，单击【程序和功能】图标，如图 9-17 所示。

然后，在弹出的【程序和功能】窗口中，右击需要删除的程序，执行【卸载】命令，如图 9-18 所示。

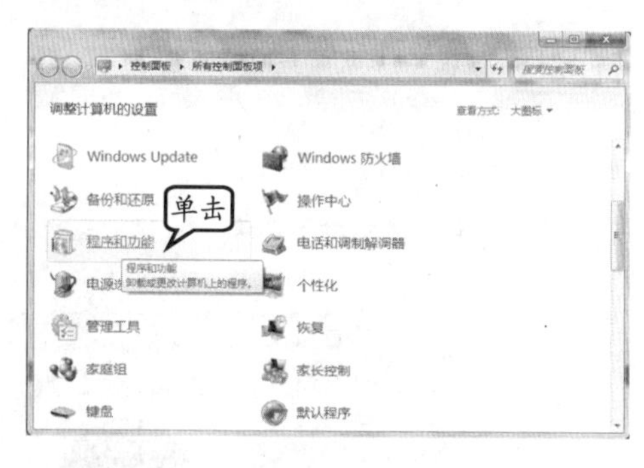

图 9-17 打开控制面板

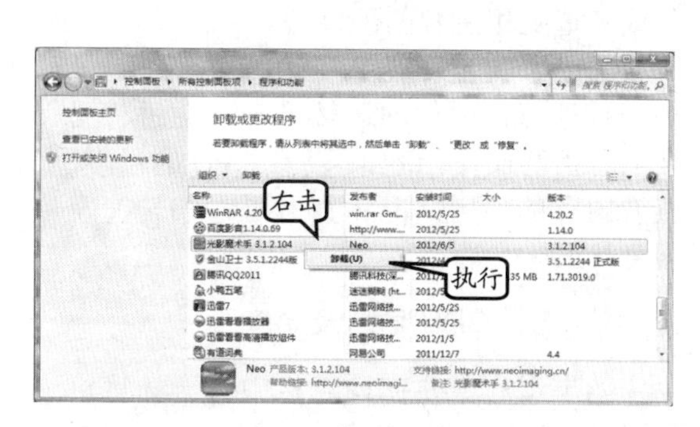

图 9-18 从添加或删除程序中卸载

3. 借助工具软件进行卸载

在卸载工具软件或者商业软件时，用户也可以利用专门的软件卸载工具或者其他软件所包含的卸载功能来卸载该软件。

例如，在【金山卫士 3.5】软件中的【软件管理】功能中，选择【软件卸载】选项卡，并单击需要卸载软件后面的【卸载】按钮，如图 9-19 所示。

图 9-19　卸载软件

9.2 了解计算机硬件信息

计算机由硬件和软件组成，所以硬件是计算机的基础。如果想要保障计算机稳定、高速的运转，则提升、维护硬件性能是必不可少的。

9.2.1 查看计算机硬件

在选购计算机或者计算机配件时，需要查看计算机硬件信息，以查看计算机性能或者选配相兼容的硬件等。

另外，用户在计算机运行过程中，需要查看计算机硬件的运转性能，并进行必要的维护等操作。例如，查看 CPU 的温度、查看内存的使用情况、查看磁盘的转速及温度等。

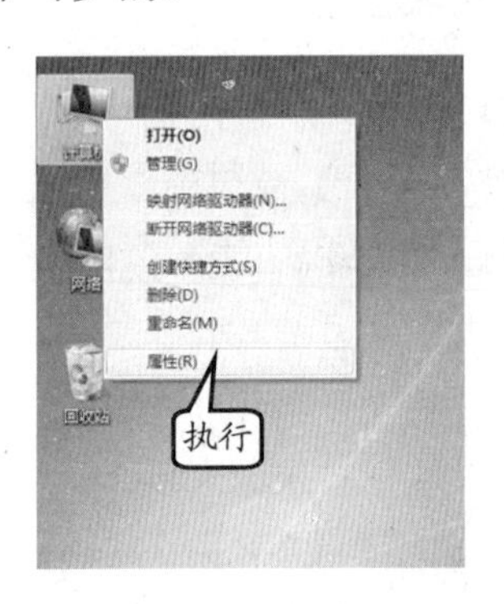

图 9-20　执行【属性】命令

1. 查看 CPU 信息及温度

如果用户需要在计算机中查看计算机配置情况，如 CPU 频率大小等，可以右击【计算机】图标，执行【属性】命令，如图 9-20 所示。

然后，在弹出的【系统】窗口中，右侧将显示 Windows 版本、处理器、安装内存等信息。例如，显示【处理器】为“AMD Athlon(tm) 64X2 Dual Core Processor 4400+ 2.30GHz”，如图 9-21 所示。

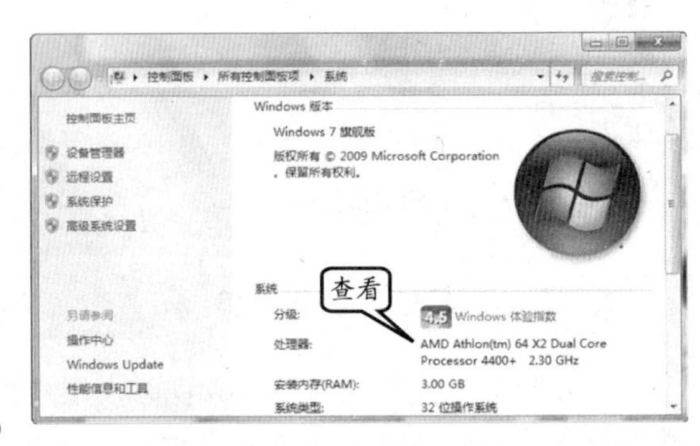

图 9-21　显示处理器信息

另外，用户可以通过其他软件来查看 CPU 信息。例如，通过 CPU-Z 软件查看 CPU 信息以及缓存信息，还能检测主板和内存的相关信息。

启动 CPU-Z 监测工作后，将弹出 CPU-Z 窗口。在该窗口中，选项【处理器】选项卡，列出了 CPU 处理器、主频和缓存等信息，如图 9-22 所示。

图 9-22　CPU-Z 窗口

用户还可以通过“鲁大师”软件，来查看计算机硬件信息，它拥有专业而易用的硬件检测工具，不仅超级准确，而且提供中文厂商信息，计算机配置一目了然。

例如，用户安装并启动“鲁大师”软件后，可以在“电脑概览”中查看到计算机相关信息，并且通过最右侧的列表查看“电脑状态”、“CPU 温度”、“风扇转速”等，如图 9-23 所示。

图 9-23　查看 CPU 详细信息

一般 CPU 温度正常情况下为 45～65℃或更低，而高于 75～80℃时，则要检查 CPU 和风扇间的散热硅脂是否失效，更换 CPU 风扇或给风扇除尘。

当然，部分 CPU 具有自我保护功能，当 CPU 温度过高时，会自动降频（一般为标准频率的一半）或者自动关机。

在计算机维护过程中，CPU 的散热是关系到计算机运行稳定性的重要问题,也是散热故障发生的“重灾区”。

2．整理内存

在上述介绍的软件中除了查看 CPU 情况外，还可以查看内存的详细信息。

另外，用户还可以通过其他软件对内存进行优化等操作。例如，DMD（中文名“系统资源监测与内存优化工具”）是一款可运行在全系列 Windows 平台的资源监测与内存优化软件，该软件为腾龙备份大师的配套增值软件，无需安装直接解压缩即可运行，如图 9-24 所示。

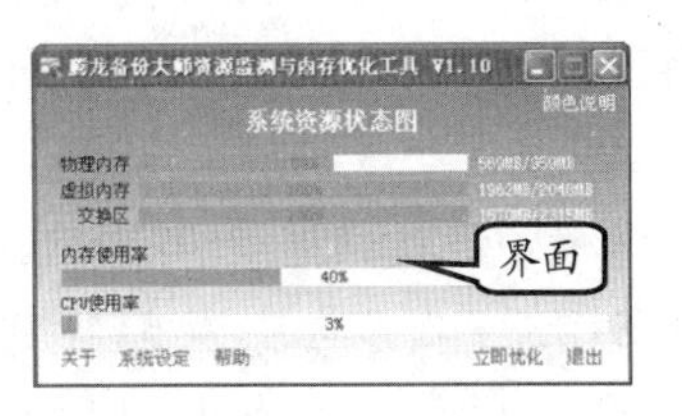

图 9-24　主界面

在 DMD 界面中，用户可以很直观地看到系统资源所处的状态。使用该软件的优化功能，可以让系统长时间处于最佳的运行状态。

在该软件窗口中，将光标放置在【颜色说明】文本上方，即可在弹出的颜色说明浮动框中查看绿色、黄色、红色所代表的含义，如图 9-25 所示。

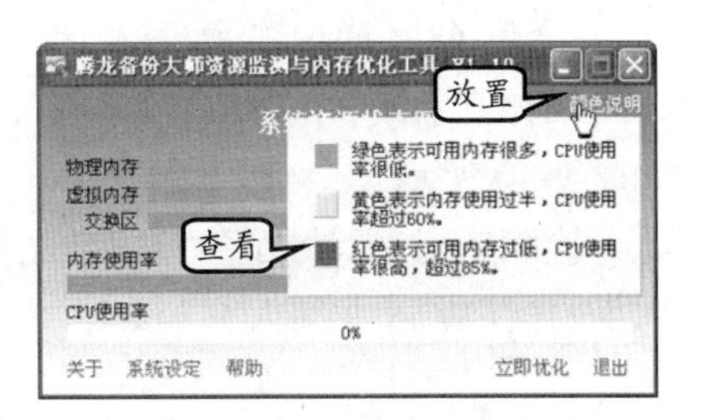

图 9-25　查看颜色说明

单击【系统设置】文本链接，打开【设定】对话框。用光标拖动内存滑块至85%，分别启用【计算机启动时自动运行本系统】和【整理前显示警告信息】复选框，单击【确定】按钮，如图9-26所示。

再单击窗口中的【立即优化】文本链接，打开警告框，如图9-27所示。

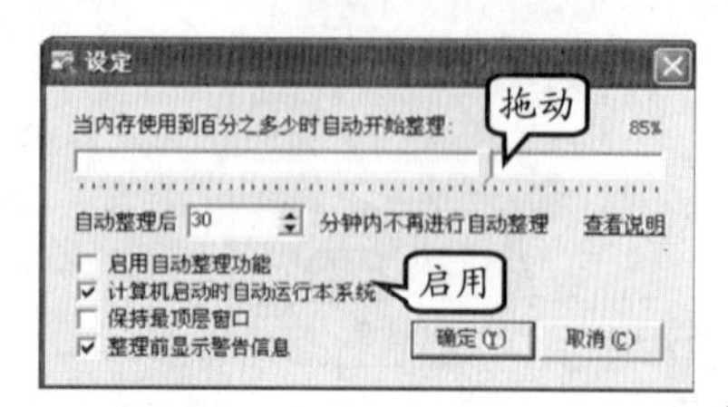

图9-26 在【设定】对话框设置参数

图9-27 打开警告框

在警告框中单击【立刻整理】按钮后，在主界面下方将显示系统正在进行内存优化，如图9-28所示。

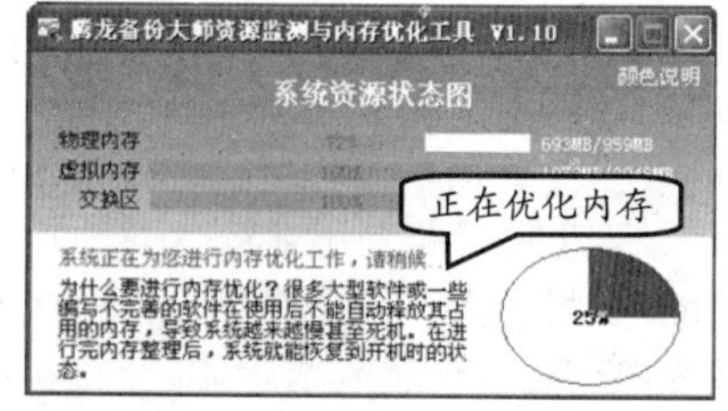

图9-28 正在优化内存

3．检测计算机硬盘

在计算机中，硬盘是不可缺少的存储设备。其性能直接关系到计算机读取/存储数据的能力。例如，通过Crystal Disk Mark软件，来测试硬盘或者存储设备的读取和写入的速度。

例如，启动Crystal Disk Mark 3.0.2 Beta软件，并弹出该窗口。在窗口中，可以看到包含有“测试运行的数据”为5；“测试大小”为1000MB；“测试磁盘”为“D:77%（34/45GB）”等信息，如图9-29所示。

在该检测工具窗口中，用户可以单击左侧的按钮进行操作。其中，各按钮的含义如下。

- **All** 代表该按钮包含所有测试项内容。
- **Seq** 代表顺序读/写测试。
- **512K** 代表大小为512KB的随机读/写测试。
- **4K** 代表大小为4KB的随机读/写测试。
- **4K QD32** 代表“Queue Depth =32”的大小为4KB的随机读/写测试。

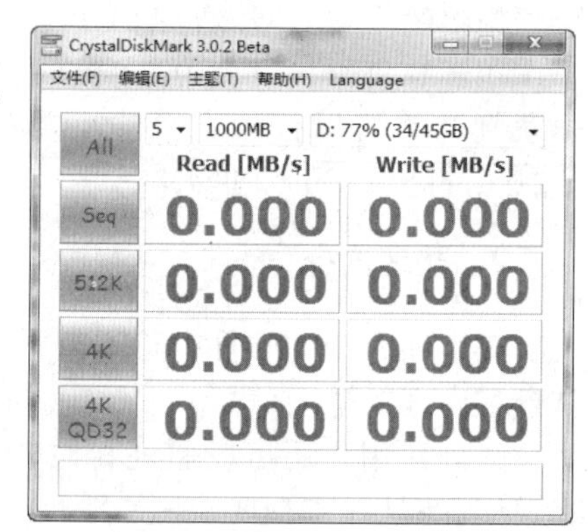

图9-29 硬件检测工具

例如，单击All按钮，则所有按钮将变成Stop按钮，并开始对“磁盘D:”进行检测，如图9-30所示。

检测完成后，将在各按钮后面两列中显示测试的数据，如Seq后面显示Read（读取）为66.16；Write（写入）为64.83，如图9-31所示。

4．查看整机性能

EVEREST Ultimate Edition是一款能够检测几乎所有类型计算机硬件的硬件型号检

测工具。

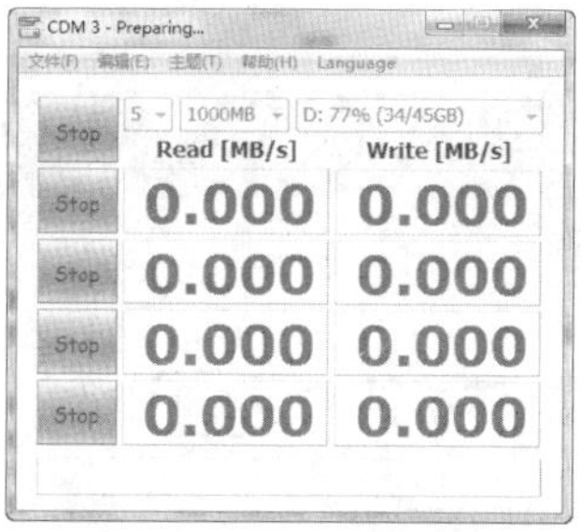

图 9-30 对磁盘进行检测

图 9-31 显示检测结果

在单击主界面右窗格内的【主板】图标后，该窗格中将出现【中央处理器（CPU）】、CPUID、【内存】、【芯片组】、BIOS 等硬件或部件的查询图标。

再次单击程序右窗格内的【主板】图标后，EVEREST Ultimate Edition 才会显示当前主板的 ID、名称、前端总线信息、内存总线信息等主板信息，如图 9-32 所示。

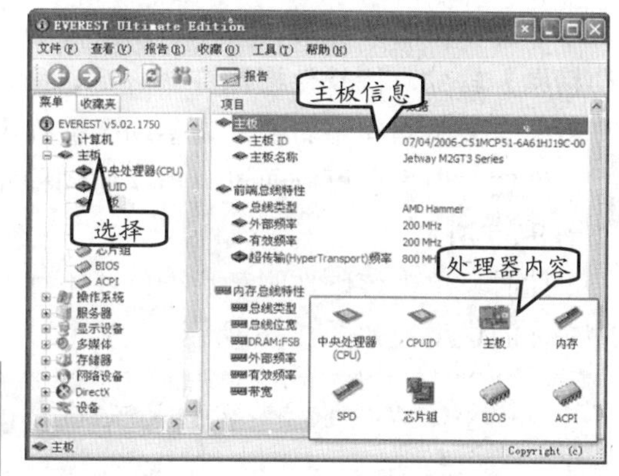

图 9-32 主板所包含内容

提 示

在程序左窗格的【菜单】选项卡中，用户可以依次单击【中内处理器（CPU）】、CPUID、【主板】、【内存】、SPD、【芯片组】、BIOS 等选项，即可在窗口的右侧查看其详细内容。

9.2.2 安装系统驱动

一台计算机需要安装的驱动程序的设备主要有主板、显卡、声卡、网卡等，这些设备中声卡和网卡大多是板载的，其型号更新换代速度不快，所以下载很多高版本的操作系统都自带有声卡和网卡驱动，而主板驱动和显卡驱动的更新换代比较频繁。

1. 通过自带光盘

在购买的计算机中，都会随主板或者显卡附带有光盘驱动程序。用户可以将光盘文件直接放置到光盘驱动器中，直接读取并安装。

2. 下载安装程序

对于使用除旧的计算机，附带光盘找不到或者丢失了。用户可以通过硬件检测软件，查看自己计算机的硬件型号，并通过官方网站或者第三方网站下载相匹配的驱动程序。

例如，下载计算机的显卡驱动，并打开所下载软件的位置。然后，双击安装程序文件，并安装该驱动程序软件，如图 9-33 所示。

图 9-33 安装驱动程序文件

3. 通过软件安装

如果用户无法知道硬件信息，并且不想非常繁琐地安装驱动，则可以考虑通过一些驱动安装软件。例如，驱动精灵、驱动人生等。

驱动精灵是一款集驱动管理和硬件检测于一体的、专业级的驱动管理和维护工具。驱动精灵为用户提供驱动备份、恢复、安装、删除、在线更新等实用功能。

为了确保驱动精灵在线智能检测、升级功能可正常使用，需要确认计算机具备正常的互联网连接能力。然后，启动【驱动精灵】软件，待软件检测完毕之后，所有需要安装驱动程序的硬件设备均会被列出，如图 9-34 所示。

图 9-34 列出驱动列表

当然，用户也可以通过单击【驱动程序】按钮，来显示需要更新的硬件驱动列表，如图 9-35 所示。

此时，单击该硬件驱动后面的【下载】按钮，即可下载该程序文件，并显示下载程序文件的进度，如图 9-36 所示。

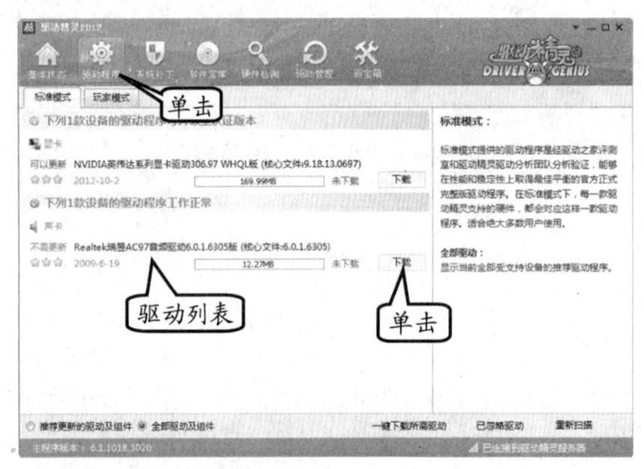

图 9-35 显示需要更新硬件驱动

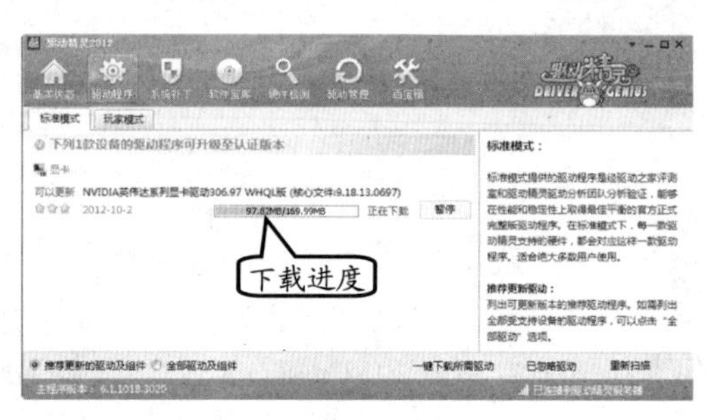

图 9-36 下载驱动程序

驱动程序下载完成后，用户可以单击该驱动列表后面的【安装】按钮，即可弹出程序的安装向导，如图 9-37 所示。用户根据安装向导提示，安装驱动程序即可。

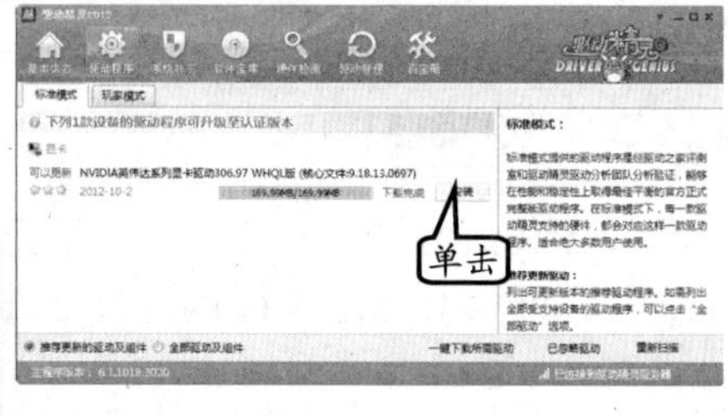

图 9-37 安装驱动程序

提 示

如果用户已经安装了硬件的驱动程序，则该硬件驱动也有新的驱动程序文件，该列表中将显示【升级】按钮，驱动精灵即可自动完成驱动程序下载、安装过程。驱动程序安装完成后，需要重新启动计算机。

9.3 网络工具软件

在网络工具中，使用最广泛的要数网络下载工具与网络通信工具了。例如，通过网络下载应用软件、下载电影、下载游戏等，而通过 QQ 软件、MSN 软件等可以实现两人在网络之间的沟通。

9.3.1 下载软件

目前，下载类软件比较多，许多网站都纷纷推出自己的下载平台，如迅雷、QQ 旋风等。而下载类软件的目的，就是将远程服务器上的文件传输到本地计算机中。

例如，迅雷是一款基于多资源、超线程技术的下载软件。双击【迅雷】图标，打开该软件界面，如图 9-38 所示。

1. 下载文件

在 IE 浏览器中，打开下载页面，右击下载链接或者单击【迅雷高速下载】按钮，如图 9-39 所示。

图 9-38 迅雷下载软件

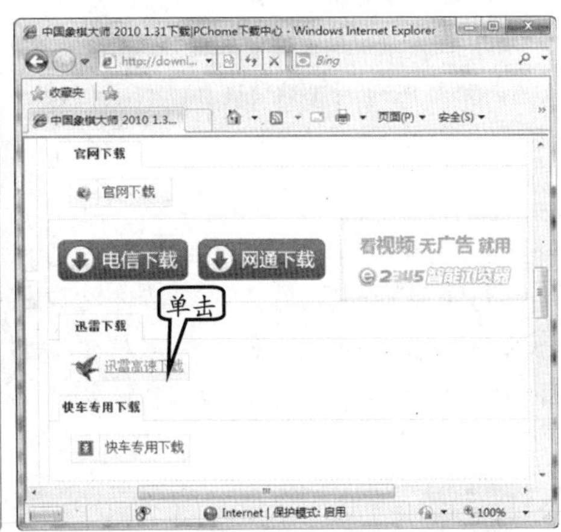

图 9-39 单击迅雷下载链接

此时，将弹出【迅雷】窗口，同时弹出【新建任务】对话框，并选择下载的路径，单击【立刻下载】按钮，如图 9-40 所示。

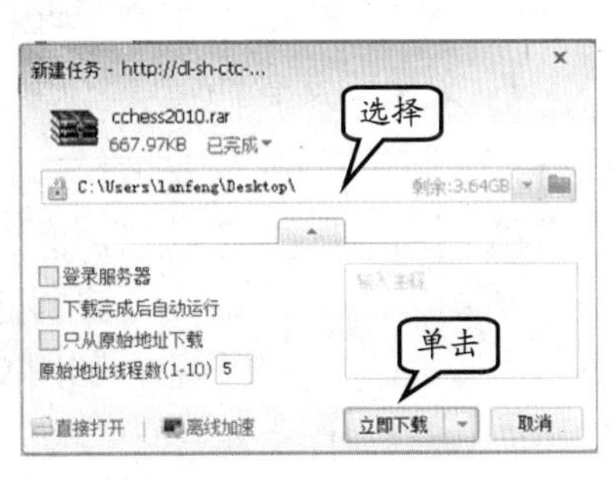

图 9-40 使用迅雷下载

2. 新建任务下载文件

用户如果知道网络资源的具体位置，则可以通过直接新建下载任务来下载文件。

在迅雷界面中，单击【新建】按钮，打开【新建任务】对话框，设置下载链接，单击【继续】按钮，如图 9-41 所示。

3．管理下载任务

在任务窗格中，使用右键菜单或工具栏按钮均可以对下载任务进行管理，实现下载任务的开始、暂停或删除。

右击进行中的任务，执行【暂停任务】或【删除任务】命令，即可暂停或删除任务，如图 9-42 所示。

图 9-41　建立新的下载任务

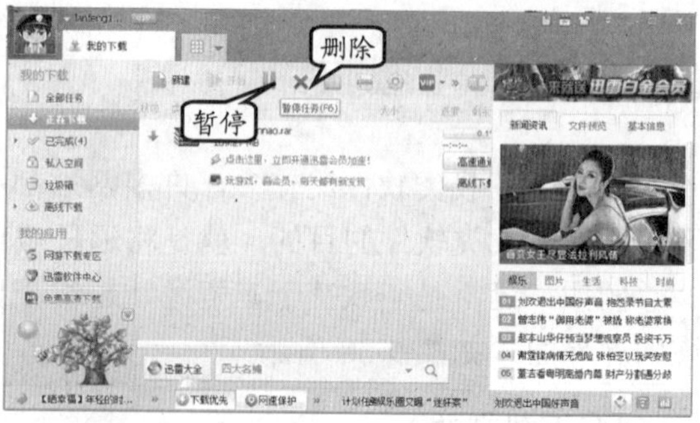

图 9-42　暂停或删除任务

右击暂停中的任务，执行【开始任务】或【删除任务】命令，也可以开始或删除任务，如图 9-43 所示。

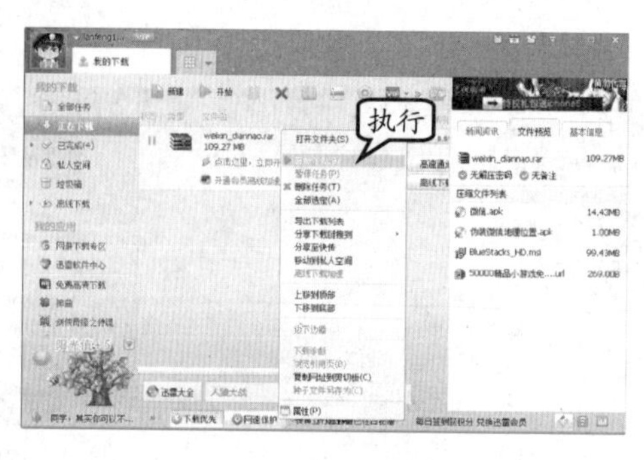

图 9-43　开始或删除任务

9.3.2　QQ 通信工具

腾讯 QQ 是由深圳市腾讯计算机系统有限公司开发的一款基于 Internet 并具有方便、实用、高效的即时通信工具。它支持在线聊天、即时传送视频、语音和文件等多种多样的功能。例如，启动该软件，弹出【QQ 2012】窗口，如图 9-44 所示。

提　示

如果用户初次安装并启动该软件，则登录窗口中左侧将显示一个企鹅图像，并且需要用户输入账号内容。

图 9-44　QQ 登录窗口

1．登录 QQ 软件

在【QQ 2012】登录窗口中，输入 QQ 账号和密码，单击【登录】按钮。然后，弹出登录窗口，登录成功后，将显示【我的好友】分组，显示自己的头像及好友信息，如图 9-45 所示。

2．多账号同时登录

当然，用户也可以进行多账号登录，如在【QQ 2012】登录窗口中，单击【多账号】按钮，如图 9-46 所示。

此时，在切换的界面中，单击【添加 QQ 账号】按钮，如图 9-47 所示。

图 9-45 登录 QQ 2012

图 9-46 单击【多账号】按钮

在弹出的对话框中，用户可以单击第 1 个文本框后面的下拉按钮（向下三角）选择账号。或者，直接在第 1 个文本框中，输入账号内容。然后，再输入登录密码信息，并单击【确定添加】按钮，如图 9-48 所示。

图 9-47 添加 QQ 账号

然后，再次单击 QQ 图标后面的【添加待登录 QQ 账号】图标，如图 9-49 所示。

图 9-48 输入账户内容

图 9-49 再添加 QQ 账号

在弹出的对话框中，再次输入其他的 QQ 账号和密码内容，并单击【确定添加】按钮，如图 9-50 所示。

此时，可以看到已经有两个 QQ 账号显示，并单击【登录】按钮，即可同时登录两个 QQ 账号，如图 9-51 所示。

提 示

用户在添加两个账户之后，还可以继续单击【添加待登录 QQ 账号】图标，并再次的添加其他 QQ 账号内容。

图 9-50 输入账号及密码内容

图 9-51 同时登录多个 QQ 账号

3. 更改账号信息及头像

在 QQ 2012 窗口的左上方，单击 QQ 头像图标。在弹出的【我的资料】对话框中，输入个性签名；在【生肖】、【血型】、【性别】等下拉框中选择参数，修改个人资料，如图 9-52 所示。

在【我的资料】对话框中，单击【更换头像】按钮，打开【更换头像】对话框。然后，在该对话框的【系统头像】选项中，任选一个头像，单击【确定】按钮，如图 9-53 所示。

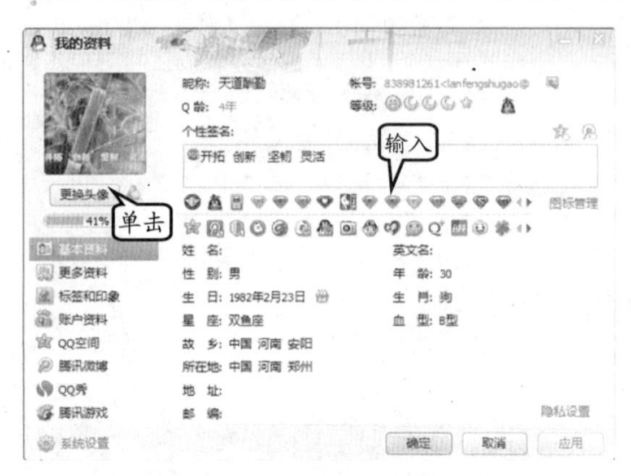

图 9-52 修改个人资料

图 9-53 更换头像

4. 添加好友

在 QQ 2012 窗口下方，单击【查找】按钮。在弹出的【查找联系人】对话框中，用户可以输入好友的 QQ 账号，单击【查找】按钮，如图 9-54 所示。

提 示

在【查找联系人】对话框中，除了通过 QQ 账号查找外，还可以直接在【向我打招呼的人】、【可能认识的人】和【有缘人】中查找。另外，用户还可以根据“条件查找”和“朋友网查找”等多种方法查找好友。

除此之外，用户还可以在该对话框中，通过查找群、查找企业、巧遇卡等方式，查找所需要的信息。

图 9-54 输入账号

在该对话框中，单击【添加好友】图标⊕，打开【添加好友】对话框，并单击【下一步】按钮，如图 9-55 所示。

此时，将开始添加该好友，并单击【完成】按钮，如图 9-56 所示。

图 9-55 添加好友

图 9-56 好友添加成功

9.4 多媒体工具软件

目前，网络已经成为人们消遣、娱乐的场所，许多用户在无聊时可以上网聊天、看电视剧、看电影、听音乐等。那么，在看视频或者听音乐时，就离不开视频播放软件和音频播放软件。

9.4.1 PPLive 网络电视

PPLive 网络电视是一款全球安装量大的 P2P 网络电视软件，支持对海量高清影视内容的“直播+点播”功能。可在线观看“电影、电视剧、动漫、综艺、体育直播、游戏竞技、财经资讯”等丰富视频娱乐节目。P2P 传输，越多人看越流畅、完全免费。

启动该软件后，将弹出 PPTV 窗口，如图 9-57 所示。在该窗口主要包含有导航条、大家都在看、体育赛事和今日聚焦等。

图 9-57 PPTV 窗口

PPTV 提供了丰富齐全的频道列表信息，用户只需进行简单的操作即可实现在线收看精彩的视频。

首先，在导航条中选择【直播】选项卡，即可切换到电视直播频，如图 9-58 所示。在该页面中，包含了许多的电视频道，如【直播精选】、【电视台-全部卫视、地方台】、【电视栏目索引】等。

图 9-58　直播内容

在【直播】选项卡中，用户可以选择与电视节目同步的电视频道。例如，在【电视台-全部卫视、地方台】中，单击【湖南卫视】选项即可播放湖南卫视频道，如图 9-59 所示。

此时，将在【播放器】中播放所选择的频道内容，如图 9-60 所示。在该窗口中，用户可以查看“最近观看”、“播放列表”等内容。

图 9-59　选择直播频道

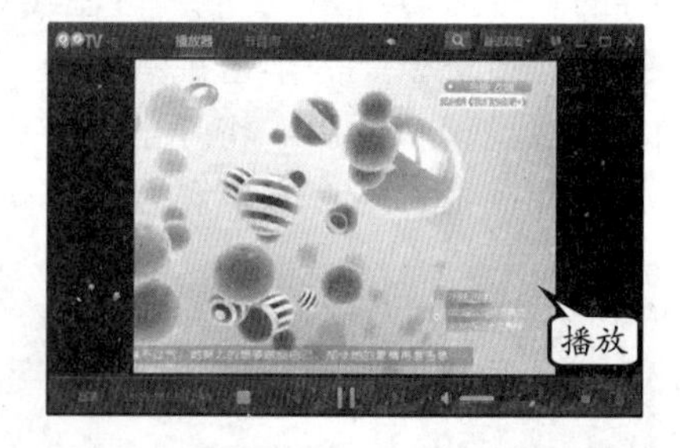

图 9-60　播放电视节目内容

9.4.2　酷我音乐盒

酷我音乐盒是一款集歌曲和 MV 在线搜索、在线播放，以及歌曲文件下载于一体的音乐播放工具。

酷我音乐盒提供国内外百万首歌曲的在线检索、试听和下载服务，其中还包括歌曲 MV、同步歌词和歌手写真的配套检索和下载服务，如图 9-61 所示。

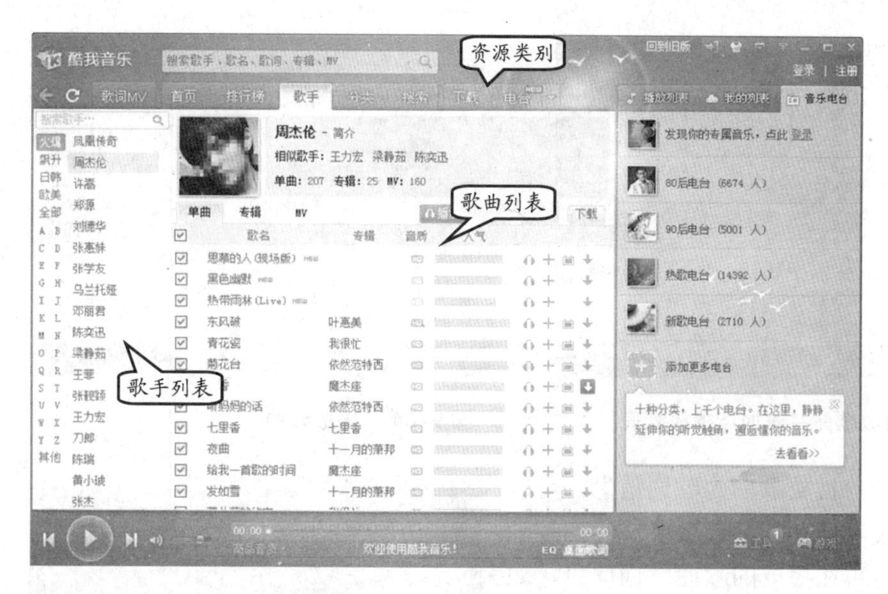

图 9-61 丰富的歌曲资源

用户，可以在【歌手】选项卡中，从左侧选择自己喜欢的歌手名字，并在中间列表中，显示该歌手的【单曲】所有歌曲。

用户可以从【单曲】选项所列出的所有歌曲中，选择自己喜欢的歌，单击该歌曲后面【添加】列中的【添加歌曲】按钮，如图 9-62 所示。

提 示

用户右击自己喜欢的歌曲，并执行【添加到播放列表】|【喜欢的音乐】命令，可将歌曲添加到播放列表中。

提 示

通过在列表中单击【添加歌曲】按钮，则所添加的歌曲将添加到【默认列表】中，而并非自己所创建的列表中。

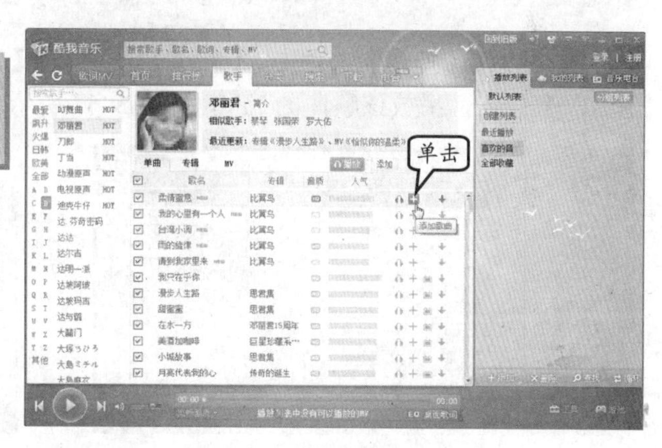

图 9-62 将歌曲添加至播放列表

当然，用户可以在歌曲列表中单击【播放歌曲】图标按钮，播放所选择的歌曲，并将该歌曲添加到列表中，如图 9-63 所示。

如果要播放歌曲，用户需要先将播放的歌曲添加到播放列表。在【播放列表】选项卡中，双击需要播放的歌曲，即可播放当前选择的歌曲，以及连续播放列表中所有歌曲，如图 9-64 所示。

提 示

用户也可以在【播放列表】中右击歌曲，并执行【播放】命令，即可播放所选择的歌曲。

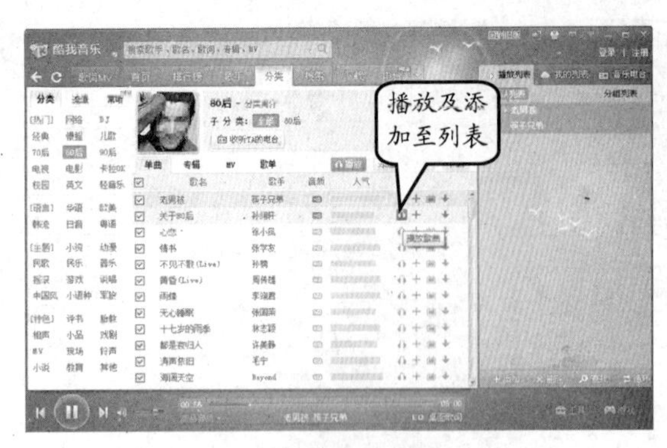

图 9-63　播放歌曲并添加至播放列表

图 9-64　播放歌曲

如果要查看当前播放歌曲的歌词信息，可以直接选择左侧的【歌词 MV】选项卡，并切换到该选项卡中，查看正在播放的歌曲歌词信息，如图 9-65 所示。

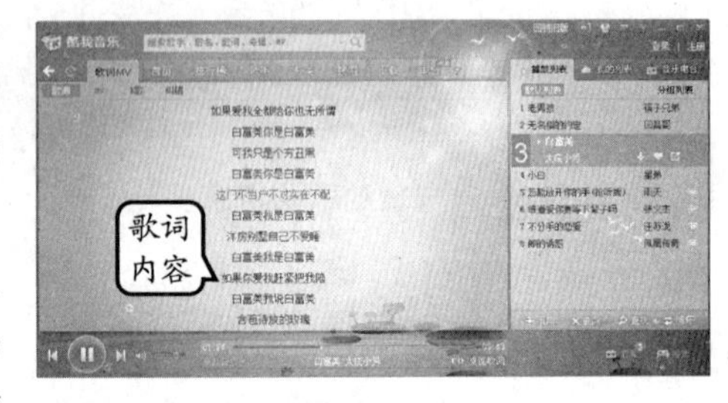

图 9-65　查看歌词

播放歌曲 MV 是酷我音乐盒特有的功能之一，利用该功能用户可以随时欣赏到清晰、流畅的歌曲 MV 视频。使用酷我音乐盒播放歌曲 MV 的方法极为简单，具体操作方法如下。

在右侧的【播放列表】选项卡中，可以看到歌曲名称后面带有【观看 MV】图标，双击该图标即可播放歌曲的 MV，如图 9-66 所示。

提　示

在搜索结果列表内，只有【MV】栏中含有【观看 MV】按钮的歌曲，才能播放相应的 MV 资源。

也可以在【搜索】选项卡、【歌手】选项卡、【分类】选项卡列表中，直接单击【观看 MV】按钮，播放该歌曲的 MV，如图 9-67 所示。

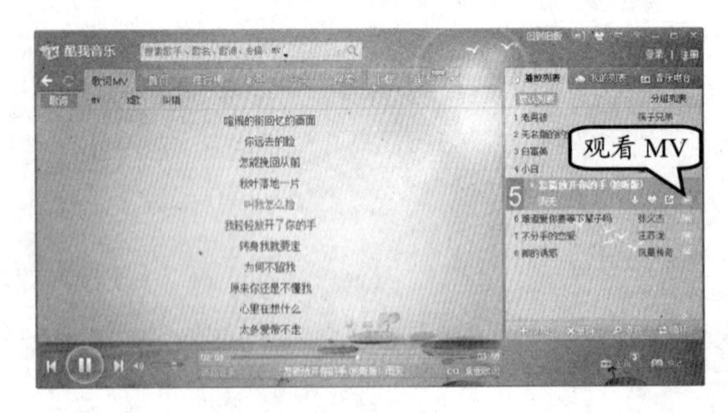

图 9-66　观看 MV

图 9-67　【分类】选项卡

9.5　电子阅读工具软件

电子文本阅读软件可以帮助用户阅读各种文本文档和编译的文档。在 Windows 操作系统中，文档的格式和编译方式非常多。针对各种格式的文档，需要使用不同类型的文本阅读软件才能正确地识别并显示。

9.5.1 iRead（爱读书）电子书阅读器

iRead 是一款最为流行和最具阅读体验的阅读器、电子书制作工具和读书平台，支持 txt、epub、pdf 的阅读、转换和制作，包含 iRead、iAuthor、iNote 等系列套件。

用户可以安装并启动该软件，则直接全屏显示该软件中所包信的图书，并以纸质图书模式显示，如图 9-68 所示。

在该窗口中，如果用户需要打开已经下载的电子图书，则可以右击窗口任意位置，执行【打开】命令，如图 9-69 所示。

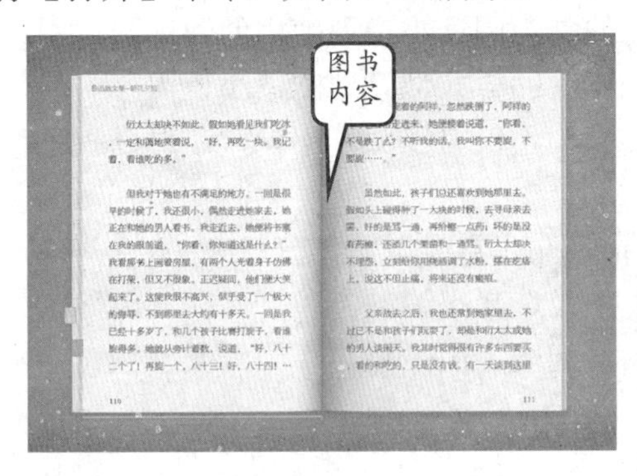

图 9-68　iRead 窗口

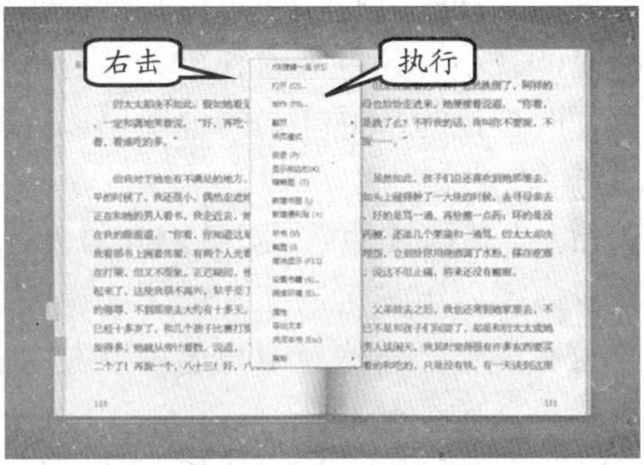

右击
执行

图 9-69　打开文件

此时，将弹出【提示】信息框，并单击【确定】按钮。然后，弹出【选择要上载的文件自 app:/iRead.swf】对话框，选择需要打开的文件，单击【打开】按钮，如图 9-70 所示。

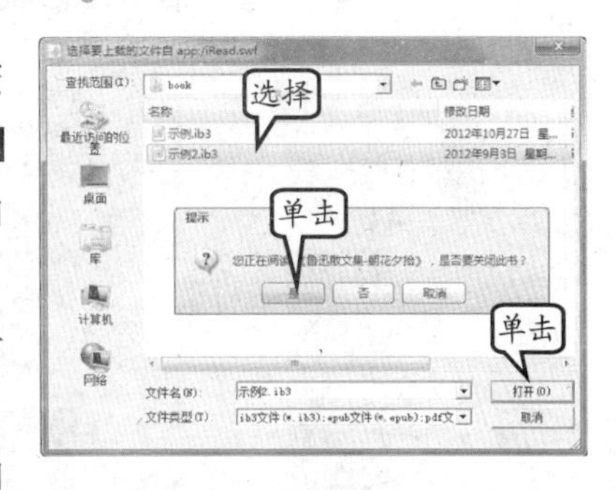

图 9-70　选择文件

现在在窗口中将打开所选择的文件，并且文件以封面形式显示，如图 9-71 所示。用户将鼠标放置封面上，则在封面的右侧显示一个“向右”箭头，单击该箭头图标，翻转下一页，如图 9-72 所示。

图 9-71　打开图书

图 9-72　翻页

当图书翻页后，将以纸质图书打开的方式显示，与纸质图书非常相似。另外，用户将鼠标放置窗口右侧，将自动显示列表方式的单页内容，如图 9-73 所示。用户可以选择其中某一页，即可显示该页内容。

图 9–73 显示列表目录

提 示

除此之外，用户还可以打开图书目录，添加书签、添加批注等内容。

9.5.2 小说下载阅读器

通过该软件的名称，即可得知软件主要目的是为阅读小说而使用的阅读器。用户可以快捷地下载小说各章节内容，并且选择自己喜欢的样式惬意地阅读小说内容。另外，用户还可以打包为各种样式的电子书以方便阅读，不仅可以阅读小说，还可以听小说、写小说。

例如，启动该软件后，即可看到与其他下载软件非常类似操作窗口，如图 9-74 所示。

在窗口中，用户可以在左侧【小说列表】中，选择小说的类型，并在右侧显示小说的详细图书内容。当然，用户也可以在右侧图书列表上面，单击不同的类型按钮，选择小说类型。

然后，在详细的图书列表中，单击【点此搜索下载】按钮，并下载该图书。例如，选择【玄幻奇幻】类型，单击“仙魔变”图书中的【点此搜索下载】按钮，如图 9-75 所示。

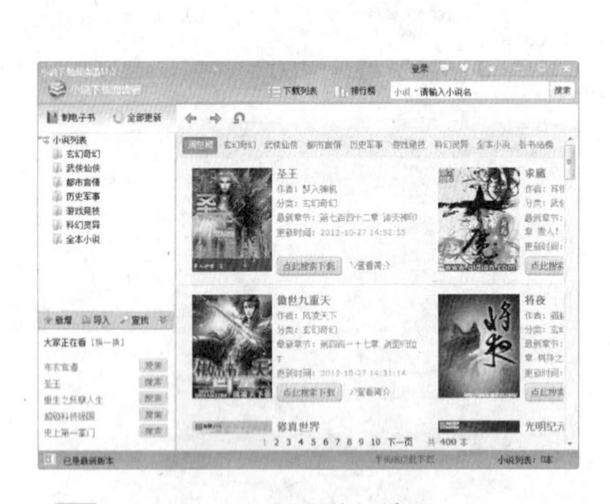

图 9–74 小说下载阅读器

图 9–75 选择小说图书

此时，将弹出【搜索小说】对话框，并在列表框中显示搜索的结果，如图 9-76 所示。在该对话框中，用户还可以直接在【名称】文本框中，输入要搜索的图书名称，并单击【搜索】按钮，即可搜索该信息。

当用户选择搜索列表中的选项，并单击【下载】按钮，即可将远程服务器上的图书下载到本地计算机，并在窗口的中间位置显示图书内容，而在右侧显示小说的章节内容，如图 9-77 所示。同时，在【小说列表】的类型目录中，添加该图书名称选项。

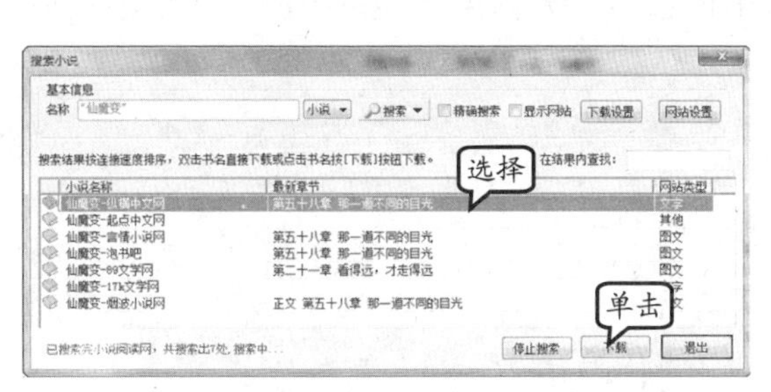

图 9-76 显示搜索结果

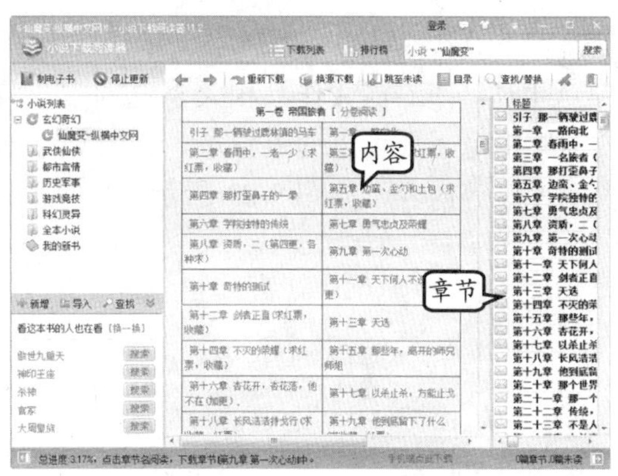

图 9-77 查看小说内容

用户可以将所下载的电子小说内容制作成可以复制/移动的电子图书。例如，在【小说列表】上面，单击【制电子书】按钮，则弹出【制电子书】对话框。然后，在该对话框中，选择电子书格式为【PDF 格式】单选按钮，并单击【确定】按钮，如图 9-78 所示。

此时，将在窗口的状态栏中，显示小说的转换及制作进度，以及正在制作的章节内容，如图 9-79 所示。

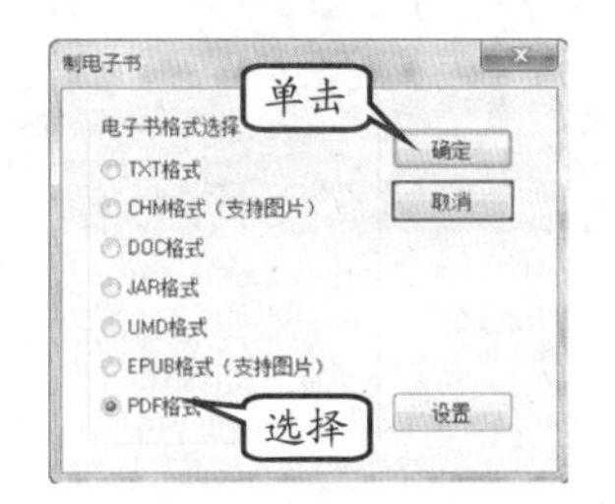

图 9-78 选择电子书格式

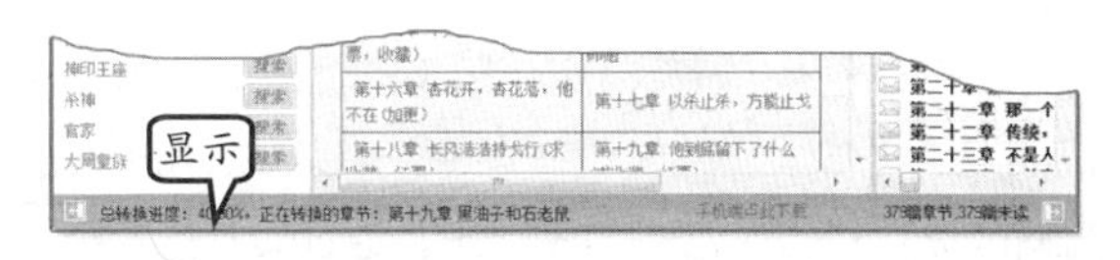

图 9-79 制作电子图书进度

如果用户需要通过该软件编写小说，可以单击控制按钮前面的【菜单】下拉按钮，并执行【小说写作助手】命令，如图 9-80 所示。

在弹出的对话框中，可以看到当前所阅读的小说内容。在左侧选择小说的章节，即可在右侧显示小说章节内容，如图 9-81 所示。用户在右侧可以编辑小说内容。

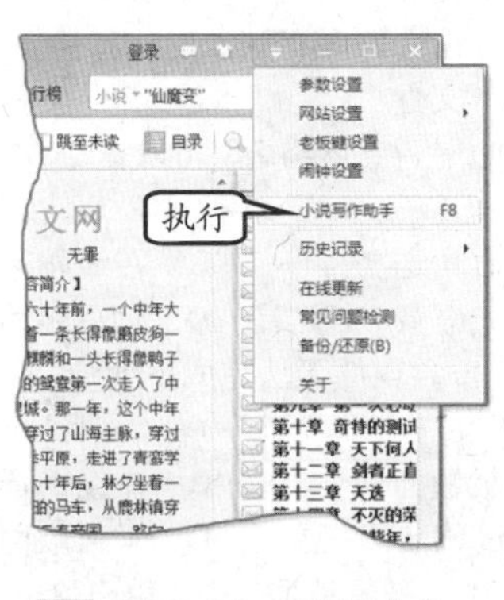

图 9-80 执行命令

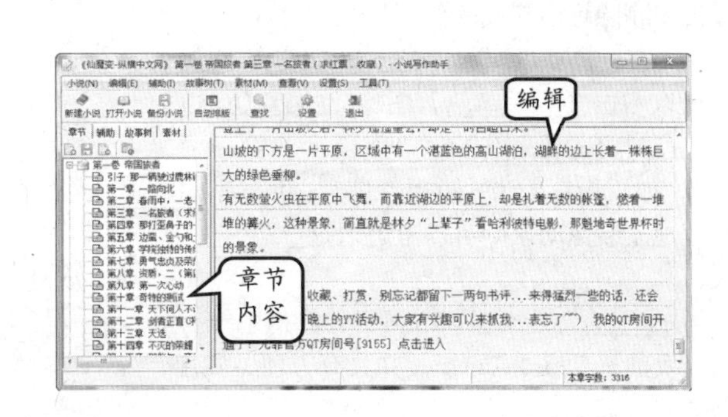

图 9-81 编辑小说内容

当然，用户也可以单击【新建小说】按钮，在弹出的【创建新的小说】对话框中，可以输入小说名称、类型、风格、年代、主角等信息，单击【确定】按钮，如图 9-82 所示。

此时，在右侧【作品相关】选项中，将显示【简要提纲】内容，并在右侧编写小说的提纲信息。还可以通过菜单、工具栏或右击该选项，执行快捷菜单中的命令来添加小说的章节等内容，如图 9-83 所示。

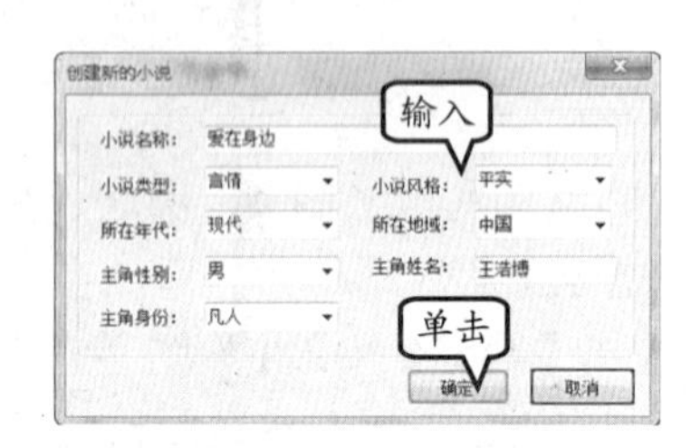

图 9-82 创建新小说

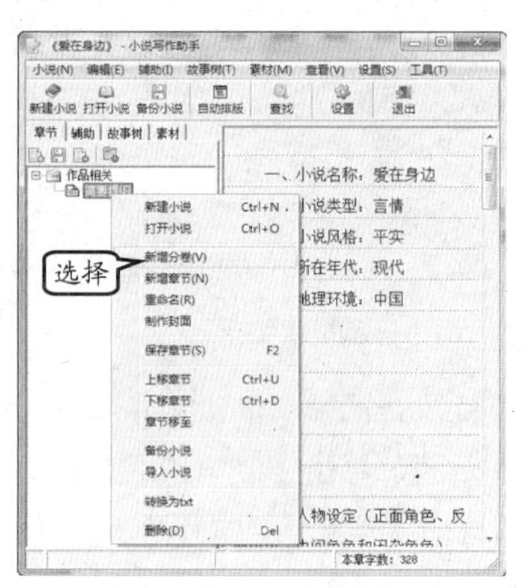

图 9-83 编写小说内容

9.6 思考与练习

一、填空题

1. 获取软件的渠道主要有 3 种：一是通过实体商店购买软件的安装光盘；二是通过软件开发商的官方网站下载或获取光盘；三是________。

2. ________是指完全可以独立运行，不需要安装，不会依赖系统文件或者其他的程序，不会向注册表内注册任何内容。

3. 卸载软件主要有两种方法，一种是使用________，另一种则是使用 Windows 操作系统的添加或删除程序卸载软件。

4. 查看计算机配置情况，如 CPU 频率的大小，可以右击【________】图标，执行【属性】命令，在弹出的【系统】窗口查看。

5. 如果用户无法知道硬件信息，并且不想非常繁琐地安装驱动，则可以考虑通过________安装。

6. ________是由深圳市腾讯计算机系统有限公司开发的一款基于 Internet 并具有方便、实用、高效的即时通信工具。

7. ________是一款全球安装量大的 P2P 网络电视软件，支持对海量高清影视内容的“直播+点播”功能。

二、选择题

1. 以下 4 种播放器中，________无法播放视频文件。

A. 千千静听　　B. 酷我音乐盒
C. 暴风影音　　D. PPLive

2. 在网络中，下载软件的主要目的是______。

A. 共享资源
B. 上传文件
C. 将远程文件保存到本地计算机
D. 发送文件

3. 腾讯 QQ 软件在网络中，可以实现________功能。

A. 即时传送文件　　B. 在线聊天
C. 在线语音　　D. 远程协助

4. 酷我音乐盒软件无法完成下列________功能。

A. 下载歌曲　　B. 在线试听
C. 歌词同步　　D. 上传歌曲

5. 在“小说下载阅读器”中，用户除了下载及浏览小说内容外，还可以实现________功能。

A. 编写小说

B．语音小说

C．浏览视频小说

D．以上都不对

三、简答题

1．描述软件安装过程。

2．如何安装驱动程序？

3．描述查看硬件信息的方法。

四、上机练习

1．金山卫士中的硬件检测

金山卫士是一款由金山网络技术有限公司出品的查杀木马能力强、检测漏洞快、体积小巧的免费安全软件。

它采用金山领先的云安全技术，不仅能查杀已知木马、漏洞检测、针对 windows7 优化，更有实时保护、插件清理、修复 IE 等功能，全面保护电脑的系统安全。例如，在界面中，单击【百宝箱】按钮，即可看到硬件检测功能，如图 9-84 所示。

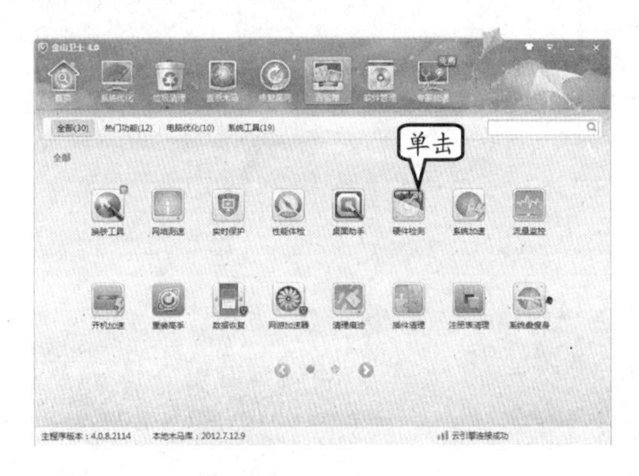

图 9-84　百宝箱

此时，弹出【金山重装高手】对话框，并显示计算机的硬件检测信息以及性能检测等内容，如图 9-85 所示。

2．使用千千静听播放音频文件

千千静听是一款完全免费的音乐播放软件，集播放、音效、转换、歌词等众多功能于一身。其小巧精致、操作简捷、功能强大的特点，深得用户喜爱，如图 9-86 所示。

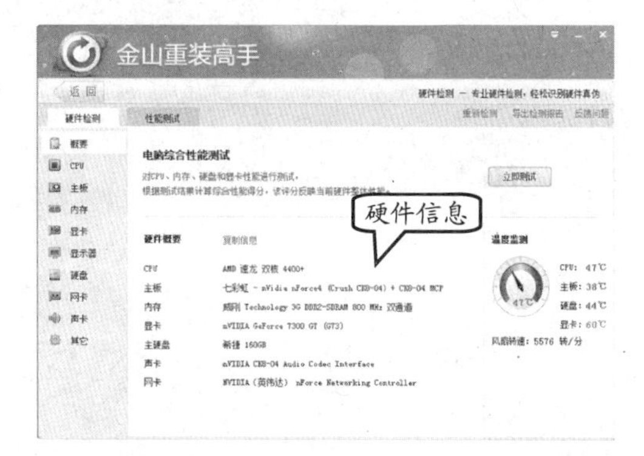

图 9-85　硬件检测

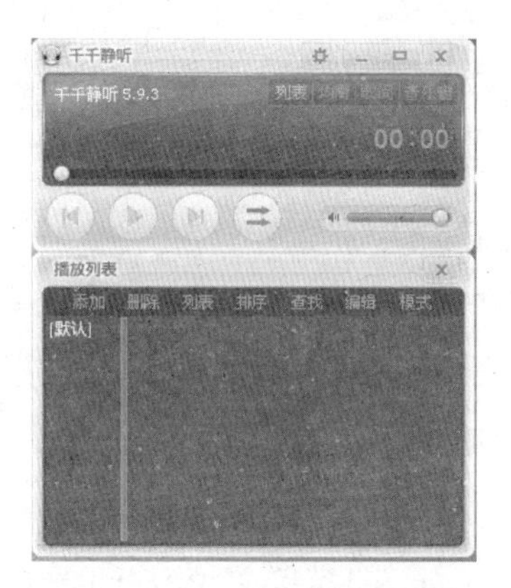

图 9-86　千千静听播放器

用户可以通过本地添加音频文件，或者在音乐窗中添加网络音频文件。然后，双击播放列表中的音频文件名称，即可播放该音频文件，如图 9-87 所示。

图 9-87　播放音频文件

第 10 章

办公网络安全

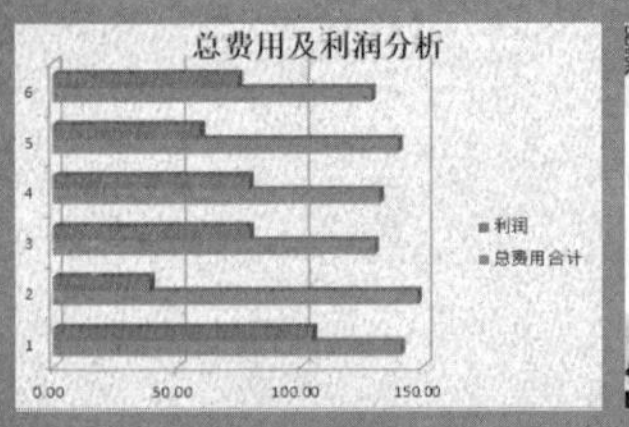

随着办公网络化的逐渐普及，越来越多的企事业机构不仅仅局限于单机办公，而是在公司内部组建了本地局域网，使办公内的软、硬件资源可以共享。

虽然，网络办公给人们带了有利的条件，但往往它也有着一些不利的因素。例如，网络中的安全一直是众多用户比较担心的问题。

本章来介绍一下网络安全内容，以及如何预防各种基于局域网传播的病毒随时有可能造成网络拥塞和计算机程序故障等。

本章学习要点：

- 办公网络化概述
- 了解网络病毒
- 用户账户和密码
- 文件及文件夹权限
- 计算机安全防范
- 防范数据损失

10.1 办公网络化概述

办公网络化是国内外政府机关、军队、学校和企业发展的大趋势，无论是事业单位还是企业单位，都需要通过网络提高办公人员团队协作以及对外交流的效率。几乎所有的企事业机构都对办公网络化有迫切的需求。

1．办公网络化的定义

办公网络化就是通过本地局域网以及互联网，将计算机及各种外置设备连接起来，管理和传输各种信息的工作。在办公网络化的体系中，每个办公人员都是一个组成单元。通过多个办公人员的通力协作来完成工作。

办公网络化的核心目的是提高日常的办公效率，将传统的公文编辑、流转、存档、管理和发放集成到网络中，通过网络以节省人力资源和人员开支。通常办公网络化系统由以下几种子系统组成。

❑ **文档处理系统**

文档处理系统是办公网络化的支撑系统。在日常办公过程中，多数决议、草案、通知、命令等都需要通过文档处理系统进行创建、编辑和修改等工作。同时，各级管理人员也需要通过文档处理系统对公文进行阅读、批示等。

❑ **电子邮件收发系统**

电子邮件收发系统是日常信息传递的有效途径。通过企事业的电子邮件收发系统，各级办公人员可以方便地传递信息、传送文件。

❑ **公文流转系统**

与日常的信息和文件传送系统不同，公文流转系统往往是一个加密的独立系统，通过该系统，各级管理人员可以指定权限，签发各种公文。

❑ **档案管理系统**

所有的企事业机构都会有大量的档案，包括各种公文、人事记录、会议纪要等。在办公自动化之前，这些档案大都是以纸质保存的，管理和查阅纸质档案是一项非常麻烦的工作。在日常办公自动化后，往往也需要将档案管理自动化和网络化，简化管理内容，提高管理效率。

❑ **日程管理系统**

对于日常事务繁杂的办公人员而言，日程管理也是一项非常重要的内容。使用日程管理系统，可以帮助办公人员归纳各种日常事务的轻重缓急，理顺工作思路，提高工作效率。同时，管理人员还可以调取办公人员的日程，查看工作人员的工作情况。

2．办公网络化的特点

办公网络化是近年来随着计算机科学发展而来的一个崭新的概念，除了办公自动化以外，还包括有更广泛的意义，即网络化的大规模信息处理系统。

随着计算机技术、网络通信技术以及数据库管理技术的进步，网络化办公的体系具有了以下特点。

❑ 集成化

办公网络化之后，将各种软件和硬件集成起来，组成了一个无缝的开放式系统，包括服务器、客户机、幻灯机、摄像头、打印机、交换机、路由器、调制解调器、连接线缆等硬件，以及网络操作系统、办公软件、网络协议及其他应用软件等软件。

网络化将这些软件和硬件通过局域网和互联网连接起来，实现了多个部门、多个工作人员远程协作，共同完成工作。

❑ 智能化

办公网络化之后，对计算机软件提出了更高的要求，不仅要自动化，还要智能化，面向日常事务的处理，通过计算机辅助工作人员进行智能劳动、智能分析等，例如，汉字识别、语音识别、指纹识别，以及对各种数据的筛选和过滤等。

❑ "云端"化

"云端"化是指通过互联网技术，提供虚拟化的资源计算方式。在"云端"体系中，所有软件、运算所需的硬件设备都将集中到一起。而用户只需要使用网页浏览器，即可实现当前商业运算所使用的所有功能。"云端"计算是互联网未来的发展趋势。

10.2 了解网络病毒

在办公网络化之后，互联网和局域网极大地提高了办公系统的效率。然而，计算机的联网，也为各种病毒与黑客入侵提供了便捷渠道，随时威胁办公系统的安全。

同时，相对各种纸张等传统介质，计算机数据很容易因各种误操作而损失。了解办公网络常见的安全问题，有助于提高网络的安全防护性能，防止因意外而发生的网络拥塞和数据损失。

10.2.1 网络病毒的定义与危害

自 1980 年美国计算机专家约根·克劳恩发表论文《自我复制的程序》之后，不断有人编写这种可以摧毁计算机数据的程序。这些程序通常具备相同的特征，例如，自我复制、自动运行、可传播，同时对计算机数据具有破坏性。这样的程序被称作计算机病毒。

从 Elk Cloner 病毒诞生起，几乎每年都有大量新的计算机病毒被编写出来，通过各种途径传播。目前，计算机病毒就是对计算机数据安全最大的威胁之一。

早期的计算机病毒往往通过可移动存储设备传播，例如各种软盘、光盘等。随着网络技术的普及，互联网逐渐成为计算机病毒的主要传播渠道，这些基于互联网传播的计算机病毒又被称作网络病毒。

网络病毒的出现，给各种个人家庭网络、企事业办公网络带来了很大的威胁。尤其针对企事业办公网络，由于这些网络中计算机往往存储着大量重要的数据，一旦这些数据被病毒摧毁，将造成巨大的损失。

同时，网络病毒的传播还会大量占用办公网络的传输和设备资源，使网络不堪重负，发生各种拥塞现象，降低办公系统的效率。因此，网络病毒已是目前办公网络的头号威胁。

10.2.2 网络病毒的分类

网络病毒的防范是办公网络安全的“头等大事”。在防范网络病毒时，需要根据网络病毒的传播途径和危害形式，对病毒进行分类，以对症下药，避免损失。常见的网络病毒主要包括以下几种。

❑ 宏病毒

宏是一些应用软件中自带的脚本编写及解释程序的，主要用于用户实现一些简单而重复性的工作。其中，带有宏功能的最著名的软件就是 Microsoft Office 套件，包括 Word、Excel、Access 等。Microsoft 公司通过 Visual Basic 技术衍生的 Visual Basic Application 脚本语言，可以帮助用户实现丰富的程序应用。

然而，宏技术的出现，提高了办公人员的工作效率，同时也为各种恶意代码提供了滋生的温床。Visual Basic Application（以下简称 VBA）不仅可以帮助办公人员进行各种重复性操作，也可以实现一些恶意的脚本，以进行各种破坏性的操作。

这种通过宏编写的病毒就被称作宏病毒。大多数宏病毒都是针对 Microsoft Office 套件而编写的，只需一个感染宏病毒的 Microsoft Office 文档，即可使整个局域网中的计算机中毒。

❑ 文件型病毒

文件型病毒是一种感染各种可执行程序的计算机病毒。只要用户运行被感染的程序，则病毒就会注入到用户的计算机中，对用户的计算机数据造成损害。

严格意义上讲，程序病毒并非网络病毒。然而，网络技术的发展，提高了用户交换各种应用程序的频率，使得程序病毒变得更加易于传播，早期一些必须通过软盘传播的病毒如今获得了更加便捷的传播速度。

文件型病毒还包括各种破坏性的程序，例如 CIH、一些格盘炸弹等。这些破坏性程序往往先引诱用户执行，然后就利用操作系统的漏洞，对磁盘、各种硬件的固件进行破坏性操作。

❑ 蠕虫病毒

蠕虫病毒是最典型的网络病毒，其是一种可自我复制的计算机程序，通常通过局域网或互联网中的计算机操作系统漏洞，自动向可以探测到的计算机发起攻击，占用网络中几乎所有的资源，导致用户无法与网络连接。

蠕虫病毒往往不需要附加到其他程序内，不需要用户执行也可以进行传播。在小型局域网中，往往只有一台计算机中毒，即可自行对所有计算机发起攻击，一旦发现其他计算机中的漏洞，就可以根据漏洞感染这些计算机，因此危害非常大。

除了传播于网络并占用网络资源外，蠕虫病毒往往会自动搜索计算机中的电子邮件列表，向电子邮件中的所有联系人发送带有病毒附件的邮件，一旦邮件接受者打开邮件，即会被病毒感染。除此之外，还有一种蠕虫病毒会不断向中毒者的计算机磁盘中填充大量垃圾数据，直到磁盘被填满、系统崩溃。

目前计算机病毒造成的经济损失中，蠕虫病毒造成的损失往往占绝大多数，且多是蠕虫病毒拥塞网络而造成的企事业机构经济损失。防护蠕虫病毒已是企事业机构网络安全管理者的首要任务。

❑ 木马

木马也是典型的基于网络传播并造成破坏性的病毒。其本身是一种远程控制软件，分为服务端和客户端。其中，服务端是运行在普通用户计算机中的，客户端则是给入侵者使用的。

与蠕虫病毒不同，木马通常不需要植入到系统文件中。当用户运行木马后，木马就会将自己伪装并隐藏到系统文件夹或其他隐蔽的文件夹中，然后等待入侵者的命令或根据已定义的指令将计算机中的信息发送到互联网中。

木马传播者通常会以一些欺骗性的手段诱使用户安装木马的服务端，然后再通过服务端远程控制用户。与蠕虫病毒相比，木马的传播性不强，因此造成的破坏性不如蠕虫病毒。

然而，大多数木马都是针对计算机用户的各种隐私信息而开发的，包括用户上网的记录、网络密码、重要文档、键盘和鼠标操作等。因此，企事业机构的重要计算机一旦被木马获取了控制权，很容易造成不可估量的损失。例如，企业用户的列表被竞争对手获取等。因此，在办公网络中，防治木马也是非常重要的安全工作。

10.2.3 网络病毒的传播途径

网络病毒具有极强的自我复制能力和传播能力。如今的各种网络病毒传播方式更是五花八门，令人防不胜防。下面就常见的几种网络病毒传播方式进行简单的介绍。

❑ 文件植入

文件植入是计算机病毒最古老的传播方式。绝大多数计算机病毒（木马类除外）都可以将病毒代码嵌入到可执行程序或各种文档中。一旦用户执行这些程序或浏览文档，就会被病毒感染。

使用这种传播方式的计算机病毒往往伪装成一些无害的文件，例如照片、mp3 音乐、电影、网页文档、屏保文件以及游戏程序等，引诱用户执行。

❑ 网页浏览器

随着网页浏览器技术的发展，以及 JavaScript 脚本在网页中的应用越来越多，不少恶意网站为了窃取用户的隐私和各种网络账户，往往将木马式脚本添加到网页中。一旦用户打开这些带有恶意脚本的网页，就会被植入木马。

❑ 电子邮件

电子邮件一向是病毒传播最普遍使用的途径。很多蠕虫病毒通过读取本地计算机中的电子邮件客户端（例如，Outlook、FoxMail、WindowsMail 等软件）中的电子邮件列表，然后再向列表中的每一个用户发送带有病毒附件的邮件，从而实现传播。

❑ 即时通信软件

随着即时通信软件（腾讯 QQ、MSN、ICQ 等）的普及，一些计算机病毒开始利用即时通信软件传播计算机病毒。在感染某台计算机中的即时通信软件后，自动向计算机用户的好友发送带有恶意网站超链接地址的消息，引诱好友浏览，然后再通过恶意网站植入脚本病毒。

❑ 端口扫描/漏洞攻击

除了以上各种传播方式以外，一些蠕虫病毒还可以扫描局域网中的计算机，并查找这些计算机中的操作系统漏洞，针对漏洞进行攻击，然后感染被攻击的计算机。这种攻击方式也是对企事业机构的网络危害最大的一种方式。

10.3 用户账户与密码

Windows 操作系统的功能十分强大，既允许用户进行一些相对安全的操作，也允许用户进行一些破坏性的操作。

为了保障破坏性的操作不被非授权用户获取，就必须对这些操作设置权限，然后根据不同类型的用户分配用户权限，保障系统的安全。

10.3.1 了解用户账户

账户是操作系统确认用户合法身份的唯一标识。通过用户名、密码等账户信息，系统将用户的个人文件夹、系统设置及数据等私人信息相互隔离，使多个用户共同使用一台计算机成为可能。

根据不同用户对计算机使用需求的不同，系统将用户账户分为 3 种类型，并为不同的账户类型提供了不同的计算机控制级别。

❑ **管理员账户**

此类账户可以在系统内进行任何操作，如更改安全设置、安装软件和硬件，或者更改其他用户账户等，是 Windows 系统内拥有最高权限的一种账户。

❑ **标准账户**

标准用户账户可以使用计算机上安装的大多数程序，或使用计算机的大多数功能；但在进行一些会影响到其他用户或安全的操作时（如安装或卸载软硬件），则需要经过管理员的许可。

❑ **来宾账户**

这是 Windows 为临时用户所设立的账户类型，可供任何人使用，其权限也比较低。例如，来宾用户无法访问其他用户的个人文件夹，无法安装软硬件或更改系统设置等。

10.3.2 创建账户

在操作系统的安装过程中，用户只需按照安装程序的提示进行操作，即可创建一个新的管理员账户。但当多个用户共同使用一台计算机时，计算机管理员就可以采用下面任意一个方法为每个使用者创建一个独立的账户。

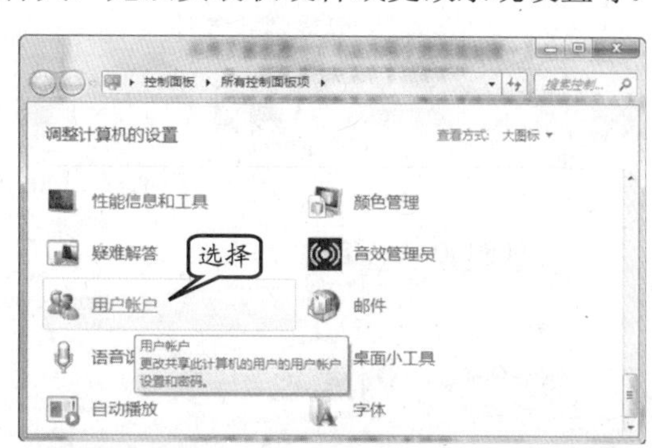

图 10-1 单击选项

打开【控制面板】窗口，并查看【所有控制面板项】选项内容，然后选择【用户账户】选项，如图 10-1 所示。

在弹出的【用户账户】窗口中，列出了当前系统内的账户信息。然后，单击【管理其他账户】链接，如图 10-2 所示。

技 巧

双击【控制面板】中的【用户账户】图标，在弹出的对话框内单击【管理其他账户】链接，也可弹出【管理账户】窗口。

接着，在弹出的【管理账户】窗口中，单击【创建一个新账户】链接，并创建新账户内容，如图 10-3 所示。

图 10-2 管理其他账户

图 10-3 创建账户

然后，在弹出的【创建新账户】窗口中，输入账户名称，并选择账户类型后，单击【创建账户】按钮，如图 10-4 所示。

创建账户完全后，将返回到的【管理账户】窗口，并显示所创建的新账户名称，如图 10-5 所示。

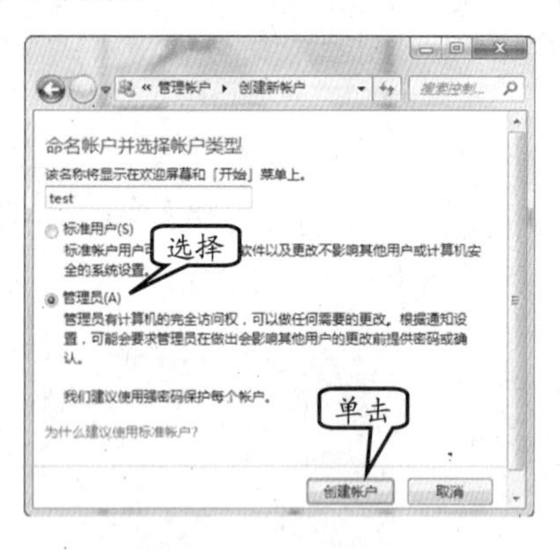

图 10-4 创建账户

图 10-5 显示账户内容

10.3.3 创建密码

通过【控制面版】创建的账户统一使用系统提供的默认设置，该账户没有密码。此时，新用户登录系统后，可采用下面任意方式为账户创建密码。

❑ **通过【计算机管理】对话框创建密码**

在计算机中，右击桌面上【计算机】图标，执行【管理】命令，如图 10-6 所示。

在弹出的【计算机管理】对话框中，右击需要创建或修改密码的用户名称，执行【设置密码】命令，如图 10-7 所示。

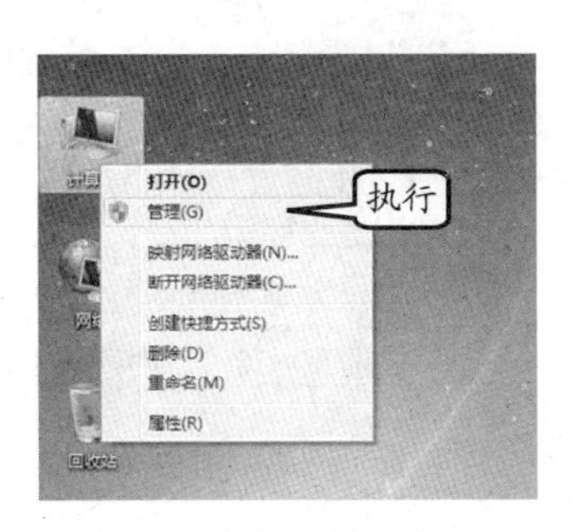

图 10-6　执行命令

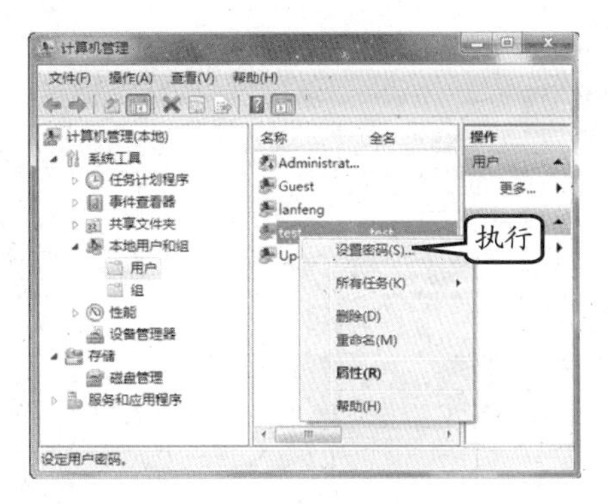

图 10-7　设置密码

在弹出的【为 test 设置密码】对话框中，单击【继续】按钮，即可设置密码内容，如图 10-8 所示。

然后，在弹出的【设置密码】对话框中，输入新密码和确认密码信息，单击【确定】按钮，如图 10-9 所示。

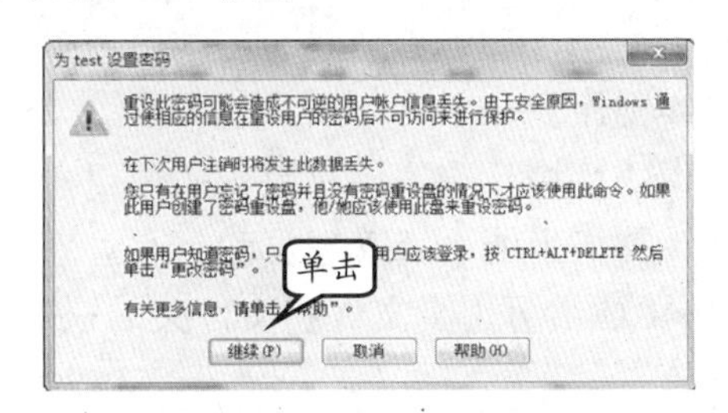

图 10-8　单击【继续】按钮

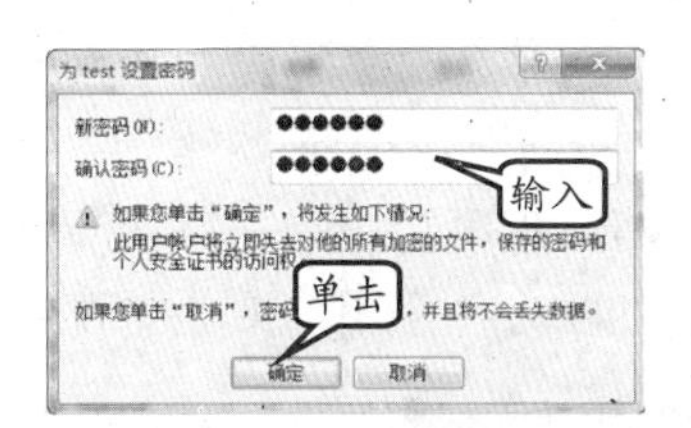

图 10-9　输入新密码

❑ 利用【用户账户】窗口创建密码

在【管理账户】窗口中，单击需要修改或者创建密码的密码，如图 10-10 所示。

然后，在弹出的【更改账户】窗口中，单击【创建密码】链接，如图 10-11 所示。此时，即可更改当前所选账户的密码内容。

图 10-10　选择账户

图 10-11　创建密码

此时，在弹出的【创建密码】窗口中，即可输入账户的密码和密码提示信息，并单击【创建密码】按钮，如图10-12所示。

提 示

Windows中，密码可以包含字母、数字、符号和空格，且区分大小写。当登录计算机的用户为管理员时，可以为该计算机内所有用户创建、更改或删除密码。

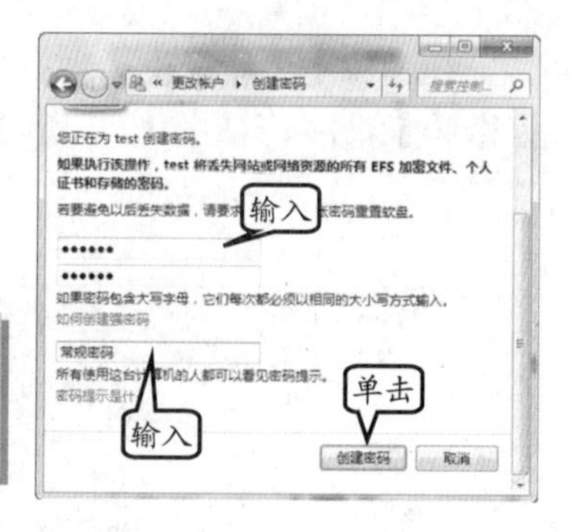

图10-12 创建密码

10.4 文件及文件夹权限

在网络办公中，共享资料是不可缺少的，尤其在共享一些重要的文件时。例如，用户所共享的文件只需要某一个或者一组人看，而不能复制与修改，则需要对共享的文件夹设置其权限。

10.4.1 了解文件夹权限

权限是指与计算机上或网络上的对象（如文件和文件夹）关联的规则。权限确定是否可以访问某个对象以及可以对该对象执行哪些操作。

例如，用户可能对网络上某个共享文件夹中的文档具有访问权限。即使用户可以读取该文档，也可能没有对其进行更改的权限。计算机上的系统管理员和具有管理员账户的人员可以为各个用户或组分配权限。下表列出了通常可用于文件和文件夹的权限级别，如表10-1所示。

表10-1 账户对文件或者文件的控制权限

权限级别	描　述
完全控制	用户可以查看文件或文件夹的内容，更改现有文件和文件夹，创建新文件和文件夹以及在文件夹中运行程序
修改	用户可以更改现有文件和文件夹，但不能创建新文件和文件夹
读取和执行	用户可以查看现有文件和文件夹的内容，并可以在文件夹中运行程序
读取	用户可以查看文件夹的内容，并可打开文件和文件夹
写入	用户可以创建新文件和文件夹，并对现有文件和文件夹进行更改

10.4.2 设置文件夹权限

双击桌面【计算机】图标，在打开的【计算机】窗口中，双击【本地磁盘E】图标，如图10-13所示。

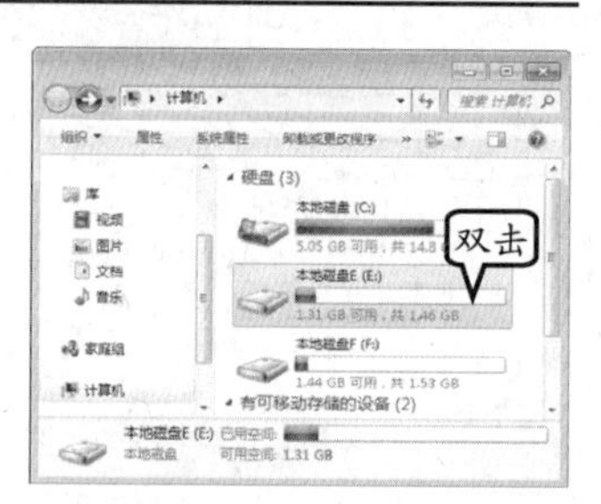

图10-13 打开磁盘

然后，在【本地磁盘（E:)】窗口中，单击【新建文件夹】工具图标，创建一个新的空文件夹，并将其名称改为“合作伙伴”，如图10-14所示。

右击【合作伙伴】文件夹图标，执行【属性】命令，如图10-15所示。在弹出的【合

作伙伴 属性】对话框的【常规】选项卡内，单击【高级】按钮，如图 10-16 所示。

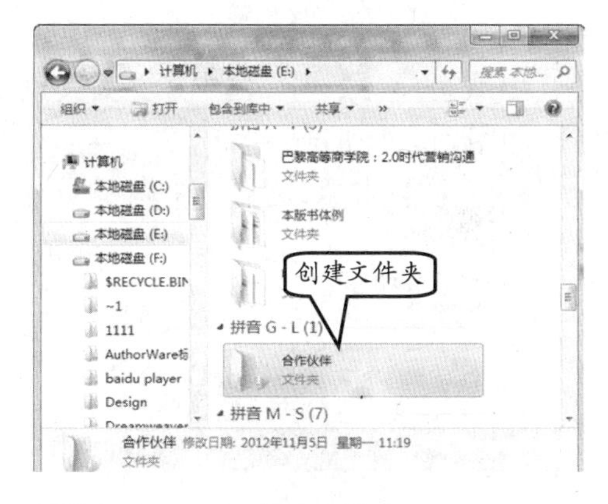

图 10-14 创建文件夹

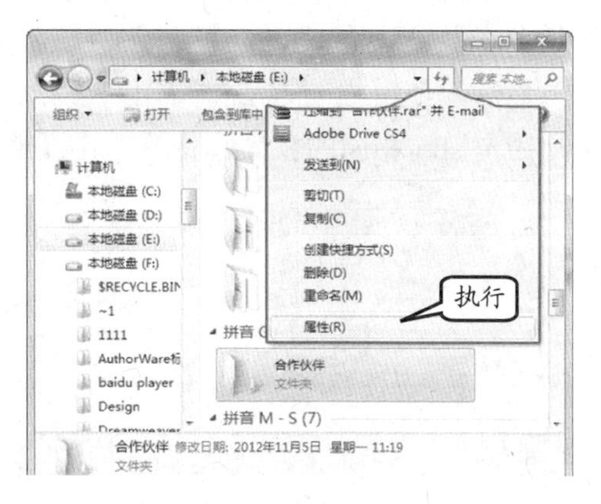

图 10-15 执行命令

然后，在【高级属性】对话框中，禁用【除了文件属性外，还允许索引此文件夹中文件的内容】复选框，并启用【加密内容以便保护数据】复选框，单击【确定】按钮，返回【合作伙伴 属性】对话框，如图 10-17 所示。

图 10-16 查看属性

图 10-17 启用复选框

在【合作伙伴 属性】对话框中，选择【安全】选项卡，并单击【编辑】按钮，如图 10-18 所示。

在弹出的【合作伙伴 的权限】对话框中，单击【组或用户名】列表框下方的【添加】按钮。然后，在【选择用户和组】对话框的文本框中，输入“slkj”，并单击【确定】按钮，将用户 slkj 添加到【组或用户名】列表框内，如图 10-19 所示。

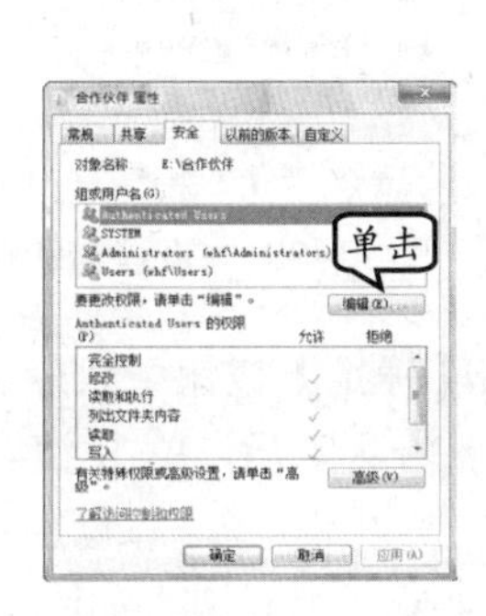

图 10-18 单击【编辑】按钮

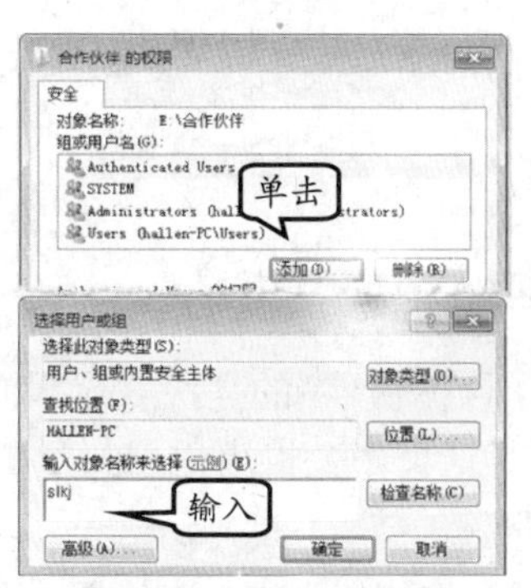

图 10-19 添加用户

在【组或用户名】列表框中，选择 ljw(hallen-PC\slkj)选项，启用【完全控制】项中的【允许】复选框，单击【确定】按钮，如图 10-20 所示。

然后，使用相同方法，将用户合作伙伴添加至【组或用户名】列表框中，并为其设置与用户 slkj 相同的权限，依次单击【确定】按钮，如图 10-21 所示。

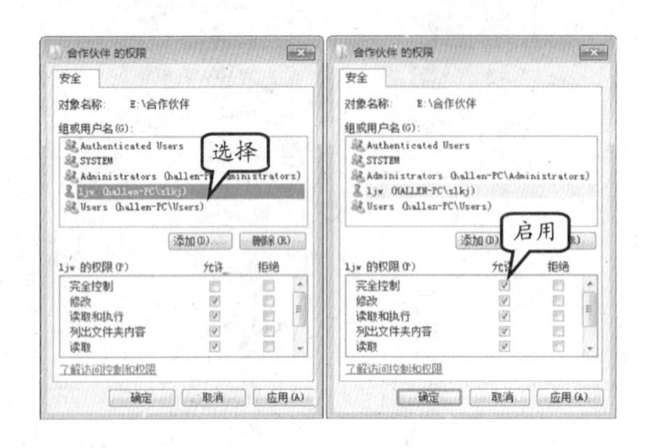

图 10-20 设置账户权限

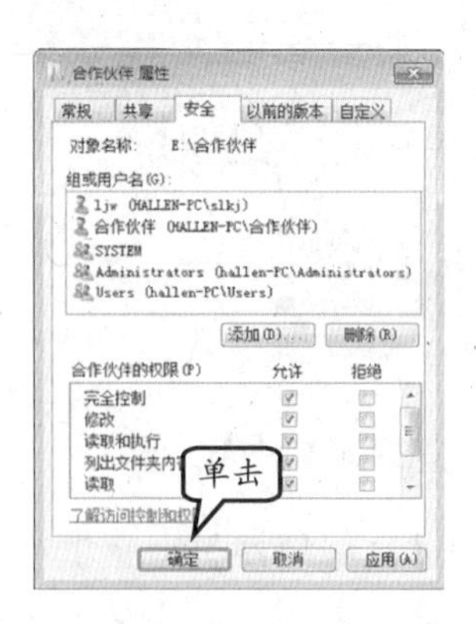

图 10-21 添加“合作伙伴”账户

在【合作伙伴 属性】对话框中单击【高级】按钮。然后，在【合作伙伴 的高级安全设置】对话框中，单击【权限项目】列表框下方的【更改权限】按钮，如图 10-22 所示。

在弹出的【合作伙伴 的高级安全设置】对话框中，禁用【包括可从该对象的父项继承的权限】复选框后，单击【Windows 安全】对话框内的【删除】按钮，如图 10-23 所示。

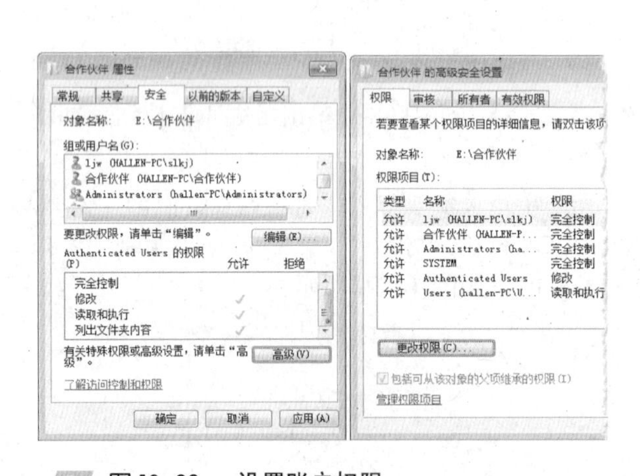

图 10-22 设置账户权限

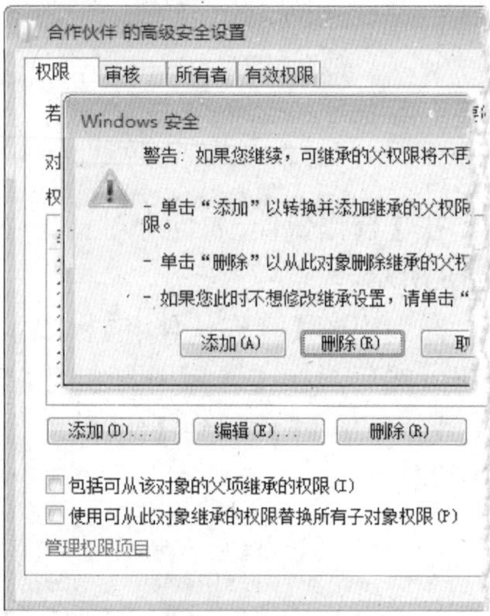

图 10-23 设置继承权限

返回到【合作伙伴 的高级安全设置】对话框，单击【确定】按钮。然后，在【合作伙伴 属性】对话框中，将用户 slkj 从【组或用户名】列表内删除后，单击【确定】按钮，如图 10-24 所示。

即可将“合作伙伴”文件夹设置为只有用户能够访问的私人文件夹，如图 10-25 所示。

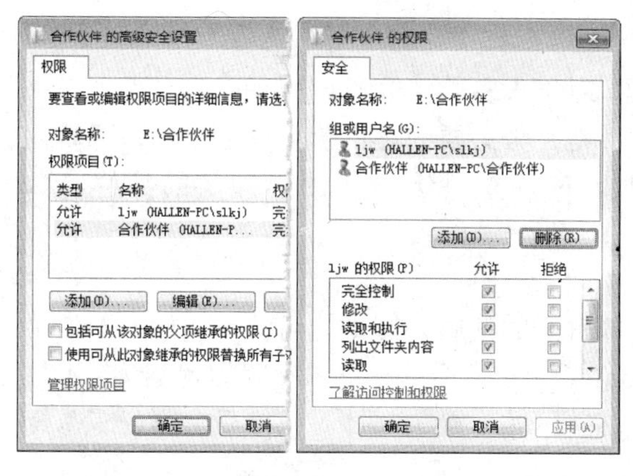

图 10-24 删除账户

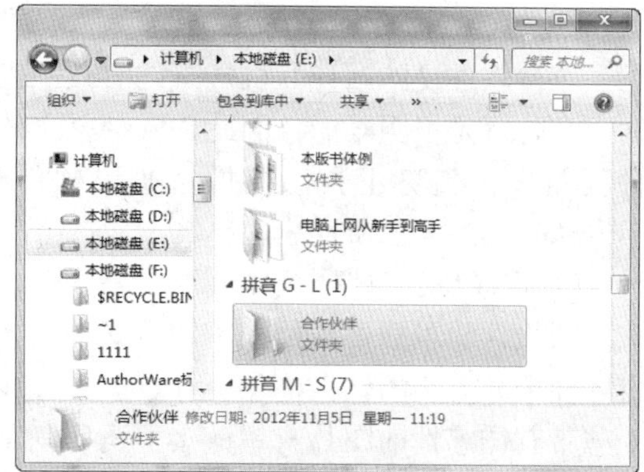

图 10-25 查看所创建的文件夹

10.5 计算机安全防范

在当前的信息时代，资源的破坏可以成为一个企业的灭顶之灾。与其等到“亡羊补牢”，不如提前防范。因为，目前已经有一些非常不错的计算机安全方面的软件，可以提高计算机的安全级别，防止一些不良程序或者用户的破坏。

10.5.1 病毒防治

在之前的章节中已介绍了计算机病毒的危害、分类以及传播方式等知识。随着软件技术的发展，不断涌现出新的计算机病毒，对此，在日常办公中应注意以下几点。

❑ **定时修补漏洞**

大多数流行于互联网和局域网的计算机病毒，都是利用操作系统的一些漏洞来获取权限，然后再对系统进行破坏的。因此，应养成定时修补系统漏洞的良好习惯。尤其是对操作系统和一些常用的工具软件，更应该做到随时保持与官方最新版本同步。

❑ **关闭危险功能**

以最常用的 Windows XP 操作系统为例，其包含了许多强大的功能，例如 Telnet、Web 发布、远程协助、默认共享等。这些功能虽然为使用者提供了极大的便利，但对系统的安全始终有一定的威胁。因此，在使用该操作系统办公时，应将一些不需要的功能关闭，提高系统抗风险的能力。

❑ **不装多余软件**

Windows 操作系统的特点就是安装软件越多，越容易造成系统冲突。尤其现在大多数软件在安装时都需要修改注册表，并在操作系统中添加部分文件。另外，还有一些软件会在安装时捆绑插件，这些插件也造成了系统的不稳定。因此，对于办公使用的计算机，应尽量少安装与工作没有关系的软件。

在安装必须使用的软件时也应做到有选择性、有针对性，尽量安装官方版本，不要安装一些所谓的“绿色版”和“破解版”。一些不法的网站往往将各种插件乃至木马病毒都打包到软件中，然后命名为“绿色版”和“破解版”以谋取利益。

❑ 安装杀毒软件

杀毒软件是防治计算机病毒的有效工具。对于大多数计算机使用者而言，手工查杀病毒和防毒是很困难的，因此，安装杀毒软件是十分必要的。目前市场上各种杀毒软件种类繁多，良莠不齐，在挑选杀毒软件时，应注重挑选一些国际知名的品牌，如BitDefender、卡巴斯基等。

❑ 养成良好习惯

防止计算机病毒，最根本的方式还是养成良好的使用计算机的习惯。例如，不使用盗版和来源不明的软件，在使用QQ或Windows Live时不单击来源不明的超链接，不被一些带有诱惑性的图片或超链接引诱而浏览这些网站，接收邮件时只接受文本，未杀毒前不打开附件等。

杀毒软件毕竟有其局限性，只能杀除已收录到病毒库中的病毒。对于未收录的病毒往往无能为力。有时，也会造成误杀。良好的操作习惯才是防止病毒传播蔓延的根本解决办法。

10.5.2 金山卫士

金山卫士采用双引擎技术，云引擎能查杀上亿已知木马，独有的本地V10引擎可全面清除感染型木马；漏洞检测针对Windows 7优化；更有实时保护、软件管理、插件清理、修复IE、启动项管理等功能，全面保护系统安全，如图10-26所示。

图10-26 金山卫士

1. 系统优化

在“金山卫士”中，【系统优化】包含【一键优化】、【开机时间】、【开机加速】和【优化历史】等多方面设置。例如，当单击【系统优化】按钮后，自动检测系统可以优化的软件，如图10-27所示。

图10-27 系统优化

然后，单击【立即优化】按钮，即可对检测出的内容进行优化操作。优化完成后，显示优化的结果，如“优化完成，本次成功优化了 2 项，下次开机预计提速 1%!”等信息，如图 10-28 所示。

当用户选择【开机时间】选项卡时，则在该面板中将详细显示开机时间、软件已占用时间、服务占用时间等内容，如图 10-29 所示。

图 10-28　显示优化结果

图 10-29　开机所用时间信息

当用户选择【开机加速】选项卡时，将显示开机时一些启动项内容，如“迅雷看看播放器”等。而在该选项卡中，用户可以设置开机时软件、服务的“启用”或者“禁用”设置，如图 10-30 所示。

2. 查杀木马及清理插件

用户还可以通过【金山卫士】对计算机进行必须的木马查杀等操作。例如，用户单击【查杀木马】按钮，可以看到有【木马查杀】、【插件清理】和【系统修复】等功能。

在【木马查杀】选项卡中，用户可以单击【快速扫描】按钮，即可对计算机进行快捷的木马查找，如图 10-31 所示。

图 10-30　设置软件和服务的“启用”或“禁用”效果

图 10-31　快速扫描

在该界面中，用户除了单击【快速扫描】按钮外，还可以单击该按钮下面的链接，并进行【全盘扫描】或者【自定义扫描】。其中，不同扫描方式的含义如下。

- **快速扫描**　指对系统磁盘中的系统文件，以及内存中的数据进行扫描，其扫描的速度比较快。

- **全盘扫描** 即可以计算机中所有的磁盘、内存等进行全部扫描。
- **自定义扫描** 单击该链接，即可弹出【请选择要扫描的目录】对话框，并在该列表中，选择要扫描的位置，如图 10-32 所示。

另外，用户在扫描过程中，可显示扫描的进度，以及扫描目前的位置，如图 10-33 所示。同时，在其进度下面，将显示当前描述的类型，以及该类型中扫描的数量等。

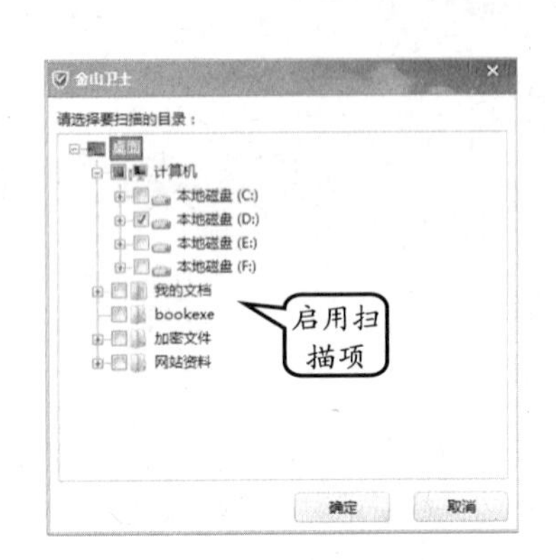

图 10-32 自定义扫描

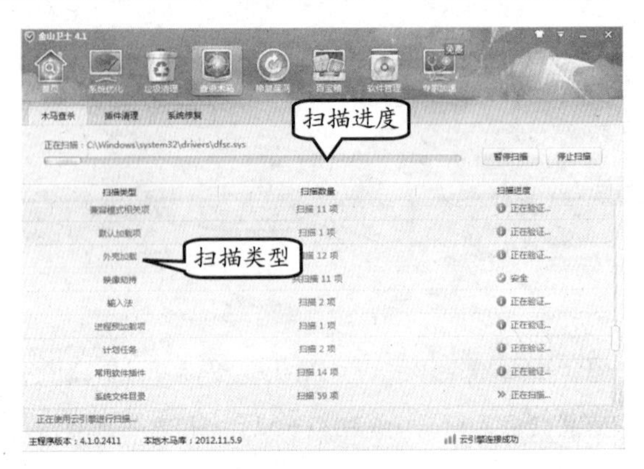

图 10-33 扫描进度

扫描完成后，即可显示扫描的结果，如“未发现威胁，您的系统非常安全”等信息，如图 10-34 所示。用户可以单击【返回】按钮，返回到选择扫描的界面。

扫描木马完成后，还可以清理一些“流氓”软件所强行安装的插件。例如，选择【插件清理】选项卡，并单击【开始扫描】按钮，即可扫描计算机中所安装的插件信息，如图 10-35 所示。

图 10-34 显示扫描结果

图 10-35 扫描插件信息

提　示

“流氓软件”是介于病毒和正规软件之间的软件，通俗地讲是指在使用计算机上网时，不断跳出的窗口让用户的鼠标无所适从；有时计算机浏览器被莫名修改增加了许多工作条，当用户打开网页却变成不相干的奇怪画面，甚至是黄色广告等。

当扫描插件完成后，即可显示当前系统中检测到的插件数量，以及在列表中显示不同的插件，如图 10-36 所示。

如果用户需要清理不同的插件，则可以在该插件名称前面，启用复选框，并单击【立即清理】按钮即可，如图 10-37 所示。

图 10-36　显示扫描结果

图 10-37　清理插件

3. 修复漏洞

在前面的内容中已经介绍过，如果要防治病毒和木马攻击，用户要及时地修补必要的漏洞。最直接的方法即通过软件来修补漏洞。

例如，在【金山卫士】中，单击【修复漏洞】按钮，即可扫描该系统需要修补漏洞的内容，如图 10-38 所示。

图 10-38　显示需要修补的内容

在该界面中，将显示当前检测的漏洞数据，以及不同类型的漏洞信息。例如，显示“共检测到 80 个漏洞，其中 2 个高危漏洞需要立即修复！”。同时，在列表中，将显示“高危漏洞补丁”、“可选补丁”和“组件升级”等类型，并且不同类型中包含着需要修复的补丁内容。

例如，在界面中，单击【立即修复】按钮，即可显示下载补丁的进度，以及自动安装该补丁，如图 10-39 所示。

图 10-39　下载及安装补丁

10.5.3 杀毒软件

除了安全卫士以外，其他杀毒软件的种类也比较多。例如，国内比较知名的杀毒软件，如瑞星杀毒软件、金山杀毒软件、360 杀毒软件、QQ 杀毒软件等。

瑞星杀毒拥有国内最大木马病毒库，采用“木马病毒强杀”技术，结合“病毒 DNA 识别”、“主动防御”、“恶意行为检测”等大量核心技术，可彻底查杀 70 万种木马病毒。

2011 年 3 月 18 日，国内最大的信息安全厂商瑞星公司宣布，瑞星宣布杀毒软件永久免费，如图 10-40 所示。

图 10-40　瑞星杀毒软件

在该窗口中，包含有选项卡、快速按

钮和电脑安装状态等。用户可以选择不同的选项卡，执行相应应用操作。

1. 杀毒操作

在窗口中，可以单击【快速查杀】按钮，对计算机进行快速查杀病毒，如图 10-41 所示。此时，将显示【快速查杀】内容，并且显示查杀病毒的地址、扫描对象个数、显示进度等信息，如图 10-42 所示。

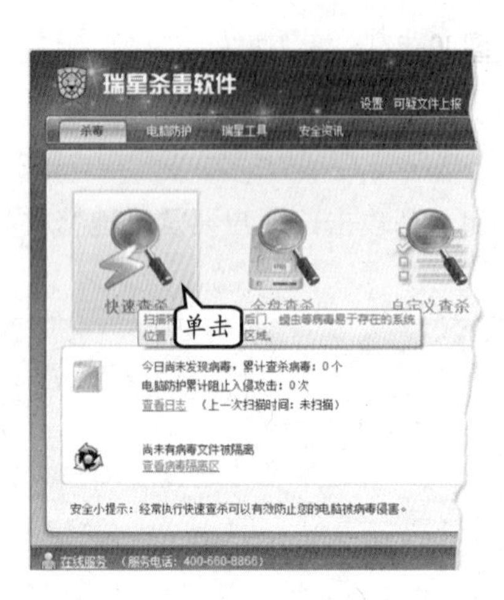

图 10-41 选择查杀方式

图 10-42 开始查杀病毒

提 示

在查杀病毒过程中，用户还可以单击标题名称后面的【转入后台】按钮，即缩小至任务栏的通知区内容。

等待病毒查杀完成后，将显示查杀结果。例如，在结果中显示共扫描对象数、所耗时间，还有在下面的【病毒】选项卡中，将显示病毒的情况，如图 10-43 所示。

2. 电脑防护

瑞星防护提供了对文件、邮件、网页、木马等内容的监视和保护作用。例如，在【电脑防护】选项卡中，用户可以随时开启或关闭相应的监控，如图 10-44 所示。

图 10-43 查杀病毒结果

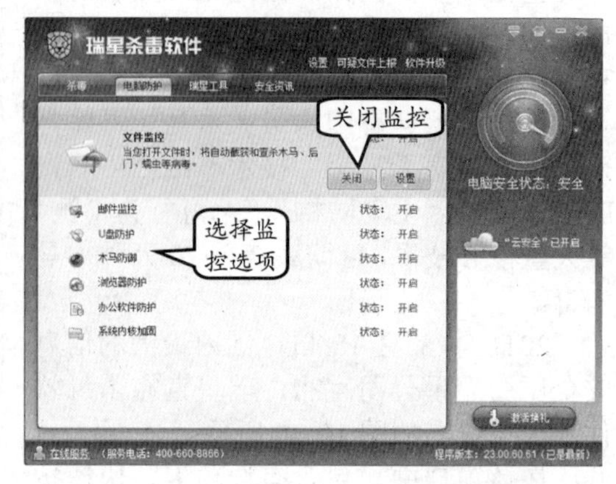

图 10-44 开启或关闭相应的监控

10.5.4 防火墙软件

作为网络中重要的安全保护设备，防火墙能够向用户网络提供访问控制、防御各种攻击、安全控制、管理功能以及日志与报表功能。

天网防火墙是一款国内针对个人用户最好的网络安全工具之一。根据系统管理者设定的安全规则（Security Rules）保护网络，提供强大的访问控制、应用选通、信息过滤等功能。使计算机抵挡网络入侵和攻击，防止信息泄露，保障用户计算机的网络安全。

启动该软件后，将弹出【天网防火墙个人版】窗口，如图 10-45 所示。

1. 配置向导

在安装该软件的过程中，将弹出配置向导，帮助用户对“天网防火墙”软件进行设置。例如，在弹出的向导对话框中，直接单击【下一步】按钮，如图 10-46 所示。

图 10-45 【天网防火墙个人版】窗口

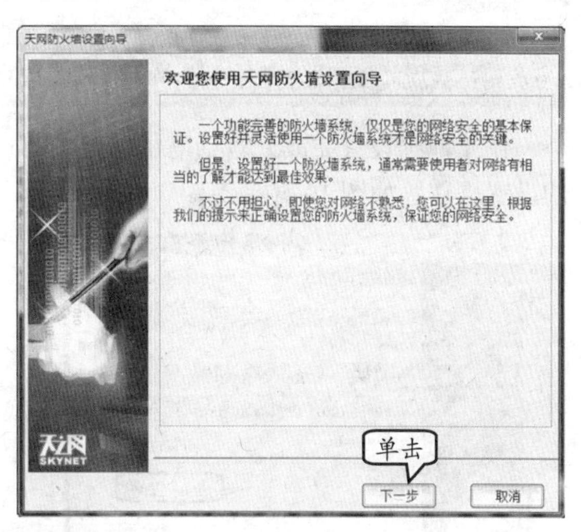

图 10-46 弹出配置向导

在弹出的【安全级别设置】对话框中，用户可以查看各级别的安全内容，并在【我要使用的安全级别是】栏中，选择【中】选项，并单击【下一步】按钮，如图 10-47 所示。

在弹出的【局域网信息设置】对话框中，用户可能启用【开机的时候自动启动防火墙】复选框和启用【我的电脑在局域网中使用】复选框，并在【我在局域网中的地址是】文本框中显示当前计算机所分配的 IP 地址，单击【下一步】按钮，如图 10-48 所示。

提 示

在【局域网信息设置】对话框中，用户还可以单击【我在局域网中的地址是】文本框后面的【刷新】按钮，即可重新获取当前计算机的 IP 地址。

在弹出的【常用应用程序设置】对话框中，将显示当前计算机需要访问的网络的一些应用程序，单击【下一步】按钮，如图 10-49 所示。

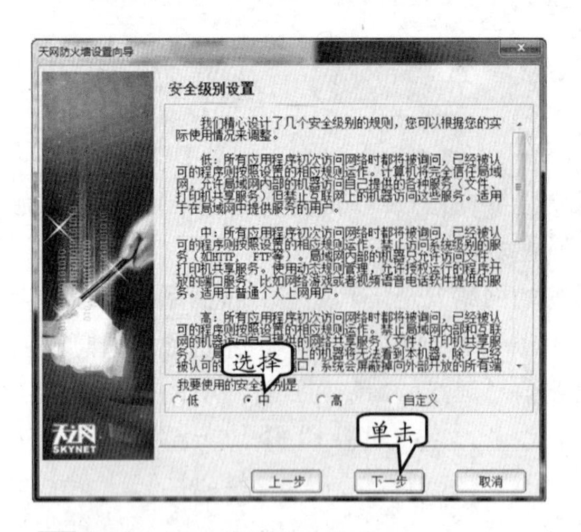

图 10-47 设置安全级别

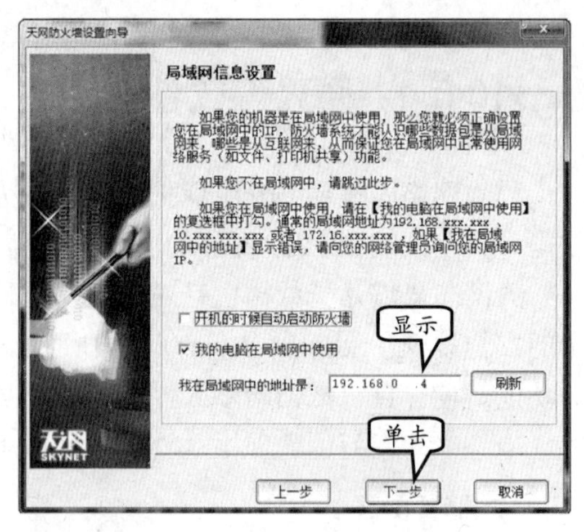

图 10-48 设置局域网及开机启动选项

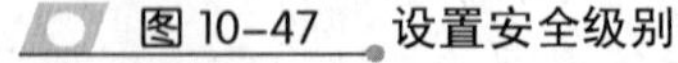

用户也可以在【常用应用程序设置】对话框中，启用/禁用列表文本框中所显示的应用程序，这样即可控制这些应用程序是否允许访问网络。

在【向导设置完成】对话框中，用户可以单击【结束】按钮，完成对上述一些内容的设置操作，如图 10-50 所示。

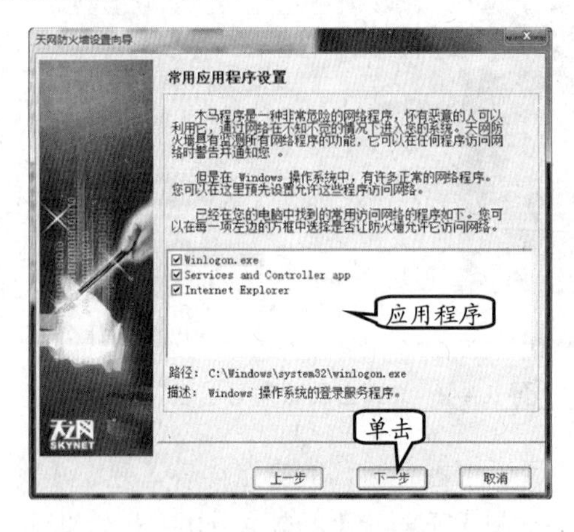

图 10-49 设置常用应用程序

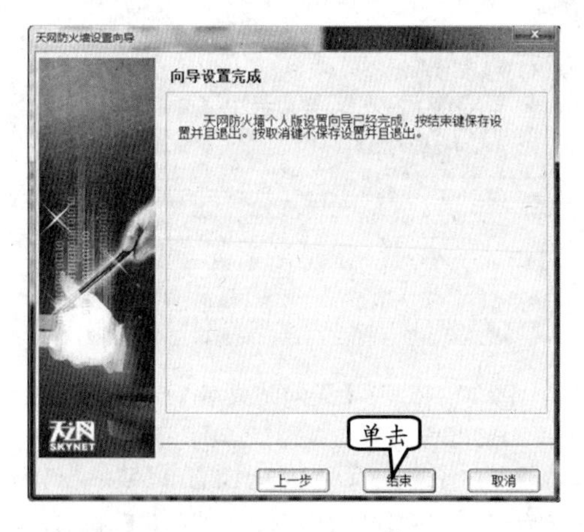

图 10-50 完成向导设置

2．设置防火墙规则

使用天王防火墙软件，可以实现快捷的设置应用程序访问网络权限；删除、导出应用程序规则等管理功能。

例如，单击【应用程序规则】选项卡中的【检查失效的程序路径】按钮，然后在弹出的对话框中，单击【确定】按钮，如图 10-51 所示。

选择【搜狗输入法 网络更新程序】选项，并单击【删除】按钮，然后在弹出的【天网防火墙提示信息】对话框中，单击【确定】按钮，如图 10-52 所示。

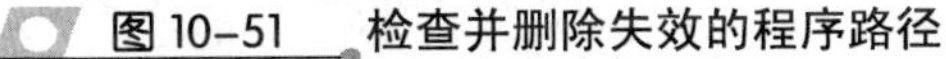
图 10-51 检查并删除失效的程序路径

图 10-52 删除规则

提 示

删除名称为【搜狗输入法网络更新程序】规则，搜狗输入法更新时不受天网监控，不会弹出提示框。

单击【导出规则】按钮，在弹出的对话框中，单击【选择全部】按钮，对话框中的程序规则将处于被选状态，单击【确定】按钮，如图 10-53 所示。

在【基本设置】选项卡中，启用【开机后自动启用防火墙】复选框，并在【皮肤】下拉列表中选择【经典风格】，单击【确定】按钮，如图 10-54 所示。

图 10-53 导出程序规则

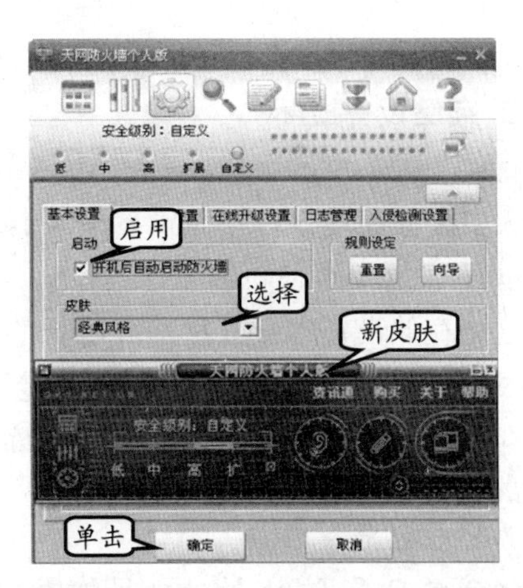

图 10-54 设置参数

10.6 防范数据损失

在办公网络的日常运转中，还有另外一种数据损失的可能，就是各种办公人员的误操作、存储设备的损坏导致的数据丢失。相比网络病毒的传播和黑客入侵，这种损失更加难以防范。

10.6.1 系统数据损失的原因

系统数据的损失往往是不可预测的，定期备份数据可以有效地避免这种损失。系统数据的损失主要有以下几个方面的原因。

❑ 误删除

在日常办公过程中，经常需要定时清理办公的各种文档等。然而，如果未对文档进行有效的分类管理，则很容易在删除无用的文档时把有用的文档也删除掉。尤其有些办公人员在删除文档时往往习惯于直接删除，不将文档存放到回收站中；或者在删除到回收站后，不进行复核就清空回收站等。这些习惯往往导致误删除数据。

❑ 误格式化和误恢复

一些办公使用的计算机中，本地磁盘往往以中文名称命名卷标。而系统管理员在进行安装操作系统、格式化磁盘操作时，如使用的是 DOS 软件，则很有可能将这些卷标显示为乱码，因而导致误将存放数据的磁盘格式化。

还有一些系统管理员习惯于使用 ghost 镜像制作程序进行备份，在备份时由于对 ghost 软件的不熟悉、对英文单词理解错误等，导致误将 ghost 备份文件恢复到存放文档数据的磁盘分区中。

另外，一些办公人员习惯于使用 outlook 等邮件收发软件，但却将这些软件的邮箱存储文件存放在本地计算机的 C 盘。同时，还习惯于将各种文件存放在操作系统的桌面。一旦操作系统崩溃，重新安装操作系统时，就很容易将这些文件丢失。

❑ 存储设备损坏

目前各种常用的存储设备主要包括磁盘存储器、光盘存储器、闪存等。日常办公的文件大多存储在这 3 种存储设备中。例如，各种计算机内安装的硬盘、移动硬盘、CD/DVD 光盘以及 U 盘和固态硬盘等。

这些存储设备本身虽然都可以长期地保存数据，但却都有使用次数的限制或保存条件的限制。例如，磁盘存储器往往防震性能不佳，光盘存储器不耐磨损以及阳光暴晒等，闪存存储器的寿命较短，往往读写次数不能超过数百万次。因此，一旦这些设备损坏，就有可能丢失数据。

10.6.2 防止数据损失的方法

在日常办公过程中，需要存储大量有用的数据文件。养成良好的办公习惯，可以有助于保障数据安全，防止数据丢失。

❑ 合理分类

在创建各种日常文档以及接收各种文档时，首先就要对文档进行合理的分类。例如，可以将文档按照用途（会议记录、发言稿、经营数据、通讯录等）、创建修改日期（10 月 1 日、10 月 2 日等）、文件接收者（某局长、某主任、某单位）等方式进行分类。在分类的同时，还需要建立文件的列表，以方便查阅。

❑ **定时备份**

备份是一种良好的习惯。办公人员可以利用午休、下班等时间对工作时创建和接收的各种文档进行备份，也可以抽出统一的时间（例如，每周周末或每月月底）对数据进行统一备份。

备份的方式有多种，例如刻录光盘、存放到网络服务器、移动硬盘中等。一旦数据丢失，就可以用备份来恢复。对于重要的数据，应至少保存两份备份的副本，以防止副本丢失造成损失。

❑ **安全存放**

备份的存储也是相当重要的工作。一般磁盘存储器的安全工作期限在 10 年左右，光盘的安全存放期限在 2～3 年，而闪存的可靠工作时间在写入 100 万次左右。

对于少量经常需要读取的重要数据，可以考虑将其存储到磁盘驱动器中；对于不太重要但经常需要读取的备份数据，则可将其存储到闪存中。对于不经常需要读取的数据，则可将其存放到刻录光盘中，并编号保存。

由于存储数据的原理差异十分大，因此保存各种存储器的方法也各有不同。对于磁盘存储器，通常需要将其安装到计算机、磁盘阵列柜等设备中，如需要在额外位置保存，则应保证存放在干燥且防尘的位置；对于光盘，则需要将其保存在背光、干燥的位置，同时要防止光盘的磨损；闪存的坚固性要比磁盘和光盘好一些，不怕震动，但需要注意其电子部件的防霉和防锈。

❑ **定期检查**

在备份数据后，应定期对数据的存储状态进行检查，查看备份数据的存放安全性。例如，存储备份的磁盘驱动器是否工作正常，光盘是否可以正常读取、闪存是否受潮等，并定时检查备份数据的完整性。

❑ **保密加密**

备份的数据需要注意保密。保密方法分为物理和软件两个方面。物理的保密方式就是将存放备份数据的存储器放到安全的位置，例如各种保险柜、保险箱中等，根据企事业机构的保密条理调度使用；软件的保密方式则主要是加密存储，使用软件对备份的数据进行加密存储、将存储的驱动器加密等方法。

10.7 思考与练习

一、填空题

1. 办公网络化就是通过本地局域网以及互联网，将________及各种外置设备连接起来，管理和传输各种信息的工作。

2. 办公网络化的核心目的是提高日常的办公效率，将传统的公文编辑、流转、______、管理和发放集成到网络中，通过网络以节省______和人员开支。

3. 计算机病毒往往具备自我复制、________、可传播破，同时对计算机数据具有______等特征。

4. 可以经由互联网和局域网传播的病毒主要包括宏病毒、________、蠕虫病毒和________等 4 种。

5. 误删除、________和存储设备损坏等 3 种情况可能导致系统数据损失。

6. 防止计算机病毒，最根本的方式是______。

二、选择题

1. 办公网络化的核心目的是________。

   A. 提高办公人员素质

   B. 与国际接轨

   C. 降低日常办公开支

   D. 提高日常办公效率

2. 早期的计算机病毒往往通过______传播。

A. 可移动存储设备　B. 磁碟机

C. 局域网　D. 互联网

3. 以下________程序不属于网络病毒。

A. 宏　B. 木马

C. 蠕虫　D. 文件病毒

4. 网络病毒传播的途径不包括________。

A. 网页浏览器

B. Windows 记事本

C. 电子邮件

D. 即时通信软件

5. 导致系统数据损失的原因不包括_______。

A. 误删除

B. 误格式化

C. 存储设备损坏

D. 自然灾害等不可抗原因

三、简答题

1. 简述网络病毒的定义及危害。
2. 简述防止系统数据损失的办法。
3. 列举 Windows 系统中的用户权限类型。

四、上机练习

1. 取消文件夹共享

如果在局域网中，用户已经共享了文件夹。那么如何取消文件夹共享呢？可能有一些用户还是无法解决该问题。

首先，在【计算机】窗口的地址栏中，输入双斜杠（\\）和计算机名称，查看该计算机所共享的文件夹内容。例如，输入“\\whf”内容，即可查看到所共享的内容，如图 10-55 所示。

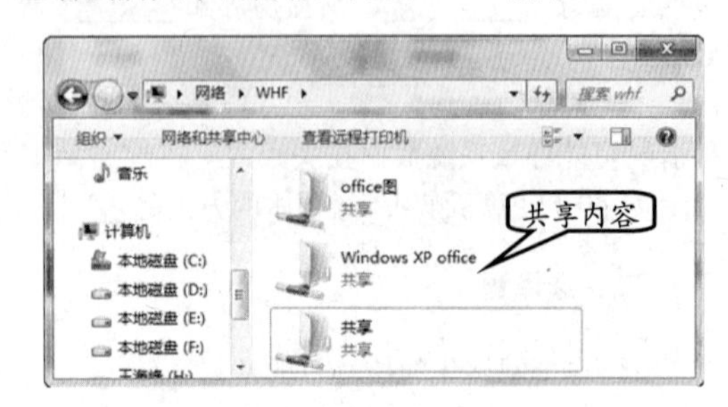

图 10-55 显示共享内容

找到【office 图】文件夹，并右击该文件夹，执行【属性】命令，如图 10-56 所示。

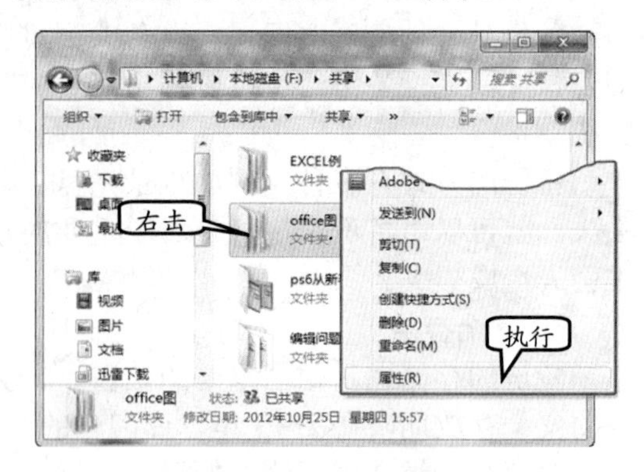

图 10-56 执行【属性】命令

在弹出的【office 图 属性】对话框中，选择【共享】选项卡，并单击【高级共享】按钮，如图 10-57 所示。

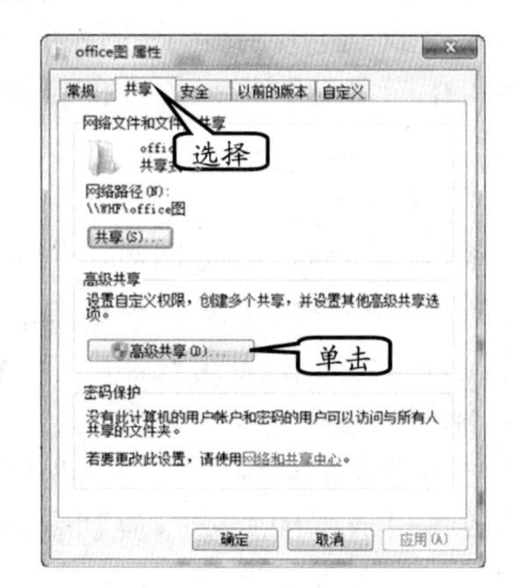

图 10-57 单击【高级共享】按钮

在弹出的【高级共享】对话框中，禁用【共享此文件夹】复选框，并单击【确定】按钮，如图 10-58 所示。

图 10-58 取消共享

2. 禁用 Windows 7 防火墙

Windows 7 在安全性上面已有大大提高，但是好多人还不知道如何设置 Windows 7 的防火墙。下面就对 Windows 7 防火墙做一些简单的介绍。

打开 Windows 7 防火墙的方法比较简单，依次单击【开始】按钮，并执行【控制面板】命令，即打开【控制面板】窗口，如图 10-59 所示。

图 10-59 【控制面板】窗口

在【控制面板】窗口中，单击【Windows 防火墙】链接，即可打开【Windows 防火墙】窗口，如图 10-60 所示。

然后，再单击左侧的【打开或关闭 Windows 防火墙】链接。此时，在打开的窗口中，可以启用或者关闭防火墙，如图 10-61 所示。

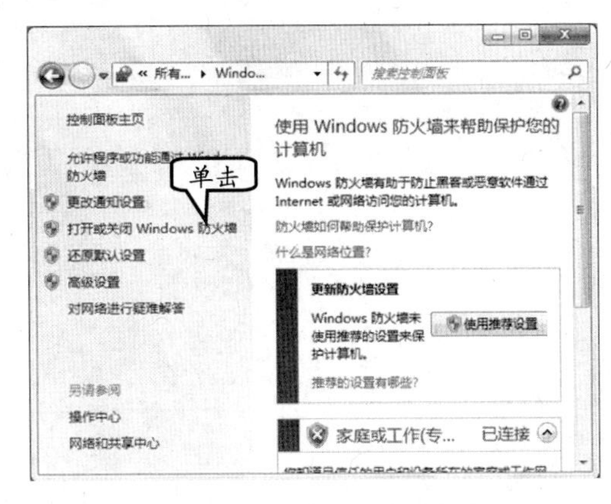

图 10-60 【Windows 防火墙】窗口

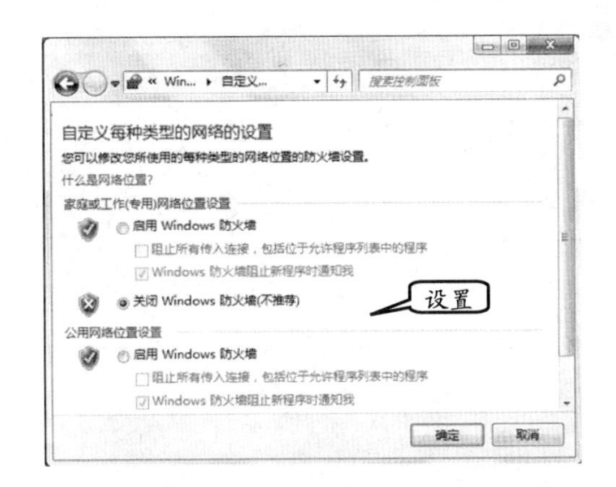

图 10-61 启用 Windows 防火墙

质检5